高职高专机电工程类规划教材

工程材料及加工工程

广东省教育厅 组编

主 编 梁耀能
副主编 蒲永峰
参 编 余雪梅 李 英 廖毅娟 李尚周
主 审 黄拿灿
参 审 邹日荣

机 械 工 业 出 版 社

本书内容包括：金属学及热处理基本原理、机械工程材料的基本知识、材料热加工技术的基本原理、工艺方法和技术特点。本教材注意内容的精选和更新，强调实践性、应用性、先进性和创新性，采用最新的国家标准，对广东地区应用较多的外国材料也做了介绍。为便于学习复习，每章均附有思考题。

本教材为高等职业教育机电类专业通用教材，也适合大专机电工程类及材料工程类专业使用，还可作为相关技术人员的参考书。本教材参考教学学时为56学时。

本教材配有电子课件，可登录机械工业出版社教材服务网 www.cmpedu.com下载，或发送电子邮件至 cmpgaozhi@sina.com 索取。咨询电话：010-88379375。

图书在版编目(CIP)数据

工程材料及加工工程/梁耀能主编. —北京：机械工业出版社，2001.6(2015.6 重印)
高职高专机电工程类规划教材
ISBN 978-7-111-08528-7

Ⅰ. 工… Ⅱ. 梁… Ⅲ. ①工程材料—高等学校：技术学校—教材②金属材料—热处理—高等学校：技术学校—教材 Ⅳ. TB3

中国版本图书馆 CIP 数据核字(2001)第 030632 号

机械工业出版社(北京市百万庄大街 22 号 邮政编码 100037)
责任编辑：王海峰 邓海平 版式设计：霍永明 责任校对：孙志筠
封面设计：姚 毅 责任印制：乔 宇
北京铭成印刷有限公司印刷
2015 年 6 月第 1 版 · 第 14 次印刷
169mm × 239mm · 19 印张 · 368 千字
44001—46000 册
标准书号：ISBN 978-7-111-08528-7
定价：29.00 元

广东省高职高专机电工程类规划教材

编 委 会 名 单

序

高等职业教育是我国高等教育改革和发展的新生事物，是我国高等教育不可缺少的重要组成部分。20 世纪 90 年代以来，党中央、国务院十分重视高职高专教育，制定了一系列政策和措施，有效地推动了高职高专教育的改革和发展。中共中央、国务院《关于深化教育改革，全面推进素质教育的决定》中明确指出：“要大力发展高等职业教育，培养一大批具有必要理论知识和较强实践能力，生产、建设、管理、服务第一线和农村急需的专门人才”。为我国高等职业教育的改革和发展指明了方向。近年来，我省全面贯彻国家高职发展的“三改一补”方针，采取“三多一改”的办法(即多形式、多模式、多机制和改革)发展高等职业教育，使高职高专教育出现了生机勃勃的发展势头，到目前为止，全省有独立设置的职业技术学院 13 所，9 所本科院校举办了二级职业技术学院，10 多所普通专科学校、20 多所成人高校举办了高职专业，全省高职高专在校生 10 多万人，初步形成了具有一定办学特色的高等职业教育体系，成为我省高等教育的重要组成部分。

由于高等职业教育成规模发展的时间较短，教学体系尚不成熟，许多问题，诸如教学计划、教学内容、实践基地建设、“双师”队伍建设、教材建设等，尚在研究、摸索阶段。尤其是高职高专的教材较少，给教学工作和人才培养造成了一定的困难。解决好这些问题，将有利于高等职业教育的进一步改革和发展。为此，广东省教育厅十分重视高职高专教材建设。我们采取了统筹规划，分步实施的办法，积极组织有关高职院校教师分专业、分系列开展高职高专教材的编写工作。本套高职高专机电工程类规划教材的编写出版，就是我们在高职教材建设方面的一个积极尝试。这套教材共 17 门，由我厅和国家机械工业局教编室、机械工业出版社联合组织编写，在编写过程中，全体编写人员、责任编辑、编委会成员倾注了大量的心血，本套教材较好地贯彻了职业性、实用性、系统性、超前性、地方性的编写原则，具有较明显的职教特色和地方特色，将有助于学生专业理论的学习和应用技能的训练和提高，适用于高等职业院校、专科学校和成人高校机电类专业使用。

这套教材的编写出版，将填补我省高职教育专业教材的空白，并对我省高等职业教育的进一步改革和发展产生积极而深远的影响。同时，我们也希望通过这套教材的出版发行，能为我国高等职业教育的改革和发展尽一份微薄之力，并为我国高职教育教材园地的建设增添一朵绚丽的小花。

广东省教育厅

2000 年 8 月 25 日

前　言

本书是由广东省教育厅和国家机械工业局教编室、机械工业出版社共同组织编写的高职高专机电工程类专业规划教材。

根据规划教材编委会审定的教学大纲，本课程的任务是使学生掌握工程材料的基本知识，了解机械制造热加工技术的基本原理、工艺方法和技术特点。内容包括金属学基础、热处理原理和工艺、常用工程材料、铸造、金属压力加工、焊接、典型零件的选材和工艺路线分析。

考虑到高职的办学特点，本教材强调实践性、应用性、先进性和创新性。理论知识坚持以应用为目的，以必需、够用为度。注意内容的精选与更新，适当介绍新材料、新工艺和新技术。在介绍常用材料时，采用了最新的国家标准，对近年来广东地区应用较多的外国材料也做了介绍。

本书由华南理工大学梁耀能任主编并编写第四、五、六章；广州白云职业技术学院蒲永峰任副主编并编写第七、八、九、十三章；韶关松山职业技术学院余雪梅编写第十章；广州铁路机械学校李英编写第一、二、三章；广东工业大学廖毅娟编写第十一章；华南理工大学李尚周编写第十二章。全书由广东工业大学黄拿灿教授主审，华南理工大学邹日荣副教授参审。

由于编者水平有限，书中缺点错误在所难免，恳请广大读者批评指正。

编者
于广州

目　　录

绪　论

材料是人类赖以生活和生产的物质基础。生产技术的进步是和新材料的应用密切相关的，历史学家往往用制造工具的原材料来作为社会发展的标志。从原始社会以来，人类经历了石器时代、青铜器时代和铁器时代。如今，我们已经跨进按照人们的需要设计材料、合成材料的新时代。

工程材料通常可按成分特点分为金属材料、无机非金属材料和高分子材料三大类。复合材料则是由两种或两种以上的基本材料组成。按性能特点，工程材料可分为结构材料和功能材料两大类。结构材料以力学性能为主，兼有一定的物理、化学性能；功能材料以特殊的物理、化学性能为主，如超导、激光、半导体、形状记忆和能量转换等材料。工程材料的研究对象主要是结构材料。在各种机械设备中，目前应用最广、最多的仍然是金属材料，约占整个材料的80%～90%，这是由于金属材料具有比其他材料远为优越的使用性能和工艺性能。无机非金属材料和有机高分子材料用于机械工程也越来越多，并逐步显示出广阔的发展前景。本书主要研究金属材料，并对无机非金属材料和有机高分子材料作简要介绍。

金属材料在工程上表现出来的力学性能，是由金属内部的组织、结构所决定的。在金属学中，组织是指用肉眼或借助各种不同放大倍数的显微镜所观察到的金属材料内部的情景，包括晶粒的大小、形状、种类以及各种晶粒之间的相对数量和相对分布。习惯上用放大几十倍的放大镜或用肉眼所观察到的组织，称为低倍组织或宏观组织；用放大100～2000倍的光学显微镜所观察到的组织，称为显微组织；用放大几千倍到几十万倍的电子显微镜观察到的组织，称为电镜组织或精细组织；而结构是指原子集合体中各原子的具体组合方式。

生产实践告诉我们，不同化学成分的金属材料，性能迥然不同。例如低碳钢软而韧，高碳钢硬而脆。金相分析表明，这是由于它们的组织不同所致。相同化学成分的金属材料，经过不同的加工过程，其性能也有很大差别。通过合理的加工方法来进一步提高金属材料的性能，是充分发挥金属材料潜力的重要方法之一。

机械冷加工和机械热加工是机械制造学科的两大分支。机械冷加工主要是指利用切削的原理使工件成形而达到预定的设计要求的方法，这种方法能获得很高的精度和很低的粗糙度。机械热加工则是利用熔化、结晶、塑性变形、扩散、相变等各种物理化学变化使工件成形而达到预定的设计要求。从加工方法来说，热加工可分为铸造、塑性加工、焊接、热处理、表面改性等。

铸造是指将材料(包括金属、合金以及复合材料)熔化成液体，浇注于具有一定型腔的模具内，凝固成型。

塑性加工是指将钢锭或棒材、板材在一定温度下，通过锻压机械施加压力使之成形。锻压工艺也包括在室温下使棒料或板料成形。

焊接是指将几个零件拼接成大的复杂的零件或构件，通过零件连接处的局部熔化或相互扩散，使零件紧密结合成一个整体。

热处理是指通过不同的加热和冷却方式使零件内部组织结构发生变化，从而得到所需的各种力学、物理及化学性能，它的特点是只改变或提高零件的性能而尽量避免改变零件的形状。

表面改性技术是改变零件表面的成分或组织结构，以提高机器零件的性能。包括化学热处理、物理、化学气相沉积、热喷涂等。

在本世纪机械制造工业中，高效益及市场快速反应将是一个发展趋势。热加工方法具有少、无切削的优点，容易实现快速制造，因而仍是一个正在发展的学科领域。

机械热加工与材料科学密切相关，它是建立在金属学及材料科学的基础上的。“工程材料及加工工程”课程的任务就是：学习金属学、工程材料及热加工的理论基础，掌握材料在热加工过程中的成分、组织结构、性能的变化规律，学会正确选材和合理安排冷热加工工艺路线，了解工件成形过程及方法即热加工工艺学，具有选择毛坯、零件加工方法的基本知识，了解热加工过程的生产装备及自动化。

“工程材料及加工工程”是机械类各专业的技术基础课。学习本课程前，学生应先学完材料力学，参加过金工实习，对机械工程材料的加工过程及其应用有一定的感性认识。通过本课程的学习，为从事机械设计与制造、机械产品质量控制以及后续课程的学习奠定必要的基础。

第一章　金属的结构与结晶

不同成分的金属之所以表现出不同的力学性能，是由于其内部具有不同的组织结构。即使是成分相同的金属，当其由液态转变为固态的结晶条件不同时，所得到的内部组织也不同，从而也使金属表现出不同的力学性能。因此，要了解金属材料的特性，必须从本质上了解金属的组织结构以及金属的结晶过程。

第一节　金属的晶体结构

一、晶体与非晶体

根据原子在物质内部排列方式的不同,通常可将固态物质分为晶体与非晶体两类。

晶体是指其组成微粒(原子或分子)呈规则排列的物质，它是固体物质中最多的一类。固态金属通常都是晶体。晶体具有一定的熔点(如铁的熔点为 1534℃，铜的熔点为 1038℃等)，晶体的性能具有各向异性的特点。

非晶体是指其组成微粒(原子或分子)呈无规则堆积在一起的物质。如玻璃、松香、沥青等。非晶体没有一定的熔点，它的性能在各个方向上是相同的，即具有各向同性的特点。

二、晶体结构的基本概念

(1) 晶格　为了便于研究，可把晶体内部原子近似为刚性质点，晶体就可看作是由许多刚性质点按一定几何规律堆积成的，如图 1-1 所示。如果把组成晶体的刚性质点用假想的线条连接起来，则成为一个假想的空间格架，称为结晶格子(简称晶格)，如图 1-2 所示。

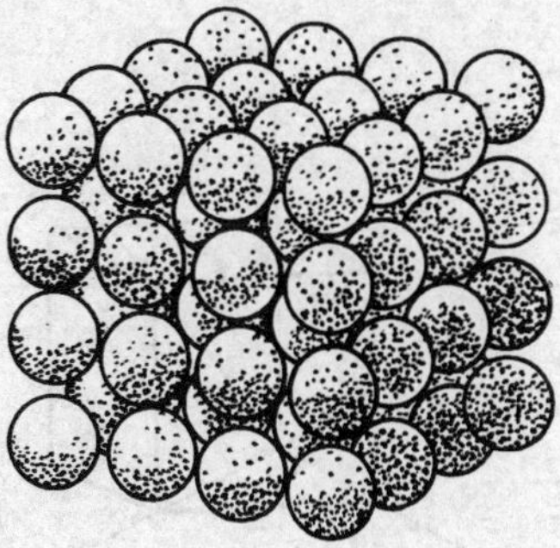

图 1-1　金属原子排列示意图

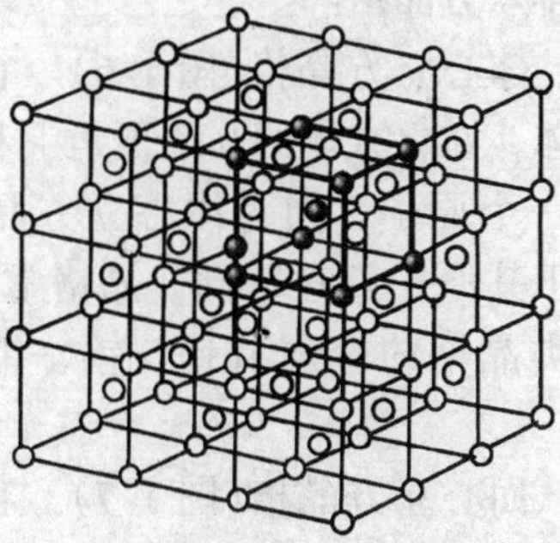

图 1-2　晶格示意图

(2) 晶胞　晶胞是指组成晶格的最小几何单元，整个晶格都是由相同晶胞周期性重复堆积而成的，如图 1-3 所示。

(3) 晶格常数　晶胞中各棱边的长度称为晶格常数。当晶格常数 $a=b=c$，而晶胞各边之间的相互夹角相等，即 $\alpha=\beta=\gamma=90°$时，这种晶胞称为立方晶胞，具有立方晶胞的晶格叫做立方晶格。

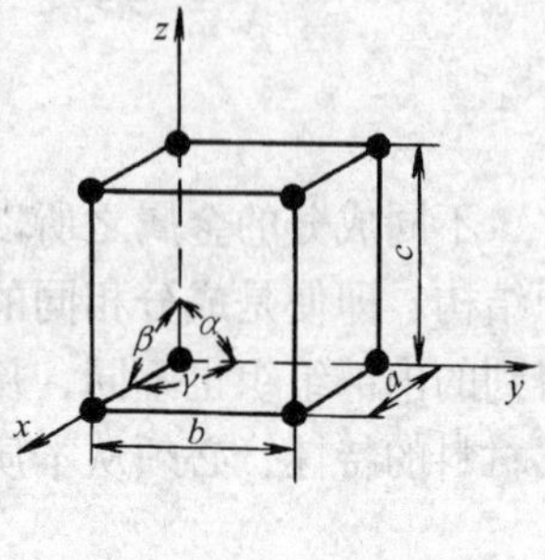

图 1-3　晶胞示意图

(4) 晶面　晶体中由一系列原子所组成的平面称为晶面。图 1-4 为立方晶格的某些晶面。

(5) 晶向　通过原子中心的直线，可代表晶格空间的一定方向，称为晶向，如图 1-5 所示。由于在同一晶格的不同晶面和晶向上，原子排列的疏密程度不同，原子结合力也就不同，从而在不同的晶面和晶向上显示不同的性能，这就是晶体具有各向异性的原因。

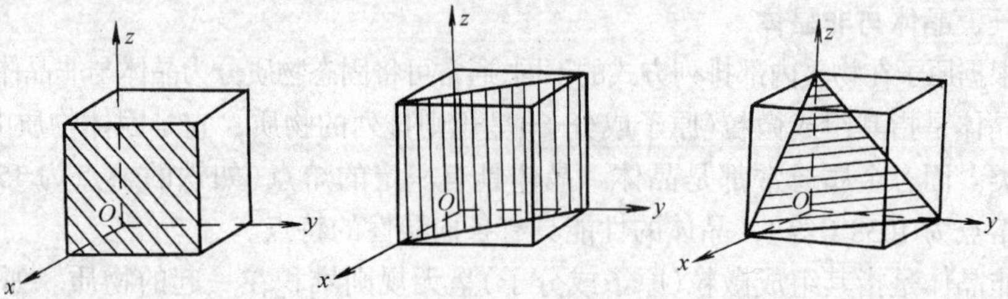

图 1-4　立方晶格中的某些晶面

三、常见的金属晶格类型

在自然界中，晶体结构的形式是各种各样的，但除少数金属具有复杂的晶体结构外，大多数金属具有简单的典型的晶体结构，即体心立方晶格、面心立方晶格、密排六方晶格。

(1) 体心立方晶格(图 1-6)　它的晶胞是一个立方体，在立方体的八个顶角上和立方体的中心各有一个原子。同为体心立方晶格的不同金属，由于其原子直径不同，晶格常数也不相同。属于这类晶格的金属有铬、钨、钼、钒和 α-Fe 等。

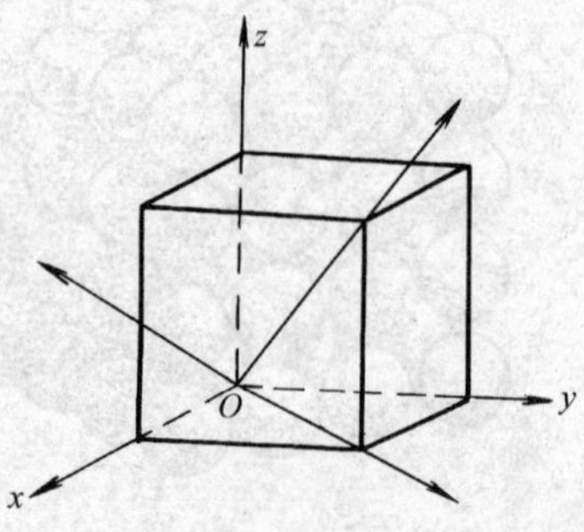

图 1-5　立方晶格中的几个晶向

(2) 面心立方晶格(图 1-7)　它的晶胞也是一个立方体，在立方体的八个顶角上和每一个面的中心都各有一个原子。金属不同，其面心立方晶格的晶格常数也不同。属于这类晶格的金属有

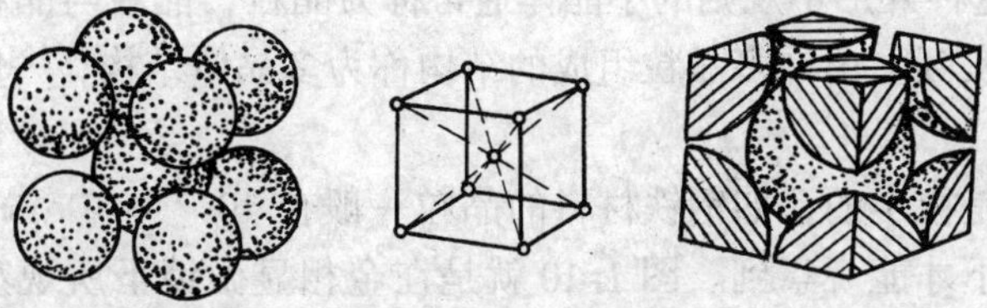

图 1-6　体心立方晶格示意图

铝、铜、银、铅、镍和 γ-Fe 等。

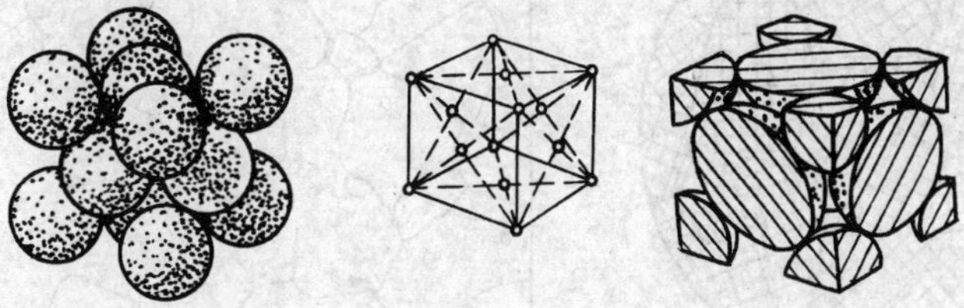

图 1-7　面心立方晶格示意图

（3）密排六方晶格(图 1-8)　它的晶胞是一个六棱柱体，在棱柱体的各个棱角和上下两个六方底面的中心各有一个原子，此外在柱体中间还有三个原子。属于这类晶格的金属有镁、锌、铍、镉等。

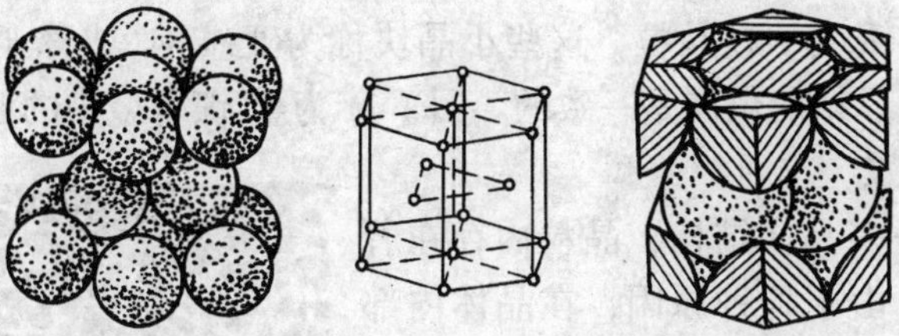

图 1-8　密排六方晶格示意图

第二节　金属的实际结构与晶体缺陷

如果一个晶体，其内部晶格方位是一致的，这个晶体是“单晶体”。在工业生产中只有经过特殊制作才能获得单晶体。前面所讨论的是理想单晶体的构造情况，而一般的金属晶体大多都是多晶体，并且存在晶体缺陷。

一、多晶体结构

实际使用的工业金属材料，即使体积很小，其内部仍包含了许许多多的小晶体，每个小晶体内部的晶格位向是一致的，而各个小晶体彼此间位向都不同，如

图 1-9 所示。这种外形不规则的小晶体通常称为晶粒，晶粒与晶粒之间的界面称为晶界。这种实际上由许多晶粒组成的结构称为多晶体结构，一般金属材料都是多晶体。

晶粒尺寸是很小的，如钢铁材料的晶粒一般在 $10^{-1} \sim 10^{-3}$ mm 左右，故只有在金相显微镜下才能观察到。图 1-10 就是在金相显微镜下所观察到的纯铁的显微组织图像。

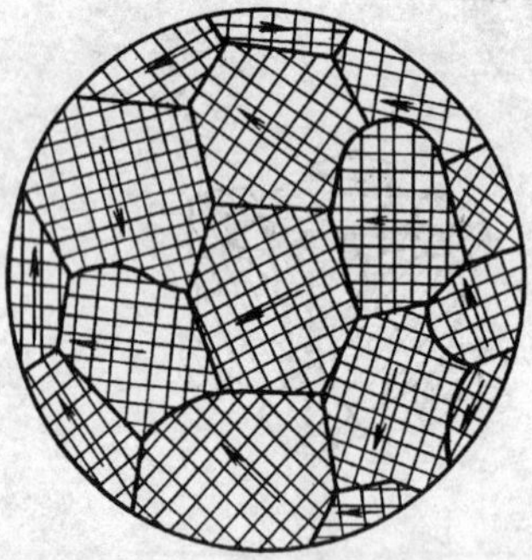

图 1-9　多晶体结构示意图

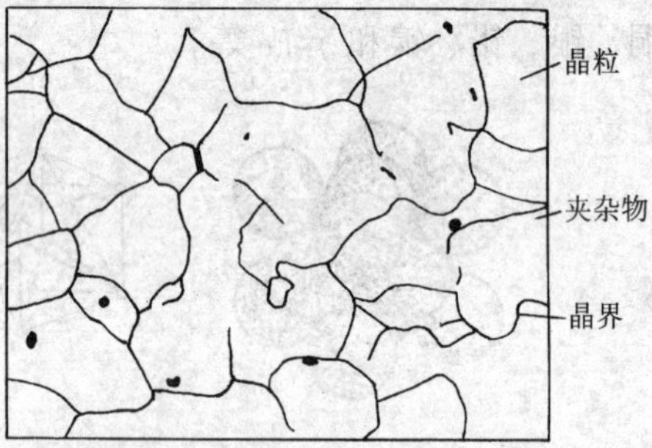

图 1-10　纯铁的显微组织

应当指出，在实际金属晶体的一个晶粒的内部，其晶格位向也并非完全一致，而是存在着许多尺寸更小、位向差也很小(一般是几十分到 $1° \sim 2°$)的小晶块，它们相互嵌镶成一颗晶粒，这些小晶块称为亚结构(或称亚晶粒、嵌镶块)。在亚结构内部，晶格的位向是一致的。图 1-11 为金-镍合金中的亚结构组织。

二、晶体缺陷

实际金属是多晶体结构，晶粒内存在着亚结构，同时，由于种种原因，在晶体内部某些局部区域原子的规则排列往往受到干扰而被破坏。将晶体中原子排列不规则的区域，称为晶体缺陷。常见晶体缺陷有点缺陷、线缺陷和面缺陷三种类型。

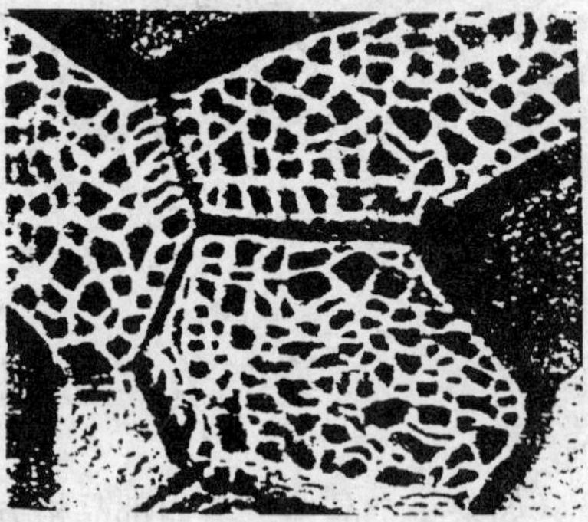

图 1-11　金-镍合金中的亚结构

1. 点缺陷

点缺陷是晶体中呈点状的缺陷，即在空间三维方向上的尺寸都很小的晶体缺陷。常见的点缺陷有空位和间隙原子两种形式。

空位是指晶体的晶格中的某些空缺着原子的结点位置，未被原子所占有，该处便形成一个空位；间隙原子是指晶体的晶格间隙处出现的多余原子(如图 1-12 所示)。

由于在晶体中，原子总是在某一位置上作热振动。当温度升高时，原子平均动能增高，在全部原子中，有一些原子的动能高于或低于平均值，称“能量起伏”。个别能量特别高的原子，就有可能克服周围原子对它的束缚而脱离，使原来的位置成为没有原子的“空位”。离位的原子，特别是原子半径比较小的杂质原子，可能进入晶格间隙处成为“间隙原子”或跑到金属表面上去。这时，在空位和间隙原子的附近，由于原子间作用力的平衡被破坏，使其周围的原子离开了原来的平衡位置。晶格中原子偏离平衡位置的现象称为晶格畸变。它将影响金属的力学性能，使金属的强度提高，塑性降低。

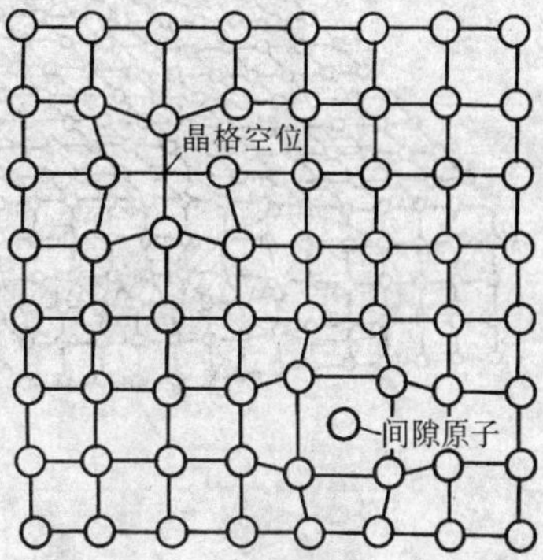

图 1-12　空间和间隙原子

2. 线缺陷

线缺陷是指在三维空间的两个方向上尺寸很小的晶体缺陷，这种缺陷的主要形式就是各种类型的位错。晶体中位错的基本类型有刃形位错和螺形位错两种。

(1) 刃形位错　如图 1-13 所示，在晶体的 ABCD 面以上，多出了一个垂直方向的原子面 EFGH，使晶体上下两部分产生错排现象。多余的原子面像刀刃一样插入晶体，在刃口 EF 附近形成缺陷，称为刃形位错。EF 线称为位错线。在位错线附近，晶格发生了畸变，形成一个应力场。在 ABCD 晶面上方，位错线附近一定范围内的原子，受到压应力。相反，在 ABCD 晶面下方，位错线附近一定范围内的原子，受到拉应力。离开 EF 线愈远，晶格畸变愈小。通常把在晶体上半部多出原子面的位错称为正刃形位错，用符号“⊥”表示，在晶体下半部多出原子面的位错称为负刃形位错，用符号“┬”表示。

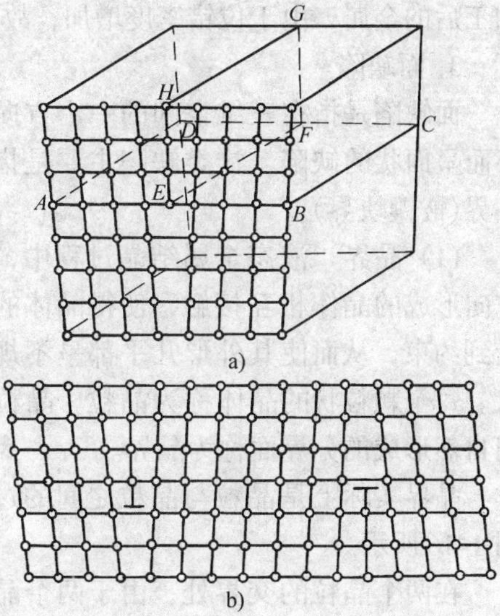

图 1-13　刃形位错示意图

a) 立体模型　b) 平面图

(2) 螺形位错　螺形位错结构如图 1-14 所示，晶体上下两部分原子排列，在某些区域相互吻合的次序发生了错动，使不吻合的过渡区域的原子排列呈螺旋形，因此称为螺形位错。显然，螺形位错附近区域的晶格也发生了严重畸变，因此也会形成一个相应的应力场。

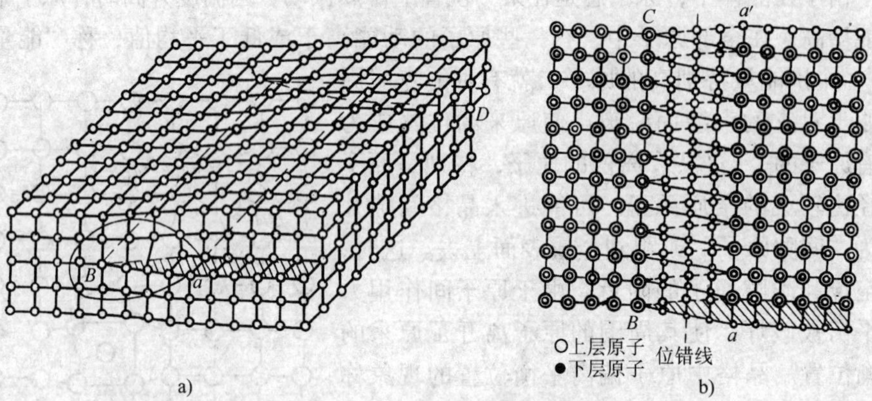

图 1-14　螺形位错示意图

a）立体模型图　b）顶视图

晶体中的位错密度，可用单位体积中位错线的总长度，或晶体中单位面积上位错线的根数来度量。

晶体中位错密度的变化，以及位错在晶体内的运动，对金属的性能、塑性变形及组织转变等都有极为重要的影响。图 1-15 是金属的强度与位错密度的关系。由图可见，当晶体中不存在位错时，强度最高；当金属处于退火状态($\rho = 10^6 \sim 10^8 cm^{-2}$)时的强度最低，位错密度的增加或降低，都能提高金属的强度。冷变形加工后的金属，由于位错密度增加，故提高了强度(即加工硬化)。

3. 面缺陷

面缺陷是指在三维空间的一个方向上尺寸很小而呈面状的缺陷。这类缺陷主要是指晶界和亚晶界(嵌镶块界)。

(1) 晶界　液态金属结晶过程中，由于不同方向形成的晶体相互接触，使得晶体的自由生长受到约束，从而使其外形几乎都呈不规则的颗粒状。每个颗粒状的晶体称为晶粒。晶粒与晶粒之间自然形成的分界面称为晶界。

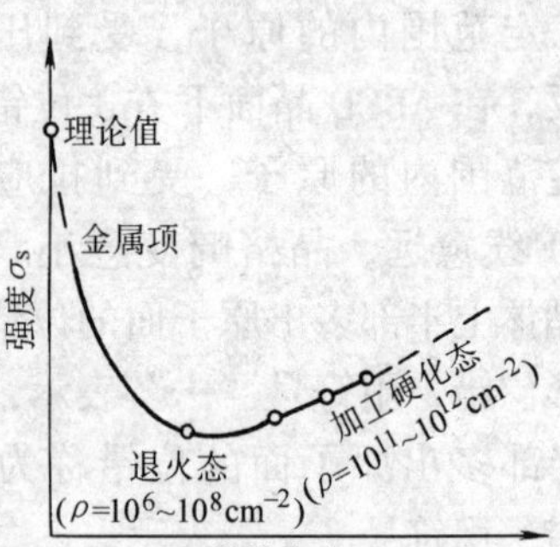

图 1-15　金属的强度与位错密度的关系

晶界实际上是晶粒与晶粒之间的过渡层，如图 1-16 所示。

在两个晶粒的交界处，由于两个晶粒间位向不同，必须从一种位向逐步过渡到另一种位向。多晶体中，相邻晶粒之间位向差可达 20°~40°，因此，晶界上的晶格畸变很大，规则性较差。它一般累积有较多的位错，或者偏聚有一些杂质原子，处于较高的能量状态，它与晶粒内部有着一系列不同的特性。例如，晶界在常温下的强度和硬度较高，在高温下则较低，容易被腐蚀，原子扩散速度快等。

（2）亚晶界　两相邻亚结构间的边界称为亚晶界。亚晶界实际上可看作是由一系列刃型位错堆砌在一起所形成的小角度晶界，如图 1-17 所示。由于亚晶界处原子排列同样要产生晶格畸变，因而亚晶界对金属性能有着与晶界相似的影响。例如，在晶粒大小一定时，亚结构愈细，金属的屈服强度就愈高。

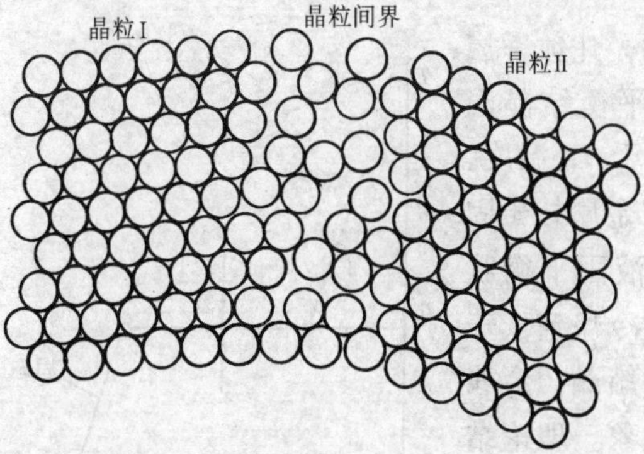

图 1-16　晶界的过渡结构示意图

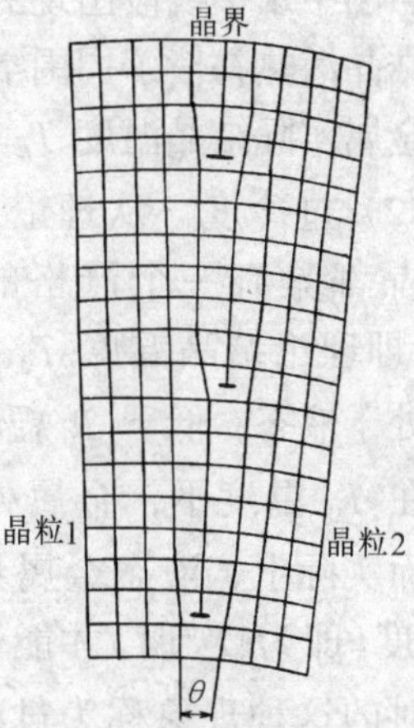

图 1-17　亚晶界结构示意图

由上述的点、线、面缺陷可知：各种晶体缺陷处晶格处于畸变状态，引起晶体内部产生内应力，导致材料塑性变形抗力的增大，从而使金属材料在常温下的强度、硬度提高。例如，生产中常用的压力加工工艺，通过金属材料的塑性变形使晶体产生缺陷，达到金属强化。用产生塑性变形使金属得到强化的方法称为形变强化。

第三节　金属的结晶与铸锭

金属由液体状态转变为晶体状态的过程称为结晶。由于金属结晶时形成的组织与各种性能有着密切的关系，因此，研究金属结晶过程的基本规律，对改善金属材料的组织和性能，具有重要的意义。工业上使用的绝大多数金属材料都属合金。但纯金属和合金的结晶过程都遵循着结晶的基本规律，为了由浅入深地进行讨论，本节着重阐述纯金属的结晶。

一、纯金属的结晶

1. 纯金属的冷却曲线和过冷现象

（1）冷却曲线　纯金属的结晶是在一定温度下进行的，这个温度称为结晶温度。它可以用热分析法测定，其测定过程是先将金属熔化，然后以极缓慢的速度冷却，在冷却的过程中每隔一定时间，记录其温度，并以温度为纵坐标、时间为横坐标，作出温度—时间的关系曲线，这种曲线称冷却曲线，如图 1-18 所示。

图 1-18 中的斜线段，表示液态或固态金属向周围空气散失热量使自身温度降低。图中水平线段出现的原因，是液态金属结晶时有结晶潜热释放出来，当释放的结晶潜热补偿了周围空气从金属吸收的热量时，温度停止下降，此时的温度就是金属实际结晶温度 T_n。

（2）过冷度　从理论上讲，凡纯金属的结晶都具有一个严格的“平衡结晶温度”，即理论结晶温度 T_0。高于 T_0 温度，金属处于液态；低于 T_0 温度，金属处于固态；在 T_0 温度下，金属处于液固平衡状态。而实际上，液态金属只有冷却到低于 T_0 温度(即为 T_n 时)才能开始结晶，金属结晶时的这种现象称为过冷现象。理论结晶温度 T_0 与实际结晶温度 T_n 之差称为过冷度(ΔT)，即 $\Delta T = T_0 - T_n$。

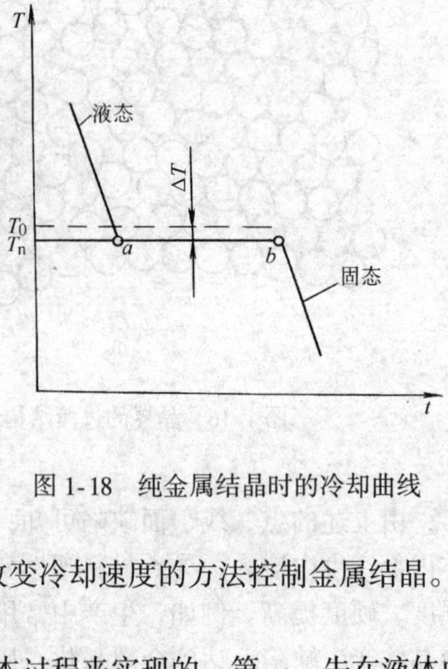

图 1-18　纯金属结晶时的冷却曲线

实验证明：过冷度与冷却速度呈正比关系。冷却速度愈大，液态金属的过冷度也就愈大，即 T_n 也愈低。目前生产中常用改变冷却速度的方法控制金属结晶。

2. 纯金属结晶的基本过程

纯金属的结晶是依靠两个密切联系的基本过程来实现的。第一，先在液体内部生成一批极小的晶体作为结晶核心或晶核；第二，这些晶核逐渐长大，发展到整个液体。也就是说，纯金属的结晶过程是通过晶核形成(形核)和晶核长大(长大)两个基本过程进行的。图 1-19a ~ f 为液态纯金属结晶过程的变化顺序示意图。

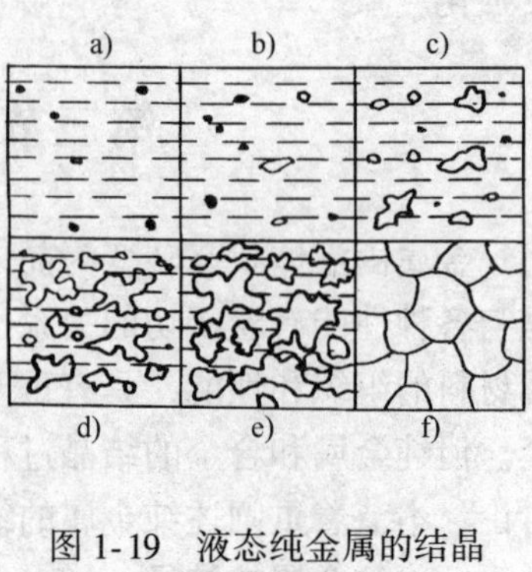

图 1-19　液态纯金属的结晶过程示意图

金属结晶的必要条件是具有过冷度。过冷度越大，实际结晶温度越低，晶核形成数量越多，晶核长大速率越快，结晶完成速度越快。

结晶的这种形核与长大过程，是一切物质

(包括非金属物质)进行结晶的普遍规律。

二、晶粒大小对金属力学性能的影响

液态金属结晶过程中，有一个晶核就形成一个晶粒，形核数量愈多，结晶后晶粒数量也愈多，晶粒也愈小。生产中衡量金属的晶粒大小，用晶粒度(即单位体积或面积内晶粒的数量)表示。

实验表明，晶粒大小对金属的力学性能、物理性能和化学性能均有很大的影响。例如细晶粒金属的强度、韧性均比粗晶粒高。其原因是晶粒愈细，晶界面愈多，对位错运动过程中的阻碍就愈大，并且分布在晶界上的杂质愈分散，它们对力学性能危害也就愈小。另外，晶粒愈细，晶粒数量愈多，凸凹不规则的晶界面也愈多，晶粒之间犬牙相错的机会多，彼此相互紧固，则其强度、韧性得到提高。

表 1-1 说明了晶粒大小对纯铁力学性能的影响。

表 1-1　晶粒大小对纯铁力学性能的影响

晶粒平均直径/μm	σ_b/MPa	σ_s/MPa	δ(%)
70	184	34	30.6
25	216	45	39.5
2.0	268	58	48.8
1.6	270	66	50.7

为了提高金属的力学性能，必须了解影响晶粒大小的因素及控制方法。

三、细化晶粒的措施

(1) 增加过冷度　实验证明，增加结晶时的过冷度，能同时增加晶核形成与长大的速率，但形核速率比长大速率大得多。因此，过冷度增加就易于获得细晶粒。如在铸造生产中，由砂型铸造改为金属模铸造，可提高铸件的力学性能，就是利用增大过冷度来细化晶粒所致。

(2) 变质处理　有两类方法：一是加入一些难熔形核剂，增加形核率，细化晶粒。例如向液体铝中加入少量的硼，形成 AlB_2 质点，增加结晶核心，使晶粒细化。二是加入某种可熔物质，吸附在晶核表面，降低长大速度，也会收到细化晶粒的效果。如钢中加钛、硼、铝等，铸铁中加入硅、钙等，铝—硅合金中加入钠或钠盐等，都是变质处理的典型实例。

(3) 振动　金属结晶时，如对液态金属附加机械振动、超声波振动、电磁振动，可使枝晶尖端破碎而增加新的结晶核心，从而提高形核率，使晶粒细化。

四、金属铸锭

各种形状和规格的钢材是由钢锭经过压力加工轧制后得到的，钢材质量与钢锭组织有密切的关系。

1. 铸锭的形成和组织

金属铸件凝固时，由于表面和中心的结晶条件不同，铸件的结构由表到里是不均匀的。图 1-20 是钢锭示意图，从图中可以看出，钢锭组织是由三个不同形状的晶粒区组成的。

（1）细晶区　当液态金属刚浇入锭模时，由于模壁温度很低，使表面层液态金属得到剧烈的冷却，产生较大的过冷度，因此在模壁附近的钢液中，生成大量的晶核，形成细晶粒区。模壁冷却得越快，表面层晶粒也越细。

（2）柱状晶区　细晶区形成后，由于模壁温度升高，金属向外传热速度减慢，过冷度减小，生核率不如成长率大，各晶粒可较快的长大。同时，由于热量是垂直于模壁向外失散的，所以晶粒生长方向与此相反，即垂直于模壁生长。晶粒生长时释放的潜热使其前沿的液态金属温度升高，从而抑止其它晶粒的长大，更使它优先向内伸展，于是形成了柱状晶区。在一定的条件下，柱状晶粒可以贯穿整个铸锭，这种柱状晶粒称为穿晶。

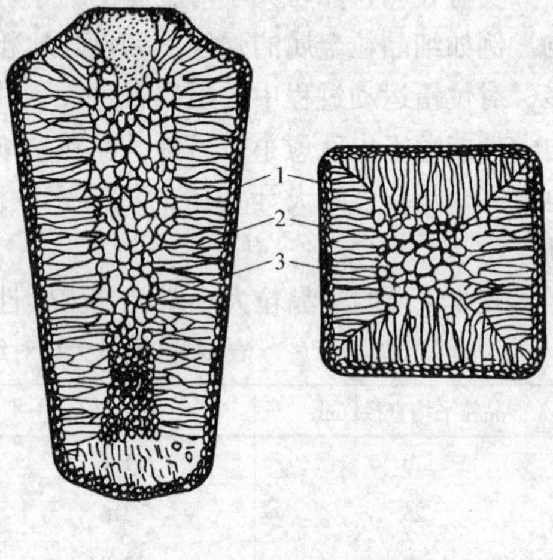

图 1-20　钢锭组织示意图

1—细晶区　2—柱状晶区　3—等轴晶区

（3）等轴晶区　当结晶进行到钢锭中心时，由于散热缓慢，剩余液体温度趋于均匀，各方面冷却速度基本相同，中心部分液体几乎同时进入过冷状态，因而形成了较粗大的等轴晶区。

2. 铸锭组织的特性

铸锭的细晶区，组织较致密，力学性能较好。但由于细晶区总是比较薄的，故对整个铸锭的性能影响不大。

铸锭的柱状晶是从外到里顺序结晶的，晶质较致密。但柱状晶的接触面由于常有非金属夹杂或低熔点杂质而成为弱面，在热轧、锻造时容易开裂，所以对于熔点高和杂质多的金属，例如铁、镍及其合金，不希望生成柱状晶；但对于熔点低、不含易熔杂质、塑性较好的金属，即使全部为柱状晶，也能顺利地进行热轧、热锻，所以铝、铜等有色金属及合金，反而希望铸锭得到柱状晶结构。此外，柱状晶的性能具有明显的方向性，沿柱状晶晶轴方向的强度较高。对于那些主要受单向载荷的机器零件，例如汽轮机叶片等，柱状晶结构是非常理想的。

铸锭的等轴晶区由于在结晶时没有择优取向，故不存在上述那种脆弱的交界面，而方向不同的晶粒彼此交错咬合，各方向上的力学性能均较好。但由于各个等轴晶粒在生长过程中互相交叉，有可能造成许多封闭的小区，并将残留在这些小区中的液体相互隔绝起来。当这些液体结晶收缩时，由于得不到外界液体的补充，就形成很多微小的缩孔(缩松)。因此，等轴晶区的组织就比较疏松。

铸锭的组织与成分、浇注条件等因素有关。一般提高浇注温度、加快冷却速度和采用方向性散热等措施，都有利于柱状晶区的发展。而浇注温度低、冷却速度慢、均匀散热、变质处理和附加振动、搅拌等则有利于等轴晶区的发展。

在铸锭中，除组织不均匀外，经常还有各种铸造缺陷，如缩孔，疏松、气孔及偏析等。集中缩孔在轧钢以前要割掉，气孔一般的在轧钢和锻造时可以使其焊合。铸锭中还可能出现裂纹、非金属夹杂物等缺陷。

复习思考题

1-1　解释下列名词：晶体、非晶体、晶格、晶胞、晶粒、晶界、单晶体、多晶体。

1-2　金属晶格的常见类型有哪几种？

1-3　什么叫金属的结晶？纯金属的结晶由哪两个过程组成的？

1-4　金属晶体中的结构缺陷有哪几种？它们对金属的力学性能有何影响？

1-5　纯金属结晶时，其冷却曲线为什么会产生水平线？

1-6　液态金属结晶时，细化晶粒的常用方法有哪几种？

1-7　试述铸锭的组织和性能，

1-8　如果其它条件相同，试比较下列铸造条件下铸件晶粒的大小：

(1)金属模浇注与砂模浇注；

(2)铸成薄件与铸成厚件；

(3)浇注时采用振动与不采用振动；

(4)向液态金属内加入少量形成微粒杂质与不加任何物质。

第二章　金属的塑性变形与再结晶

第一节　材料的力学性能指标

金属材料的性能包括金属材料的工艺性能和使用性能。

金属材料的工艺性能是指金属材料在制造机械零件和构件的过程中，适应各种冷、热加工的性能，也就是金属材料采用某种加工方法制成成品的难易程度。它包括铸造性能、锻造性能、焊接性能、热处理性能和切削加工性能等。

金属材料的使用性能是指金属材料在使用条件下所表现出来的性能，它包括物理性能、化学性能和力学性能。金属的物理性能是指包括密度、熔点、导热性、导电性、热膨胀性和磁性等方面的性能。金属的化学性能是指金属在化学介质作用下所表现出来的性能，包括耐腐蚀性、抗氧化性和化学稳定性等。金属的力学性能是指金属在力作用下所显示与弹性和非弹性反应相关或涉及应力—应变关系的性能，如强度、塑性、硬度、韧性及疲劳强度等。

一般在机械设备及工具的设计、制造过程中，所选用的金属材料大多以力学性能为主要依据，因此熟悉和掌握金属材料的力学性能是非常必要的。

一、强度指标

金属抵抗变形或断裂的能力称为强度，强度大小通常用应力来表示。

根据载荷作用方式不同，强度可分为抗拉强度(σ_b)、抗压强度(σ_{bc})、抗弯强度(σ_{bb})、抗剪强度(τ_b)和抗扭强度(τ_t)等五种。不同金属材料的强度指标，可通过拉伸试验和其它力学性能试验方法测定。

拉伸试验是用静拉伸力对规定的拉伸试样(如图 2-1 所示)进行轴向拉伸，测量试验力和相应的伸长，一般拉至断裂，测定其力学性能的试验。在进行拉伸试验时，载荷 F（拉伸力）和试样伸长量 ΔL 之间的关系曲线称为力—伸长曲线，也称拉伸图。图 2-2 是低碳钢的力—伸长曲线，图中纵坐标表示力 F（N）；横坐标表示绝对伸长量 ΔL（mm）。图 2-2 中表现出下面四个变形阶段：

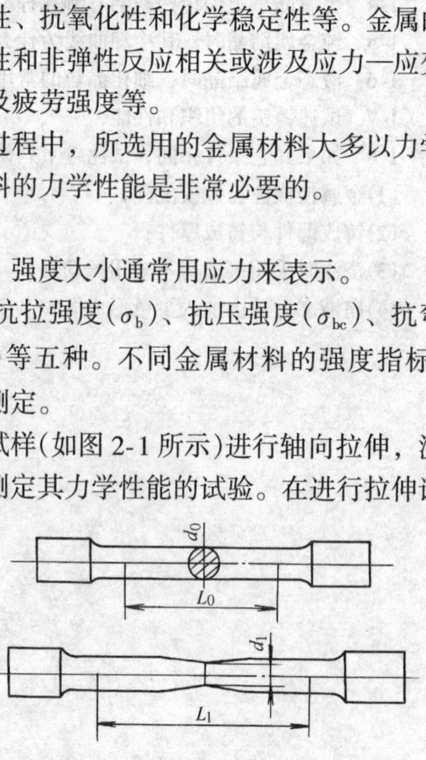

图 2-1　圆形拉伸试样

oe——弹性变形阶段。此阶段内试样变形是弹性变形。F_e 是保持弹性变形

的最大拉伸力。

es——屈服阶段。当载荷超过 F_e 时，若此时卸载，试样的伸长只能部分地恢复，而保留一部分残余变形，即产生塑性变形。当载荷增加到 F_s 时，图上出现平台或锯齿状，产生屈服现象，此时的载荷 F_s 为屈服载荷。屈服后，材料将残留较大的塑性变形。

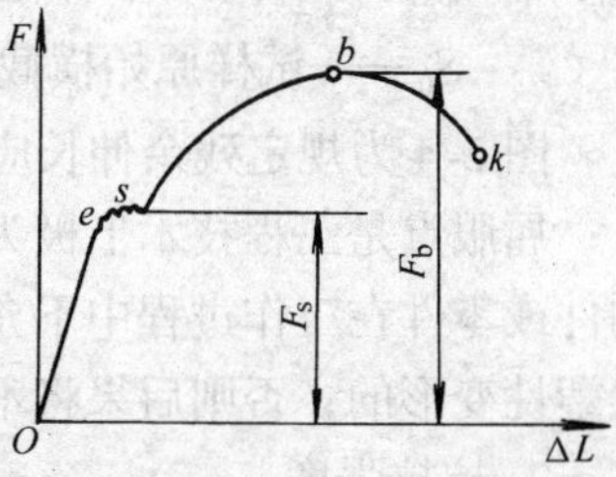

图 2-2　低碳钢力—伸长曲线

sb——均匀变形阶段。在屈服阶段以后，欲使试样继续伸长，必须不断加载，直到所加载荷为最大载荷 F_b。在此过程中，随着塑性变形增大，试样变形抗力也逐渐增加，产生形变强化(或称加工硬化)。F_b 为拉伸试验时试样所能承受的最大载荷。

bk——缩颈阶段(局部塑性变形阶段)。当载荷达到最大值 F_b 时，试样的直径发生局部收缩，称为“缩颈”。由于截面变小，截面所能承受的载荷也随之降低，当载荷达到 F_k 时，试样被拉断。

金属材料抵抗拉伸载荷的强度指标有屈服点、规定残余伸长应力、抗拉强度等。

1. 屈服点和规定残余伸长应力

在试验过程中，力不增加(保持恒定)、试样仍能继续伸长(变形)时的应力称为屈服点，用符号 σ_s (MPa)表示，其计算公式如下

$$\sigma_s = \frac{F_s}{S_0}$$

式中　F_s——试样屈服时的载荷(N)；

S_0——试样原始横截面积(mm^2)。

对于塑性很低的金属材料(如铸铁)，不仅没有明显的屈服现象，而且也不产生缩颈。图 2-3 为铸铁的力—伸长曲线。

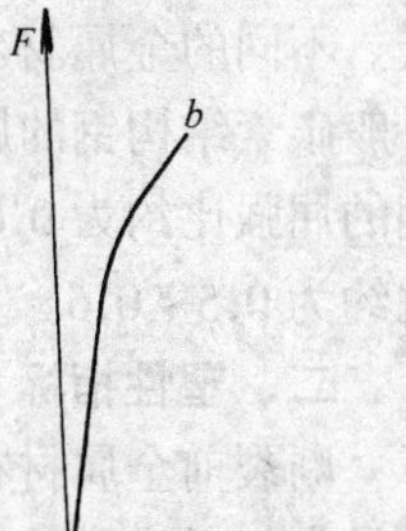

图 2-3　铸铁的力—伸长曲线

对于无明显屈服现象的金属材料，一般测定其规定残余伸长应力值，用 σ_r 表示。规定残余伸长应力是指试样卸除拉伸力后，其标距部分的残余伸长达到规定的原始标距百分比时的应力。表示此应力的符号，应附以下角标说明其规定的残余伸长率。

例如 $\sigma_{r0.2}$(MPa)表示规定残余伸长率为 0.2% 时的应力，其计算公式如下

$$\sigma_{r0.2} = \frac{F_{r0.2}}{S_0}$$

式中　$F_{r0.2}$——残余伸长率达0.2%时的载荷(N)；

　　　S_0——试样原始横截面积(mm^2)。

图2-4为规定残余伸长应力示意图。

屈服点是工程技术上极为重要的力学性能指标之一。因为工程中绝大部分结构件或零件在工作过程中不允许出现塑性变形。如柴油机的缸盖螺栓是不允许产生塑性变形的，否则后果将不堪设想。

2. 抗拉强度

材料在拉断前所能承受的最大应力称为抗拉强度，用符号 σ_b (MPa)表示，其计算公式如下

$$\sigma_b = \frac{F_b}{S_0}$$

式中　F_b——试样承受的最大载荷(N)；

　　　S_0——试样原始横截面积(mm^2)。

一般把 σ_s/σ_b 称为屈强比。屈强比小表示材料的可靠性好，即当零件承受载荷万一超载过屈服点时，在塑性变形与形变强化的共同作用下，零件不至于断裂，保证安全。但屈强比太小，则材料强度的利用率低。不同的金属材料，对屈强比的要求也有所不同。一般碳素结构钢的屈强比约为0.5~0.6，低合金结构钢的屈强比约为0.65~0.75，合金结构钢的屈强比约为0.7~0.8，弹簧钢的屈强比约为0.5~0.6。

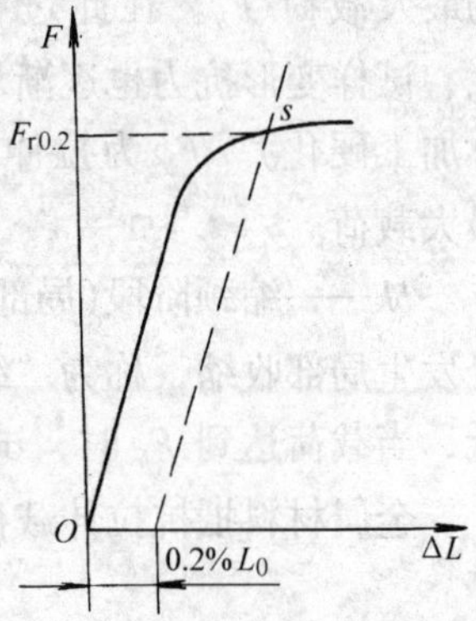

图2-4　规定残余伸长应力示意图

二、塑性指标

断裂前金属材料产生不可逆永久变形的能力称为塑性。常用拉伸试样断裂时的最大相对变形量来表示塑性指标。一般塑性指标是指断后伸长率和断面收缩率，它们是通过拉伸试验测定的。

1. 断后伸长率

试样拉断后，标距的伸长与原始标距的百分比称为伸长率，用符号 δ 表示，其计算方法如下

$$\delta = \frac{L_1 - L_0}{L_0} \times 100\%$$

式中　L_1——试样拉断后的标距(mm)；

　　　L_0——试样的原始标距(mm)。

注意，长试样($L_0 = 10d_0$)的伸长率用符号 δ_{10} 表示，短试样($L_0 = 5d_0$)的伸长率用

符号 δ_5 表示，习惯上 δ_{10} 也常写成 δ。在比较不同材料的断后伸长率时，应尽量采用同样尺寸规格的试样。对同样的材料，一般情况下 $\delta_5=(1.2\sim1.5)\delta_{10}$。

2. 断面收缩率

试样拉断后，缩颈处横截面积的最大缩减量与原始横截面积的百分比称为断面收缩率，用符号 Ψ 表示，其计算方法如下

$$\Psi=\frac{S_0-S_1}{S_0}\times100\%$$

式中 S_0——试样的原始横截面积(mm^2)；

S_1——试样拉断处的最小横截面积(mm^2)。

断面收缩率 Ψ 的大小与试样尺寸因素无关，因此所得的 Ψ 比 δ 的数值准确。

金属材料的 δ 和 Ψ 数值越大，表示材料的塑性越好。塑性好的金属可通过压力加工、焊接等加工方法制成形状复杂的零件。例如工业纯铁的 δ 可达 50%、Ψ 可达 80%，可以拉成细丝、轧薄板等。而白口铸铁的 δ 和 Ψ 几乎为零，不能进行塑性加工。

三、硬度

硬度是衡量金属软硬的度量，是各种零件和工具必须具备的性能指标。机械制造业使用的刀具、量具、模具等，都应具备足够的硬度，才能保证使用性能和寿命。因此，硬度是金属材料重要的力学性能之一。

由于测定硬度的试验设备比较简单、操作方便、迅速、损伤很小(属无损检验)，硬度值又可以间接地反映金属的强度以及金属在化学成分、金相组织和热处理工艺上的差异，因而硬度试验在产品的设计、制造及维修过程中应用十分广泛。

硬度试验的方法很多，有压入法(如布氏硬度、洛氏硬度等)、划痕法(莫氏硬度)、回跳法(肖氏硬度)等，生产中常用的是压入硬度试验法。

1. 布氏硬度

(1) 布氏硬度的测试原理　根据 GB231—84 规定，布氏硬度试验是用一定直径钢球或硬质合金球，以相应的试验力 F 压入试样表面，经规定保持时间后，卸除试验力，用测量表面压痕直径 d，据此计算出压痕球面积 A_B，求出每单位面积所承受的力 F/A_B，用以作为金属的硬度值的一种压痕硬度试验，如图 2-5 所示。

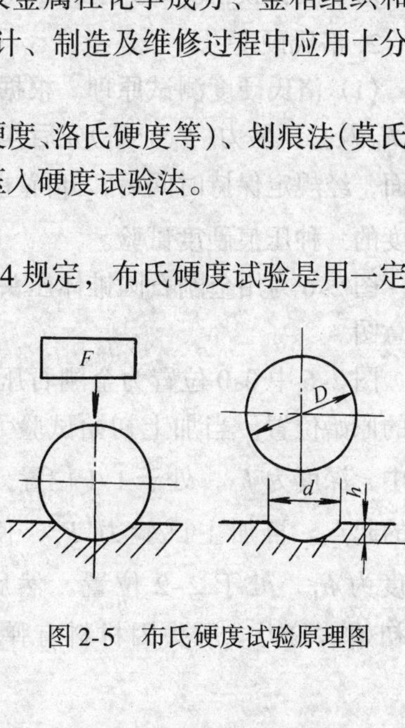

图 2-5　布氏硬度试验原理图

在实际应用中，布氏硬度一般不用计算，而是用专用的刻度放大镜量出压痕直

径 d，根据压痕直径的大小，再从硬度对照表中查出相应的布氏硬度值。

一般规定布氏硬度值在小于450时用淬火钢球压头，硬度符号用HBS表示；当布氏硬度值为450～650时，选用硬质合金压头，用HBW表示。

(2) 布氏硬度的表示方法　布氏硬度的表示方法规定：符号HBS或HBW之前的数字为硬度值，符号后面数字按球体直径、试验力保持时间(10～15s不标注)的顺序表示试验条件。例如：

1) 120HBS10/1000/30表示用直径10mm钢球在9.807kN试验力作用下保持30s时测得的布氏硬度值为120；

2) 500HBW5/750表示用5mm直径硬质合金球在7.355kN试验力作用下保持10～15s时测得的布氏硬度值为500。

一般情况，应尽量选用直径为10mm的球。

(3) 适用范围　布氏硬度的特点是试验时金属材料表面压痕大，能在较大范围内反映材料的平均硬度，测得的硬度值也较准确，数据重复性强。布氏硬度测量法适用于铸铁、有色金属及其合金、各种退火及调质的钢材。但由于有压头压痕的存在，故布氏硬度测试法不宜测定太硬、太小、太薄和表面不允许有较大压痕的试样或工件。

布氏硬度值HBS与 σ_b 值在一定条件下存在着一定的近似关系，可以近似换算，其经验公式如下：

对于钢：当HBS > 175时，$\sigma_b \approx 3.62 \times \text{HBS}$；当HBS < 175时，$\sigma_b \approx 3.45 \times \text{HBS}$。

对于灰铸铁：$\sigma_b \approx 5(\text{HBS} - 40)/3$。

2. 洛氏硬度

(1) 洛氏硬度测试原理　根据GB230—91规定：洛氏硬度试验是在初始试验力 F_0 及总试验力($F_0 + F_1$)先后作用下，将压头(金刚石圆锥体或钢球)压入试样表面，经规定保持时间后，卸除主试验力 F_1，用测量的残余压痕深度增量计算硬度的一种压痕硬度试验。

图2-6为用金刚石圆锥体压头进行洛氏硬度试验的示意图。

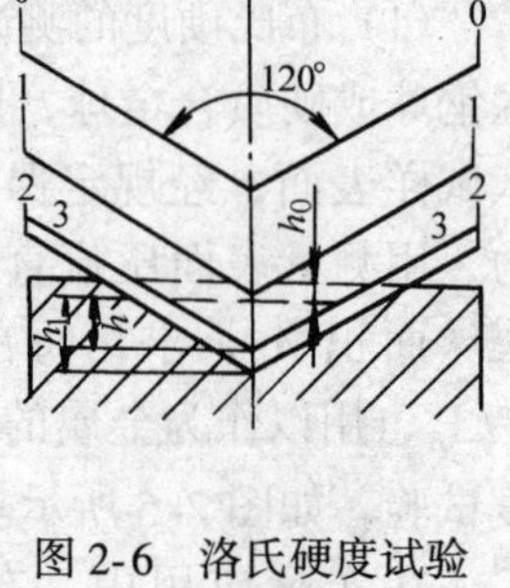

图2-6　洛氏硬度试验原理图

图2-6中0-0位置为金刚石压头还没有和试样接触时的原始位置。当加上初始试验力 F_0 后，压头压入试样中，深度为 h_0，处于1-1位置，此位置为测量压痕深度的起点。再加主试验力 F_1，使压头又压入试样的深度为 h_1，处于2-2位置。然后去除主试验力，保持初始试验力。压头因材料有弹性恢复到图中3-3位

置。因此，压头受主载荷作用实际压入试件表面产生塑性变形的压痕深度为 h。

（2）洛氏硬度的表示方法　洛氏硬度的表示方法规定：硬度数值写在符号的前面，HR 后面写使用的标尺。例如：

1）50HRC 表示用 C 标尺测定的洛氏硬度值为 50；

2）70HRA 表示用 A 标尺测定的洛氏硬度值为 70。

（3）适用范围　由于用同一台洛氏硬度计可以测定从软到硬不同金属材料的洛氏硬度，测量洛氏硬度常用的标尺有 A、B、C 三种，则洛氏硬度相应地可分为 HRA、HRB、HRC 三种，其试验范围及应用如表 2-1 所示。

表 2-1　洛氏硬度试验规范（摘自 GB 230—91）

洛氏硬度标尺	硬度符号	压头类型	初始试验力 F_0/N	主试验力 F_1/N	总试验力 F/N	洛氏硬度范围
A	HRA	金刚石圆锥	98.07	490.3	588.4	20～88HRA
B	HRB	1.5875mm 钢球	98.07	882.6	980.7	20～100HRB
C	HRC	金刚石圆锥	98.07	1373	1471	20～70HRC

洛氏硬度与布氏硬度相比，其数据重复性差、硬度值的准确性较差。在测试洛氏硬度时，一般至少要选取不同位置的三点测出硬度值，再计算平均值作为被测材料的硬度值。洛氏硬度试验压痕小，对试样表面损伤小，试验操作简便，可以直接从试验机上显示出硬度值，常可直接检验从很软到很硬(甚至很薄)金属材料的成品或半成品的硬度。

3. 维氏硬度

（1）维氏硬度测试原理　根据 GB4340—84 规定：维氏硬度试验是将相对面夹角为 136°的正四棱锥体金刚石压头，以选定的试验力 49.03～980.7N 压入试样表面，经规定保持时间后，卸除试验力，用测量压痕对角线的长度计算硬度的一种压痕硬度试验，如图 2-7 所示。

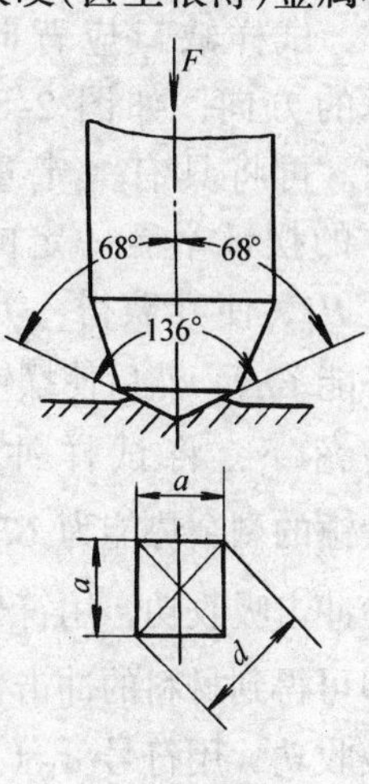

图 2-7　维氏硬度试验原理图

在实际工作中，维氏硬度值同布氏硬度一样，不用计算，而是根据压痕对角线长度，从专用表中直接查出。

（2）维氏硬度的表示方法　维氏硬度的表示方法规定：HV 前面为硬度值，HV 后面的数字按试验力、试验力保持时间(10～15s 不标注)顺序表示试验条件。例如：

1）640HV30 表示用 294.2N 试验力，保持 10～15s (可省略不标)测定的维氏硬度值为 640；

2）640HV30/20 表示用 294.2N 试验力，保持 20s 测定的维氏硬度值为 640。

（3）适用范围　维氏硬度试验时对试件表面质量要求较高，测试方法较繁，但因可加的试验力小，压入深度较浅，故可测量较薄或表面硬度值较大的材料的硬度、测定很软到很硬的各种金属材料的硬度，且连续性好、准确性高。

布氏硬度、洛氏硬度与抗拉强度之间存在着一定的经验关系，但由于这些硬度指标与强度指标的物理意义不同，应尽量避免相互换算。当必须换算时，应按照 GB1172—74《黑色金属硬度及强度换算值》规定进行换算（见附录）。

四、冲击韧度

许多机械零件在工作中，往往要受到冲击载荷的作用，如内燃机车上的活塞销、锻锤的锤杆等，在选用制造这类零件的材料时，其性能指标单纯用静载荷作用下的指标（强度、塑性、硬度）来衡量是不安全的，必须考虑材料抵抗冲击载荷的能力，而材料抵抗冲击载荷的能力与材料的韧性存在一定的经验关系。金属材料在断裂前吸收变形能量的能力称为韧性。目前，常用一次摆锤冲击试验、小能量多次冲击试验来测定金属材料的韧性。

1. 一次摆锤冲击试验

冲击试验的原理是利用能量守恒原理，即试样被冲断过程中吸收的能量等于摆锤冲击试样前后的势能差。

冲击试验的方法：将待测的金属材料加工成标准试样，然后放在试验机的支座上，放置时，试样缺口应背向摆锤的方向，如图 2-8 所示。再将具有一定重力 G 的摆锤举至一定的高度 H_1，使其获得一定的势能 GH_1，然后使摆锤自由落下，将试样冲断。摆锤的剩余势能为 GH_2。试样破断所吸收的能量即是摆锤冲击试样所作的功，称为冲击吸收功，用符号 A_K（J）表示。冲击吸收功 A_K 除以试样缺口处截面积 S_0，即可得到材料的冲击韧度。冲击韧度是冲击试样缺口底部单位横截面积上的冲击吸收功，用符号 a_K（J/cm²）表示，其计算公式如下

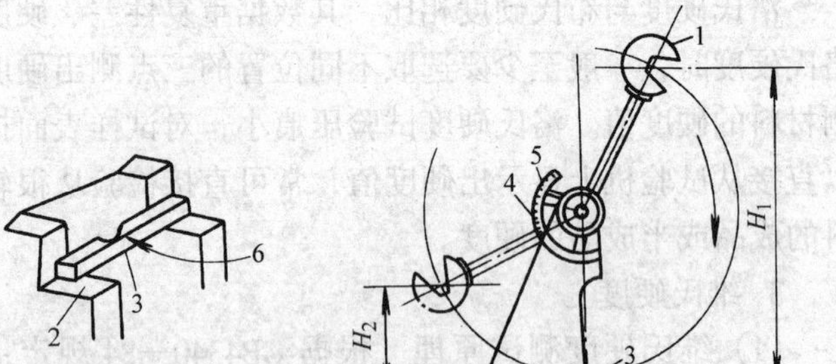

图 2-8　冲击试验示意图

$$a_K = A_K / S_0$$

式中　A_K——冲击吸收功，依能量守恒定律，$A_K = G(H_1 - H_2)$；

G——摆锤的重力(N)；

H_1——摆锤举起的高度(m)；

H_2——冲断试样后，摆锤回升的高度(m)；

S_0——试样缺口处横截面积(cm^2)。

在同一温度，由不同材料做成的相同的冲击试样，冲击吸收的功越大，冲击韧度越大，表示材料的韧性越好。在不同温度、相同材质、相同冲击试样的一系列冲击试验时，随温度的降低，冲击吸收功或冲击韧度总的变化趋势是随温度降低而降低。当温度降至某一数值时，冲击吸收功或冲击韧度急剧下降，钢材由韧性断裂变为脆性断裂，这种现象称为冷脆转变。这种在一系列不同温度的冲击试验中，冲击吸收功急剧变化或断口韧性急剧转变的温度区域称为韧脆转变温度。韧脆转变温度是衡量金属材料冷脆倾向的指标。材料的韧脆转变温度愈低，材料的低温冲击韧度愈好。碳素结构钢的韧脆转变温度为－20℃，因此在较寒冷地区使用的车辆、桥梁、输送管道等碳素结构钢构件，在冬天易发生脆断现象。一般在选择金属材料时，应考虑其周围环境的最低温度必须高于材料的韧脆转变温度。

常温下钢材的冲击试验按 GB/T229—94《金属夏比缺口冲击实验方法》和 GB/T12778—91《金属夏比断口冲击实验方法》的规定进行。金属低温和高温冲击试验具体要求参见 GB4159—84 和 GB5775—86。

实践表明，承受冲击载荷的机械零件，很少因一次大能量冲击而遭破坏，绝大多数是在小能量多次冲击作用下而破坏的。例如冲模的冲头、凿岩机风镐上的活塞等，对于这类零件的破坏，是由于多次冲击损伤的积累，导致裂纹的产生与扩展的结果，根本不同于一次冲击的破坏过程。因此，一次冲击韧度高的材料，小能量多次冲击抗力不一定高，需要采用小能量多次冲击试验来检验这类金属的抗冲击性能。

实践证明，金属材料在受到冲击能量很大、冲击次数很少的冲击载荷作用时，其冲击抗力主要取决于冲击韧度 a_K；小能量多次冲击条件下，其冲击抗力主要取决于材料的强度和塑性两项指标。随着条件的不同，其强度和塑性的作用和要求是不同的：小能量多次冲击的脆断问题，主要决定于材料的强度；较大能量较少次冲击的脆断问题主要决定于材料的塑性。例如，目前广泛采用球墨铸铁制造柴油机的曲轴，其冲击韧度仅为 $15J/cm^2$，塑性差($\delta = 2\%$)，但强度较高($\sigma_b = 700 \sim 800MPa$)，运转较好。

2. 断裂韧度

断裂韧度是用来反映材料抵抗裂纹失稳扩展，即抵抗脆性断裂的性能指标。断裂韧度是材料固有的力学性能指标，是强度和韧性的综合体现。它与裂纹的大小、形状、外加应力等无关，主要取决于材料的成分、内部组织和结构。

断裂韧度测定是把试验材料制成一定形状和尺寸的试样，在试样上预制出能反映材料实际情况的疲劳裂纹，然后施加载荷。试验中用仪器自动记录并绘出外力与裂纹扩展的关系曲线，经过计算和分析，确定断裂韧度。

五、金属的疲劳强度

1. 疲劳的概念

许多机械零件，如轴、齿轮、轴承、汽轮机、叶片、弹簧等，是在交变应力作用下工作的。交变应力是指应力的大小和方向均随时间作周期性变化的应力，(也称循环应力)。常见的交变应力是对称循环交变应力(如图 2-9 所示)，其最大值 σ_{max} 和最小值 σ_{min} 的大小相等，且 $\sigma_{max}/\sigma_{min}=-1$。

疲劳是指材料在循环应力和应变作用下，在一处或几处产生局部永久性累积损伤，经一定循环次数后产生裂纹或突然发生完全断裂的过程。

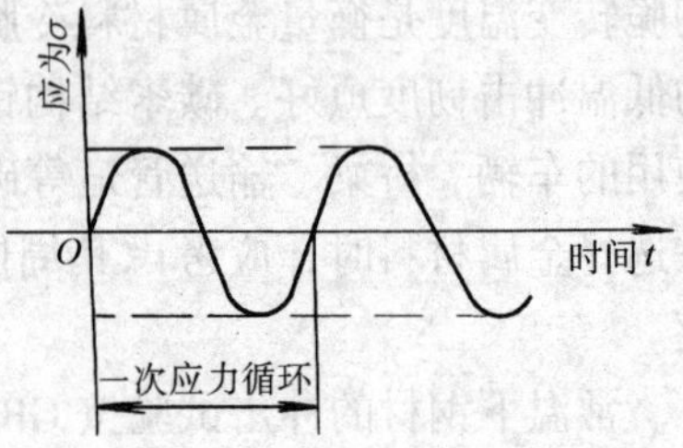

图 2-9　对称循环交变应力图

2. 疲劳破坏

疲劳失效是工程中最常见的失效形式之一，据统计，在机械零件失效中大约有 80%以上属于疲劳破坏。由于引起疲劳断裂的应力很低(常低于材料的屈服点)，疲劳断裂时没有明显的宏观的塑性变形，断裂前没有预兆，而是突然地破坏，因此疲劳破坏危害极大。

(1) 疲劳破坏过程　疲劳破坏的过程可分为裂纹萌生、裂纹扩展和瞬时断裂三个阶段。

通过研究发现，承载的零部件，在微观上其内部组织是不均匀的。在交变应力作用下，易萌生裂纹。这种裂纹长度极小，约为 $10^{-4}\sim10^{-9}$m，故称为“微观裂纹”，简称“微裂纹”。此外，承载的零部件，常易在材料的表面缺陷处(如夹杂物、大块状碳化物、脱碳层等)或缺口(如螺纹尖角、机加工的刻痕或其它截面积突变处)区域萌生微裂纹，形成“疲劳源”。

微裂纹生成后，在裂纹尖端处形成应力集中。在应力集中和应力反复交变的条件下，微裂纹不断扩展、相互贯通，形成较大的裂纹。这种裂纹的长度大于 10^{-4}m，能为裸眼所见，故称为“宏观裂纹”。

再经过若干次应力交变之后，宏观裂纹继续扩展，致使零部件有效截面减小，平均应力增大，当超过材料的断裂强度时，导致零件突然断裂。结果，在较低的应力水平下，零部件发生破坏。

裂纹的生成和扩展是一个复杂的过程。一般认为，除材料本身的状态外，它与零部件的外形、尺寸、应力交变类型以及所处的介质等有很大关系。尤其在氧化物、硫化物等非金属夹杂物和钢件表面的沟漕、螺纹根部、加工刀痕、截面突变等处，更易诱发裂纹。

（2）疲劳破坏的宏观断口　疲劳破坏的宏观断口由疲劳裂纹的微裂源、疲劳裂纹的扩展区和最后断裂区三部分组成。疲劳裂纹扩展区常常呈贝纹线状或海滩状花样，这是疲劳断口最具特征的区域，易于识别。疲劳断裂宏观断口示意图，如图 2-10 所示。

3. 疲劳曲线和疲劳强度

疲劳曲线和疲劳强度都是通过疲劳试验测定的。疲劳试验的主要设备是疲劳试验机。疲劳试验机是模拟实际中的工作情况，为试件提供变动应力、绘出稳定参数的试验设备。由于实际工作情况的多样性，试验机的类型很多。实验室常用的是对称循环应力作用下的旋转弯曲疲劳试验机，包括纯弯曲和悬臂弯曲两种类型。

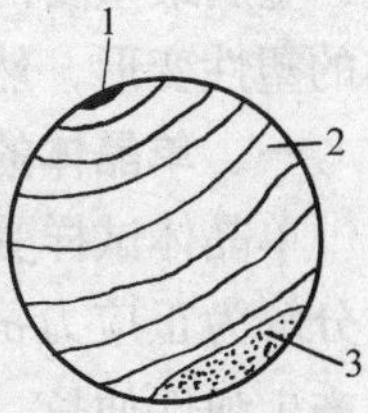

图 2-10　疲劳断口示意图

1—微裂源

2—扩展区

3—瞬间区

金属的疲劳曲线，是指材料承受一定的交变应力 σ 与断裂时相应的循环周次 N 的关系曲线，也叫 σ-N 曲线，如图 2-11所示。

从图 2-11 可以看出，金属承受的最大交变应力越大，则断裂时应力循环次数 N 越少，反之，则 N 越大。对钢铁材料来说，当应力低于一定值时，试样可以经受无限周期循环而不破坏。因此，工程上以材料承受无限次应力循环而不破坏的最大应力值作为疲劳强度。在对称交变应力条件下，由于 $\sigma_{max}/\sigma_{min} = -1$，故疲劳强度用 σ_{-1}表示，单位为 MPa。

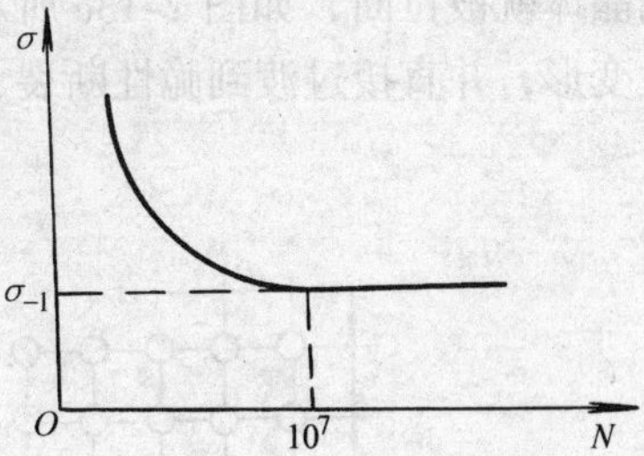

图 2-11　σ-N 曲线

大量试验表明，材料的疲劳曲线大致可分为两种类型：一种类型是疲劳曲线上有明显的水平部分，如钢铁材料的疲劳曲线；另一类是疲劳曲线上没有水平部分，如铝合金及高温下或在腐蚀介质中的钢的某些疲劳曲线，这时就规定某一 N_0 值所对应的应力作为“条件疲劳极限”，N_0 称为循环基数。对于实际零件来说，N_0 是根据零件工作条件和使用寿命来确定的，如火车车轴取 $N_0 = 5 \times 10^7$ 次，汽车发动机的曲轴取 $N_0 = 12 \times 10^7$ 次，汽轮机叶片取 $N_0 = 25 \times 10^{10}$ 次等；有色金属，$N_0 = 10^8$ 次，腐蚀疲劳时，$N_0 = 10^6$ 次。

4. 提高疲劳强度的措施

为提高疲劳抗力，在设计、制造各类机械零件时，应尽量采用合理的结构形状，减小截面突变，避免表面划伤、腐蚀，尽可能采用表面强化方法手段(如喷丸、渗碳等)。目前一些重要的机械零件使用、维修单位均采用一定的防范措施，以监测裂纹的状态及其发展情况。

第二节　金属的塑性变形

金属最重要的特性之一是具有优良的塑性。为了便于研究，本章先讨论单晶体的塑性变形，然后再讨论较复杂的多晶体(实际金属)的塑性变形。

一、单晶体的塑性变形

单晶体试样受拉力时，作用在晶体内一定的晶面上的外力 F 可分解为正应力 σ_N 和切应力 τ_N，如图 2-12 所示。正应力只使晶格产生弹性伸长，并在超过原子间结合力时将晶体拉断，如图 2-13 所示；而切应力则可在晶格产生弹性歪扭之后，进一步造成滑移，从而引起塑性变形，如图 2-14 所示。当晶体在正应力 σ_N 作用下，原子间距 c 增大，原子离开平衡位置，如图 2-13b 所示，此时，由于原子间的引力抵抗拉力，试图恢复原状而处于弹性变形状态，所以当外力除去后，原子在引力的作用下，恢复到原来位置，金属的显微组织也无变化。如果正应力超过原子间引力，则晶体就被拉断，如图 2-13c 所示。故正应力只能使晶体产生弹性变形，并直接过渡到脆性断裂，而不能产生塑性变形。

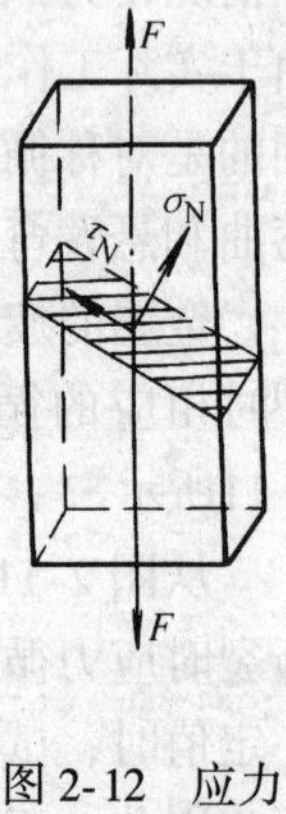

图 2-12　应力的分解

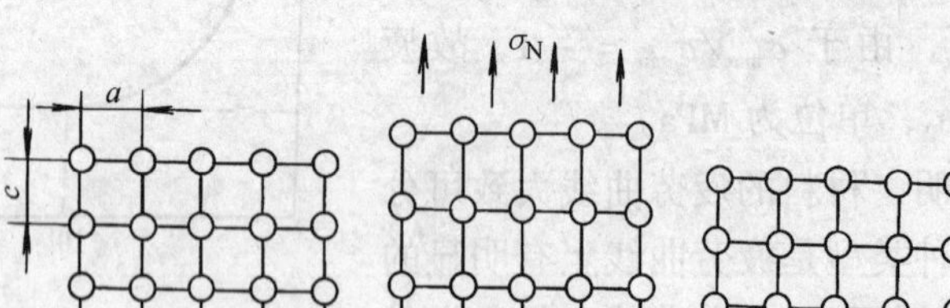

图 2-13　正应力作用下晶体变形示意图

a）变形前　b）弹性变形　c）断裂

在切应力 τ_N 作用下，晶体的变形如图 2-14 所示。当切应力小时，晶体发生弹性变形，如图 2-14b 所示，当切应力增大到一定值后，晶体一部分相对另一部分沿着滑移面相对滑移，滑移的距离为原子间距离的整倍数，如图 2-14c 所示。这时除去外力后，晶体中的原子不能回复到它原来位置，如图 2-14d 所示，这就产生了塑性变形。

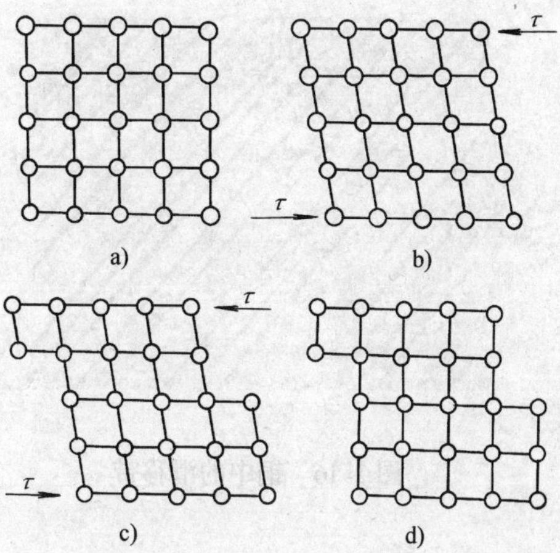

图 2-14　切应力作用下晶体变形示意图
a）变形前　b）弹性变形
c）弹塑性变形　d）变形后

单晶体的塑性变形的基本方式有两种，即滑移和孪生，但一般在大多数情况下都是以滑移方式进行的。

1. 滑移的基本概念

滑移是指晶体在切应力作用下，其一部分相对于另一部分沿一定晶面和晶向发生相对的滑动，即晶体中产生层片之间的相对位移（如图 2-15 所示），这种位移在应力去除后不能恢复。大量的层片间滑动的积累，就构成金属的宏观塑性变形。

能够产生滑移的晶面和晶向，相应地称为滑移面和滑移方向，滑移通常是沿晶体中原子密度最大的晶面和晶向进行的。一个滑移面与其上的一个滑移方向组成一个滑移系，滑移系越多，金属发生滑移的可能性越大，塑性就越好。

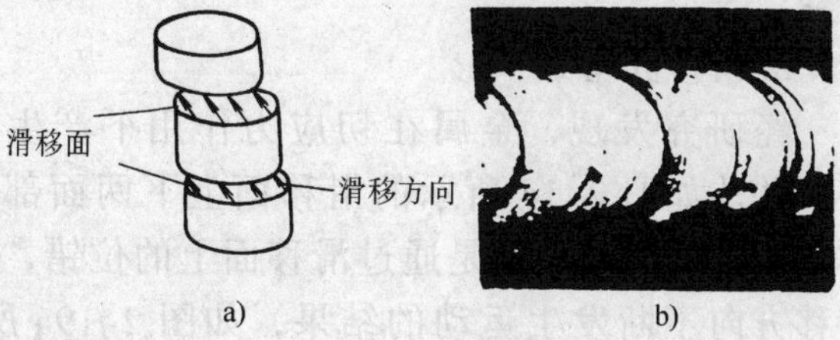

图 2-15　单晶体的滑移
a）示意图　b）单晶体外表面的滑移痕迹

若将表面抛光的单晶体金属试样进行适量的拉伸塑性变形后，在光学显微镜下观察，可发现试样表面有许多互相平行的线条，它们被称为滑移带（如图 2-16 所示）。若进一步用电子显微镜作高倍观察，则发现每条滑移带都是由许多密集的互相平行的更细的滑移线和台阶所组成（如图 2-17 所示）。对滑移线观察表明，晶体的塑性变形是不均匀的，滑移只是分别地集中发生在一些晶面上，而滑移带或滑移线之间和晶体层片间则未产生变形，只是彼此之间相对位移而已。

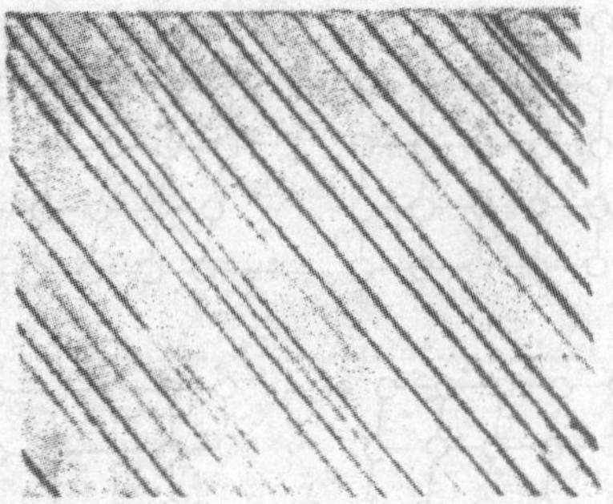

图 2-16 铜中的滑移带

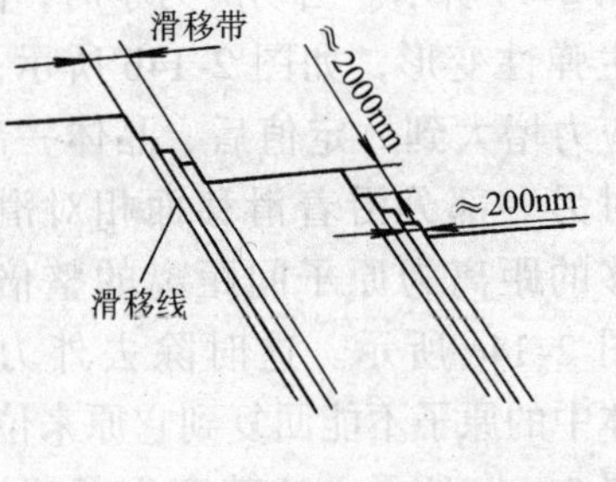

图 2-17 滑移带和滑移线示意图

晶体借滑移发生塑性变形时，往往伴随着取向的改变，即晶面发生转动，如图 2-18 所示。图 2-18 中给出的是一单晶试样作拉伸试验时的情景，单晶体受拉伸应力产生滑移时，如不受夹头限制，则拉伸轴线将逐渐偏移，使试样两端的拉力不处于同一轴线上。但实际上由于夹头的限制，拉伸轴线方向不能改变，这样就必须使晶体中的晶面作相应的转动。其结果使滑移面和滑移方向，逐渐趋向与拉力轴线平行的方向。

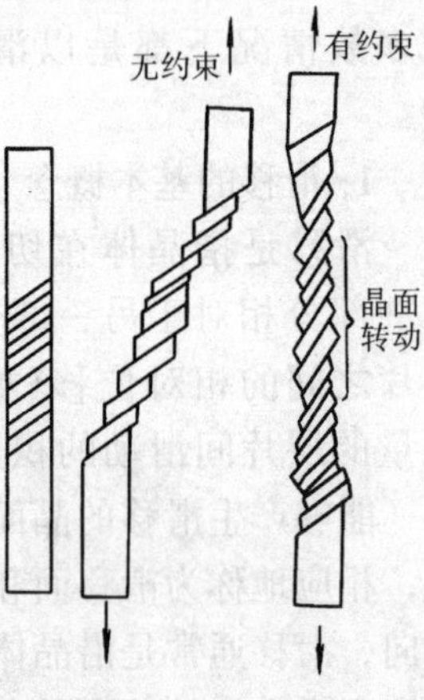

图 2-18 单晶体滑移时晶面的移动

2. 滑移机理

经研究发现，金属在切应力作用下产生的滑移，并非如图 2-14 所示的滑移面上下两面部分晶体作刚性的滑动，而是通过滑移面上的位错，沿着滑移方向不断发生运动的结果，如图 2-19a 所示。由于实际晶体中存在有位错，在切应力作用下，位错中心上面原子向右作微量位移，进到虚线位置；位错中心下面的原子向左作微量位移，进到虚线位置，位错中心便会向右移动一个原子间距，如图 2-19b 所示。当位错线在切应力作用下移动时，滑移就逐渐发展，在位错向右移动到晶体表面时，晶体就沿其滑移面产生了一个原子间距的滑移量。而大量的（n 个）位错沿着同一滑移面移到晶体表面，就形成了显微镜下所观察到的滑移台阶，结果晶体就产生了塑性变形。

二、多晶体金属的塑性变形

多晶体中各晶粒内部的基本变形方式与单晶体相同，即仍是以滑移等方式进行的，但由于晶粒之间位向不同和晶界的存在，多晶体的塑性变形要复杂得多。

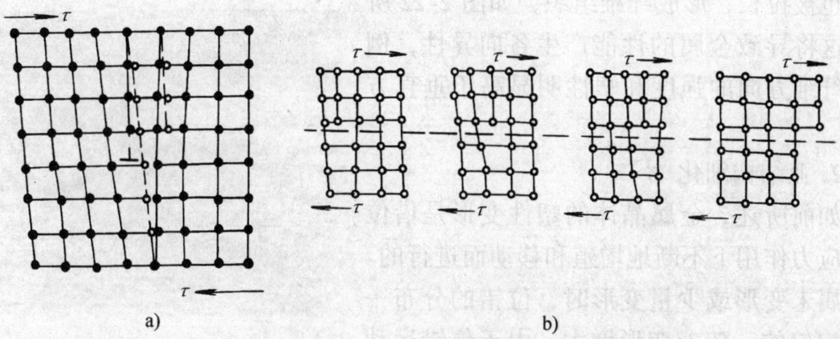

图 2-19　刃形位错运动形成滑移示意图

只包含两个晶粒的试样在拉伸前后的变形情况，如图 2-20 所示：在远离晶界处变形很明显，而晶界附近则变形很少，产生了所谓“竹节现象”。这一实验说明，晶界处的塑性变形抗力(强度)远较晶粒本身的高。这是由于晶界处原子排列混乱，晶格畸变较大，并且常有杂质存于其间，使滑移过程中的位错移动受到阻碍。晶界越多，多晶体塑性变形抗力越高。同时，由于多晶体中各个晶粒的空间位向不同，也会增加变形抗力。相邻晶粒位向差越大，则滑移阻力越大。上述仅是包含两个晶粒的试样的最简单的情况，多晶体金属实际上由许多晶粒组合而成，由于晶粒与晶粒之间的相互制约，变形过程还要复杂一些。

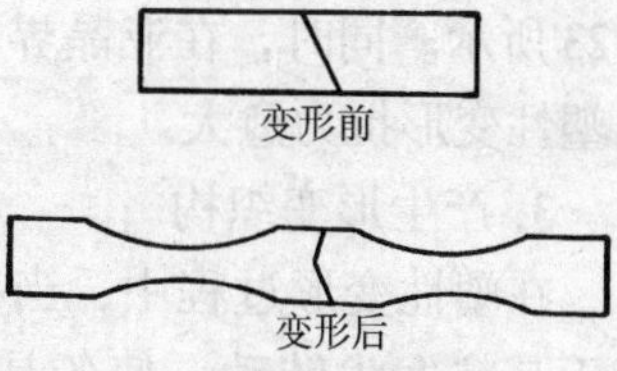

图 2-20　多晶体试样在拉伸时的变形

第三节　塑性变形对组织和性能的影响

塑性变形包括冷塑性变形和热塑性变形，本节主要讨论冷塑性变形对金属组织和性能的影响。

一、金属组织和结构的变化

1. 晶粒变形

金属塑性变形时，在外形变化的同时，内部晶粒的形状也发生变化。通常是晶粒沿变形方向被压扁或拉长，如图 2-21 所示。变形度愈大，晶粒形状变化愈大。变形量很大时，晶粒变成细条状，金属中的夹

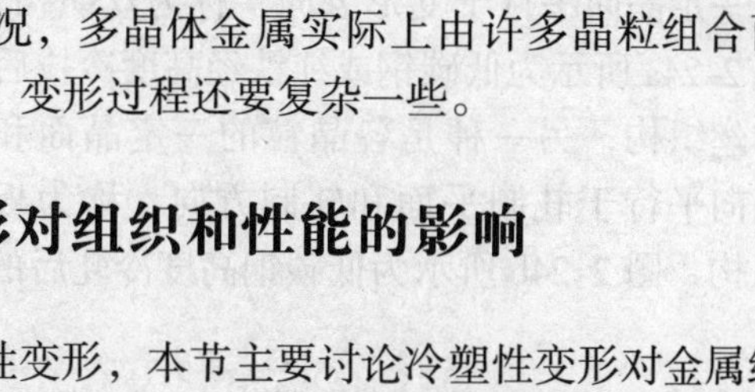

图 2-21　变形前后晶粒形状变化示意图
a）变形前　b）变形后

杂物也被拉长，形成纤维组织，如图 2-22 所示，这将导致金属的性能产生各向异性，例如沿纤维方向的强度和塑性明显高于垂直方向的。

图 2-22　铜的纤维组织(变形度 68%)

2. 亚结构细化

如前所述，金属晶体的塑性变形是借位错在应力作用下不断地增殖和移动而进行的。在金属未变形或少量变形时，位错的分布一般是均匀的。随着变形增大，由于位错运动和交互作用，出现位错不均匀分布，并使晶粒碎化成许多位向略有差异的亚晶粒，如图 2-23 所示。同时，在亚晶界上聚集大量位错，亚晶界愈多，位错密度愈大，金属塑性变形抗力愈大。

3. 产生形变织构

在塑性变形过程中，当变形量很大时，由于晶粒发生转动，使各晶粒的位向趋近于一致，形成特殊的择优取向，这种结构称为形变织构。

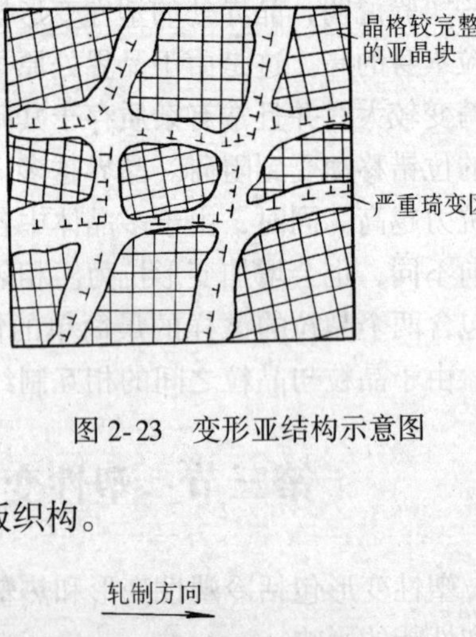

图 2-23　变形亚结构示意图

形变织构一般分两种：一种是各晶粒的一定晶向平行于变形方向，称为丝织构，图 2-24a 所示为低碳钢或纯铁经高度冷拔后的丝织构；另一种是各晶粒的一定晶面和晶向平行于轧制平面和轧制方向，称为板织构，图 2-24b 所示为低碳钢高度冷轧后的板织构。

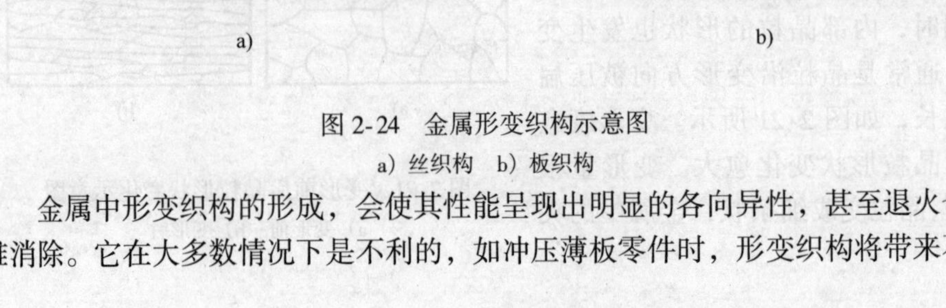

图 2-24　金属形变织构示意图

a）丝织构　b）板织构

金属中形变织构的形成，会使其性能呈现出明显的各向异性，甚至退火也很难消除。它在大多数情况下是不利的，如冲压薄板零件时，形变织构将带来不均匀的塑性变形，造成筒形工件四周边缘不整齐的所谓“制耳”现象(如图 2-25 所示)。但生产上有时也利用织构现象来提高硅钢片的某一方向的磁导率，使铁损大大减小，变压器的效率大大提高。

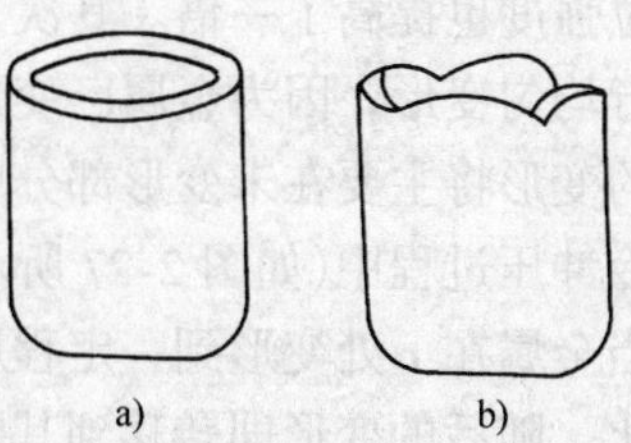

图 2-25　冷冲压制耳现象

a）无制耳　b）有制耳

二、残余内应力

在塑性变形金属中，由于各部分变形的不均匀性，将造成变形内应力，又称残余内应力。按残余内应力作用范围及特性不同，可分为以下三大类：宏观残余应力、微观残余应力及晶格畸变应力。

(1) 宏观残余应力(第一类内应力)　由于金属材料各部分变形不均匀而造成的宏观范围内的残余应力，称为宏观残余应力，如金属杆弯曲、拉丝时所产生的内应力。

(2) 微观残余应力(第二类内应力)　晶粒与晶粒之间以及同一颗晶粒的不同区域之间，因变形不均匀而引起的内应力。

(3) 晶格畸变应力(第三类内应力)　多晶体金属在塑性变形后，由于位错、空位等晶体缺陷增加，使晶体中一部分原子偏离其平衡位置而造成晶格畸变，这种由于晶格畸变而产生的残余应力，称为晶格畸变应力。它在几百或几千个原子范围内维持相互平衡，是存在于变形金属中最重要的残余应力，约占总残余应力的 90% 以上，这是使变形金属强化的主要原因之一。

三、加工硬化(形变强化)

加工硬化是指塑性随变形度的增大，金属的强度和硬度显著提高而塑性和韧性明显下降的现象。加工硬化也称作形变强化，它是由于金属的塑性变形而引起的金属性能方面的变化。图 2-26 表示低碳钢(用实线表示)和纯铜(用虚线表示，w_C = 0.3%)的强度和塑性随变形程度增加而变化的情况。

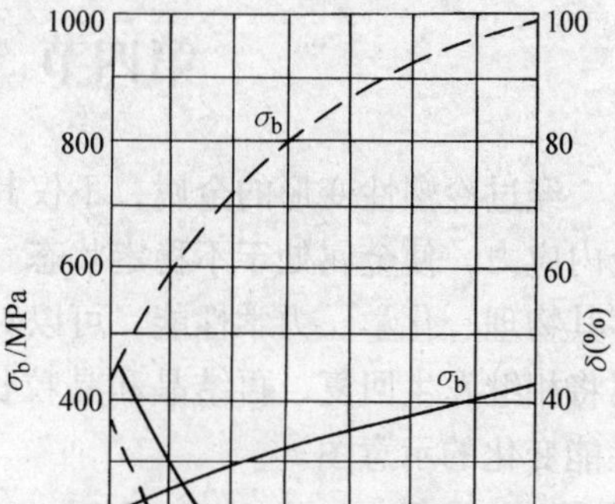

图 2-26　冷塑性变形对金属力学性能的影响

加工硬化具有极重要的实际意义。首先，它是一种非常重要的强化手段，可用来提高金属的强度，这对于那些不能用热处理方法强化的合金尤其重要。例如 18-8 型奥氏体不锈钢，变形前强度不高($\sigma_{r0.2}$ = 196MPa)，但经 40% 轧制变形后，屈服强度提高了 3 ~ 4 倍($\sigma_{r0.2}$ = 784 ~ 980MPa)，抗拉强度也提高了一倍。其次，加工硬化有利于金属进行均匀变形，因为金属已变形部分得到强化时，继续的变形将主要在未变形部分中发展。例如金属材料在冷冲压过程中(如图 2-27 所示)，由于 r 处变形最大，当金属在 r 处变形到一定程度以后，首先产生形变强化，随后的变形即转移到其他部分，这样便可得到壁厚均匀的冲压件。第三，它可保证金属零件和构件的工作安全性，因为金属具有较好的形变强化能力，能防止短时超载引起的突然断裂。

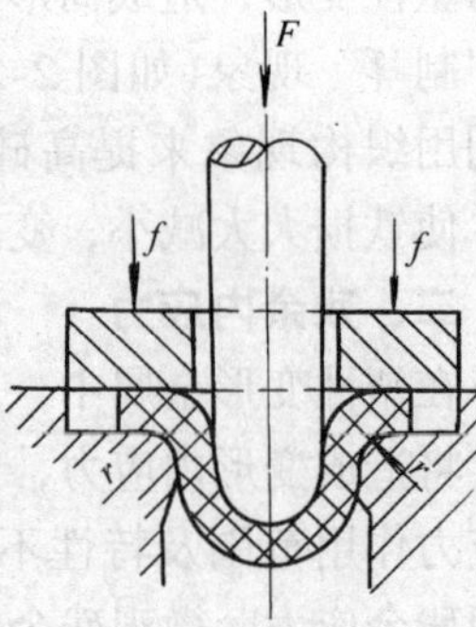

图 2-27　冲压示意图

但加工硬化也有不利的一面。由于材料塑性的降低，给金属材料进一步冷塑性变形带来困难。为了使金属材料能继续变形加工，必须进行中间热处理，以消除形变强化。这就增加了成本，降低了生产率。

塑性变形时外力所作功的绝大部分转化成热而散耗，只有不到 10% 的功转化为内应力而残留在金属中，使内能增加。为了消除残余应力所引起的变形、开裂等有害作用，生产中必须增加消除残余应力的专门的工序(主要通过热处理)。但是，在某些情况下，残余应力的存在也会产生有利作用。例如借适当的工艺方法(如喷丸处理、渗碳、渗氮等)在零件表面造成残余压应力，则将提高疲劳强度。

塑性变形除了影响力学性能以外，也会使金属某些物理、化学性能发生变化，如电阻增加、化学活性增大、而耐蚀性则降低等。

第四节　回复与再结晶

经过冷塑性变形的金属，不仅其组织结构与性能发生了变化，而且还存在残余内应力，使金属处于不稳定状态。为了使其组织结构趋于稳定状态，恢复或改善其物理、化学、力学性能，可以对金属进行加热。随加热温度的提高，变形金属将相继发生回复、再结晶和晶粒长大过程，图 2-28 所示为这三个阶段组织与性能变化的示意图。

一、回复

回复阶段是指加热温度不高时，由于原子扩散能力不很大，变形金属的显微组织不发生明显变化，仅强度和硬度略有降低，而塑性略有增大，但残余应力显著下降，其物理和化学性能也部分地恢复到变形前的这一阶段。在工业上，为保持金属经冷塑性变形后的高强度，往往采用回复处理，以降低内应力，适当提高塑性。例如冷拔钢丝弹簧加热到 250 ~ 300℃，青铜丝弹簧加热到 120 ~ 150℃，就是进行回复处理，使弹簧的弹性增强，同时消除加工时带来的内应力。

二、再结晶

1. 再结晶的基本概念

当冷塑性变形后的金属加热到比回复阶段更高的温度时，由于原子扩散能力增大，使被拉长而呈纤维状的晶粒又变为等轴晶粒，同时使加工硬化现象消除，这一过程称为再结晶。

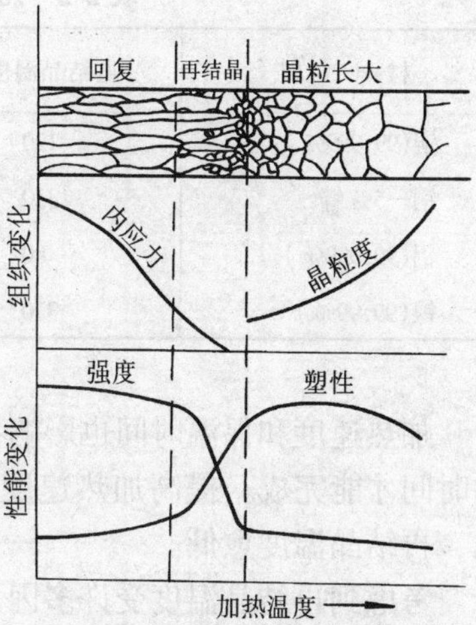

图 2-28　变形金属加热时组织和性能变化示意图

再结晶后的晶粒内部晶格畸变消失，位错密度下降，残余应力与加工硬化现象也完全消失，因而金属的强度、硬度显著下降，而塑性则显著上升，结果使变形金属的组织和性能基本上恢复到冷塑性变形前的状态。

2. 再结晶温度

再结晶不是在恒温下而是在一个温度范围内发生的，一般所说的再结晶温度是指开始再结晶的温度。生产上常规定在 1h 内能完成再结晶的最低温度为再结晶温度 $T_{再}$。它与金属的熔点、纯度、冷塑性变形程度等因素有关。

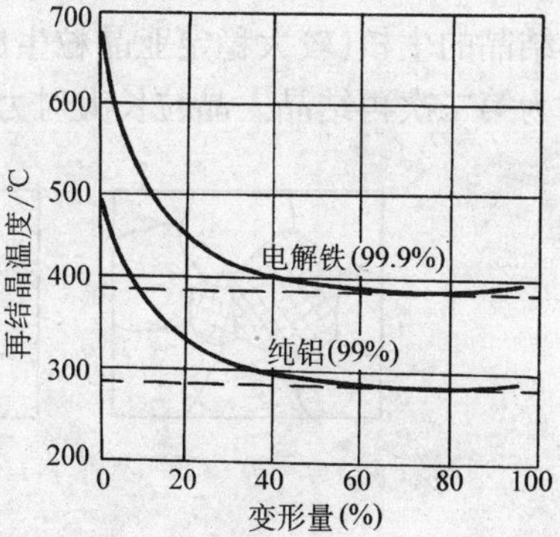

图 2-29　金属的再结晶温度与变形量的关系

金属的冷塑性变形程度愈大，再结晶的倾向愈大，再结晶开始温度愈低。当冷塑性变形程度达到一定量后，再结晶温度将趋于某一个稳定值(如图 2-29 所示)，此温度就是通常指的再结晶温度。大量实验证明，各种纯金属再结晶温度 $T_{再}$ 与其熔点 $T_{熔}$ 间的关系大致如下：

$$T_{再} \approx 0.4 T_{熔}$$

式中各温度值，应按绝对温度计算。由此式可知，金属的熔点愈高，在其它条件相同时，再结晶温度愈高。

金属中的微量杂质和合金元素特别是高熔点元素，因阻碍原子扩散和晶界迁移，可显著提高再结晶温度。例如高纯度铝(99.999%)的 $T_{再}$ 为 80℃，而工业纯铝(99.0%)的 $T_{再}$ 提高到了 290℃。

每种金属都有对提高其再结晶温度最有效的元素，例如对钢有 Mo 和 W，对铝有 Be 和 Zr 等。表 2-2 给出了几种金属和合金的再结晶温度。

表 2-2　几种金属和合金的再结晶温度

材　　料	再结晶温度/℃	材　　料	再结晶温度/℃
铜(99.999%)	120	铜(无氧铜)	200
铜—5% 锌	320	铜—5% 铝	290
铝(99.999%)	80	铝(99.0%)	290
镍(99.99%)	370	镍(99.4%)	600

加热速度和保温时间也影响再结晶温度。再结晶是一个扩散过程，需要一定的时间才能完成。提高加热速度会使再结晶在较高温度下发生，而保温时间愈长，再结晶温度愈低。

考虑到再结晶温度受许多因素的影响，同时为了缩短退火周期，生产上采用的再结晶退火温度，通常比最低再结晶温度高 100 ~ 200℃。

三、晶粒长大

再结晶过程完成之后，如果再继续升高温度或延长保温时间，金属的晶粒将会以互相吞并的方式继续长大，如图 2-30 所示。这种不均匀的长大过程类似于再结晶的生核(较大稳定亚晶粒生成)和长大(吞食周围的小亚晶粒)的过程，所以称为第二次再结晶。晶粒长大对力学性能的影响是很不利的，应当尽量避免。

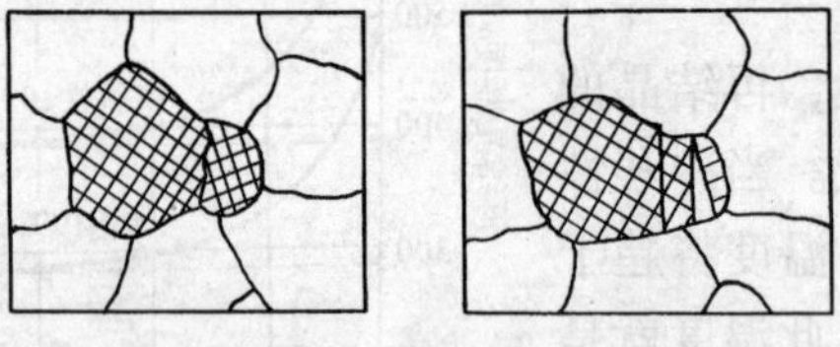

a)　　b)　　c)

图 2-30　晶粒长大示意图

a）、b）晶界移动以减小晶界面积　c）小晶粒被吞并

四、影响再结晶退火后晶粒大小的因素

晶粒大小影响金属的强度、塑性和韧性，因此生产上非常重视控制再结晶后的晶粒度。影响再结晶退火后晶粒度的主要因素，是加热温度和冷变形量。

1. 加热温度的影响

加热温度愈高，原子扩散能力愈强，则晶界愈易迁移，晶粒长大也愈快，如图 2-31 所示。

2. 冷变形量的影响

金属冷变形量的影响主要与金属变形的均匀度有关。变形愈不均匀，再结晶退火后的晶粒愈大，其影响的一般规律如图 2-32 所示。变形度很小时，因不足以引起再结晶，晶粒不变。当变形度达到 2% ~ 10% 时，金属中少数晶粒变形，变形分布很不均匀，所以再结晶时生成的晶核少，晶粒大小相差极大，非常有利于晶粒发生吞并过程而很快长大，结果得到极粗大的晶粒。再结晶时，使金属获得异常粗大晶粒的冷变形量称为临界变形度。生产上应尽量避免临界变形度的加工。超过临界变形之后，随变形度的增大，晶粒的变形愈强烈和均匀，再结晶核心愈来愈多，因此再结晶后的晶粒愈来愈细小。如工业上冷金属，一般都采用 30% ~ 60% 变形量，但当变形度过大(约≥90%)时，在某些金属(如铁)中，又会出现再结晶后晶粒再次粗化的现象。一般认为，这与金属中的织构形成有关。

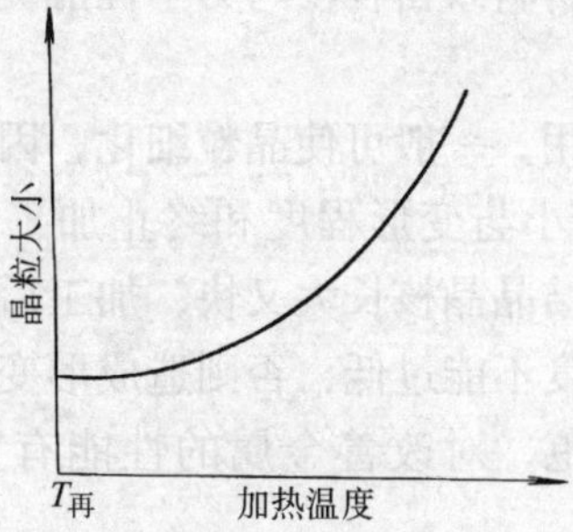

图 2-31　再结晶退火加热温度对晶粒度的影响

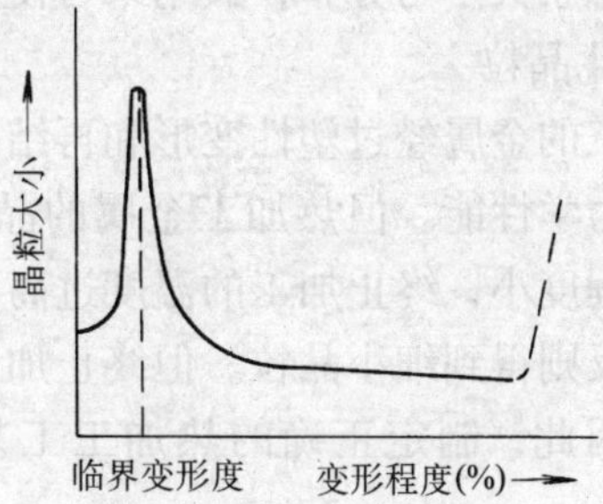

图 2-32　金属冷变形程度对再结晶后晶粒大小的影响

第五节　金属的热加工

一、热加工的概念

塑性变形在生产上主要作为一种重要的加工工艺应用于金属的成形加工。由于冷塑性变形加工抗力大，所以对尺寸大或难以进行冷塑性变形加工的金属，生产上往往采用热塑性变形加工(即热加工)。

在金属学上，冷加工和热加工不是根据变形时金属是否加热，而是根据金属的再结晶温度来区分的。在再结晶温度以下的塑性变形为冷加工；在再结晶温度以上的塑性加工为热加工。冷加工时塑性变形引起加工硬化；热加工时塑性变形引起的加工硬化，被随即发生的回复、再结晶的软化作用所消除，使金属始终保持稳定的塑性状态。所以熔点高的金属再结晶温度高，热加工温度也应高。例如，钨的最低再结晶温度约为 1200℃，它的热加工温度至少要比这个温度高，低于这个温度就属于冷加工。而铅、锡等低熔点金属再结晶温度低于室温，它们在室温下的变形已属于热加工，是所谓的不硬化金属。

在一般情况下，热加工可应用于截面尺寸较大、变形量较大、材料在室温下硬脆性较高的金属制品；冷加工则一般适于制造截面尺寸较小、材料塑性较好、加工精度较高与表面粗糙度要求较小的金属制品。

二、热加工对金属组织与性能的影响

热加工不引起金属的加工硬化，但因有回复和再结晶过程产生，金属的组织和性能也发生显著变化。

1. 消除铸态金属的组织缺陷

通过热加工(如热轧、锻造等)可使金属毛坯中的气孔和疏松焊合，部分消除某些偏析，将粗大的柱状晶粒与枝晶变为细小均匀的等轴晶粒，改善夹杂物、碳化物的形态、大小与分布，其结果可使金属材料致密程度与力学性能提高。

2. 细化晶粒

热加工的金属经过塑性变形和再结晶作用，一般可使晶粒细化，因而可以提高金属的力学性能。但热加工金属的晶粒大小与变形程度和终止加工的温度有关。变形程度小，终止加工的温度过高，再结晶晶核长大又快，加工后得到粗大晶粒；相反则得到细小晶粒。但终止加工温度不能过低，否则造成形变强化及残余应力。因此，制定正确的热加工工艺规范，对改善金属的性能有重要的意义。

3. 形成锻造流线

金属内部的夹杂物(如 MnS 等)在高温下具有一定的塑性，在热变形过程中金属锭中的粗大枝晶和各种夹杂物都要沿变形方向伸长，这样就使金属锭中枝晶间富集的杂质和非金属夹杂物的走向逐渐与变形方向一致，使之变成条带状、线状或片层状，在宏观试样上沿着变形方向呈现为一条条的细线，这就是热变形金属中的流线。由一条条流线勾划出来的这种组织称为热变形纤维组织。

由于锻造流线的出现，使金属材料的性能，在不同的方向上有明显的差异。通常沿流线的方向，其抗拉强度及韧性高，而抗剪强度低。在垂直于流线方向上，抗剪强度较高，而抗拉强度较低。表 2-3 表示 $w_C = 0.45\%$ 的碳钢的力学性能与流线方向的关系。

表 2-3　碳钢($w_C = 0.45\%$)力学性能与流线方向的关系

性能 / 取样方向	σ_b/MPa	$\sigma_{r0.2}$/MPa	δ(%)	ψ(%)	a_K/J·cm^{-2}
纵　向	715	470	17.5	62.8	62
横　向	675	440	10.0	31.0	30

采用正确的热加工工艺，可以使流线合理分布，以保证金属材料的力学性

能。图 2-33a 为锻造曲轴，图 2-33b 为切削加工曲轴的流线分布。很明显，锻造曲轴流线分布合理，因而其力学性能将较高。在生产上，广泛采用模型锻造方法以制造齿轮及中小型曲轴，用局部镦粗法制造螺栓。

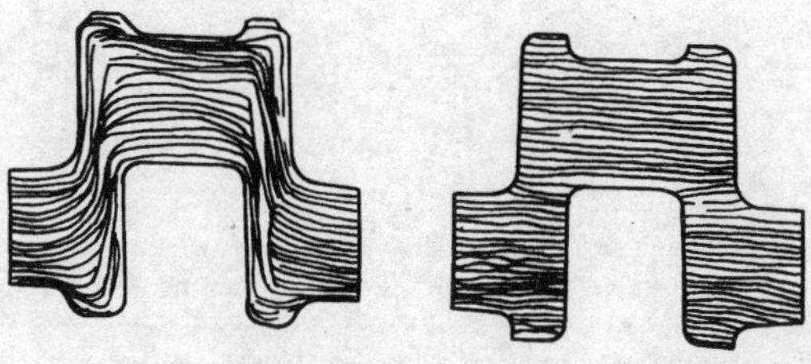

图 2-33 曲轴流线示意图

a）锻造的 b）切削加工的

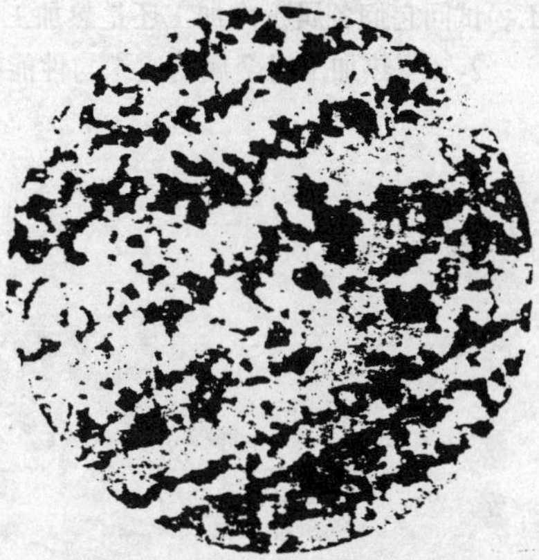

图 2-34 钢中带状组织

热处理方法是不能消除或改变工件中的流线分布的，而只能依靠适当的塑性变形来改善流线的分布。在某些场合下，不希望金属材料中出现各向异性，此时须采用不同方向的变形（如锻造时采用镦粗与拔长交替进行）以打乱流线的方向性。

4. 形成带状组织

若钢在铸态下存在严重的夹杂物偏析，或热变形加工时的温度过低，则在钢中常出现沿变形方向呈带状或层状分布的显微组织，称为带状组织，如图 2-34 所示。带状组织使钢的性能变坏，特别是横向的塑性、韧性降低。

复习思考题

2-1 解释下列名词：力学性能 抗拉强度、断后伸长率、断面收缩率、疲劳强度、滑移、加工硬化、再结晶。

2-2 画出低碳钢的力—伸长曲线，并简述拉伸变形的几个阶段。

2-3 图 2-35 所示为三种不同材料的力—伸长曲线（试样尺寸相同），试比较这三种材料的抗拉强度、屈服点和塑性的大小。

2-4 如何预防疲劳破坏？

2-5 单晶体塑性变形的最基本方式是什么？在实际晶体中，它是通过什么来实现的？

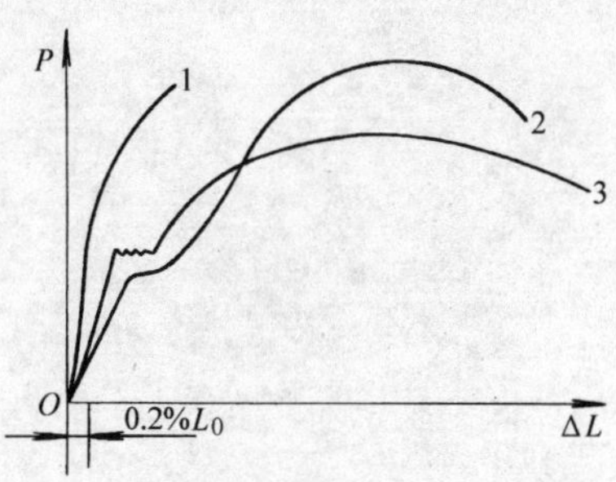

图 2-35 题 2-3 图

2-6　试述细晶粒金属具有较高的强度、塑性和韧性的原因。

2-7　什么叫加工硬化？它在生产中有何利弊？如何消除加工硬化？

2-8　实际生产中，金属的再结晶温度是如何确定的(以铜为例，铜的熔点为 1083℃)？

2-9　钛的熔点为 1677℃，铅的熔点为 327℃，当钛加热到点 500℃及铅在室温下进行加工，试问它们各属于冷加工还是热加工？

2-10　热加工对金属的组织与性能有何影响？

第三章　合金的相结构与二元合金相图

第一节　合金的相结构

纯金属虽具有较高的导电性和导热性，但由于其力学性能的强度、硬度一般较低，不能满足使用性能的要求，且冶炼困难、价格较高，因此，工业中广泛使用的金属材料不是纯金属，而是合金。

一、合金的基本概念

(1) 合金　合金是指由两种或两种以上的金属元素或金属与非金属元素组成的金属材料。

(2) 组元(元)　组元是指组成合金的最基本的独立物质。一般来说，组元就是组成合金的元素，但也可以是化合物。

(3) 合金系(系)　合金系是指由若干给定组元按不同比例配制成一系列不同成分的合金，这一系列合金，构成一个合金系统，简称合金系。例如铁碳合金系、铜锌合金系等。

(4) 相　相是指在一个合金系统中的这样一种物质部分，它具有相同的物理和化学性能并与该系统的其余部分以界面分开。例如，水和冰虽然化学成分相同，但物理性能不同，则为二个相。冰可击成碎块，但还是同一个固相。

(5) 组织　组织是指用金相观察方法，在金属及合金内部看到的涉及晶体或晶粒的大小、方向、形状、排列状况等组成关系的构造情况。金属或合金的金相磨面经过适当的显露(例如浸蚀)或制成金属薄膜或复形后借助光学显微镜或电子显微镜所观察到的组织，称为显微组织。

(6) 结构　结构是指晶体中原子排列的几何形式。

二、合金的相结构

合金在液态各组元相互溶解，只有一种液相。合金在固态下，由于各组元相互作用不同，可能形成不同的相结构。合金的基本相结构可分两大类：固溶体和金属化合物。

1. 固溶体

合金在固态下一种组元的晶格内溶解了另一种元素的原子，而形成的晶体相称为固溶体。固溶体是单相，它是合金的一种基本相结构。合金中与固溶体晶格相同的组元为溶剂，在合金中含量较多；另一组元为溶质，含量较少。

按溶质的溶解度的不同，固溶体可分为无限固溶体和有限固溶体；按溶质原子在溶剂晶格中所处位置的不同，固溶体可分为置换固溶体和间隙固溶体。

（1）置换固溶体　当溶质原子代替一部分溶剂原子占据溶剂晶格中一些结点位置时，所形成的固溶体相称为置换固溶体，如图 3-1 所示。在置换固溶体中，溶质在溶剂中的溶解度主要取决于两者原子直径的差别、它们在周期表中相互位置和晶格类型。一般说来，溶质原子和溶剂原子的直径差别愈小，则溶解度愈大；两者在周期表中位置越靠近，则溶解度也愈大。如果上述条件很好地满足，而且溶质与溶剂的晶格结构也相同，则这些组元往往能无限互溶，即可以任何比例形成置换固溶体，这种固溶体称为无限固溶体。铁和铬、铜和镍便能形成无限固溶体。反之，若不能很好满足上述条件，则溶质在溶剂中的溶解度是有限度的，这种固溶体称为有限固溶体，如铜和锌、铜和锡都形成有限固溶体。有限固溶体的溶解度还与温度有密切关系，一般温度愈高，溶解度愈大。

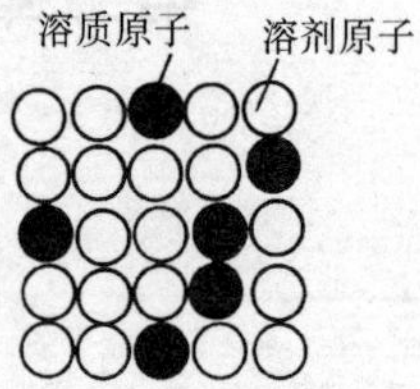

图 3-1　置换固溶体结构示意图

（2）间隙固溶体　当溶质原子在溶剂晶格中不占据结点位置，而嵌入各结点之间的空隙内形成的固溶体称为间隙固溶体，如图 3-2 所示。该固溶体中的溶质元素大多是原子直径较小的非金属元素(如碳、硼、氮等)。

固溶体随着溶质原子的溶入晶格发生畸变,如图 3-3 所示。晶格畸变增大位错运动的阻力,使金属的滑移变形变得更加困难,从而提高合金的强度和硬度。这种通过形成固溶体使金属强度和硬度提高的现象称为固溶强化。固溶强化是金属强化的一种重要机制。在溶质含量适当时,可显著提高材料的强度和硬度,而塑性和韧性没有明显降低。例如,纯铜的抗拉强度为 220MPa,硬度为 40HBS,断面收缩率为 70%。当加入 1% 镍形成单相固溶体后,强度升高到 390MPa,硬度升高到 70HBS,而断面收缩率仍有 50%。所以固溶体的综合力学性能很好,常常被用作为结构材料的基体相。固溶体与纯金属相比,物理性能有较大的变化,如电阻率上升,导电率下降,磁矫顽力增大等等。

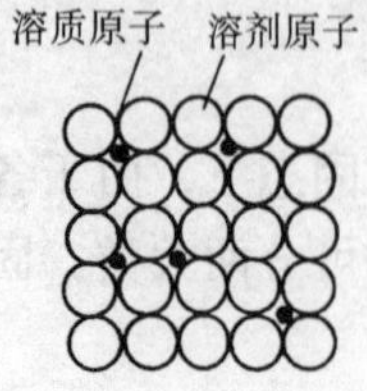

图 3-2　间隙固溶体结构示意图

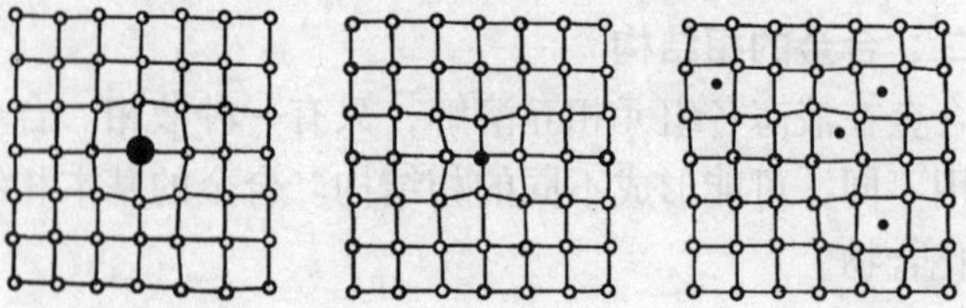

图 3-3　形成固溶体时的晶格畸变
a）置换固溶体　b）间隙固溶体

2. 金属化合物

金属化合物是指合金中各组元原子按一定比例结合而成的晶体相。金属化合物的晶体结构不同于任一组元，一般具有复杂的晶体结构，有较高的熔点，硬而脆。在合金中，它是一种强化相，通常能提高合金的强度、硬度及耐磨性，但使其塑性韧性显著降低，故金属化合物一般作为金属材料中的重要强化相。

在合金中常会遇到机械混合物，它是合金中的一类多相混合组织。不同的固溶体、固溶体与纯组元，或固溶体与金属化合物等均可组成机械混合物。在机械混合物中各组成相仍保持着它原有晶格类型和性能，而机械混合物的性能介于各组成相性能之间，并由其各自的形状、大小、数量及分布而定。工业上大多数合金属于机械混合物组成的合金，它往往比单一固溶体具有更高的强度和硬度，特别是在固溶体基体上分布均匀细小的金属化合物时，强度和硬度提高更为显著。

第二节　匀 晶 相 图

相图是表示合金系中，合金的状态与温度、成分之间关系的图解，是表示合金系在平衡条件下，在不同温度和成分时各相关系的图解，因此又称为状态图或平衡图。

利用相图，可以一目了然地了解不同成分的合金在不同温度下由哪些相组成，各相的成分和相对含量如何，还能了解合金在加热和冷却过程中可能发生哪些转变。可见，相图是研究合金材料的十分重要的工具。

两组元不但在液态无限互溶，而且在固态下也无限互溶的二元合金系所形成的相图，称匀晶相图。具有这类相图的二元合金系，主要有 Cu-Ni、Ag-Au、Cr-Mo、Fe-Ni 等。这类合金在结晶时都是从液相结晶出固溶体，固态下呈单相固溶体，所以这种结晶过程称匀晶转变。几乎所有的二元相图都包含有匀晶转变部分，因此掌握这一类相图是学习二元相图的基础。现以 Cu-Ni 相图为例进行分析。

一、相图的建立

目前所用的相图大部分都是用实验方法建立起来的。随着电子计算机技术的发展，也有人根据热力学函数，更加精确地计算出二元相图。通过实验测定相图时，首先配制一系列成分不同的合金，然后测定这些合金的相变临界点(温度)，把这些点标在温度—成分坐标图上，把相同意义的点联结成线，这些线就在坐标图中划分出一些区域，这些区域即称为相区。将各相区所存在相的名称标出，相图的建立工作即告完成。

测定相变临界点的方法很多，如热分析法、金相法、膨胀法、磁性法、电阻法、X 射线结构分析法等。

二、相图分析

图 3-4 是 Cu-Ni 合金匀晶相图。其中上面的一条曲线为液相线，下面的一条曲线为固相线。相图被它们划分为三个相区：液相线以上为单相液相区 L，固相线以下为单相区 a，二者之间为液、固两相共存区($L+a$)。

三、合金的平衡结晶过程

平衡结晶是指合金在极其缓慢冷却条件下进行结晶的过程。在此条件下得到的组织称为平衡组织。以含 $\omega_{Ni}=20\%$的 Cu-Ni 合金为例(图 3-4)：

1）当温度高于 t_1 时，合金为液相 L;

2）当温度降到 t_1（与液相线相交的温度)以下时，开始从液相中结晶出 α 固溶体。随着温度的继续下降，从液相不断析出固溶体，液相成分沿液相线变化，固相成分则沿固相线变化。在 $t_1\sim t_3$ 温度区间合金呈(L+α)两相共存；

3）当温度下降到 t_3 时，液相消失，结晶完毕，最后得到与合金成分相同的固溶体 α。

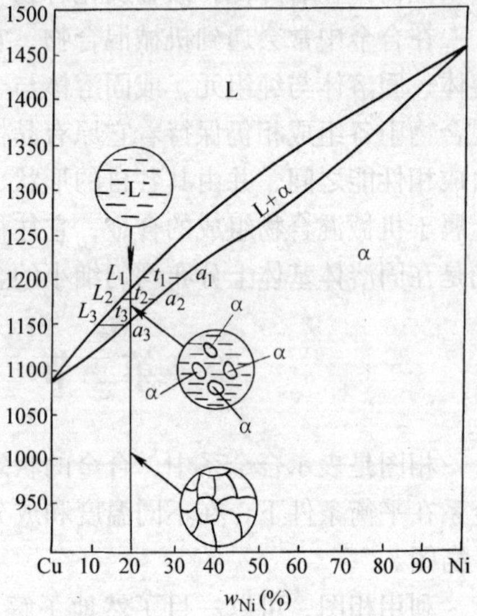

图 3-4 Cu-Ni 合金匀晶相图

固溶体合金结晶时所结晶出的固相成分与液相的成分不同，这种结晶出的晶体与母相化学成分不同的结晶称为异分结晶，或称选择结晶。而纯金属结晶时，所结晶出的晶体与母相的化学成分完全一样，称之为同分结晶。

四、杠杆定律

在合金的结晶过程中，各相的成分及其相对质量都在不断变化。在某一温度下处于平衡状态的两相的成分和相对质量可用杠杆定律确定。

1. 确定两平衡相的成分

图 3-4 是 Cu-Ni 合金相图。要想确定含 $w_{Ni}=C\%$的合金 I 在冷却到 t_1 温度时两个平衡相的成分，可通过 t_1 作一水平线 arb，它与液相线的交点 a 对应的成分 C_L 即为此时液相的成分；它与固相线的交点 b 对应的成分 C_a 即为已结晶的固相的成分。

2. 确定两个平衡相的相对质量

设合金 I 的总质量为 1，液相的质量为 W_L，固相的质量为 W_a，则有

$$W_L + W_a = 1$$

此外，合金 I 中的 w_{Ni}应等于液相中 w_{Ni}与固相中 w_{Ni}之和，即

$$W_L C_L + W_a C_a = 1 \times C$$

由以上两式可以得出

$$\frac{W_L}{W_a} = \frac{rb}{ar} \tag{3-1}$$

如果将合金 I 成分 C 的 r 点看做支点，将 W_L、W_a 看作作用于 a 和 b 的力，则按力学的杠杆原理就可得出式 3-1 (图 3-6)，因此将上式称为杠杆定律。

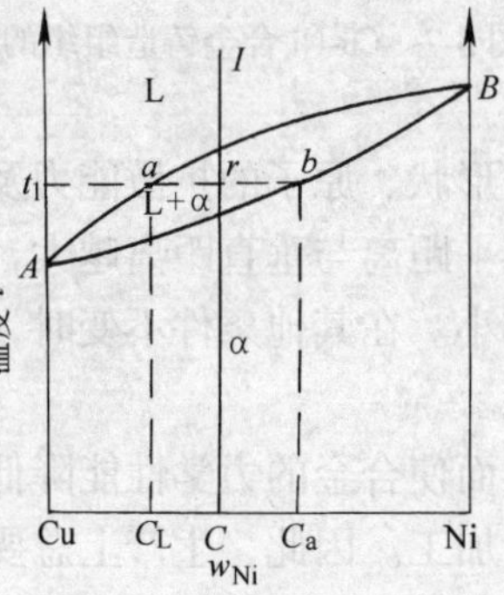

图 3-5　杠杆定律的证明

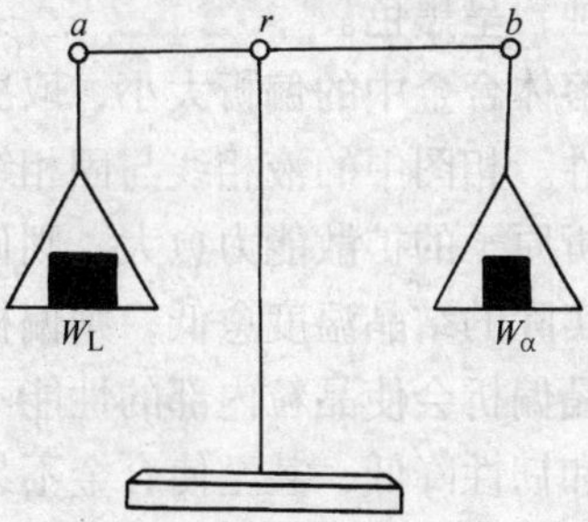

图 3-6　杠杆定律的力学比喻

式(3-1)也可以写成下列形式

$$W_L = \frac{rb}{ab} \times 100\% \tag{3-2}$$

$$W_a = \frac{ar}{ab} \times 100\% \tag{3-3}$$

由式(3-2)、式(3-3)可以直接求出两相的相对质量。

杠杆定律只适用于两相区,因为对单相区无需计算,而对三相区又无法确定。

五、枝晶偏析

在实际生产条件下，合金液体浇入铸型后，冷却速度一般都不是很缓慢的，因此合金不可能完全按上述的平衡过程进行结晶。由于冷却速度快，原子的扩散过程落后于结晶过程，合金成分的均匀化来不及进行，因此每一温度下的固相平均成分将要偏离相图上固相线所示的平衡成分。这种偏离平衡条件的结晶，称为不平衡结晶，不平衡结晶所得到的组织，称为不平衡组织。

不平衡结晶的结果，使晶粒内部的成分不均匀，先结晶的晶粒心部与后结晶的晶粒表面的成分不同，由于它是在一个晶粒内的成分不均匀现象，所以称之为晶内偏析。

固溶体结晶通常是以树枝状方式长大的。在快冷条件下，先结晶出来的树枝状晶轴，其高熔点组元的含量较多，而后结晶的分枝及枝间空隙则含低熔点组元较多，这种树枝状晶体中的成分不均匀现象，称为枝晶偏析。枝晶偏析实际上也是晶内偏析。

图 3-7 Cu-Ni 合金铸造组织的枝晶偏析

图 3-7 是 Cu-Ni 合金铸造组织的枝晶偏析，镍的质量分数高的主干，不易被腐蚀，呈亮色；后结晶枝晶，铜的质量分数较高，易被腐蚀，呈黑色。

固溶体合金中的偏析大小，取决于相图的形状、原子的扩散能力及铸造时的冷却条件。相图中的液相线与固相线之间的水平距离与垂直距离越大，偏析越严重。偏析原子的扩散能力愈大，则偏析程度越小。在其他条件不变时，冷却速度愈大，实际的结晶温度愈低，则偏析程度愈大。

枝晶偏析会使晶粒内部的性能不一致，从而使合金的力学性能降低，特别会使塑性和韧性降低，甚至使合金不易进行压力加工。因此，生产上总要想法消除或改善枝晶偏析。

为了消除枝晶偏析，一般是将铸件加热到低于固相线以下 100 ~ 200℃ 的温度，进行较长时间保温，使偏析元素进行充分扩散，以达到成分均匀化的目的，这种方法称之为扩散退火或均匀化退火。

第三节 共 晶 相 图

在二元合金系中，两组元在液态下能完全互溶，固态下只能有限互溶，形成两种成分与结构完全不同的固相，并发生共晶转变，所构成的相图称之为共晶相图。具有这类相图的合金有 Pb-Sn、Pb-Sb、Ag-Cu、Al-Si、Zn-Sn 等。

一、相图分析

图 3-8 所示为 Pb-Sn 合金相图。其中，*adb* 为液相线，*acdeb* 为固相线。合金系有三种相：Pb 与 Sn 形成的液体 L 相，Sn 溶于 Pb 中的有限固溶体 α 相，Pb 溶于 Sn 中的有限固溶体 β 相。相图

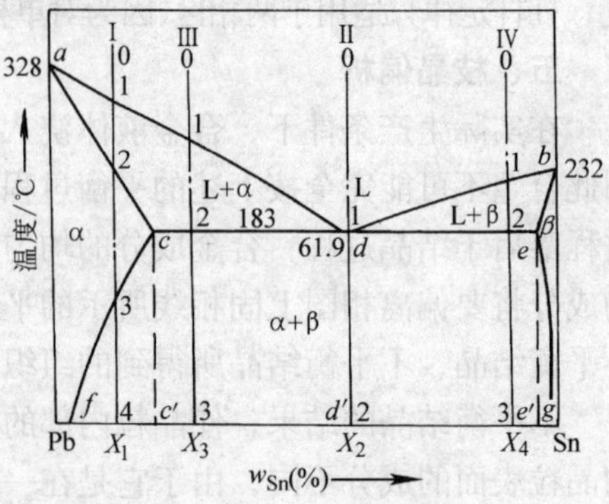

图 3-8 Pb-Sn 合金相图

中有三个单相区(L、α、β相区)；三个双相区(L+α、L+β、α+β相区)；一条L+α+β的三相共存线(水平线 *cde*)。*d* 点为共晶点，表示此点成分(共晶成分)的合金冷却到此点所对应的温度(共晶温度)时，共同结晶出 *c* 点成分的α相和 *e* 点成分的β相

$$L_d = \alpha_c + \beta_e$$

发生共晶反应时有三相平衡共存，它们各自的成分是确定的，反应在恒温下进行。共晶转变的产物为两个固相的机械混合物，称为共晶体。水平线 *cde* 为共晶反应线，成分在 *ce* 之间的合金平衡结晶时都会发生共晶反应。

cf 线为Sn在α中的溶解度线(或α相的固溶线)。温度降低，固溶体的溶解度下降。Sn含量大于 *f* 的合金从高温冷却到室温时，从α相中析出β相以降低其Sn含量。从固态α相中析出的β相称为二次β，常写作β_{II}。这种二次结晶可表达为：$\alpha \rightarrow \beta_{II}$。

eg 线为Pb在β中的溶解度线(或β相的固溶线)。Sn含量小于 *g* 点的合金，冷却过程中同样发生二次结晶，析出二次α：$\beta \rightarrow \alpha_{II}$。

二、典型合金的结晶过程

1. 合金Ⅰ

合金Ⅰ的平衡结晶过程如图3-9所示。液态合金冷却到1点温度以后，发生匀晶结晶过程，至2点温度合金完全结晶成α固溶体，随后的冷却(2~3点间的温度)，α相不变。从3点温度开始，由于Sn在α中的溶解度沿 *cf* 线降低，从α中析出β_{II}，到室温时α中Sn含量逐渐变为 *f* 点。最后合金得到的组织为($\alpha+\beta_{II}$)。其组成相是 *f* 点成分的α相和 *g* 点成分的β相。运用杠杆定律，两相的相对质量为

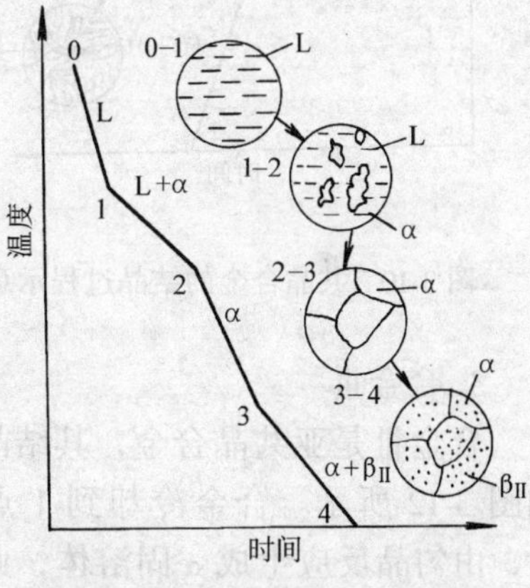

图3-9　合金Ⅰ的结晶过程示意图

$$\alpha\% = \frac{x_1 g}{fg} \times 100\%$$

$$\beta\% = \frac{fx_1}{fg} \times 100\%(或\ \beta\% = 1 - \alpha\%)$$

合金的室温组织由α和β_{II}组成，α和β_{II}即为组织组成物。组织组成物是指合金组织中那些具有确定本质、一定形成机制和特殊形态的组成部分。组织组成物可以是单相，也可以是两相混合物。

合金Ⅰ的室温组织组成物α和β皆为单相，所以它的组织组成物的相对质量与组成相的相对质量相等。

2. 合金Ⅱ

合金Ⅱ为共晶合金，其结晶过程如图 3-10 所示。合金从液态冷却到 1 点温度后，发生共晶反应，经一定时间到 1′时反应结束，全部转变为共晶体($\alpha_c+\beta_e$)。从共晶温度冷却至室温时，共晶体中的 α_c 和 β_e 均出现溶解度的变化，从 α 中析出 β_{II}，从 β 中析出 α_{II}。α 的成分由 c 点变为 f 点，β 的成分由 e 点变为 g 点；两种相的相对质量按杠杆定律的规律而变化。由于析出的 α_{II} 和 β_{II} 都相应地同 α 和 β 相连在一起，共晶体的形态和成分不发生变化。合金的室温组织全部为共晶体(如图 3-11 所示)，即只含一种组织组成物(即共晶体)；而其组成相仍为 α 和 β 相。

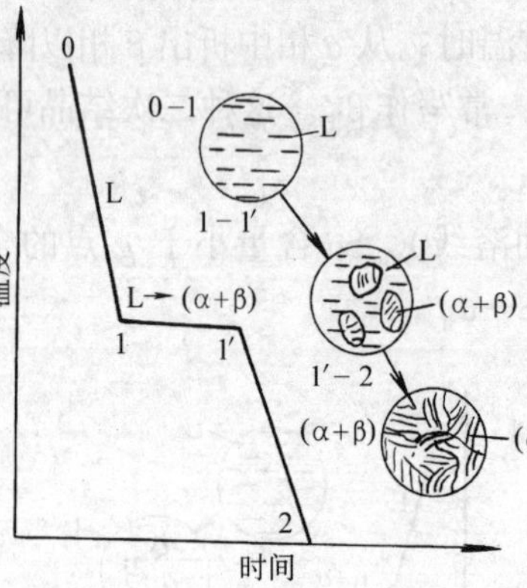

图 3-10　共晶合金的结晶过程示意图

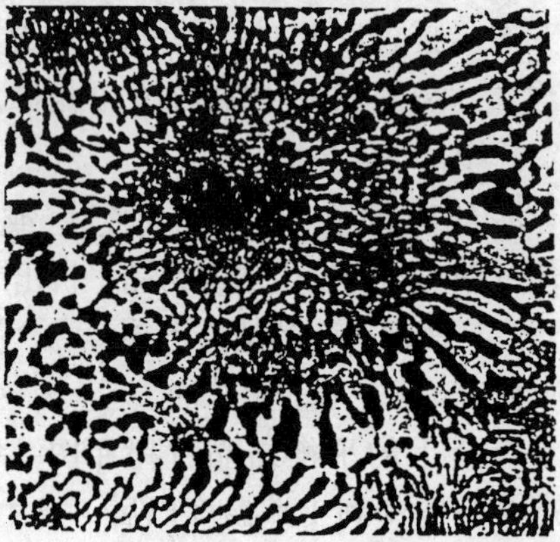

图 3-11　共晶合金(Pb-Sn 合金)显微组织

3. 合金Ⅲ

合金Ⅲ是亚共晶合金，其结晶过程如图 3-12 所示。合金冷却到 1 点温度后，由匀晶反应生成 α 固溶体，此乃初生 α 固溶体。从 1 点到 2 点温度的冷却过程中，按照杠杆定律，初生 α 的成分沿 ac 线变化，液相成分沿 ad 线变化；初生 α 逐渐增多，液相逐渐减少。当刚冷却到 2 点温度时，合金由 c 点成分的初生 α 相和 d 点成分的液相组成。然后液相进行共晶反应，但初生 α 相不变化。经一定时间到 2′点共晶反应结束时，合金转变为 $\alpha_c+(\alpha_c+\beta_e)$。从共晶温度继续往下冷却，初生 α 中不断析出 β_{II}，成

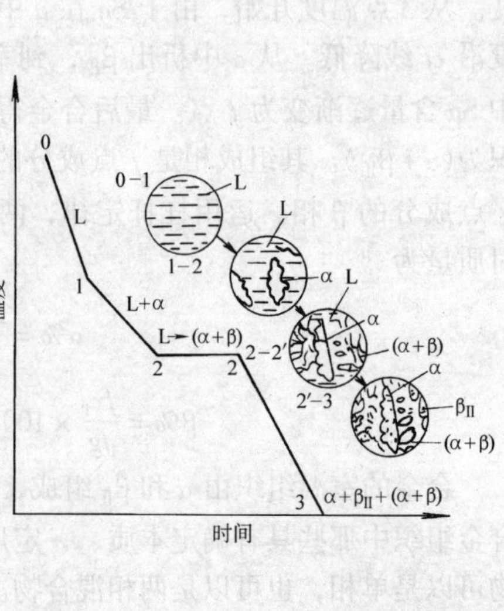

图 3-12　亚共晶合金的结晶过程示意图

分由 c 点降至 f 点；此时共晶体如前所述，形态、成分和总量保持不变。合金的室温组织为初生 $\alpha+\beta_{\text{II}}+(\alpha+\beta)$，如图 3-13 所示。合金的组成相为 α 和 β，它们的相对质量为

$$\alpha\%=\frac{x_3 g}{fg}\times 100\%$$

$$\beta\%=\frac{fx_3}{fg}\times 100\%$$

合金的组织组成物为：初生 α、β_{II} 和共晶体 $(\alpha+\beta)$。它们的相对质量可两次应用杠杆定律求得。

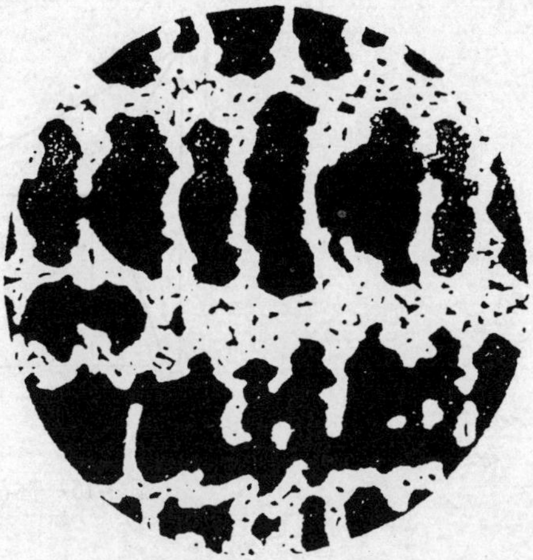

图 3-13 Pb-Sb 亚共晶合金的显微组织（100×）

成分在 cd 之间的所有亚共晶合金的结晶过程均与合金Ⅲ相同，仅组织组成物和组成相的相对质量不同。成分越靠近共晶点，合金中共晶体的含量越多。

位于共晶点右边、成分在 de 之间的合金为过共晶合金（例如图 3-8 中的合金Ⅳ）。它们的结晶过程与亚共晶合金相似，也包括匀晶反应、共晶反应和二次结晶等三个转变，不同之处是初生相为 β 固溶体，二次结晶过程为 $\beta\rightarrow\alpha_{\text{II}}$，所以室温组织为 $\beta+\alpha_{\text{II}}+(\alpha+\beta)$，如图 3-14 所示。

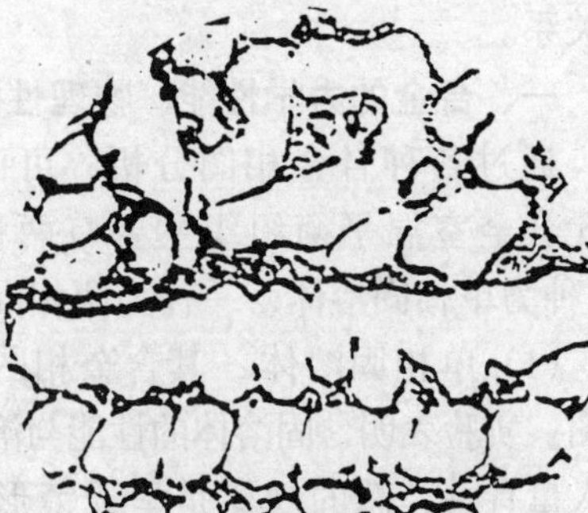

图 3-14 Pb-Sb 过共晶合金的显微组织（100×）

三、标注组织的共晶相图

根据以上分析，在室温下 f 点及其以左成分的合金的组织为单相 α，g 点及其以右成分的合金的组织为单相 β，fg 之间成分的合金的组织由 α 和 β 两相组成。由于各种成分的合金冷却时所经历的结晶过程不同，组织中所得到的组织组成物及其数量是不相同的。而这是决定合金性能最本质的方面。所以为了使相图更清楚地反映其实际意义，采用组织来标注相图，如图 3-15 所示，合金系的室温组织自左至右相继为：α、$\alpha+\beta_{\text{II}}$、$\alpha+\beta_{\text{II}}+(\alpha+\beta)$、$(\alpha+\beta)$、$\beta+\alpha_{\text{II}}+(\alpha+\beta)$、$\beta+\alpha_{\text{II}}$、β。

除了匀晶相图、共晶相图外，还有一种基本相图为包晶相图。有关包晶相的知识，本书将在铁碳合金相图中介绍。

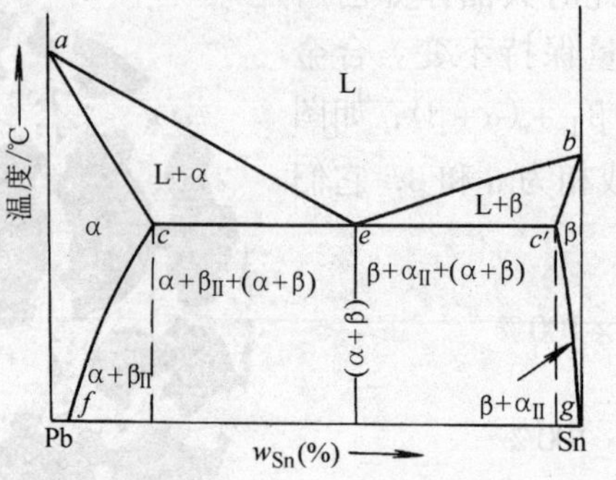

图 3-15　标注组织的共晶相图

第四节　合金的性能与相图的关系

合金的性能取决于它的成分和组织，相图则可反映不同成分的合金在不同温度下的平衡组织。因此，具有平衡组织的合金的性能与相图之间存在着一定的对应关系。

一、合金的力学性能、物理性能与相图的关系

通过各种合金相图分析，可以看出，二元合金室温平衡组织主要有两种类型，一种为单相固溶体，一种为两相混合物。

（1）单相固溶体　其合金相图为匀晶相图。实验表明，固溶体的性能与溶质元素溶入量有关，总的规律是呈透镜形曲线关系。即对一定的溶剂和溶质来说，溶质的溶入量越多，则合金的强度、硬度愈高，电阻愈大，电阻温度系数愈小，并在某一成份下达到最大或最低值，如图 3-16 所示。

（2）两相混合物　一般分两种情况：一种是形成普通混合物，另一种是通过共晶或共析转变形成机械混合物。当合金形成普通混合物时，合金的性能将随合金的化学成分而改变，在两相性能之间呈直线变化（如图 3-16b 所示），为两相性能的算术平均值。当合金形成共析或共晶机械混

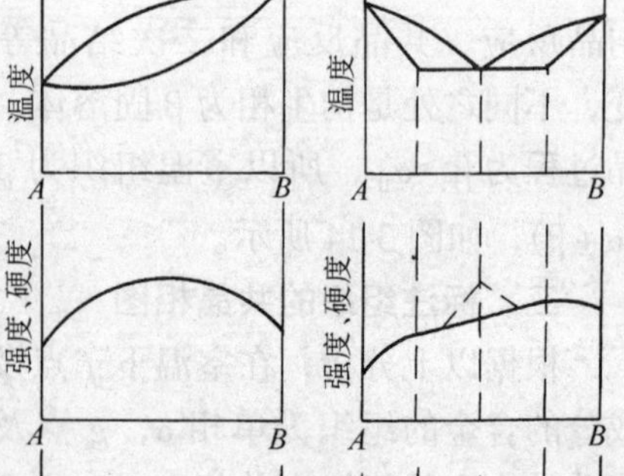

图 3-16　固溶体合金的力学性能和物理性能与相图的关系
a）匀晶系合金　b）共晶系合金

合物时，合金的性能还与组织的细密程度有关，组织愈细密，其强度、硬度均将显著提高，且偏离直线关系，出现高峰，如图 3-16b 中曲线所示；

二、合金的工艺性能与相图的关系

图 3-17 表示合金的铸造性能与相图的关系。纯组元和共晶成分的合金的流动性最好，缩孔集中，铸造性能好。相图中液相线和固相线之间距离越小，液体合金结晶的温度范围越窄，对浇注和铸造质量越有利。合金的液、固相线温度间隔大时，形成枝晶偏析的倾向性大；同时先结晶出的树枝晶阻碍未结晶液体的流动，而降低其流动性，增多分散缩孔。所以，铸造合金常选共晶或接近共晶的成分，如发动机活塞常采用 w_{Si} = 11% ~ 13% 的铝硅铸造合金则为共晶合金。

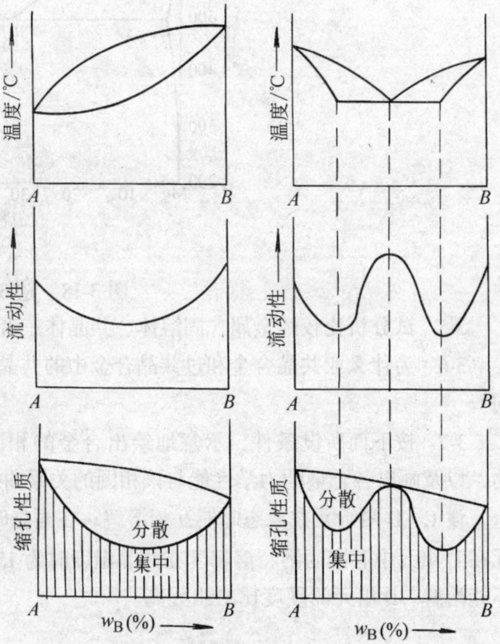

图 3-17　合金的铸造性能与相图的关系(示意图)

单相固溶体合金具有较好的塑性，变形抗力小，变形较均匀，故压力加工性能良好，但切削加工性能差。

形成两相混合物的合金的塑性不如单相固溶体合金好，特别是其中含有硬而脆的相，而且是沿着另一相的晶界呈网状分布时，其塑性更差。当合金中含有低熔点共晶时，热压力加工性能更坏，因为在加热过程中，低熔点共晶将被熔化，并沿晶界分布，故在压力加工时易发生断裂，这种现象称之为“热脆”。但形成两相混合物的合金的切削加工性能，通常均优于单相固溶体合金。

复习思考题

3-1　解释下列名词：合金、合金系、组织、固溶体、共晶反应、固溶强化。

3-2　合金组织有哪几种类型？它们的结构和性能有何特点？

3-3　简述二元合金相图的建立。

3-4　分析部分 Mg-Cu 相图(如图 3-18 所示)：

(1) 填入各区域的组织组成物和相组成物，在各区域中是否会有纯 Mg 存在？为什么？

(2) 求出 w_{Cu} = 20% 的合金冷却到点 500℃、400℃时，各相的成分和质量百分比。

(3) 画出 w_{Cu} = 20% 的合金自液相冷到室温的冷却曲线，并注明各阶段的相与相变过程。

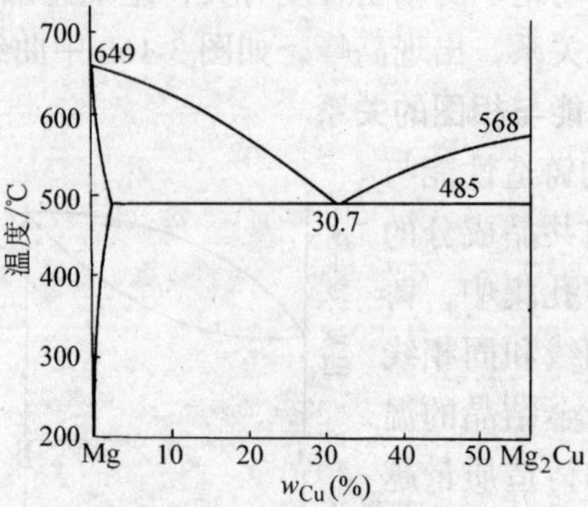

图 3-18　题 3-4 图

3-5　试分析比较纯金属、固溶体、共晶体三者在结晶过程和显微组织上的异同之处。

3-6　为什么亚共晶合金和过共晶合金中的共晶转变温度均与共晶合金的共晶转变温度相同?

3-7　按下面所设条件，示意地绘出合金的相图，并填出各区域的相组成物和组织组成物，以及画出各合金的力学性能与该相图的关系曲线。

设 C、D 两组元在液态时能互相溶解；在固态时能形成共晶，共晶成分 w_D 为 30%；C 组元在 D 组元中有限固溶，溶解度在共晶温度时为 15%，在室温时为 10%；D 组元在 C 组元中不能溶解。D 组元的硬度比 C 组元高。

第四章　铁 碳 合 金

钢铁是现代机械制造工业中应用最为广泛的金属材料。碳钢和铸铁都是铁碳合金，了解与掌握铁碳合金相图，对于钢铁材料的研究和使用，各种冷热加工工艺的制订等都具有重要的指导意义。铁与碳两个组元可以形成一系列化合物，如 Fe_3C、Fe_2C、FeC 等，由于钢中的碳的质量分数最多不超过 2.11%，铸铁的碳的质量分数最多不超过 5%，所以在研究铁碳合金时，仅研究 Fe-Fe_3C（w_C = 6.69%）部分。下面讨论的铁碳相图，实际上是 Fe-Fe_3C 相图。

第一节　铁碳合金的组元及基本相

一、纯铁

铁的一个重要特性是结晶过程具有同素异构转变。纯铁在 1538℃结晶为 δ-Fe，它具有体心立方晶格；当温度降至 1394℃时，δ-Fe 转变为面心立方晶格的 γ-Fe。当温度继续降至 912℃时，面心立方的 γ-Fe 又转变为体心立方晶格的 α-Fe。在 912℃以下，铁的结构不再发生变化。

工业纯铁的含铁量一般为 $w_{Fe} = 99.8\% \sim 99.9\%$，常含有 0.1% ~ 0.2% 的杂质，其中主要是碳。工业纯铁的力学性能大致如下：抗拉强度 $\sigma_b = 180 \sim 280$MPa；屈服强度 $\sigma_{0.2} = 100 \sim 170$MPa；伸长率 $\delta = 30\% \sim 50\%$；断面收缩率 $\Psi = 70\% \sim 80\%$；冲击韧度 $\alpha_k = 160 \sim 200\mathrm{J/cm^2}$；硬度 50 ~ 80HBS。

可见，纯铁的塑性韧性很好，但其强度硬度很低，很少用作结构材料。纯铁的主要用途是利用它的铁磁性。纯铁具有高的磁导率，可用于要求软磁性的场合，例如各种仪器仪表的铁芯等。

二、铁素体

铁素体是碳溶于 α-Fe 中形成的固溶体，常用符号“α”或“F”表示。在 α-Fe 的体心立方晶格中，最大间隙半径只有 0.031nm，比碳原子半径 0.077nm 小得多，碳原子只能处于位错、空位、晶界等晶体缺陷处或个别八面体间隙中，所以铁素体的碳的质量分数极小（0.0057% ~ 0.0218%）。

铁素体的组织与纯铁组织没有明显区别，在显微镜下观察铁素体为均匀明亮的多边形晶粒（图 4-1）。

铁素体的性能也近似于纯铁，强度和硬度低，而塑性和韧性好。另外，铁素体在 770℃以上具有顺磁性，在770℃以下呈铁磁性。

碳溶于体心立方晶格 δ-Fe 中的间隙溶体称为 δ 铁素体，以“δ”表示，其最大溶解度于 1495℃时为 0.09%。

三、奥氏体

奥氏体是碳溶于 γ-Fe 中形成的固溶体，用“γ”或“A”表示。其显微组织如图 4-2 所示，晶粒呈多边形。

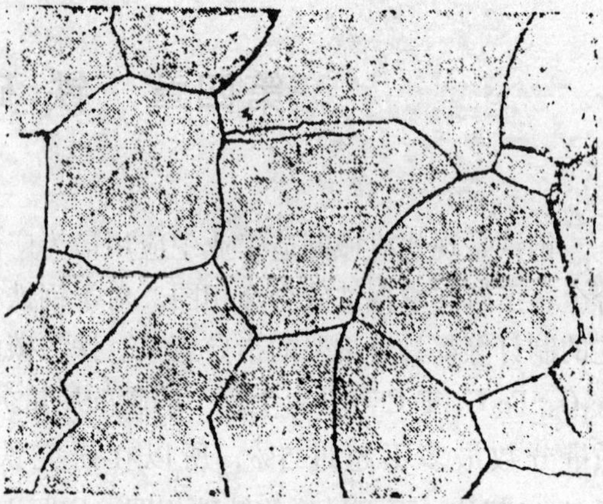

图 4-1　铁素体的显微组织

奥氏体中的碳原子是处在面心立方 γ-Fe 的八面体间隙中心，八面体间隙半径为 0.053nm，略小于碳原子半径，因此碳在 γ-Fe 中也只能是有限溶解，其最大溶解度为 2.11%（1148℃时）。

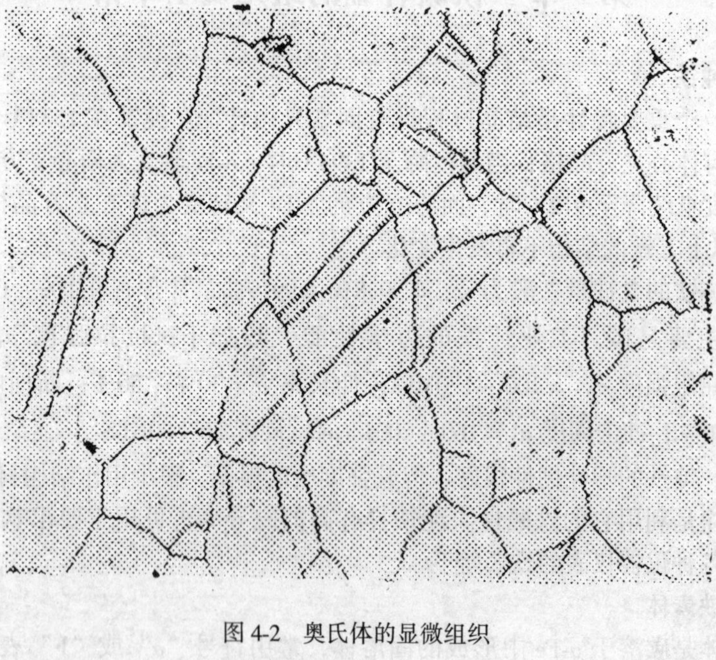

图 4-2　奥氏体的显微组织

奥氏体的硬度为 170～220HBS，伸长率 $\delta = 40\% \sim 50\%$。可见，奥氏体也是一个强度硬度较低而塑性韧性较高的相，但它与铁素体不同，只有顺磁性，而不呈现铁磁性。

四、渗碳体

渗碳体是铁与碳的稳定化合物 Fe_3C，其碳的质量分数为 6.69%。由于碳在 α-Fe 中的溶解度很小，所以在常温下碳在铁碳合金中主要是以渗碳体的形式存在。渗碳体的熔点为 1227℃，硬度高，约为 800HBS，但脆性大，塑性差，伸长率接近于零；渗碳体作为钢中的强化相，它的形态、大小及分布对钢的性能有很大的影响。

渗碳体在高温下可以分解形成石墨态的自由碳，即：

$$Fe_3C \xrightarrow{\text{高温}} 3Fe + G\ (\text{石墨})$$

这个转变对铸铁有重要意义。

第二节　Fe-Fe_3C 相图分析

一、相图中的点、线、区及其意义

图 4-3 是 Fe-Fe_3C 相图，图中各特性点的温度、碳浓度及意义示于表 4-1 中。其中重要的点是 *C*、*S*、*J* 和 *E*。

相图中有五个单相区：*ABCD* 以上为液相区（L）；*AHNA* 为 δ 铁素体区（δ）；*NJESGN* 为奥氏体区（γ 或 A）；*GPQG* 为铁素体区（α 或 F）；*DFKL* 为渗碳体区（Fe_3C）。

相图中有七个两相区，它们分别存在于相邻两个单相区之间。这些两相区分别是：L + δ、L + γ、L + Fe_3C、δ + γ、γ + α、γ + Fe_3C 及 α + Fe_3C。

相图的液相线是 *ABCD*，固相线是 *HJECF*。相图中有三条重要的特性曲线：

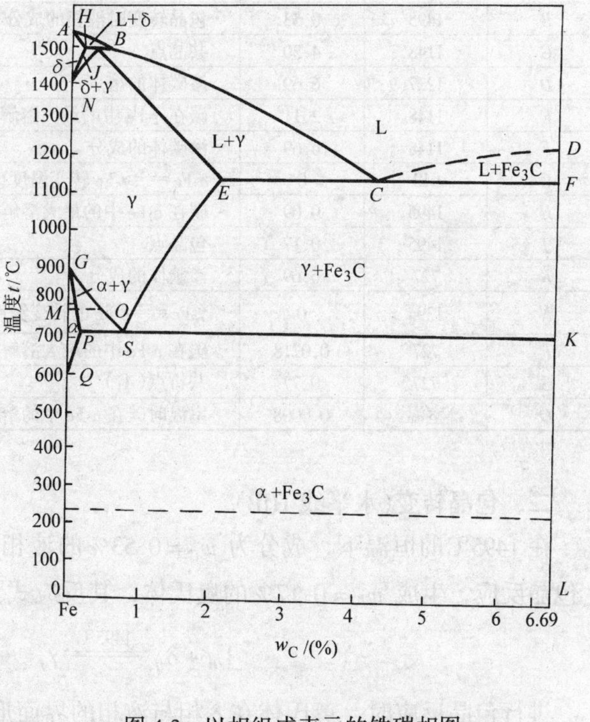

图 4-3　以相组成表示的铁碳相图

（1）*GS* 线　又称为 A_3 线，它是在冷却过程中，由奥氏体析出铁素体的开始线，或者说在加热过程中，铁素体溶入奥氏体的终了线。

（2）*ES* 线　是碳在奥氏体中的溶解度曲线。当温度低于此曲线时，就要从奥氏体中析出次生渗碳体，通常称之为二次渗碳体，因此该曲线又是二次渗碳体的开始析出线。*ES* 线也叫 A_{cm}线。

由相图可以看出，E 点表示奥氏体的最大溶碳量，即奥氏体的溶碳量在 1148℃时为 $w_C = 2.11\%$。

(3) *PQ* 线　是碳在铁素体中的溶解度曲线。铁素体中的最大溶碳量，于 727℃时达到最大值，$w_C = 0.0218\%$。随着温度的降低，铁素体中的溶碳量逐渐减少，在 300℃以下，溶碳量小于 0.001%。因此，当铁素体从 727℃冷却下来时，要从铁素体中析出渗碳体，称之为三次渗碳体，记为 $Fe_3C_{Ⅲ}$。

铁碳相图上有三条水平线，即：HJB 为包晶转变线；ECF 为共晶转变线；PSK 为共析转变线(又称为 A_1 线)。事实上，Fe-Fe_3C 相图即由包晶转变、共晶转变和共析转变三部分连接而成。下面对这三部分进行分析。

表 4-1　铁碳合金相图中的特性点

点的符号	温度/℃	w_C(%)	说　　明
A	1538	0	纯铁的熔点
B	1495	0.53	包晶转变时液相的成分
C	1148	4.30	共晶点
D	1227	6.69	渗碳体的熔点
E	1148	2.11	碳在 γ-Fe 中的最大溶解度
F	1148	6.69	渗碳体的成分
G	912	0	α-Fe $\rightleftharpoons$ γ-Fe 转变温度(A_3)
H	1495	0.09	碳在 δ-Fe 中的最大溶解度
J	1495	0.17	包晶点
K	727	6.69	渗碳体的成分
N	1394	0	γ-Fe $\rightleftharpoons$ δ-Fe 的转变温度
P	727	0.0218	碳在 α-Fe 中的最大溶解度
S	727	0.77	共析点(A_1)
Q	室温	0.0008	室温时碳在 α-Fe 中的溶解度

二、包晶转变(水平线 HJB)

在 1495℃的恒温下，成分为 $w_C = 0.53\%$的液相与 $w_C = 0.09\%$的 δ 铁素体发生包晶反应，生成 $w_C = 0.17\%$的奥氏体，其反应式为

$$L_B + \delta_H \xrightleftharpoons{1495℃} \gamma_J$$

进行包晶反应时，奥氏体在 δ 相与液相的界面形核，包围住 δ 相并向 δ 相和液相两个方向长大。包晶反应终了时，δ 相与液相同时耗尽，变为单相奥氏体。碳的质量分数 $w_C = 0.09\% \sim 0.17\%$之间的合金，由于 δ 铁素体的量较多，当包晶反应结束后，液相耗尽，仍残留一部分 δ 铁素体。这部分 δ 相在随后的冷却过程

中，通过同素异构转变而变成奥氏体。碳的质量分数在 $w_C = 0.17\% \sim 0.53\%$之间的合金，由于反应前的 δ 相较少，液相较多，所以在包晶反应结束后，仍残留一定量的液相，这部分液相在随后冷却过程中结晶成奥氏体。

三、共晶转变(水平线 ECF)

$Fe\text{-}Fe_3C$ 相图上的共晶转变，是在 1148℃的恒温下，由 $w_C = 4.3\%$的液相同时析出 $w_C = 2.11\%$的奥氏体和渗碳体。其反应式为

$$L_C \xrightleftharpoons{1148℃} (\gamma_E = Fe_3C)$$

$Fe\text{-}Fe_3C$ 相图上的 *BC* 线是从液相中析出奥氏体的开始线，*CD* 线是从液相中析出渗碳体的开始线，而 *C* 点是 *BC* 线与 *CD* 线的交点，因此，*C* 点成分的液相在 *C* 点温度下应同时析出奥氏体和渗碳体，即发生共晶转变。

共晶转变所形成的奥氏体和渗碳体的混合物，称为莱氏体，以符号 L_d 表示。凡是碳的质量分数 $w_C = 2.11\% \sim 6.69\%$范围内的合金(即 *ECF* 线上的合金)，都会发生共晶转变。

在莱氏体中，渗碳体是连续分布的相，奥氏体呈颗粒状分布在渗碳体的基底上。由于渗碳体很脆，所以莱氏体是塑性很差的组织。

四、共析转变(水平线 PSK)

$Fe\text{-}Fe_3C$ 相图上的共析转变，是在 727℃恒温下，由 $w_C = 0.77\%$的奥氏体同时析出 $w_C = 0.0218\%$的铁素体和渗碳体，其反应式为

$$\gamma_s \xrightleftharpoons{727℃} (\alpha_p + Fe_3C)$$

$Fe\text{-}Fe_3C$ 相图上的 *GS* 线是从奥氏体中析出铁素体的开始线，*ES* 线是从奥氏体中析出渗碳体的开始线，而 *S* 点是 *GS* 线与 *ES* 线的交点，因此，*S* 点成分的奥氏体在 *S* 点温度下应同时析出铁素体和渗碳体，即发生共析转变。

共析转变产物称为珠光体，用符号 P 表示。凡是碳的质量分数 $w_C > 0.0218\%$的铁碳合金(即 *PSK* 线上的合金)都将发生共析转变。共析转变的水平线 *PSK*，称为共析线或共析温度，常用符号 A_1 表示。

共析转变形成的珠光体是层片状的渗碳体与铁素体的机械混合物，渗碳体与铁素体含量的比值为 $w_{Fe_3C}/w_F \approx 1/8$。这就是说，如果忽略铁素体和渗碳体比容上的微小差别，铁素体的体积是渗碳体的 8 倍。在显微镜下观察，珠光体组织中较厚的片是铁素体，较薄的片是渗碳体。在腐蚀金相试样时，如果腐蚀时间恰当，被腐蚀的是铁素体和渗碳体的相界面，因此，如在 1000 倍以上的高倍下观察，每个珠光体团中是大致平行的宽条铁素体和细条渗碳体，两者都呈白色，而其边界呈黑色(图 4-4a)。在 400 倍左右的中倍观察时，白亮的渗碳体细条被两边

黑色的边界线所“吞食”，看起来合成了一条黑线，这时所看到的珠光体是在白色的铁素体基体上分布着渗碳体黑条，呈指纹状(图 4-4b)，在 200 倍以下的低倍观察时，由于显微镜的鉴别较低，这时的珠光体是一片暗黑，呈黑块状组织，图 4-10 中的黑块即是珠光体组织。

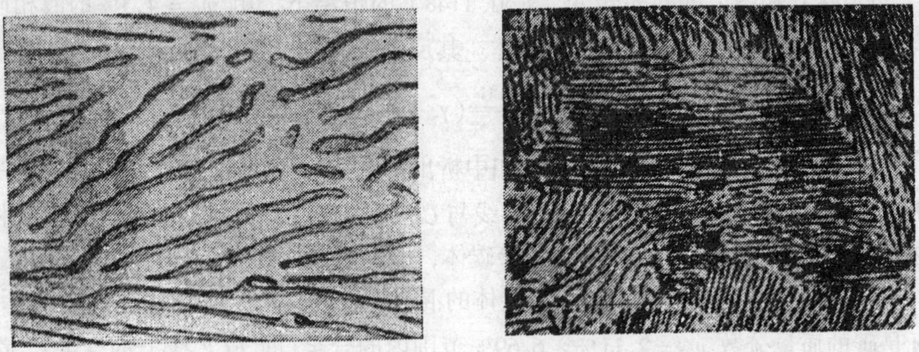

(2500×)
a)

(500×)
b)

图 4-4　不同放大倍数下的珠光体组织特征

第三节　铁碳合金的平衡结晶过程及组织

铁碳合金按其碳的质量分数及室温平衡组织分为三大类,即工业纯铁、钢和铸铁。

(1) 工业纯铁($w_C < 0.0218\%$)室温平衡组织为铁素体加少量 $Fe_3C_{Ⅲ}$。

(2) 钢($w_C = 0.0218\% \sim 2.11\%$)其中又分为三类：①亚共析钢($w_C = 0.0218\% \sim 0.77\%$)室温平衡组织为铁素体加珠光体；②共析钢($w_C = 0.77\%$)室温平衡组织为珠光体；③过共析钢($w_C = 0.77 \sim 2.11\%$)室温平衡组织为珠光体加二次渗碳体。

(3) 铸铁($w_C = 2.11\% \sim 6.69\%$)　按 Fe-Fe_3C 系结晶的铸铁，碳以 Fe_3C 形式存在，断口呈亮白色。其中又分为三类：①亚共晶白口铁($w_C = 2.11\% \sim 4.3\%$)室温平衡组织为珠光体加二次渗碳体加莱氏体；②共晶白口铁($w_C = 4.3\%$)室温平衡组织为莱氏体；③过共晶白口铁($w_C = 4.30 \sim 6.69\%$)室温平衡组织为一次渗碳体加莱氏体。

现从每种类型中选择一种合金来分析其平衡结晶过程和组织，所选取的合金成分在相图上的位置见图 4-5。

一、工业纯铁

工业纯铁即图 4-5 中的合金①，其结晶过程见图 4-6。合金熔液在 1～2 点温

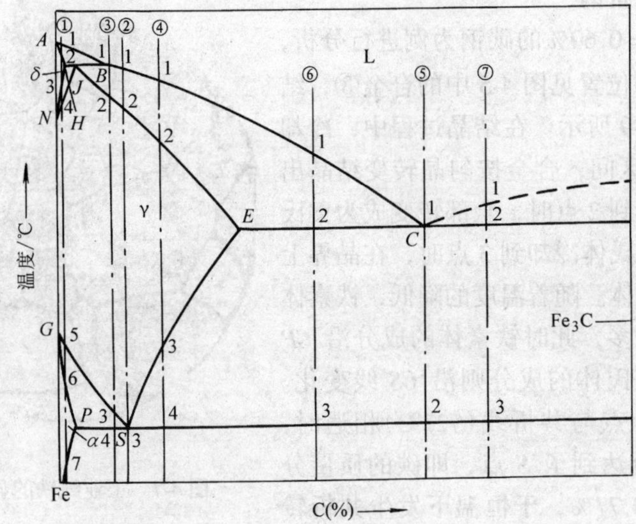

图 4-5　典型铁碳合金冷却时的组织转变过程分析

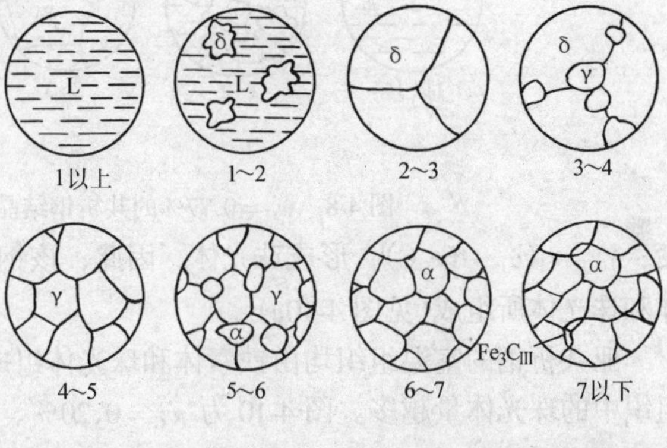

图 4-6　$w_C=0.01\%$的工业纯铁结晶过程示意图

度区间内，按匀晶转变结晶出δ固溶体，δ固溶体冷却至3点时，开始发生固溶体的同素异构转变：δ→γ。这一转变在4点结束，合金呈单相奥氏体状态。奥氏体冷却到5点时又发生同素异构转变：γ→α。当温度达到6点时，奥氏体全部转变为铁素体。铁素体冷却到7点时，碳在铁素体中的溶解量达到饱和，因此，在7点以下时，渗碳体将从铁素体中析出。在缓慢冷却条件下，这种渗碳体常沿铁素体晶界呈片状析出。最后，工业纯铁的室温平衡组织分为铁素体加少量三次渗碳体(图 4-7)。

二、共析钢

共析钢即图 4-5 中的合金②，其结晶过程如图 4-8 所示。在 1~2 点温度区间，合金按匀晶转变结晶出奥氏体。2~3 点之间呈单相奥氏体组织。奥氏体冷却到 3 点(727℃)时，在恒温下发生共析转变：$\gamma_{0.77}=(\alpha_p+Fe_3C)$，转变产物为珠光体。珠光体中的渗碳体称为共析渗碳体。共析钢的室温平衡组织为珠光体(图 4-4)。

三、亚共析钢

现以 $w_C=0.60\%$ 的碳钢为例进行分析，其在相图上的位置见图 4-5 中的合金③，结晶过程如图 4-9 所示。在结晶过程中，冷却至 1～2 温度区间，合金按匀晶转变结晶出奥氏体。当冷到 2 点时，全部转变成为奥氏体。单相的奥氏体冷却到 3 点时，在晶界上开始析出铁素体。随着温度的降低，铁素体的数量不断增多，此时铁素体的成分沿 *GP* 线变化，而奥氏体的成分则沿 *GS* 线变化。当温度降至 4 点与共析线(727℃)相遇时，奥氏体的成分达到了 *S* 点，即碳的质量分数达到 $w_C=0.77\%$，于恒温下发生共析转

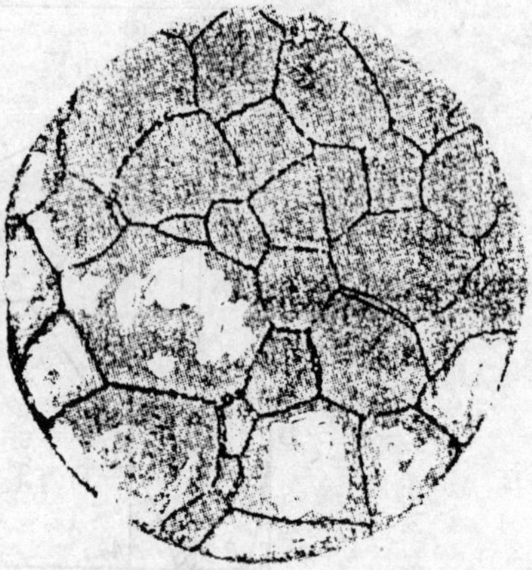

图 4-7 工业纯铁的显微组织

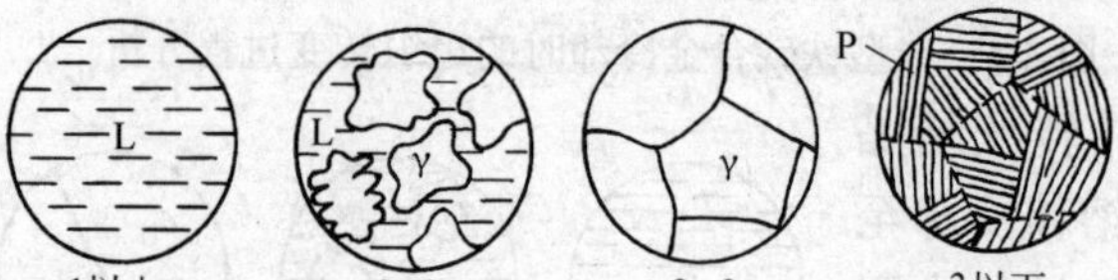

图 4-8 $w_C=0.77\%$ 的共析钢结晶过程示意图

变：$\gamma_{0.77}=(\alpha_P+Fe_3C)$，形成珠光体。因此，该钢在室温下的组织由先共析铁素体和珠光体所组成(见图 4-10c)。

亚共析钢的室温组织均由铁素体和珠光体组成。钢中碳的质量分数越高，则组织中的珠光体量越多。图 4-10 为 $w_C=0.20\%$、$w_C=0.40\%$ 和 $w_C=0.60\%$ 的亚共析钢的显微组织。由于放大倍数较小，不能清晰地观察到珠光体的片层特征，观察到的只是灰黑一片。

根据亚共析钢的平衡组织，可近似地估计其碳的质量分数：$w_C\approx P\times0.8\%$，其中 *P* 为珠光体在显微组织中所占面积的百分比，0.8% 是珠光体碳的质量分数 0.77% 的近似值。

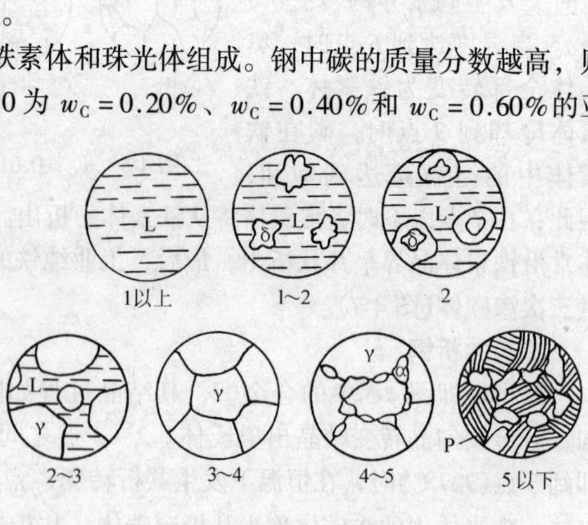

图 4-9 $w_C=0.60\%$ 的亚共析钢结晶过程示意图

a)

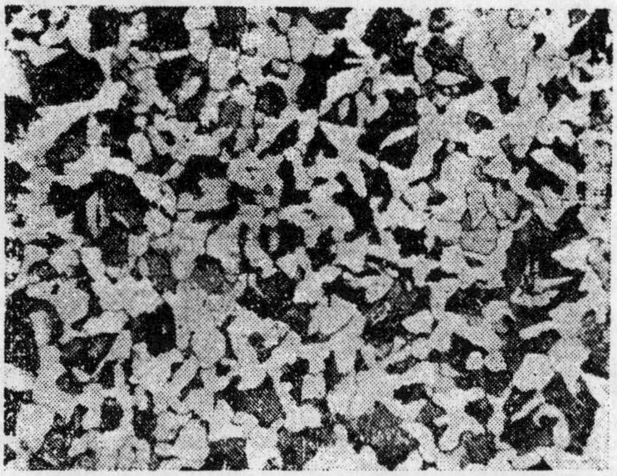

b)

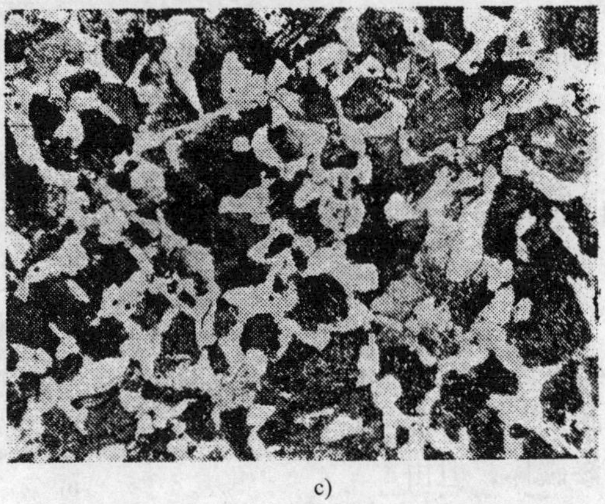

c)

图 4-10 亚共析钢的室温组织

(白色晶粒为铁素体,黑色组织为珠光体,200×)

a) $w_C = 0.20\%$ b) $w_C = 0.40\%$ c) $w_C = 0.60\%$

四、过共析钢

以 $w_C=1.2\%$的过共析钢为例，该钢在相图上的位置见图 4-5 中的合金④，其结晶过程如图 4-11 所示。合金在 1～2 点按匀晶转变为单相奥氏体。当冷至 3 点与 ES 线相遇时，开始从奥氏体中析出二次渗碳体，直到 4 点为止。这种先共析渗碳体一般沿着奥氏体晶界呈网状分布。由于渗碳体的析出，奥氏体中的含碳量沿 ES 线变化，当温度降至 4 点(727℃)时，奥氏体的成分达到了 *S* 点，于恒温下发生共析转变，形成珠光体。因此，过共析钢的室温平衡组织为珠光体和二次渗碳体，如图 4-12 所示。

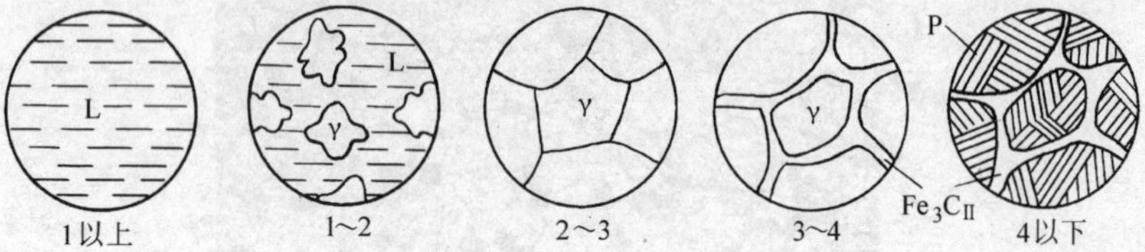

图 4-11　$w_C=1.2\%$的过共析钢结晶过程示意图

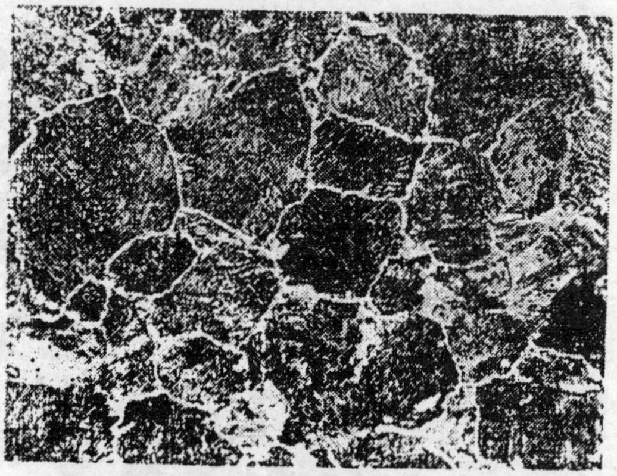

a)

b)

图 4-12　$w_C=1.2\%$的过共析钢的室温组织(500×)

a）硝酸酒精浸蚀，白色网状相为二次渗碳体，暗黑色为珠光体

b）苦味酸钠浸蚀，黑色网状相为二次渗碳体，白色为珠光体

五、共晶白口铁

共晶白口铁中碳的质量分数 $w_C=4.3\%$，如图 4-5 中的合金⑤，其结晶过程见图 4-13。液态合金冷却到 1 点(1148℃)时，在恒温下发生共晶转变：$L_C=(\gamma_E+Fe_3C)$形成莱氏体(Ld)。当冷至 1 点以下时，碳在奥氏体中的溶解度不断下降，因此从共晶奥氏体中不断析出二次渗碳体，但由于它依附在共晶渗碳体上析出并长大，所以难以分辨。温度降至 2 点(727℃)时，共晶奥氏体的碳的质量分数降至 0.77%，在恒温

下发生共析转变，即共晶奥氏体转变为珠光体。最后室温下的组织是珠光体分布在共晶渗碳体的基体上，即莱氏体。室温莱氏体保持了在高温下共晶转变所形成的莱氏体的形态特征，但组成相发生了改变。因此，常将室温莱氏体称为低温莱氏体或变态莱氏体，用符号 Ld′表示，其显微组织见图 4-14。

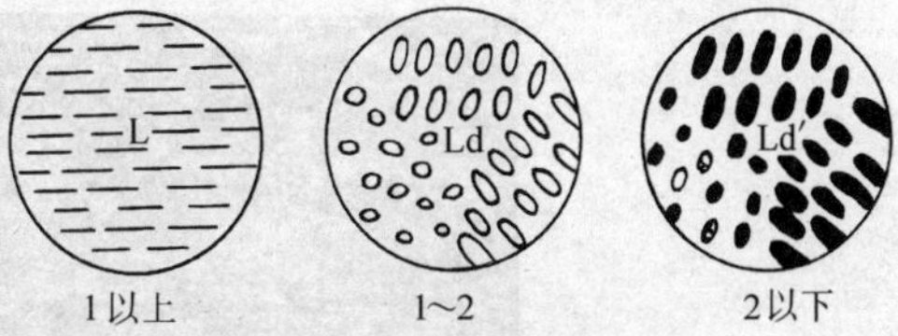

图 4-13　$w_C = 4.3\%$的共晶白口铁结晶过程示意图

六、亚共晶白口铁

亚共晶白口铁的结晶过程比较复杂，现以 $w_C = 3.0\%$ 的合金⑥(图 4-5)为例进行分析。在结晶过程中，在 1～2 点之间按匀晶转变结晶出初晶(先共晶)奥氏体，奥氏体的成分沿 *JE* 线变化，而液相的成分沿 *BC* 线变化，当温度降至 2 点时，液相成分达到共晶点 *C*，于恒温(1148℃)下发生共晶转变，即 $L_C = (\gamma_E + Fe_3C)$，形成莱氏体。当温度冷却至 2～3 点温度区间时，从初晶奥氏体和共晶奥氏体中都析出二次渗碳体。随着二次渗碳体的析出，奥氏体的成分沿着 *ES* 线不断降低，当温度到达 3 点(727℃)时，奥氏体的成分也到达了 *S* 点，于恒温下发生共析转变，所有的奥氏体均转变为珠光体。图 4-15 为其平衡结晶过程示意图；图 4-16 为该合金的显微组织，图中大块黑色部分是由初晶奥氏体转变成的珠光体，其余的为莱氏体，由初晶奥氏体析出的二次渗碳体与共晶渗碳体连成一片，难以分辨。

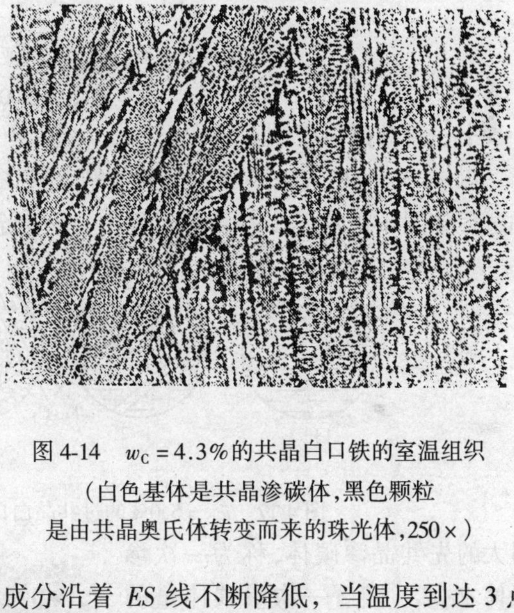

图 4-14　$w_C = 4.3\%$的共晶白口铁的室温组织（白色基体是共晶渗碳体，黑色颗粒是由共晶奥氏体转变而来的珠光体，250×）

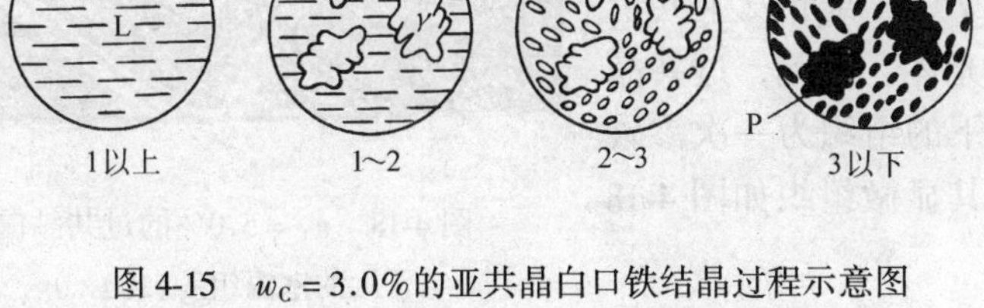

图 4-15　$w_C = 3.0\%$的亚共晶白口铁结晶过程示意图

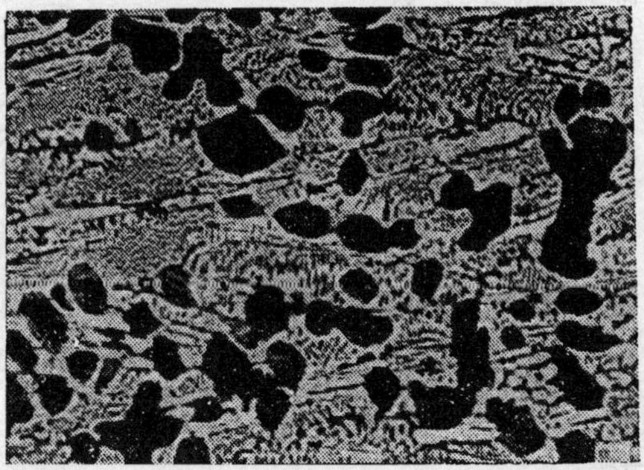

图 4-16　$w_C = 3.0\%$的亚共晶白口铁的室温组织(200×)

七、过共晶白口铁

以 $w_C = 5.0\%$的过共晶白口铁为例，其在相图中的位置见图 4-5 合金⑦，结晶过程如图 4-17 所示。在结晶过程中，该合金在 1 ~ 2 温度区间从液体中结晶出

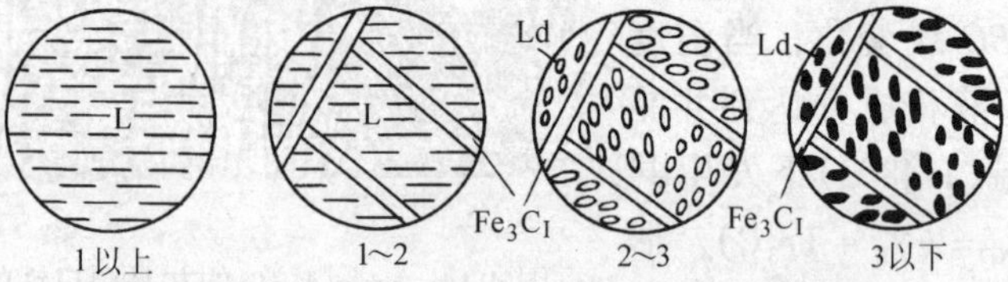

图 4-17　$w_C = 5.0\%$的过共晶白口铁结晶过程示意图

粗大的先共晶渗碳体，称为一次渗碳体 Fe_3C_I。随着一次渗碳体量的增多，液相成分沿着 DC 线变化。当温度降至 2 点时，液相成分达到 $w_C = 4.3\%$，于恒温下发生共晶转变，形成莱氏体。在继续冷却过程中，共晶奥氏体先析出二次渗碳体，然后于 727℃恒温下发生共析转变，形成珠光体。因此，过共晶白口铸铁室温下的组织为一次渗碳体加莱氏体。其显微组织如图 4-18 所示。

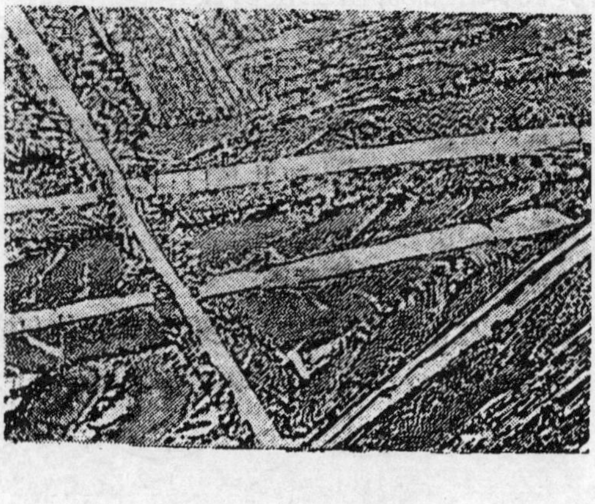

图 4-18　$w_C = 5.0\%$的过共晶白口铁的室温组织(200×)

根据以上对各类铁碳合金平衡结晶过程的分析，可将 Fe-Fe_3C 相图中的各相区按组织组成物加以标注，如图 4-19 所示。

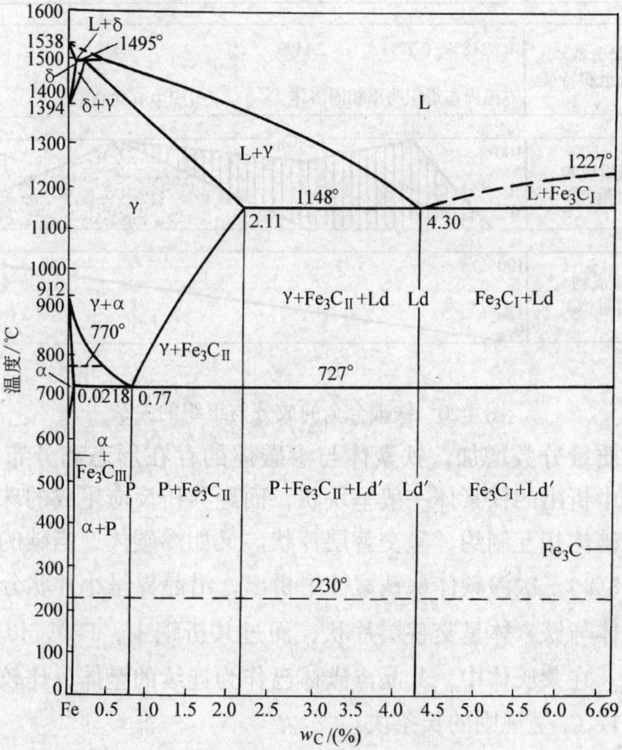

图 4-19　按组织分区的铁碳合金相图

第四节　碳对铁碳合金平衡组织和性能的影响

一、碳的质量分数对平衡组织的影响

根据运用杠杆定律进行计算的结果，可将铁碳合金的成分(碳的质量分数)与平衡结晶后的组织组成物及相组成物之间的定量关系总结如图 4-20 所示。

从相组成来看，铁碳合金在室温下的平衡组织皆由铁素体和渗碳体两相所组成。当碳的质量分数为零时，合金由 100% 的铁素体所组成，随着碳的质量分数的增加，铁素体的含量呈直线下降，直到 $w_C = 6.69\%$ 时降低到零，与此相反，渗碳体的含量则由零增至 100%。从组织组成来看，随着碳的质量分数的增加，合金室温组织变化如下：

α → $\alpha + P$ → P → $P + Fe_3C_{II}$ → $P + Fe_3C_{II} + Ld'$ → Ld' → $Ld' + Fe_3C_I$

(工业纯铁)　(亚共析钢)　(共析钢)　(过共析钢)　(亚共晶白口铁)　(共晶白口铁)　(过共晶白口铁)

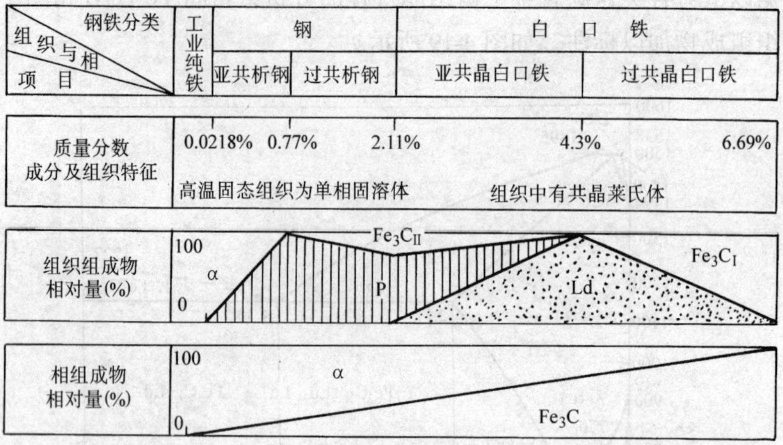

图 4-20　铁碳合金的成分与组织的关系

随着碳的质量分数增加，铁素体与渗碳体的存在形态和分布也在变化。例如，从奥氏体中析出的铁素体一般呈块状，而经共析反应生成的珠光体中的铁素体，由于同渗碳体相互制约，呈交替层片状。又如渗碳体，当碳的质量分数很低时($w_C<0.0218\%$)三次渗碳体从铁素体中析出，沿晶界呈小片状分布。在共析钢中，共析渗碳体与铁素体呈交替层片状，而过共析钢中，Fe_3C_{II}以网络状分布于奥氏体的晶界。在莱氏体中，共晶渗碳体已作为连续的基体，比较粗大。在过共晶白口铁中，Fe_3C_I呈规则的长条块。

正是由于铁碳含金中铁素体和渗碳体的数量、形态、分布不同，导致它们具有不同的性能。

二、碳的质量分数对力学性能的影响

铁素体是个软韧相，Fe_3C是个硬脆相，如果合金的基体是铁素体，那么渗碳体作为强化相，它的量越多，分布越均匀，材料的强度就越高。但是如果Fe_3C分布在晶界上，特别是作为基体时，材料的强度、特别是塑性韧性将大大下降。图 4-21 是碳的质量分数对退火碳钢力学性能的影响。从图可以看出，在亚共析钢中，随着碳的质量分数的增加，强度、硬度升高，而塑性韧性下降。在过共析钢中，碳的质量分数在接近 1%时其强度达到最高值，碳的质量分数继续增加，强度下降，这是由于脆性的二次渗碳体在碳的质量分数高于 1%时在晶界形成连续网状，用拉伸试验测定其强度时，会在脆性的二次渗碳体处出现早期裂纹，并发展至断裂，使抗拉强度下降。

渗碳体的塑性很差，合金的塑性变形主要由铁素体来提供，因此，合金的碳的质量分数增加，塑性不断下降。当组织中出现以渗碳体为基体的莱氏体时，塑性降低到接近于零值。

冲击韧性对组织十分敏感。碳的质量分数增加时，脆性的渗碳体增多，冲击韧性下降，当出现网状二次渗碳体时，韧性急剧下降。总的来看，韧性比塑性下降的趋势要大。

硬度是对组成物或组成相的形态不十分敏感的性能，它的大小主要决定于组成相的数量和硬度。因此，随着碳的质量分数的增加，高硬度的渗碳体增多，合金的硬度呈直线升高。

工业上为了保证 Fe-C 合金具有适当的塑性和韧性，合金中渗碳体的数量不宜过多。对碳素钢及普通低、中合金钢来说，其碳的质量分数一般都不超过 1.3%。

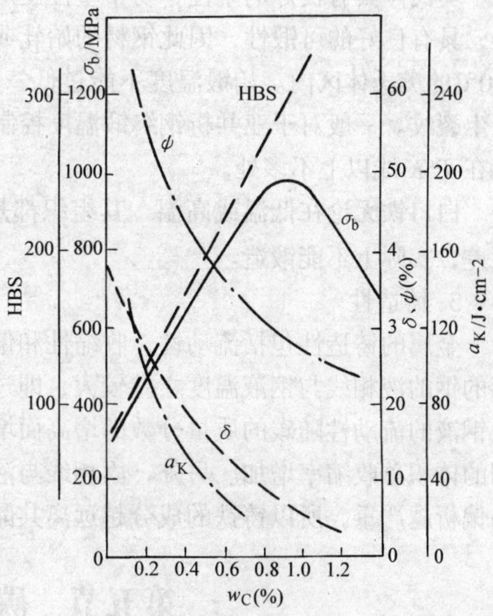

图 4-21　含碳量对平衡状态下碳钢力学性能的影响

三、碳的质量分数对工艺性能的影响

1. 切削加工性能

金属材料的切削加工性，一般可从允许的切削速度、切削力、表面粗糙度、刀具寿命等几个方面进行评价。

钢中碳的质量分数对切削加工性能有一定影响，低碳钢中的铁素体较多，塑性韧性很好，切削加工时产生的切削热较大，容易粘刀，而且切屑不易折断，影响表面粗糙度，因此切削加工性能不好。高碳钢中渗碳体多，硬度较高，严重磨损刀具，切削性能也差。中碳钢中的铁素体与渗碳体的比例适当，硬度和塑性也比较适中，其切削加工性能较好。一般认为，钢的硬度大致为 170～250HBS 时切削加工性能最好。

钢的导热性对切削加工性能也有影响。具有奥氏体组织的导热性低，易使刀具的切削刃变热，降低刀具寿命，而且奥氏体组织的加工硬化率较高，因此，尽管奥氏体钢(例如 18-8 不锈钢)的硬度不高，但切削加工性能不好。

2. 可锻性

金属的可锻性是指金属在压力加工时，能改变形状而不产生裂纹的性能。钢的可锻性首先与碳的质量分数有关。低碳钢的可锻性较好，随着碳的质量分数的增加，可锻性逐渐变差。

奥氏体具有良好的塑性，易于塑性变形。钢加热到高温可获得单相奥氏体组织，具有良好的可锻性，因此钢材的始轧或始锻温度一般选在固相线以下100～200℃的奥氏体区内。始锻温度不能过低，以免钢材因温度过低而使塑性变差而产生裂纹。一般对于亚共析钢终锻温度控制在 *GS* 线以上不多处，对过共析钢控制在 *PSK* 线以上不多处。

白口铁无论在低温或高温，其组织都是以硬而脆的 Fe_3C 为基体，其可锻性很差，实际上不能锻造。

3. 铸造性

金属的铸造性包括流动性、收缩性和偏析倾向等。当浇注温度相同时，含碳高的钢的液相线与钢液温度之差较大，即过热度较大，对钢液的流动性有利，所以钢液的流动性随碳的质量分数的增高而增高。随着碳的质量分数的增加，碳素钢的体积总收缩率增加。另外，固相线与液相线的水平距离和垂直距离越大，枝晶偏析越严重，所以铸铁的成分越远离共晶点，其枝晶偏析越严重。

第五节　碳　钢

工业用钢，绝大多数是由冶金厂生产的板材、棒材、型材、管材及线材等。钢材生产的主要流程是：炼铁→炼钢→铸锭→压力加工成各种规格的钢材，如图4-22所示。

生产实践表明，材料的组织和性能除与其成分、加工工艺及热处理有关外，还与它的冶金质量密切相关。钢的冶金质量是指钢在冶炼、浇注及压力加工后的质量，主要包括钢中所含的杂质元素及非金属夹杂物，钢锭的宏观组织及压力加工后的组织与缺陷，它们均是衡量钢材冶金质量的重要标志。

一、钢中的杂质元素及其影响

碳钢中除铁和碳二个基本组元之外，还含有少量的Mn、Si、S、P、O、H、N等元素。它们是从矿石和在冶炼过程中进入钢中的，这些元素称为常存杂质。

1. 锰和硅

锰和硅是在炼钢时作为脱氧剂加入钢中的，Mn和Si都能溶入铁素体，有固溶强化作用，可提高钢的强度。Mn还能与钢中的S形成MnS，降低S的有害作用。在合理含量范围内，Mn和Si是有益元素。

2. 硫

硫是在炼钢时由矿石和燃料带到钢中的杂质。硫会引起钢的热脆性，含S高的钢，因为有热脆性而难以进行热压力加工。

S是钢中的有害杂质，但当钢中含S量增高的同时并含有较多的Mn时，可

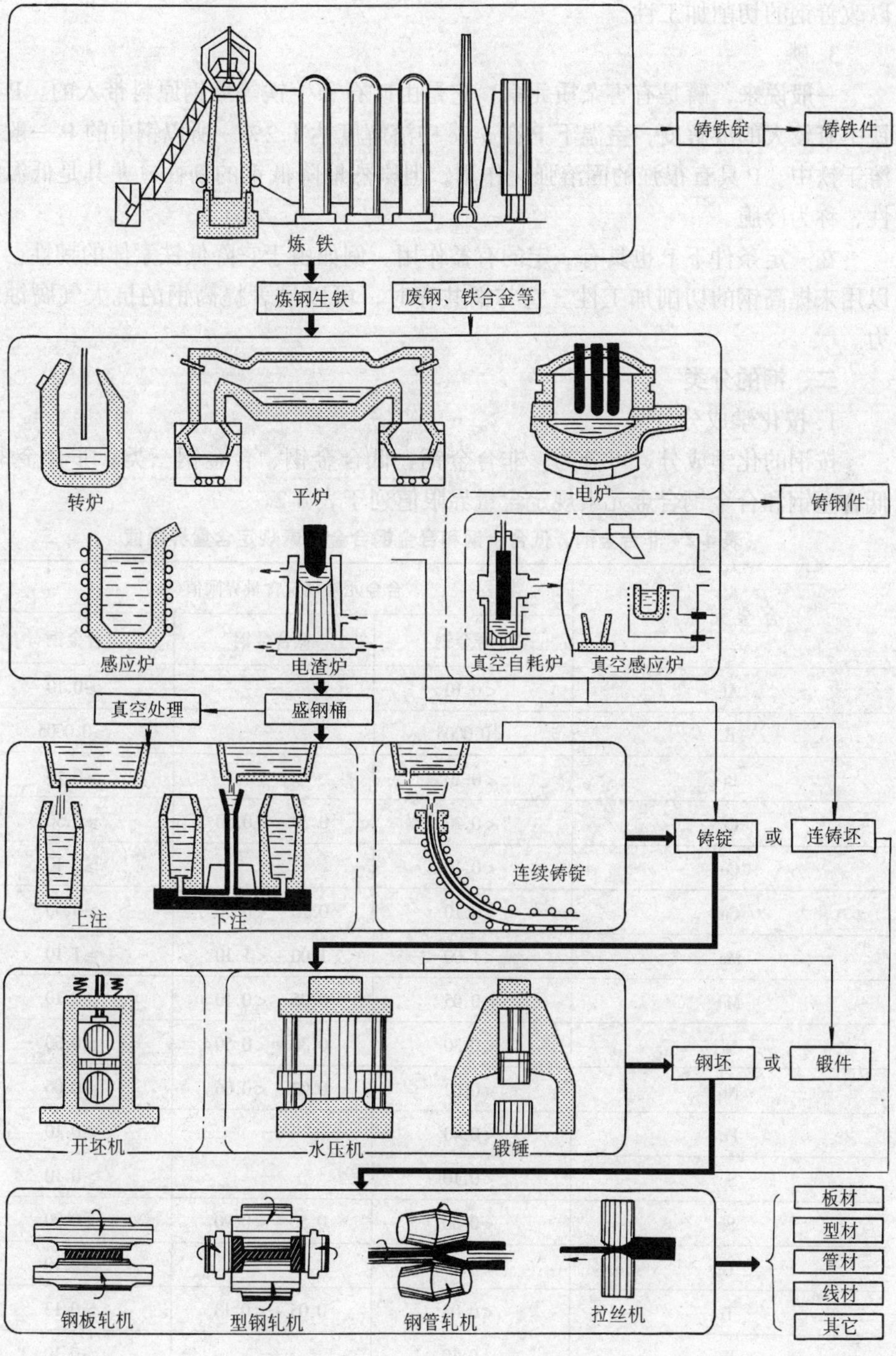

图 4-22 钢材生产流程示意图

以改善钢的切削加工性。

3. 磷

一般说来，磷是有害杂质元素，它是由矿石和生铁等炼钢原料带入的。P在铁中有较大的溶解度，室温下P在α-Fe中溶解度达1.2%。所以钢中的P一般都溶于铁中。P具有很强的固溶强化作用，但剧烈地降低钢的韧性，尤其是低温韧性，称为冷脆。

在一定条件下P也具有一定的有益作用。例如由于它降低铁素体的韧性，可以用来提高钢的切削加工性。它与铜共存时，可以显著提高钢的抗大气腐蚀能力。

二、钢的分类

1. 按化学成分分类

按钢的化学成分，可分为：非合金钢、低合金钢、合金钢三类。非合金钢、低合金钢和合金钢合金元素规定含量界限值列于表4-2。

表4-2　非合金钢、低合金钢和合金钢合金元素规定含量界限值

合金元素	合金元素规定含量界限值(%)		
	非合金钢	低合金钢	合金钢
Al	<0.10	—	≥0.10
B	<0.0005	—	≥0.0005
Bi	<0.10	—	≥0.10
Cr	<0.30	0.30~<0.50	≥0.50
Co	<0.10	—	≥0.10
Cu	<0.10	0.10~<0.50	≥0.50
Mn	<1.00	1.00~<1.10	≥1.10
Mo	<0.05	0.05~<0.10	≥0.10
Ni	<0.30	0.30~<0.50	≥0.50
Nb	<0.02	0.02~<0.06	≥0.06
Pb	<0.40	—	≥0.10
Se	<0.10	—	≥0.10
Si	<0.50	0.50~<0.90	≥0.90
Te	<0.10	—	≥0.10
Ti	<0.05	0.05~<0.13	≥0.13
W	<0.10	—	≥0.10

（续）

合 金 元 素	合金元素规定含量界限值(%)		
	非合金钢	低合金钢	合金钢
V	<0.04	0.04~<0.12	≥0.12
Zr	<0.05	0.05~<0.12	≥0.12
La系(每一种元素)	<0.02	0.02~<0.05	≥0.05
其他规定元素(S、P、C、N除外)	<0.05	—	≥0.05

注：La系元素含量，也可为混合稀土含量总量。

2. 按主要质量等级分类

非合金钢按主要质量等级分为：

(1) 普通质量非合金钢　普通质量非合金钢是指不规定生产过程中需要特别控制质量要求的并应同时满足下列四种条件的所有钢种：①钢为非合金化的；②不规定热处理；③硫或磷的质量分数最高值不大于等于0.045%；④未规定其它质量要求。

这类钢主要包括：①一般用途碳素结构钢，如GB700规定的A、B级钢；②碳素钢筋钢，如GB13013规定的Q235钢；③铁道用一般碳素钢；④一般钢板桩型钢。

(2) 优质非合金钢　优质非合金钢是指在生产过程中需要特别控制质量(例如控制晶粒度,降低S、P含量,改善表面质量或增加工艺控制等)，以达到比普通质量非合金钢特殊的质量要求，但这种钢的生产控制不如特殊质量非合金钢严格(例如不控制淬透性)。

这类钢主要包括：①机械结构用优质碳素钢，如GB699规定的条钢，包括08F~15F、08~65、15Mn~65Mn各牌号，但不包括70~85、65Mn、70Mn钢，这部分钢强度高，属特殊质量非合金钢；②工程结构用碳素钢，如GB700标准中规定的C、D级钢；③冲压薄板的低碳结构钢；④镀层板、带用的碳素钢；⑤锅炉和压力容器用碳素钢；⑥铁道用优质碳素钢；⑦焊条用碳素钢等。

(3) 特殊质量非合金钢　特殊质量非合金钢是指在生产过程中需要特殊严格控制质量和性能(例如控制淬透性和纯洁度)的非合金钢。特别是在化学成分上有特别严格的要求；对夹杂物规定严格的限制，比优质钢更纯洁；对性能规定特殊的要求，比优质钢更严更高。

这类钢主要包括：①碳素工具钢，如GB1298标准中的T7~T13Mn钢；②碳素弹簧钢，如GB1222标准中的非合金钢和GB699标准中的70~85、65Mn~70Mn钢；③保证淬透性非合金钢，如GB5216标准中的45H，④其它，如航空、兵器用非合金钢，特殊焊条用非合金钢以及电磁纯铁、原料纯铁等。

3. 按主要性能及使用特性分类

按主要性能和使用特性，非合金钢分为：①以规定最高强度(或硬度)为主要特性的非合金钢，例如冷成型用钢；②以规定最低强度为主要特性的非合金钢，例如压力容器用钢；③以限制碳含量为主要特性的非合金钢，例如弹簧钢、调质钢；④非合金工具钢，例如 T7～T13A 钢；⑤非合金易切削钢；⑥其它，如电磁纯铁、原料纯铁等。

此外，我国和某些国家过去在钢产品标准中和实际生产中，常使用“低碳钢”，“中碳钢”，“高碳钢”等术语。大致划分是：低碳钢 $w_C<0.25\%$；中碳钢 $w_C=0.25\%\sim0.60\%$；高碳钢 $w_C>0.60\%$。

三、非合金钢的牌号和用途

1. 普通碳素结构钢

根据 GB700—88 的规定，碳素结构钢的牌号由代表屈服点的字母、屈服点数值、质量等级符号、脱氧方法符号等四个部分按顺序组成，例如：

Q235—A·F

符号：Q——钢材屈服点“屈”字汉语拼音首位字母；

A、B、C、D——分别为质量等级；

F——沸腾钢“沸”字汉语拼音首位字母；

B——半镇静钢“半”字汉语拼音首位字位；

Z——镇静钢“镇”字汉语拼音首位字母；

TZ——特殊镇静钢“特镇”两字汉语拼音首位字母。

在牌号组成表示方法中，“Z”与“TZ”符号可以省略。

碳素结构钢碳的质量分数较低，焊接性能好，塑性、韧性好，价格低，常热轧成钢板、钢带、型钢、棒钢，用于桥梁、建筑等工程构件和要求不高的机器零件。通常在热轧供应状态下直接使用，很少再进行热处理。

表 4-3 列出了碳素结构钢的牌号和化学成分。

新标准 GB700—8 8 的牌号表示方法以及对各牌号所规定的技术要求与旧标准 GB700—79 都不同，新旧标准对照如表 4-4，供参考。

2. 优质碳素结构钢

钢号用两位数字表示，这两位数字表示平均碳的质量分数的万分之几。如 45 钢表示钢中平均碳的质量分数为万分之 45，即 0.45%。

较高含锰量的优质碳素结构钢，在数字后标出锰元素符号。例如，碳的平均质量分数为 0.50%，锰的质量分数为 0.70～1.00%的镇静钢，其牌号表示为“50Mn”。

表 4-3　碳素结构钢(GB700—88)

牌号	等级	化学成分(质量分数)(%)					脱氧方法
		C	Mn	Si	S	P	
				不大于			
Q195	—	0.06～0.12	0.25～0.50	0.30	0.050	0.045	F、B、Z②
Q215	A	0.09～0.15	0.25～0.55	0.30	0.050	0.045	F、B、Z
	B				0.045		
Q235	A	0.14～0.22	0.30～0.65①	0.30	0.050	0.045	F、B、Z
	B	0.12～0.20	0.30～0.70①		0.045		
	C	≤0.18	0.35～0.80		0.040	0.040	Z
	D	≤0.17			0.035	0.035	TZ
Q255	A	0.18～0.28	0.40～0.70	0.30	0.050	0.045	Z
	B				0.045		
Q275	—	0.28～0.38	0.50～0.80	0.35	0.050	0.045	Z

① Q235A、B 级沸腾钢锰含量上限为 0.60%；

② "F" 沸腾钢，"B" 半镇静钢，"Z" 镇定钢，"TZ" 特殊镇静钢。

表 4-4　新旧 GB700 标准牌号对照(参考件)

GB700—88	GB700—79
Q195 不分等级，化学成分和力学性能(抗拉强度、伸长度和冷弯)均须保证，但轧制薄板和盘条之类产品，力学性能的保证项目，根据产品特点和使用要求，可在有关标准中另行规定	1 号钢 Q195 的化学成分与本标准 1 号钢的乙类钢 B1 同，力学性能(抗拉强度、伸长度和冷弯)与甲类钢 A1 同(A1 的冷弯试验是附加保证条件)，1 号钢没有特类钢
Q215 A 级 B 级(做常温冲击试验，V 形缺口)	A2 C2
Q235 A 级(不做冲击试验) B 级(做常温冲击试验，V 形缺口) C 级 } (作为重要焊接结构用 D 级 }	A3 (附加保证常温冲击试验，U 形缺口) C3 (附加保证常温 20℃冲击试验，U 形缺口) — —
Q275 不分等级，化学成分和力学性能均须保证	C5

优质碳素结构钢应用广泛，一般都要经过热处理以提高力学性能。含碳较低的 08、08F、10、10F 钢，塑性、韧性好，具有优良的冷成型性能和焊接性能，

常冷轧成薄板，用于制作冷冲压件，如汽车车身、仪表外壳等；15、20、25 钢经渗碳、淬火后表硬心韧，用于制作表面要求耐磨而心部强度要求不高的零件；40、45、50 钢经热处理(淬火加高温回火)后具有良好的综合力学性能，用于制作轴类零件，如曲轴、连杆、车床主轴、车床齿轮等；55、60、65 钢经热处理(淬火加中温回火)后具有高的弹性极限，用于制作负荷不大的弹簧。

优质碳素结构钢的牌号、化学成分和力学性能列于表 4-5。

表 4-5　优质碳素结构钢的牌号、化学成分和力学性能

牌号	化学成分(质量分数)(%)					力学性能(正火态)		交货状态硬度(HBS)	
	C	Si	Mn	P	S	σ_b/MPa	δ_s(%)	未热处理	退火钢
				不大于		不小于		不大于	
08F	0.05～0.11	≤0.03	0.25～0.50	0.035	0.035	295	35	131	
10F	0.07～0.14	≤0.07	0.25～0.50	0.035	0.035	315	33	137	
08	0.05～0.12	0.17～0.37	0.35～0.65	0.035	0.035	325	33	131	
10	0.07～0.14	0.17～0.37	0.35～0.65	0.035	0.035	335	31	137	
15	0.12～0.19	0.17～0.37	0.35～0.65	0.035	0.035	375	27	143	
20	0.17～0.24	0.17～0.37	0.35～0.65	0.035	0.035	410	25	156	
25	0.22～0.30	0.17～0.37	0.50～0.80	0.035	0.035	450	23	170	
30	0.27～0.35	0.17～0.37	0.50～0.80	0.035	0.035	490	21	179	
35	0.32～0.40	0.17～0.37	0.50～0.80	0.035	0.035	530	20	197	
40	0.37～0.45	0.17～0.37	0.50～0.80	0.035	0.035	570	19	217	187
45	0.42～0.50	0.17～0.37	0.50～0.80	0.035	0.035	600	16	229	197
50	0.47～0.55	0.17～0.37	0.50～0.80	0.035	0.035	630	14	241	207
55	0.52～0.60	0.17～0.37	0.50～0.80	0.035	0.035	645	13	255	217
60	0.57～0.65	0.17～0.37	0.50～0.80	0.035	0.035	675	12	255	229
65	0.62～0.70	0.17～0.37	0.50～0.80	0.035	0.035	695	10	255	229

3. 碳素工具钢

在钢号前加“T”或“碳”表示碳素工具钢，其后跟以表示碳的质量分数的千分之几的数字。例如 T8 表示平均碳的质量分数为千分之八，即 0.8% 的碳素工具钢。

碳素工具钢经热处理(淬火加低温回火)后具有高硬度，用于制作尺寸较小、形状简单、工作温度不高的量具、刃具、模具等。

常用碳素工具钢的牌号、化学成分和力学性能列于表 4-6。

表 4-6　常用碳素工具钢的牌号、化学成分和力学性能(GB1298—86)

钢号	化学成分(质量分数)(%)					硬　度	
	C	Mn	Si	S	P	退火状态(HBS)	淬火状态(HRC)
T7	0.65～0.74	≤0.40	≤0.35	≤0.30	≤0.35	≤187	≥62
T8	0.75～0.84						
T8Mn	0.80～0.90	0.40～0.60					
T9	0.85～0.94	≤0.40				≤192	
T10	0.95～1.04					≤197	
T11	1.05～1.14					≤207	
T12	1.15～1.24						
T13	1.25～1.35					≤217	

复习思考题

4-1　说明铁的同素异构转变

4-2　指出铁素体、奥氏体、渗碳体、珠光体和莱氏体的定义、符号和力学性能特点。

4-3　铁碳相图是由哪几种基本类型相图组成?

4-4　写出 $Fe\text{-}Fe_3C$ 相图上的三条水平线转变反应式。

4-5　以相组成物标注 $Fe\text{-}Fe_3C$ 相图。

4-6　分析 $w_C=0.77\%$，$w_C=1.2\%$，$w_C=4.3\%$合金的平衡结晶过程，画出室温组织示意图。

4-7　区分一次渗碳体、二次渗碳体、三次渗碳体、共析渗碳体、共晶渗碳体。

4-8　某铁碳合金的退火组织为60%P+40%F，试估算其含碳量，写出其钢号。

4-9　如何从成分、组织和性能上区分钢和白口铁。

4-10　A_1、A_3、A_{cm}分别指 $Fe\text{-}Fe_3C$ 相图上的哪一条线?

4-11　以组织组成物标注 $Fe\text{-}Fe_3C$ 相图。

4-12　画出45钢室温平衡组织示意图。

4-13　随着含碳量的增加，Fe-C合金的组织和性能是如何变化的?

4-14　说明下列现象的原因:

1）含碳量 $w_C=0.4\%$的钢比 $w_C=1.0\%$的钢硬度低。

2）退火状态下 $w_C=0.8\%$的钢比 $w_C=1.2\%$的钢强度高。

3）碳钢的锻造性能较好，而白口铁的铸造性能较好。

4-15　某钢材样品经化学分析，其成分如下：$w_C=0.45\%$，$w_{Si}=0.35\%$，$w_{Mn}=0.80\%$，$w_P=0.030\%$，$w_S=0.030\%$，$w_{Ni}=0.20\%$，$w_{Cr}=0.25\%$。若按化学成分分类，此钢属于哪类钢?

4-16　试分别写出一种适合制造简单冲模、车床主轴、弹簧、仪表外壳的材料的牌号。

第五章　钢的热处理

钢的热处理是通过加热、保温和冷却工序改变钢的内部组织结构，从而获得预期性能的工艺。

热处理在机械制造中有着重要的地位和作用。在汽车、拖拉机制造中，80%的零件都要进行热处理，而工模具及滚动轴承则100%要进行热处理。

钢的热处理在生产上应用的种类很多，按加热和冷却方式的不同，大致上可以分为如下几种：

- 热处理
  - 普通热处理
    - 退火
    - 正火
    - 淬火
    - 回火
    - 冷处理
  - 表面热处理
    - 表面淬火
      - 火焰加热表面淬火
      - 感应加热表面淬火
    - 化学热处理
      - 渗碳
      - 氮化
      - 碳氮共渗
      - 其他(如渗金属等)

如果按照热处理在零件整个生产工艺过程中的位置和作用的不同，热处理又可分为预先热处理(如退火、正火)和最终热处理(如淬火、回火)。

在讨论钢加热冷却时的组织转变和各种热处理工艺时，会经常使用到钢的实际临界点的概念。从铁碳相图可知，各类碳钢在室温时具有不同的组织，但把它们加热到 A_1 (*psk* 线)以上时，都会发生珠光体向奥氏体的转变，当加热温度超过 A_3 (*GS* 线)和 A_{cm}(*SE* 线)时，都可成为单一的奥氏体。然而，铁碳相图中这些固态组织转变的临界点 A_1、A_3、A_{cm} 等，是在无限缓慢的加热或冷却条件(即平衡状态)下测得的。在实际生产中的加热或冷却速度下，这些临界点会产生偏移，加热时的实际转变温度总是高于平衡临界点，反之，冷却时的实际转变温度总是低于平衡临界点，即存在过热和过冷现象。为表明钢的实际临界点，在加热时附以符号“c”，例如 Ac_1、Ac_3、Ac_{cm}，冷却时附以符号“r”，例如 Ar_1、Ar_3 等。

本章主要讨论钢在加热和冷却过程中内部组织结构转变的基本规律，然后根据这些规律确定各种热处理工艺。

第一节　钢在加热时的组织转变

加热是各种热处理必不可少的第一道工序。在多数情况下，加热是使钢部分或完全处于奥氏体状态。钢热处理后的组织和性能，除受冷却条件影响外，也与加热时所形成的奥氏体的成分、均匀程度及其晶粒度直接有关。

一、奥氏体的形成

首先以共析钢为例，说明奥氏体的形成过程。

共析钢奥氏体的形成是由奥氏体形核、奥氏体长大、剩余渗碳体溶解及奥氏体成分均匀化四个基本过程组成，如图 5-1 所示。

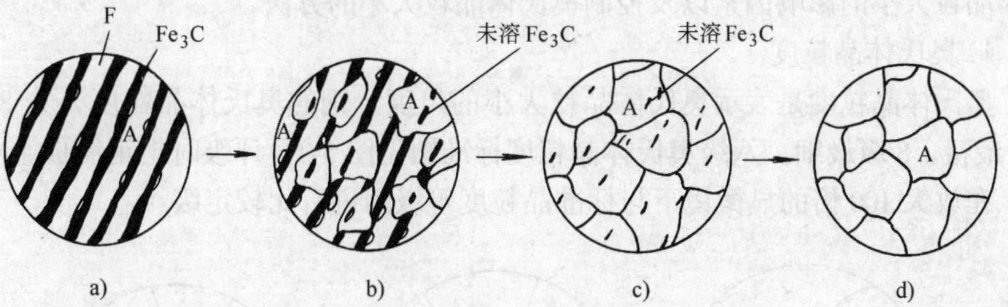

图 5-1　共析钢中奥氏体形成过程示意图

a）A 形核　b）A 长大　c）残余 Fe_3C 溶解　d）A 均匀化

将共析钢加热超过 Ac_1 时，珠光体处于不稳定状态而奥氏体将开始形核。通常奥氏体的晶核总是优先在铁素体与渗碳体的相界面处形成，这是由于此处容易满足奥氏体形核所需的成分条件、结构条件和能量条件。奥氏体晶核生成后，立即向渗碳体和铁素体两个方面推移，奥氏体便不断长大。奥氏体向两侧的长大速度是不同的，铁素体向奥氏体的转变速度比渗碳体的溶解速度快得多，所以珠光体向奥氏体的转变，总是铁素体首先消失。当铁素体全部转变为奥氏体后，总还有部分残余渗碳体尚未溶解。这些残余渗碳体在继续加热保温过程中不断溶解，直至全部消失。残余渗碳体全部溶解后，奥氏体的成分仍然是不均匀的，原渗碳体处碳的质量分数较高，原铁素体处碳的质量分数较低。只有继续延长保温时间，通过碳的扩散，最终得到成分均匀的奥氏体晶粒。

亚共析钢和过共析钢奥氏体的形成过程，基本上与共析钢相同，但具有过剩相转变和溶解的过程。

亚共析钢室温平衡组织为珠光体加铁素体。当加热到 Ac_1 后，珠光体转变为奥氏体，转变过程与共析钢相同。随着加热温度不断升高，铁素体也逐渐转变为奥氏体，当加热到 Ac_3 以上时，铁素体全部转变完毕，得到单一的奥氏体。

过共析钢室温平衡组织为珠光体和二次渗碳体。当加热到 Ac_1 后，珠光体转变为奥氏体，温度继续升高，二次渗碳体不断向奥氏体溶解。温度超过 Ac_{cm}时，二次渗碳体完全溶解而得到单一的奥氏体，但此时奥氏体的晶粒已经开始粗化了。

奥氏体形成是形核和长大的过程，是通过原子扩散而实现的。因此，凡是影响形核、长大和原子扩散的因素，都将影响奥氏体的形成速度，其中最主要的是加热条件、原始组织和钢的化学成分。

二、奥氏体晶粒大小及其影响因素

钢在加热时所形成的奥氏体晶粒大小，对冷却转变后的组织和性能有着显著的影响。为了获得所期望的合适的奥氏体晶粒尺寸，必须了解奥氏体晶粒度、奥氏体晶粒大小的影响因素以及控制奥氏体晶粒大小的方法。

1. 奥氏体晶粒度

奥氏体晶粒度是表示奥氏体晶粒大小的尺度。钢的奥氏体晶粒度分为 8 级，1 级最粗，8 级最细。八级奥氏体晶粒度标准图见图 5-2。评级时把钢制成金相样品，在放大 100 倍的显微镜下与标准晶粒度等级图进行比较定级。

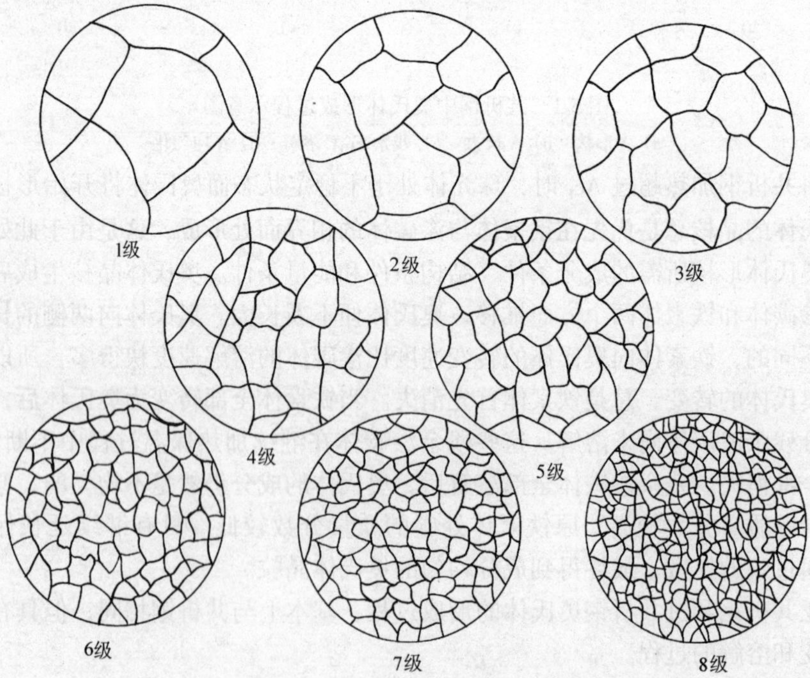

图 5-2　八级奥氏体晶粒度标准图

奥氏体晶粒度分为起始晶粒度、本质晶粒度和实际晶粒度三种。

(1) 起始晶粒度　是指加热过程中，奥氏体化刚完成时的晶粒大小。一般来说，奥氏体的起始晶粒比较细小，但这种晶粒会随加热温度升高或保温时间延长而长大。

(2) 本质晶粒度　不同牌号的钢，其奥氏体晶粒的长大倾向是不同的。本质晶粒度表示钢的奥氏体晶粒在规定温度下的长大倾向。通常采用标准(YB-27-77)试验方法，把钢加热到(930±10)℃，保温3~8h后测定其奥氏体晶粒大小，晶粒度为1~4级的钢称为本质粗晶粒钢，晶粒度为5~8级的钢称为本质细晶粒钢。

必须指出，本质晶粒度并不反映钢实际晶粒的大小，只表示在一定温度范围内(930℃以下)奥氏体晶粒长大的倾向性。如图5-3所示，在930℃以下时，本质细晶粒钢奥氏体晶粒长大缓慢，但当温度升至更高时，本质细晶粒钢的晶粒也会迅速长大，甚至比本质粗晶粒钢长大得更快。反之，本质粗晶粒钢在加热稍高于临界点时，也可得到细小的奥氏体晶粒。

本质晶粒度是钢重要的热处理工艺性能之一。对于本质细晶粒钢可有较宽的热处理加热温度范围，即使在930℃高温渗碳的某些零件也可直接淬火。相反，对于本质粗晶粒钢，则必须严格控制加热温度，以免引起晶粒粗化而使性能变坏。

钢的本质晶粒度与化学成分和冶炼方法有关，一般用铝脱氧的钢为本质细晶粒钢。工业用钢中，优质碳素钢和合金钢大都是本质细晶粒钢。这是由于弥散的AlN及Ti、V、W、Mo等合金元素形成的碳化物质点可阻碍奥氏体晶粒长大的缘故。

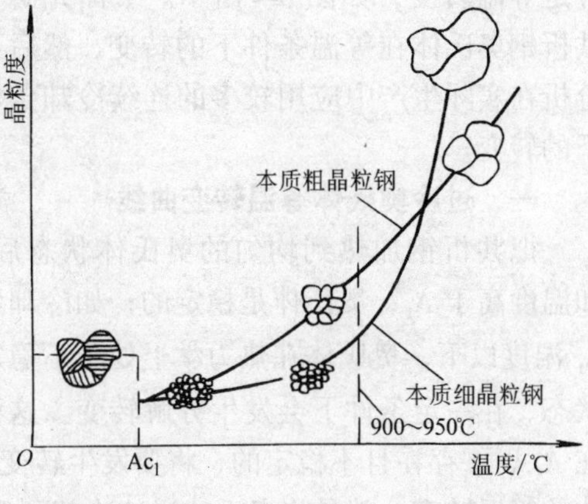

图5-3　加热时钢的晶粒长大倾向示意图

(3) 实际晶粒度　实际晶粒度是指在具体加热条件下得到的奥氏体晶粒大小。实际晶粒度直接影响钢在冷却后的组织和性能。

2. 奥氏体晶粒长大及其影响因素

加热时奥氏体晶粒长大是一个自发过程，但不同的外界因素可以在不同程度上促进或抑制其长大过程。奥氏体化温度越高，保温时间越长，晶粒长大也就越明显，但加热温度的影响比保温时间的影响大。

在一定范围内，奥氏体晶粒长大倾向随碳的质量分数增加而增大。这是因为随碳的质量分数增加，碳在奥氏体中的扩散速度也随之增加的缘故。但当碳的质量分数超过一定限度后，就会形成过剩的二次渗碳体，阻碍晶粒的长大。

钢中的合金元素，凡是能形成稳定碳化物的元素（如 Cr、W、Mo、Nb、V、Zr、Ti）、形成氮化物的元素（如 Al），都会阻碍奥氏体晶粒长大，而 Mn 和 P 则加速奥氏体晶粒长大。

第二节　钢在冷却时的组织转变

在钢的热处理中，冷却是一道非常关键的工序。因为在加热、保温时得到的奥氏体，当以不同的冷却条件冷却下来时，会得到性能差异很大的各种组织。换言之，只要选择恰当的冷却方式，便可以获得预期的组织和性能。因此，了解钢在冷却时组织转变规律十分重要。

根据冷却方法的不同，奥氏体的冷却转变可分为两种，一种是连续冷却转变，另一种是等温转变，如图 5-4 所示。下面先研究共析钢奥氏体在等温条件下的转变，然后再分析在实际生产中应用较多的连续冷却条件下的转变。

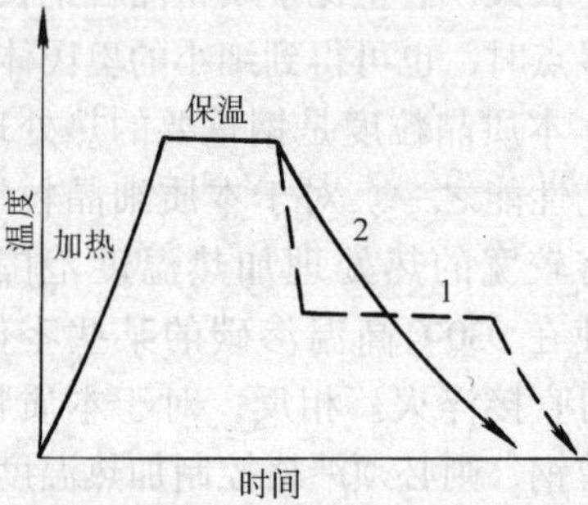

图 5-4　奥氏体不同冷却方式示意图

1—等温冷却　2—连续冷却

一、过冷奥氏体等温转变曲线

把共析钢加热到均匀的奥氏体状态后，如温度高于 A_1，奥氏体是稳定的；如冷却到 A_1 温度以下，奥氏体在热力学上处于不稳定状态，在一定条件下会发生分解转变。这种在 A_1 以下存在且不稳定的、将要发生转变的奥氏体称为过冷奥氏体。过冷奥氏体的等温转变，就是将奥氏体迅速冷却到低于 A_1 的某一温度，并保温足够时间，使奥氏体在该温度下完成其组织转变的过程。

过冷奥氏体等温转变曲线则是表示过冷奥氏体等温转变的温度、时间和转变量三者之间的关系曲线图。因曲线的形状与字母“C”相似，故称 C 曲线，也称 S 曲线或 TTT 图。

1. C 曲线的建立

由于过冷奥氏体转变过程中，在组织转变的同时，伴随产生热效应、硬度、比容和磁性等一系列变化，所以测定 C 曲线可有金相法、硬度法、磁性法、膨胀法等方法。

现以共析碳钢为例，说明 C 曲线的建立过程：

1）取一批试样加热进行奥氏体化；

2）将试样分组淬入低于 A_1 的不同温度的盐浴中，隔一定时间取一试样淬入水中；

3）测定出试样在各个等温温度（t_1、t_2、… t_6 等）时奥氏体开始转变的时间（a_1、a_2、… a_6 等）和转变终了的时间（b_1、b_2、… b_6 等）；

4）将各等温温度的奥氏体开始转变和转变终了的时间点，描绘在以温度为终坐标、时间为横坐标（以对数表示）的坐标图上，并分别连线，即得到所要测定的C曲线，如图5-5所示。

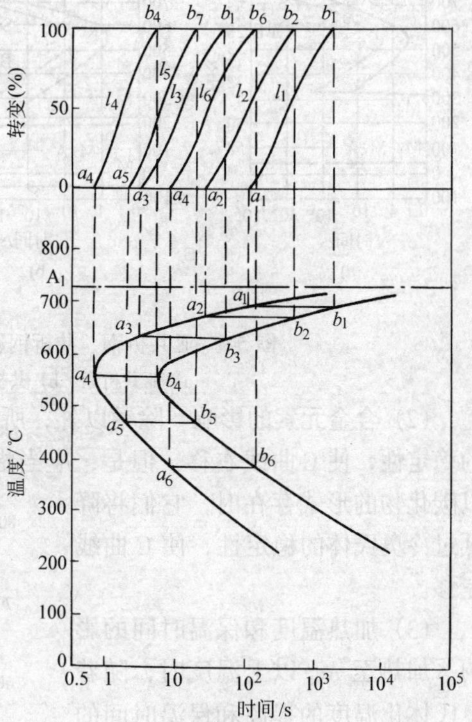

图5-5 共析钢过冷奥氏体等温转变曲线的建立

2. C曲线的分析

1）在C曲线中，转变开始点（a_1、a_2、… a_6）的连线称为转变开始线；转变终了点（b_1、b_2、… b_6）的连线称为转变终了线。M_s 和 M_f 线是奥氏体向马氏体转变的开始温度和终止温度。A_1 ~ M_s 之间、转变开始线以左的区域为过冷奥氏体区；转变终了线以右及 M_f 点以下为转变产物区；而转变开始线与转变终了线之间为转变过渡区（即过冷奥氏体与转变产物共存的区域）；

2）转变开始线与纵座标轴之间的距离称为孕育期。孕育期愈长，过冷奥氏体愈稳定，转变期也愈长。孕育期最短处，过冷奥氏体最不稳定，转变最快，这里称为C曲线的"鼻尖"。对于碳钢来说，"鼻尖"处的温度一般为550℃左右；

3）过冷奥氏体在不同温度下的转变产物各不相同，这将随后详加讨论。

3. 影响C曲线的因素

影响C曲线的因素主要是奥氏体的成分和奥氏体化条件。

（1）碳的质量分数的影响　在正常加热条件下，亚共析钢的C曲线随碳的质量分数的增加而向右移，过共析钢的C曲线随碳的质量分数的增加而左移。故在碳钢中以共析钢的过冷奥氏体最为稳定。

与共析钢的C曲线相比，亚共析钢和过共析钢的C曲线上部，还各多一条先共析相的析出线，如图5-6所示。因为在过冷奥氏体转变为珠光体之前，在亚共析钢中要先析出铁素体，在过共析钢中要先析出渗碳体。

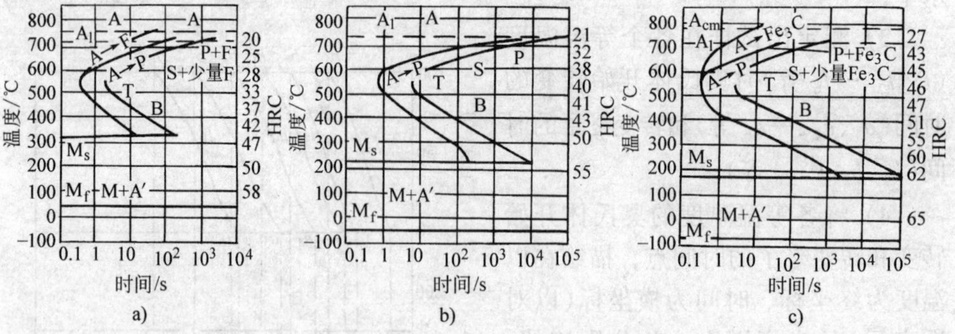

图 5-6　亚共析钢、共析钢、过共析钢的 C 曲线比较

a）亚共析钢　b）共析钢　c）过共析钢

（2）合金元素的影响　除钴以外，所有溶于奥氏体的合金元素都增加奥氏体的稳定性，使 C 曲线右移。但是，应当指出，当合金元素未溶入奥氏体中，而以碳化物的形式存在时，它们将降低过冷奥氏体的稳定性，使 C 曲线左移。

（3）加热温度和保温时间的影响　加热至 Ac_1 以上温度时，随着奥氏体化温度的提高和保温时间的延长，奥氏体的成分更加趋于均匀；未溶碳化物减小；晶粒长大，晶界面积减小。结果降低了过冷奥氏体在冷却转变时分解的形核率，使奥氏体稳定性增加，C 曲线右移。

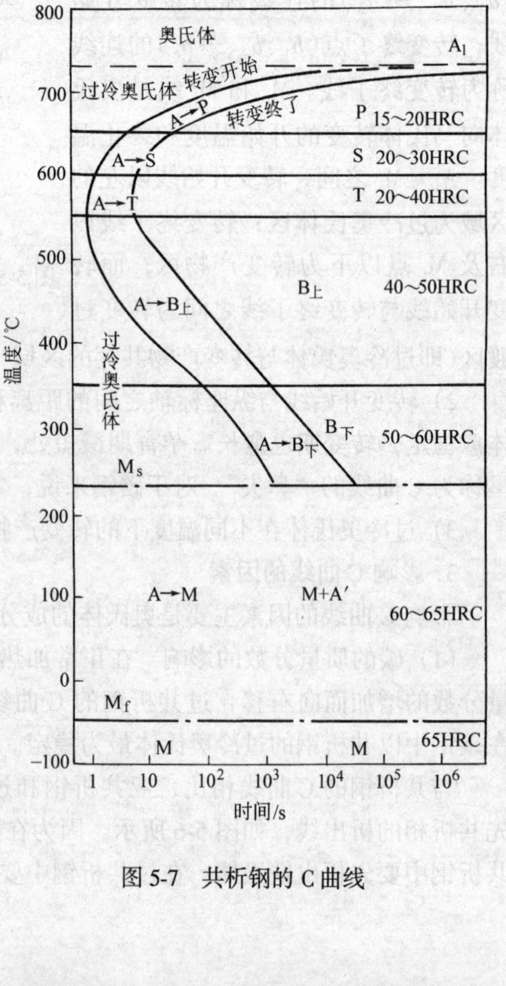

图 5-7　共析钢的 C 曲线

二、过冷奥氏体等温转变产物及转变过程

随过冷度的不同，过冷奥氏体将发生三种基本类型的转变，即珠光体转变、贝氏体转变和马氏体转变。现以共析钢为例加以说明，共析碳钢的 C 曲线见图 5-7。

1. 珠光体转变

（1）珠光体的转变过程　过冷奥氏体在 A_1 至“鼻尖”（约 550℃）

温度范围内等温，将转变为珠光体型组织。因转变温度较高，铁、碳原子的扩散都能够比较充分地进行，使奥氏体能分解为成分、结构都与之相差很大的渗碳体和铁素体。可见，奥氏体向珠光体的转变属于扩散型相变。

奥氏体转变为珠光体的过程也是形核和长大的过程。当奥氏体过冷到 A_1 以下时，首先在奥氏体晶界处形成渗碳体晶核。通过扩散，渗碳体依靠其周围的奥氏体不断供应碳原子而长大，因而引起渗碳体周围的奥氏体含碳量不断降低，从而为铁素体形核创造了条件，使这部份奥氏体转变为铁素体。由于铁素体的溶碳能力低（$w_C < 0.0218\%$），长大时必然要向侧面的奥氏体中排挤出多余的碳，使相邻的奥氏体碳的质量分数增高，这又为产生新的渗碳体创造了条件。如此交替进行下去，奥氏体就转变成铁素体和渗碳体片层相间的珠光体组织。

（2）珠光体的组织形态及性能　根据珠光体中铁素体和渗碳体的片层间距大小，把珠光体型组织分为三种，即珠光体、索氏体和托氏体，其金相照片见图 5-8。珠光体、索氏体、托氏体都是铁素体和渗碳体片层相间的机械混合物，三者之间并无本质区别，只是片层厚度不同而已。转变温度越低，珠光体型组织的片层越薄，相界面越多，强度和硬度越高，塑性及韧性也略有改善。

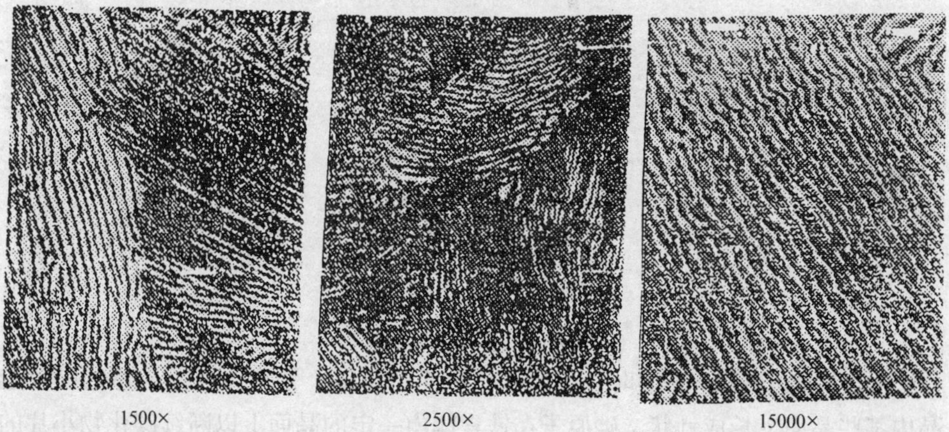

图 5-8　珠光体型组织的金相照片
a）珠光体　b）索氏体　c）托氏体

珠光体型组织的名称与特征见表 5-1。

2. 贝氏体转变

（1）贝氏体的转变过程　贝氏体是过冷奥氏体在 C 曲线“鼻尖”（约 550℃）至 M_s 之间温度范围的等温转变产物，通常用符号 B 表示。过冷奥氏体在这一温度区间转变时，由于过冷度较大，原子扩散能力下降，这时，铁原子已不能扩散，碳原子的扩散也不充分，因此，贝氏体转变是半扩散型相变。

表 5-1 珠光体型组织的名称、符号与特征

名称	符号	形成温度/℃	片层间距/μm	显微组织特征	硬度(HRC)
珠光体	P	A_1 ~ 650	> 0.4	F 与 Fe_3C 片层相间的混合物，> 400 × 显微镜下可看到片层状特征	15 ~ 25
索氏体	S	650 ~ 600	≈0.2 ~ 0.4	F 与 Fe_3C 片层相间的混合物，片层间距比 P 小，> 1000 × 显微镜下可看到片层状特征	25 ~ 35
托氏体	T	600 ~ 550	< 0.2	F 与 Fe_3C 片层相间的混合物，片层间距比 S 小，> 5000 × 电镜下可看到片层状特征	35 ~ 42

当温度较高(550 ~ 350℃)时，条状或片状铁素体从奥氏体晶界开始向晶内以同样方向平行生长。随着铁素体的伸长和变宽，其中的碳原子向条间的奥氏体中富集，当碳浓度足够高时，便在铁素体条间断续地析出渗碳体短棒，奥氏体消失，形成典型的羽毛状上贝氏体($B_上$)，如图 5-9 所示。

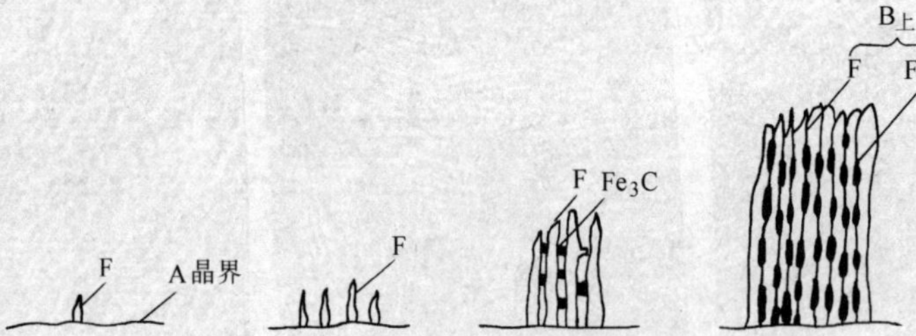

图 5-9 上贝氏体形成过程

温度降低(350℃ ~ M_s)时，碳原子扩散能力更低，铁素体在奥氏体的晶界或晶内某些晶面上长成针状，碳原子在铁素体内一定的晶面上以断续碳化物小片的形式析出，从而形成了下贝氏体($B_下$)，如图 5-10 所示。

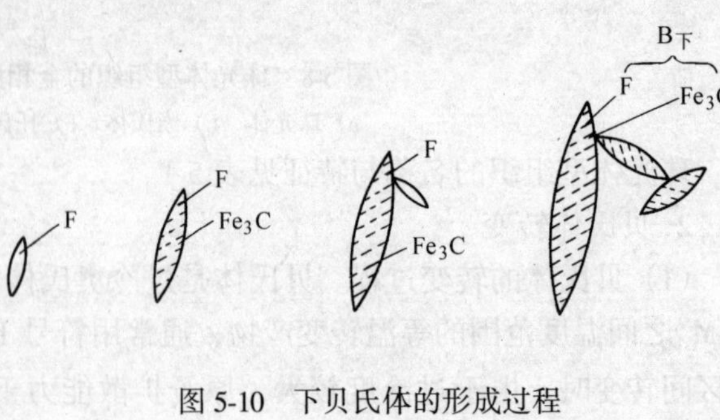

图 5-10 下贝氏体的形成过程

(2) 贝氏体的组织形态及性能　上贝氏体中短杆状的渗碳体，分布于自奥氏体晶界向晶内生长的平行的铁素体条之间，在光学显微镜下，上贝氏体呈羽毛状(图 5-11)。下贝氏体中碳化物以小片状分布于铁素体针内，在光学显微镜下，下贝氏体呈黑针状(图 5-12)。

贝氏体是过饱和的铁素体与渗碳体的机械混合物，其转变温度越低，铁素体中碳的过饱和度越大，碳化物的分布也越弥散，硬度也越高，但其他力学性能则主要取决于其组织形态。上贝氏体中铁素体片较宽，碳化物较粗且不均匀地分布在铁素体条间，所以它的脆性较大，强度较低，基本上无实用价值。下贝氏体中的针状铁素体对碳有较高的过饱和度，其亚结构是高密度位错，同时细小的碳化物均匀地、高度弥散地分布在铁素体片内，因此它除具有较高的强度和硬度外，还具有良好的塑性和韧性，即具有较优良的综合力学性能，是实际生产上常用的组织。获得下贝氏体组织是强化钢材的有效途径之一。贝氏体的符号与特征见表 5-2。

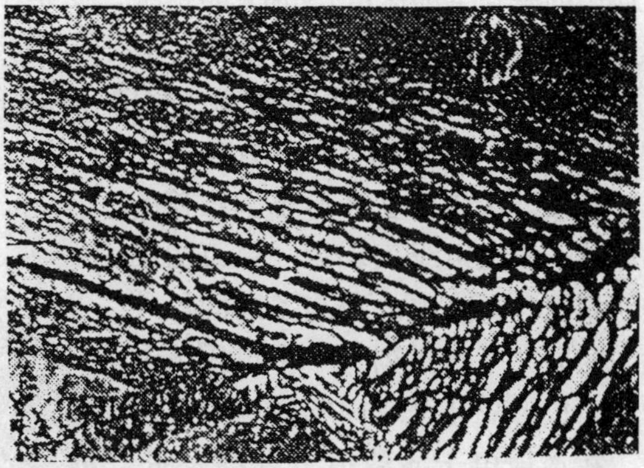

图 5-11　上贝氏体的金相形态(1000×)

图 5-12　下贝氏体的金相形态(500×)

3. 马氏体转变

当奥氏体快速过冷到 M_s 点(对共析钢约为 230℃)以下时，将发生马氏体转变。马氏体转变是强化金属材料的重要途径之一。

表 5-2　贝氏体的符号与特征

名称	符号	形成温度/℃	显微组织特征	硬度(HRC)	塑性韧性
上贝氏体	$B_{上}$	550～350	平行的铁素体板条之间分布不连续的短杆状的 Fe_3C，金相形态呈羽毛状特征	45	差
下贝氏体	$B_{下}$	350～Ms	针状的铁素体内分布细粒状的 Fe_3C，金相形态呈黑色针状特征	55	较好

(1) 马氏体的晶体结构特点　马氏体转变是在低温下进行的，铁、碳原子均不能扩散，转变时只发生 γ-Fe→α-Fe 的晶格改组，而无成分的变化，即固溶在奥氏体中的碳，全部保留在 α-Fe 晶格中，使 α-Fe 超过其平衡含碳量。因此，马氏体是碳在 α-Fe 中的过饱和固溶体，用符号“M”表示。

(2) 马氏体的组织形态特点　钢中马氏体的组织形态可分为板条状和针状两大类，如图 5-13 和图 5-14 所示。

板条马氏体的立体形态呈细长的扁棒状，显微组织表现为一束束的细条状组织，每束内的条与条之间尺寸大致相同并平行排列，一个奥氏体晶粒内可以形成几个取向不同的马氏体束。在透射电子显微镜下观察表明，马氏体板条的亚结构主要是高密度的位错，因而又称位错马氏体。

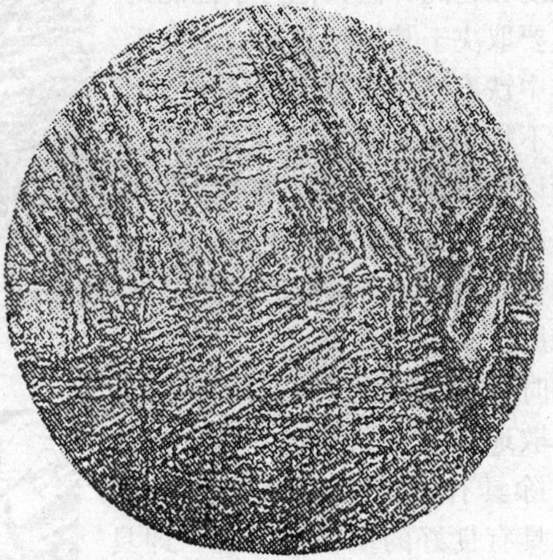

图 5-13　板条状马氏体(100×)

针状马氏体的立体形态呈双凸透镜的片状，在光学显微镜下呈针状形态。在透射电子显微镜下观察表明，其亚结构主要是孪晶，故又称孪晶马氏体。

在一个奥氏体晶粒内，先形成的马氏体片横贯整个晶粒，但不能穿越晶界和孪晶界，后形成的马氏体片不能穿越先形成的马氏体片，所以越是后形成的马氏体片就越小。显然，奥氏体晶粒越细，转变后最大马氏体片的尺寸也越小。当最大马氏体片细小到在光学显微镜下都无法分辨时的马氏体组织称为隐晶马氏体。

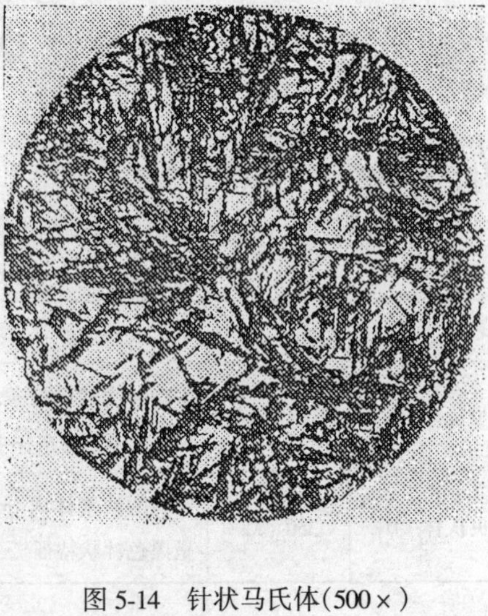

图 5-14　针状马氏体(500×)

马氏体的形态主要取决于奥氏体的碳的质量分数，当 $W_C < 0.2\%$ 时，组织中几乎完全是板条状马氏体，$W_C > 1.0\%$，则几乎全部是针状马氏体，W_C 介乎于 $0.2\% \sim 1.0\%$ 之间时，为板条状和针状马氏体的混合组织。

(3) 马氏体的力学性能特点　高硬度是马氏体力学性能的主要特点。马氏体之所以具有高的硬度，其主要原因是由于过饱和碳引起的晶格畸变，即固溶强化。此外，马氏体转变时造成的大量晶体缺陷(如位错、孪晶等)和组织细化，以及过饱和碳以弥散碳化物析出都对马氏体的强化起重要作用。

马氏体的硬度主要受其碳的质量分数的影响，如图 5-15 所示，随碳的质量分数增加，马氏体的硬度随之增高。当碳的质量分数超过 0.6%以后，硬度的增加趋于平缓。合金元素对马氏体的硬度影响不大。

马氏体的塑性和韧性主要取决于其内部亚结构的形式和碳的过饱和度。高碳针状马氏体由于碳的过饱和度大，晶格畸变严重，晶内存在大量孪晶，且形成时相互接触撞击而易于产生显微裂纹等原因，硬度虽高，但脆性大，塑性、韧性均差。低碳板条状马氏体的亚结构是高密度位错，碳的质量分数低，形成温度较高，会产生“自回火”现象，碳化物析出弥散均匀，因此在具有高强度的同时还具有良好的塑性和韧性，在生产上得到广泛的应用。

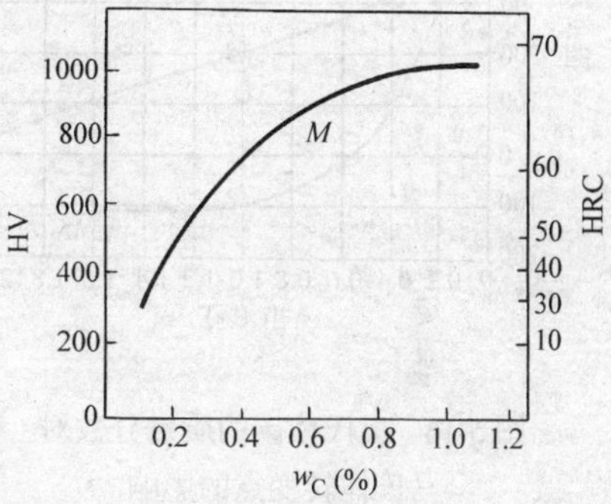

图 5-15　碳的质量分数对马氏体硬度的影响

(4) 马氏体转变的特点

1) 无扩散性　马氏体转变的过冷度极大，转变温度低，铁、碳原子的扩散都极其困难，因此是非扩散型相变，转变过程中没有成分变化，马氏体的碳的质量分数与母相奥氏体的含碳量相同。

2) 变温形成　马氏体转变有其开始转变温度(M_s 点)和转变终了温度(M_f 点)。当过冷奥氏体冷到 M_s 点，即发生马氏体转变，转变量随温度的下降而不断增加，一旦冷却中断，转变便很快停止。随后继续冷却，马氏体可继续形成。

3) 高速长大　马氏体转变没有孕育期，形成速度极快，瞬间形核，瞬间长大。马氏体转变量的增加，不是靠原马氏体片的继续长大，而是靠马氏体片的不断形成。

4) 马氏体转变的不完全性　一般来说，奥氏体向马氏体的转变是不完全的，即使冷却到 M_f 点，也不可能获得 100%的马氏体，总有部份奥氏体未能转变而残留下来，这部分奥氏体称为残余奥氏体，用符号“A'”表示。

残余奥氏体量主要与 M_s (或 M_f)点有关，M_s 点越低，残余奥氏体量越多。而 M_s、M_f 点的温度主要取决于奥氏体的碳的质量分数及合金元素含量，图 5-16 表示了碳钢的马氏体转变点与含碳量的关系。因此，淬火后，残余奥氏体量随碳的质量分数的增加而增加，如图 5-17 所示。

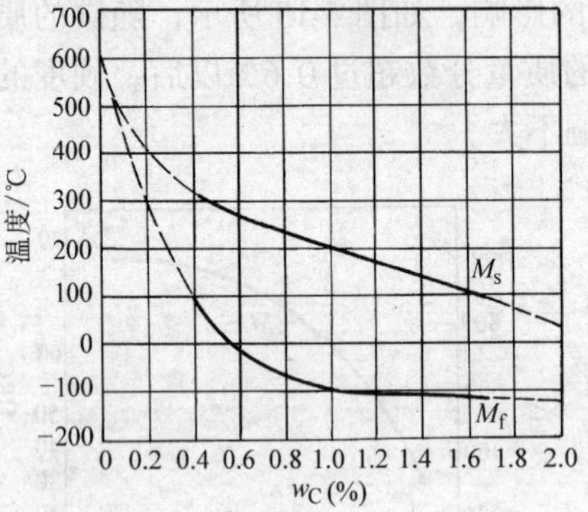

图 5-16 奥氏体碳的质量分数对马氏体转变点的影响

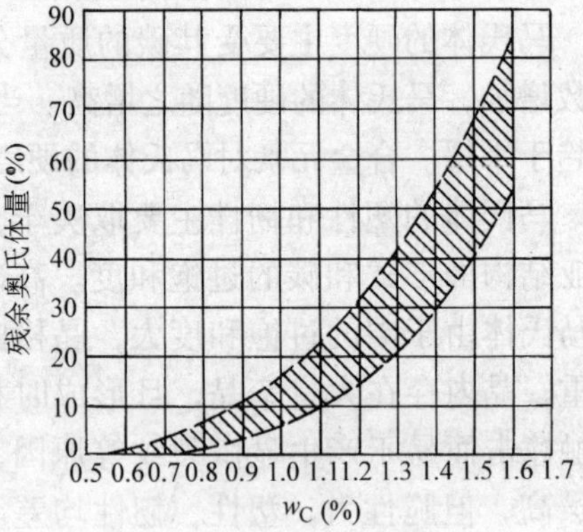

图 5-17 奥氏体碳的质量分数对淬火后残余奥氏体量的影响

一般的淬火操作都是冷却到室温为止。由于碳的质量分数大于 0.5% 的碳钢，M_f 点已在 0℃以下，淬火后必然有较多的残余奥氏体。高碳高合金钢的 M_f 点更低。残余奥氏体的存在，一方面影响淬火钢的硬度，另一方面它是一种亚稳定组织，在时间延长或条件适合时，会继续转变为马氏体，由于转变时伴有比容的变化，产生体积效应，因此会影响工件尺寸的长期稳定性。所以，对于某些精密零件(如量具、滚珠轴承等)常进行冷处理(－80℃以下)，尽量消除残余奥氏体。

三、过冷奥氏体连续转变曲线

在实际生产中，过冷奥氏体的转变大多是在连续冷却过程中进行的，因此，连续冷却转变曲线对于选材及确定其热处理工艺具有实际意义。连续冷却转变曲线又称 CCT 曲线，它是通过测定不同冷却速度下过冷奥氏体的转变量而得到的。因此，它表示了冷却速度与过冷奥氏体转变产物及其转变量之间的关系。

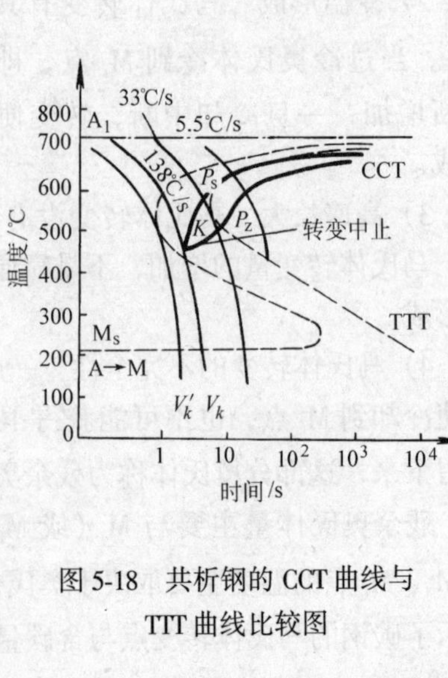

图 5-18 共析钢的 CCT 曲线与 TTT 曲线比较图

1. CCT 曲线分析

共析钢的 CCT 曲线最为简单，如图 5-18 所示。曲线中无贝氏体转变区，珠光体转变区下部多一条转变中止线 K，P_s 和 P_z 分别为奥氏体转变为珠光体的开始线和终了线。当连续冷却曲线碰到 K 线时，过冷奥氏体中止向珠光体型组织转变，而继续冷却一直保持到 M_s 点以下，使剩余的奥氏体转变为马氏体。

2. CCT 曲线的应用

如果要了解奥氏体在各种连续冷却速度下获得的组织与性能，就应该使用 CCT 曲线。图 5-19 为 45 钢的 CCT 曲线。图中冷却速度曲线与 CCT 曲线各转变终了线相交的数字表示已转变组织组成物所占体积百分数，各冷却速度曲线下端的数字为室温组织的平均硬度值。如右上角的冷却速度表示有 45% 的奥氏体转变成了铁素体，有 55% 转变成了珠光体，室温组织平均硬度为 HV179。

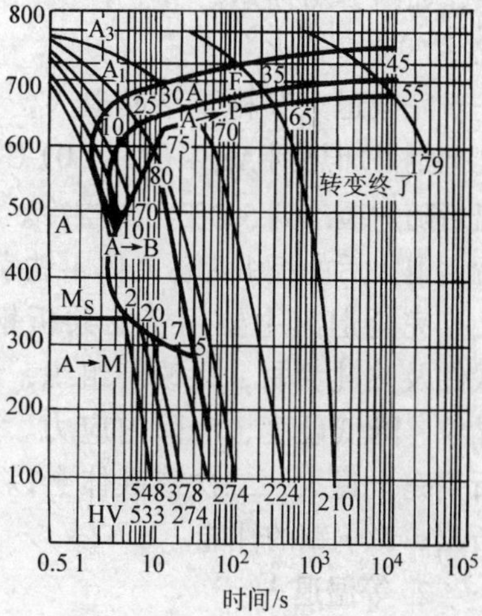

图 5-19　45 钢的 CCT 曲线

利用 CCT 曲线，可以获得真实的临界淬火冷却速度，制定正确的冷却规范和估计冷却后的组织性能。

第三节　钢的退火与正火

一般机械零件的加工工艺路线是：毛坯(铸、锻)→预先热处理→切削加工→最终热处理→磨削加工。退火和正火通常作为预先热处理，但是，当对工件要求不高时，也可作为最终热处理。

退火和正火的目的主要是：

1）消除前工序(铸、锻、焊)所造成的组织缺陷，细化晶粒，改善组织，提高力学性能；

2）调整硬度以利于切削加工。经铸、锻、焊制造的毛坯，常出现硬度偏高、偏低或不均匀现象，可用适当退火或正火将硬度调整到 170 ~ 250HBS，从而改善切削加工性能；

3）消除残余内应力，防止工件变形；

4）为最终热处理(淬火回火)作好组织准备。

一、退火

退火是将钢加热到临界点以上或以下，保温后缓慢冷却(一般是炉冷)的一种热处理工艺。退火的工艺方法有完全退火、等温退火、球化退火、扩散退火、去应力退火、再结晶退火等。前四种的加热温度在临界点以上，后两种在临界点以下，如图 5-20 所示。

1. 完全退火

完全退火又称重结晶退火，工艺是把钢件加热到 Ac_3 +(30~50)℃，保温后随炉缓冷到 500℃出炉空冷。亚共析钢退火后的组织为珠光体+铁素体。

完全退火主要用于亚共析钢铸、锻件及热轧型材，以改善组织、细化晶粒、降低硬度、消除内应力。过共析钢完全退火，二次渗碳体会以网状析出，影响钢的性能。

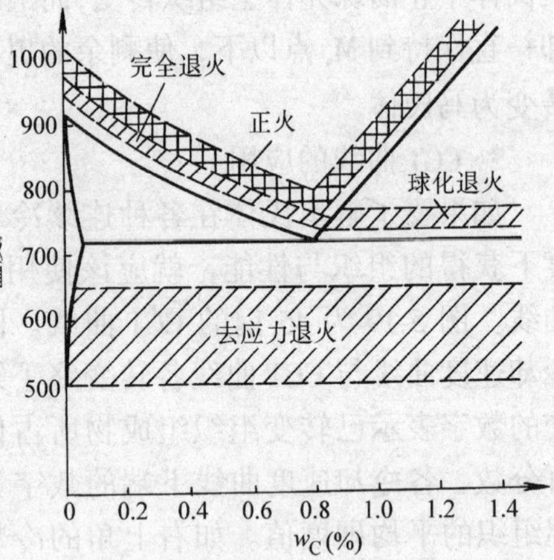

图 5-20　各种退火和正火的加热温度范围

2. 等温退火

等温退火是将钢件加热到 Ac_3 +(30~50)℃(亚共析钢)或 Ac_1 +(30~50)℃(过共析钢)，保温后冷到 Ar_1 以下某一温度，并在此温度下等温停留，待相变完成后出炉空冷。

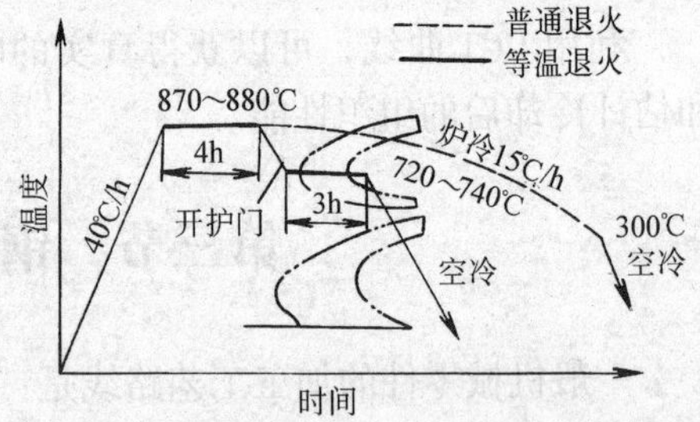

图 5-21　高速钢等温退火与普通退火的比较

等温退火由于让奥氏体向珠光体的转变在恒温下完成，而等温处理的前后都可较快地冷却，因此可使工件在炉内停留时间大大缩短而节省工时，特别是对于某些合金钢，如图 5-21 所示。等温退火实际上是完全退火和球化退火的一种特殊冷却方式。

3. 球化退火

球化退火是使钢中的渗碳体成为颗粒状，即球状化的退火。主要用于共析钢和过共析钢的预先热处理，以降低硬度、改善切削加工性能，并为淬火作组织准备。

球化退火实际上是一种不完全退火，其工艺是把钢件加热到 Ac_1 +(20~40)℃，充分保温使二次渗碳体球化，然后随炉缓冷通过 Ar_1 温度，或在略低于 Ar_1 温度等温，使那些细小的二次渗碳体颗粒成为珠光体相变的结晶核心而形成球化组织，之后再出炉空冷。

球化退火的组织是在铁素体基体上弥散分布着颗粒状渗碳体，称为球状珠光体，如图 5-22 所示。对于有较严重网状二次渗碳体存在的过共析钢，在球化退火前，应先进行正火处理，以消除网状，便于球化。采用冷镦工艺生产的低碳钢或低碳合金钢螺拴、螺母和铆钉，也采用球化退火工艺，因为球化组织塑性好，有利于冷镦。

4. 均匀化退火

均匀化退火是将钢加热到略低于固相线的温度(1050～1150℃)，长时间保温(10～20h)，然后缓慢冷却，以消除成分偏析。主要用于合金钢，特别是高合金钢的钢锭和铸件。

均匀化退火因加热温度高，造成晶粒粗大，随后往往要经一次完全退火或正火来细化晶粒。

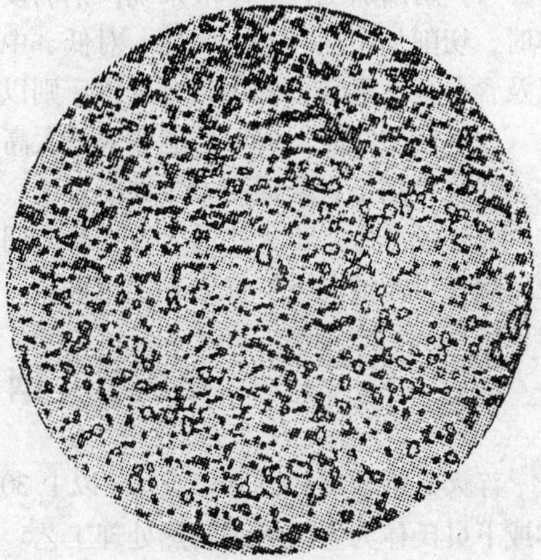

图 5-22　球状珠光体组织

5. 去应力退火

去应力退火是将工件随炉加热至 Ac_1 以下某一温度(一般是 500～650℃)，保温后缓冷至 300～200℃以下出炉空冷。由于加热温度低于 Ac_1，钢在去应力退火过程中不发生组织变化。其主要目的是消除工件在铸、锻、焊和切削加工过程中产生的内应力，稳定尺寸，减少变形。

二、正火

正火是将钢加热到 Ac_3 (亚共析钢)或 Ac_{cm} (过共析钢)以上 30～50℃，保温后在空气中冷却，得到以索氏体为主的组织的热处理工艺。与退火相比，正火冷却速度较快，转变温度较低，获得的珠光体型组织较细，钢的强度、硬度也较高。正火后的组织，对于碳的质量分数小于 0.6%的碳钢为索氏体 + 少量铁素体，而碳的质量分数大于 0.6%的碳钢则为索氏体。

正火的主要应用有：

1）作为低、中碳钢的预先热处理，可获合适的硬度，改善切削加工性，并为淬火作组织准备；

2）消除过共析钢的网状二次渗碳体，为球化退火作组织准备；

3）消除中碳结构钢铸、锻、焊等热加工工件的魏氏组织、晶粒粗大等过热组织缺陷，细化晶粒，均匀组织、消除内应力；

4）作为普通结构零件的最终热处理，使之达到一定的综合力学性能，在某些场合可以代替调质处理。

综上所述，退火和正火目的相似，它们之间的选择，可以从下面几方面加以考虑：

(1) 切削加工性　一般来说，钢的硬度为160~230HBS，组织中无大块铁素体时，切削加工性较好。因此，对低、中碳钢宜用正火；高碳结构钢和工具钢，以及含合金元素较多的中碳合金钢，则以退火为好。

(2) 使用性能　对于性能要求不太高，随后拟不再进行淬火回火的普通结构件，往往可用正火来提高力学性能。

(3) 经济性　正火比退火的生产周期短，设备利用率高，节能省时，操作简便，故在可能情况下，优先采用正火。

第四节　钢的淬火

淬火是将钢加热到 Ac_3 或 Ac_1 以上30~50℃，保温后快速冷却，获得以马氏体或下贝氏体为主的组织的热处理工艺。淬火的目的是与回火相配合，赋予工件最终使用性能。例如高碳工具钢淬火后低温回火可得到高硬度、高耐磨性；中碳结构钢淬火后高温回火可得到强度、塑性、韧性良好配合的综合力学性能，等等。

一、淬火加热温度的选择

碳素钢的淬火加热温度可利用 $Fe-Fe_3C$ 状态图来确定，如图5-23所示。

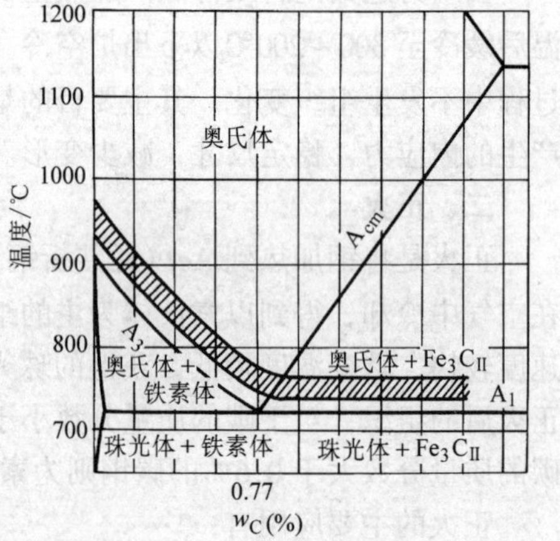

图5-23　碳素钢的淬火加热温度范围

亚共析碳钢的淬火加热温度为 Ac_3 + (30~50)℃，淬火后获得细马氏体组织。若淬火温度过高，会引起马氏体粗大，并增加工件变形和开裂倾向。反之，若淬火温度过低，则淬火组织中将出现未溶的自由铁素体，降低钢的强度和硬度。但是，如处理得当，在 Ac_1 ~ Ac_3 之间加热进行亚温淬火，可以改善韧性，是一种强韧化处理方法。

对于过共析钢，淬火温度为 Ac_1 + (30~50)℃，淬火组织为细马氏体+均匀分布的粒状渗碳体+少量残余奥氏体。粒状渗碳体的存在可提高钢的硬度和耐磨性。如把淬火温度升高到 Ac_{cm} 以上，则不但会使渗碳体完全溶解消失，还会引起奥氏体晶粒长大，钢的 M_s 点也因奥氏体含碳量增加而降低，必然使淬火后的马氏体变得粗大，残余奥氏体量增多，这不仅降低了钢的硬度和耐磨性，还会使脆性增加，氧化脱碳和变形开裂的倾向也变得严重。

合金钢的淬火温度也是根据其临界点来选定的，由于大多数合金元素都阻碍碳的扩散，它们本身的扩散也较困难，因此，为了使合金元素充分溶解和均匀化，淬火温度比碳钢高，一般为临界点以上 50～100℃，某些高合金钢会更高一些。

二、淬火冷却介质

冷却是影响淬火工艺的重要因素之一。为了获得马氏体组织，淬火冷却速度必须大于钢的临界冷却速度 v_k，但是，快冷不可避免地会产生很大的内应力，往往会引起工件的变形和开裂。

要想既得到马氏体又尽量避免变形和开裂，理想的淬火冷却曲线应如图 5-24 所示。即在 C 曲线鼻尖附近(650～550℃)快冷，使冷却速度大于 v_k，而在 M_s 点附近(300～200℃)慢冷，以减少马氏体转变时产生的内应力。

生产上最常用的淬火剂是水、盐水和机油。水在高温区的冷却能力较强，盐水则更强，但是在低温区冷却速度太快，不利于减少变形和开裂，因此仅适用于形状简单，截面尺寸较大的碳素钢工件。

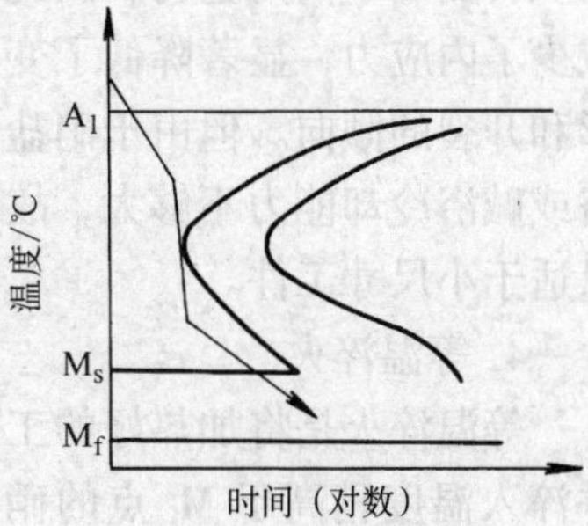

图 5-24　理想淬火冷却曲线示意图

机油在低温区有比较理想的冷却能力，但在高温区的冷却能力则嫌不足，因此只适用于合金钢或小尺寸的碳素钢工件。

用作淬火剂的还有盐浴和碱浴(如熔融的 $NaNO_3 + KNO_3$，$KOH + NaOH$)，供等温淬火、分级淬火之用。为了满足各种钢淬火工艺的要求，国内外还开发了一些新型淬火介质，如聚乙烯醇、聚二醇等。到目前为止，还找不到一种完全符合要求的理想淬火剂，所以在实际生产中要采用不同的淬火方法，来弥补这方面的不足。

三、常用淬火方法

1. 单介质淬火

单介质淬火是将加热好的工件直接放入一种淬火介质中冷却。如图 5-25a 所示。如碳钢用水淬，合金钢用油淬等。这种淬火方法操作简便，易实现机械化与自动化。

为减少淬火应力，可采用“预冷”，即先在空气中冷却一下，再置于淬火介质中的方法。

2. 双介质淬火

双介质淬火法是将加热好的工件先在一种冷却能力较强的介质中冷却，避免珠光体转变，然后转入另一种冷却能力较弱的介质中发生马氏体转变的方法(图

5-25b)。常用的有水淬油冷或油淬空冷。这种方法利用了两种介质的优点，淬火条件较理想。但操作复杂，在第一种介质停留的时间不易掌握，需要有实践经验。

3. 分级淬火

分级淬火是将加热好的工件放入稍高(或稍低)于 M_s 点的硝盐浴或碱浴中，停留一段时间，待工件表面和心部温度基本一致，在奥氏体开始分解之前，取出在空气中冷却进行马氏体转变(图 5-25c)。由于组织转变几乎同时进行，因此减少了内应力，显著降低了变形和开裂的倾向。但由于硝盐浴或碱浴冷却能力不够大，故只适于小尺寸工件。

4. 等温淬火

等温淬火是将加热好的工件淬入温度稍高于 M_s 点的硝盐浴或碱浴中冷却并保持足够时间，使过冷奥氏体转变为下贝氏体组织，然后再取出在空气中冷却的淬火方法(图 5-25d)。等温淬火处理的零件强度高，韧性和塑性好，即具有良好的综合力学性能，同时淬火应力小，变形小，多用于形状复杂和要求高的小零件。

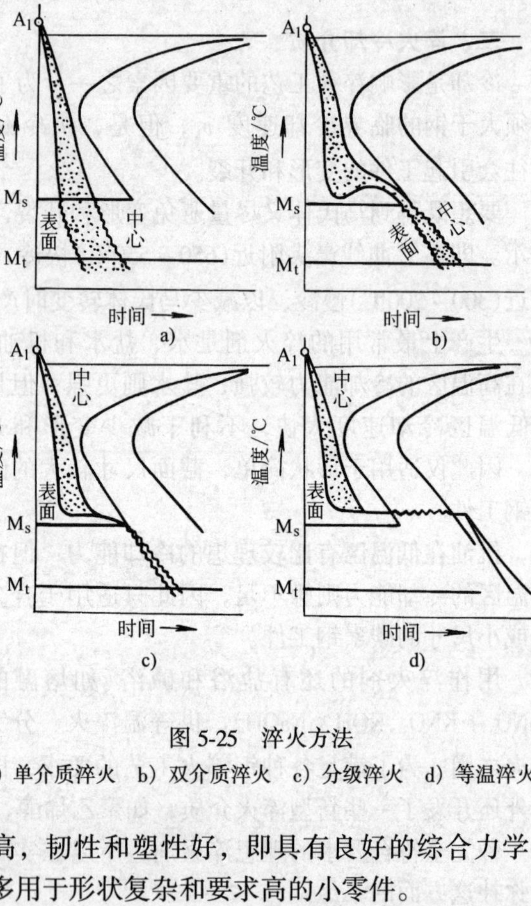

图 5-25 淬火方法

a) 单介质淬火 b) 双介质淬火 c) 分级淬火 d) 等温淬火

5. 局部淬火

对只要求局部硬化的工件，可进行局部加热淬火，以避免其他部分产生变形和开裂，如图 5-26 所示。

6. 冷处理

冷处理是将淬火冷到室温的工件继续深冷到 -70 ~ -80℃或更低的温度，使室温下尚未转变的残余奥氏体继续转变为马氏体。这对于 M_z 点在 0℃以下的高碳钢和合金钢，能最大限度减少残余奥氏体，进一步提高硬度和防止工件在使用过程中因残余奥氏体的分

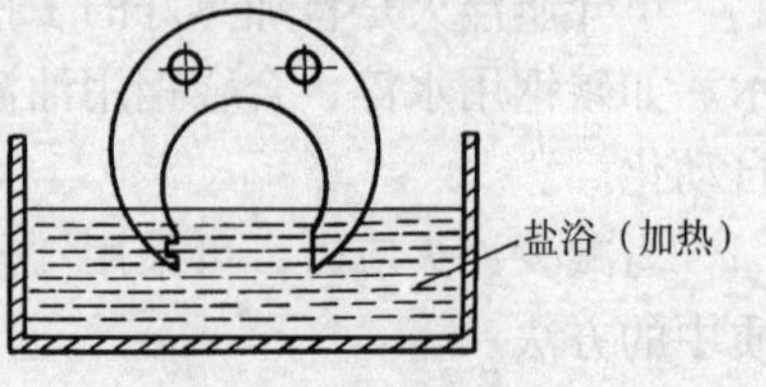

图 5-26 卡规的局部淬火

(直径在 60mm 以上较大的卡规)

解而引起变形。

冷处理一般在专门的冷冻设备内进行，也可以用干冰(固态 CO_2)和酒精混合而获得 -70 ~ -80℃的低温。只有特殊冷处理才用液化乙烯(-103℃)或液氮(-192℃)等方法。

冷处理用于要求精度很高、必须保证尺寸长期稳定性、硬而耐磨的精密零件、工具、模具、量具、滚动轴承等。

四、钢的淬透性

1. 淬透性的概念

钢淬火的目的是为了获得马氏体组织，但并非任何钢种、任何尺寸的钢件在淬火时都能在整个截面上得到马氏体，这是由于淬火冷却时表面与心部冷却速度有差异所致。显然，只有冷却速度大于临界冷却速度 v_k 的部分才有可能淬火成马氏体。钢淬火时其截面上获得马氏体组织的深度称为淬硬层深度，如图 5-27 所示。

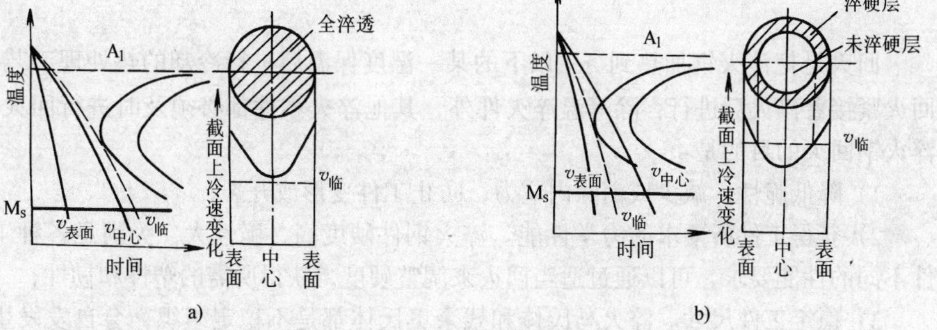

图 5-27 零件淬透情况与截面上冷却速度的关系示意图

a) 淬透 b) 未淬透

钢的淬透性是指钢在淬火时获得淬硬层(也称淬透层)深度的能力，其大小通常用规定条件下淬硬层的深度来表示。淬硬层越深，表明其淬透性越好。一般规定由工作表面到半马氏体区(即马氏体和珠光体型组织各占 50%的区域)的深度作为淬硬层深度。之所以这样规定，是由于半马氏体区不仅硬度变化显著，而且经酸蚀的磨光断面上呈现出明显分界而容易测定的缘故。

必须注意，淬透性与淬硬性是两个不同的概念。所谓淬硬性是指钢在正常淬火条件下其马氏体所能达到的最高硬度，它主要取决于钢的碳的质量分数(更确切地说，是加热时固溶于奥氏体中的碳的质量分数)，碳的质量分数越高，淬硬性越好。因此，淬透性与淬硬性没有必然的联系，因为淬硬层深的钢，其淬硬层的硬度未必高。

2. 影响淬透性的因素

钢的淬透性取决于临界冷却速度 v_k 的大小，C 曲线越右，v_k 越小的钢，淬透性越好。而影响 v_k 的基本因素是钢的化学成分和奥氏体化条件。

(1) 化学成分的影响　钢加热时溶于奥氏体中的碳和合金元素(Co 除外)越多，C 曲线越向右移，淬透性就越好。因此，在正常淬火条件下，合金钢淬透性比碳钢好。在碳钢中，亚共析碳钢的淬透性随含碳量增加而增加，对于过共析碳钢，由于未溶渗碳体会降低奥氏体稳定性，其淬透性则随含碳量增加而降低。

(2) 奥氏体化条件的影响　奥氏体化温度越高，保温越充分，则晶粒越粗大、成分越均匀，因而过冷奥氏体越稳定，C 曲线越向右移，v_k 越小，钢的淬透性也越好。

上述影响淬透性的诸因素中，起主要作用的是钢的化学成分，尤其是钢中的合金元素。

第五节　钢 的 回 火

回火是把淬火钢加热到 Ac_1 以下的某一温度保温后进行冷却的热处理工艺。回火紧接着淬火后进行，除等温淬火件外，其他淬火零件都必须及时进行回火。淬火钢回火的目的是：

1）降低脆性，减少或消除内应力，防止工件变形或开裂；

2）获得工件所要求的力学性能。淬火钢件硬度高、脆性大，为满足各种工件不同的性能要求，可以通过适当回火来调整硬度，获得所需的塑性和韧性；

3）稳定工件尺寸。淬火马氏体和残余奥氏体都是不稳定组织，会自发发生转变而引起工件尺寸和形状的变化。通过回火可以使组织趋于稳定，以保证工件在使用过程中不再发生变形。

一、淬火钢在回火时的转变

不稳定的淬火组织有自发向稳定组织转变的倾向，淬火钢的回火正是促使这种转变较快地进行。在回火过程中，随着组织的变化，钢的性能也发生相应的变化。

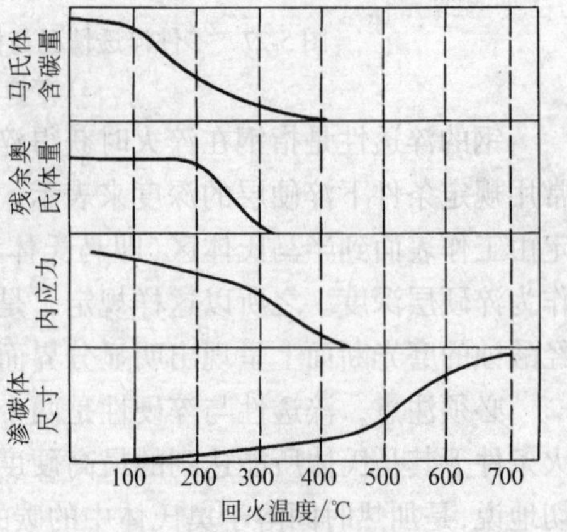

图 5-28　钢在回火时的变化

随回火温度的升高，淬火钢的组织大致发生下述四个阶段的变化(图 5-28)：

1. 马氏体分解

回火温度 < 100℃(本节的回火转变

温度范围指碳钢而言，合金钢会有不同程度的提高），钢的组织基本无变化。马氏体分解主要发生在100～200℃，此时马氏体中的过饱和碳以ε碳化物(Fe_xC)的形式析出，使马氏体的过饱和度降低。析出的碳化物以极细片状分布在马氏体基体上，这种由马氏体分解后形成的低碳α相和弥散ε碳化物组成的复相组织称为回火马氏体，用符号"$M_{回}$"表示。在显微镜下观察，回火马氏体呈黑色，残余奥氏体呈白色，如图5-29所示。

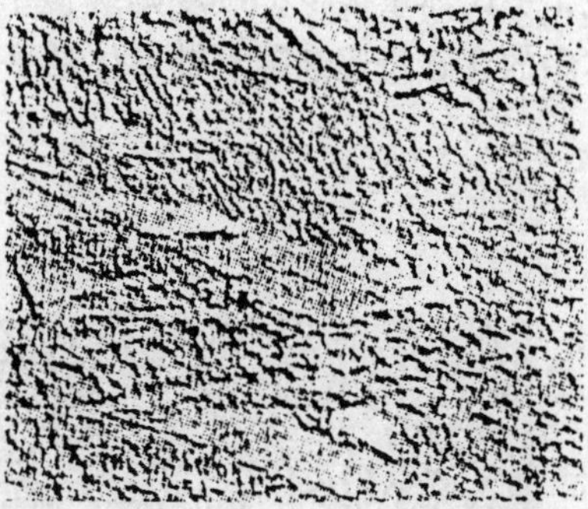

图5-29 回火马氏体(15000×)

2. 残余奥氏体的分解

残余奥氏体的分解主要发生在200～300℃。由于马氏体的分解，正方度下降，减轻了对残余奥氏体的压应力，因而残余奥氏体分解为ε碳化物和过饱和α相，其组织与下贝氏体或同温度下马氏体回火产物一样。

3. ε碳化物转变为Fe_3C

回火温度在300～400℃时，介稳定的ε碳化物转变成稳定的渗碳体(Fe_3C)，同时，马氏体中的过饱和碳也以渗碳体的形式继续析出。到350℃左右，马氏体中的碳的质量分数已基本上降到铁素体的平衡成分，同时内应力大部分消除。此时回火马氏体转变为在保持马氏体形态的铁素体基体上分布着细粒状渗碳体的组织，称为回火托氏体，用符号"$T_{回}$"表示，如图5-30所示。

4. 渗碳体的聚集长大及α相再结晶

这一阶段的变化主要发生在400℃以上，铁素体开始发生再结晶，由针片状或板条状转变为多边形，同时渗碳体通过聚集长大颗粒逐渐粗化。这种由颗粒状渗碳体与多边形铁素体组成的组织称为回火索氏体，用符号"$S_{回}$"表示，如图5-31所示。

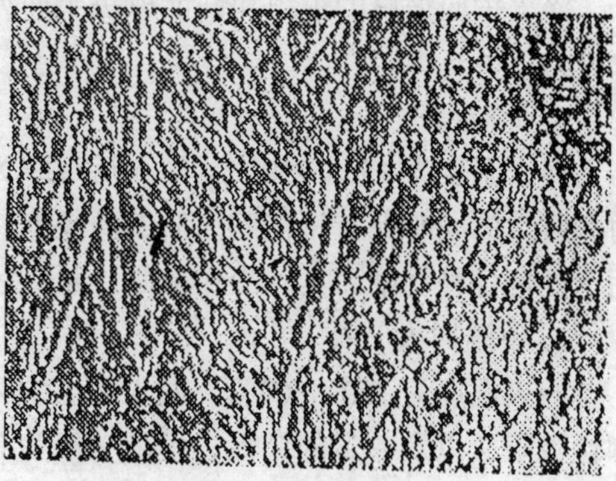

图5-30 回火托氏体(电子显微镜)

钢的硬度随回火温度的变化关系如图5-32所示。在200℃以下回火，由于马氏体中析出大量ε碳化物产生弥散强化作用，钢的硬度并不下降，对于高碳钢，甚至略有升高。在200～300℃回火，高碳钢由于有较多的残余奥氏体转变为回火马氏体，硬度会再次提高。而低、中碳钢由于残余奥氏体量很少，硬度则缓慢下降。300℃以上回火，由于渗碳体粗化及马氏体中的含碳量逐渐降到铁素体的平衡成分，钢的硬度呈直线下降。

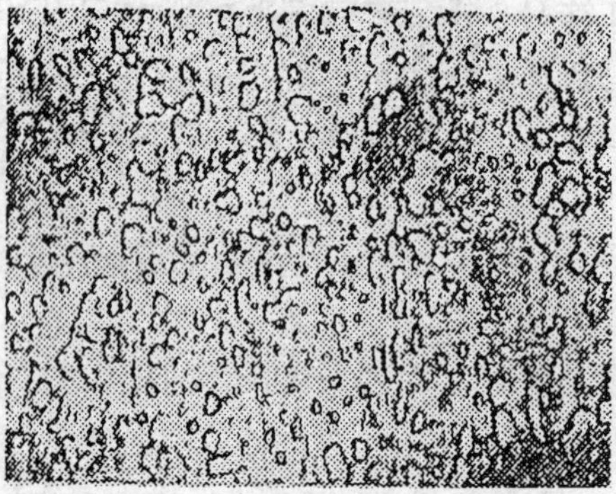

图 5-31　回火索氏体(电子显微镜)

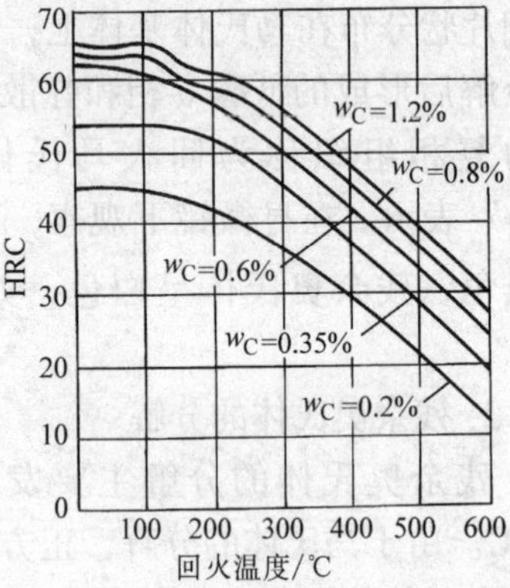

图 5-32　钢的硬度随回火温度的变化

由淬火钢回火得到的回火托氏体、回火索氏体和球状珠光体，比由过冷奥氏体直接转变的托氏体、索氏体和珠光体的力学性能好，在硬度相同时，回火组织的屈服强度、塑性和韧性好得多。这是由于两者渗碳体形态不同所致，片状组织中的片状渗碳体受力时，其尖端会引起应力集中，形成微裂纹，导致工件破坏；而回火组织的渗碳体呈粒状，不易造成应力集中。这就是为什么重要零件都要求进行淬火和回火处理的原因。

二、回火种类及应用

淬火钢回火后的组织和性能取决于回火温度，根据钢的回火温度范围，把回火分为以下三类：

1．低温回火

回火温度为 150～250℃，回火后组织为回火马氏体。目的是在降低淬火内应力和脆性的同时保持钢在淬火后的高硬度(一般达 58～64HRC)和高耐磨性，广泛用于处理各种切削刀具，冷作模具、量具、滚动轴承、渗碳件和表面淬火件等。

2．中温回火

回火温度为 350～500℃，回火后组织为回火托氏体，具有较高的屈服极限和弹性极限，以及一定的韧性，硬度一般为 35～45HRC，主要用于各种弹簧和热作模具的处理。

3．高温回火

回火温度为500~650℃，回火后组织为回火索氏体，硬度为25~35HRC。这种组织具有良好的综合力学性能，即在保持较高强度的同时，具有良好的塑性和韧性。习惯上把淬火+高温回火的热处理工艺称作“调质处理”，简称“调质”，广泛用于处理各种重要的结构零件，如连杆、螺栓、齿轮、轴类等。同时，也常用作要求较高的精密零件、量具等的预先热处理。

回火保温时间视零件大小和装炉量而定，一般为1~3h。

三、回火脆性

淬火钢的韧性并不总是随回火温度的升高而提高的，在某些温度范围内回火时，出现冲击韧性显著下降的现象，称为“回火脆性”。回火脆性有低温(250~350℃)和高温(500~650℃)回火脆性两种。

1. 低温回火脆性

淬火钢在250~350℃回火时出现的脆性称为低温回火脆性，也称为第一类回火脆性。几乎所有淬火后形成马氏体的钢在此温度回火，都程度不同地产生这种脆性。这与在这一温度范围沿马氏体的晶界析出碳化物的薄片有关，目前尚无有效办法完全消除这类回火脆性，所以一般不在250~350℃温度范围回火。

2. 高温回火脆性

淬火钢在500~650℃范围内回火后出现的脆性称为高温回火脆性，又称为第二类回火脆性。这类回火脆性主要发生在含Cr、Ni、Si、Mn等合金钢，在500~650℃长时间保温或以缓慢速度冷却时，便发生明显脆化现象，但回火后快速冷却，脆化现象便消失或受到抑制，所以这类回火脆性也叫可逆回火脆性。

高温回火脆性产生的原因，一般认为与Sb、Sn、P等杂质元素在原奥氏体晶界上偏聚有关。Cr、Ni、Si、Mn等会促进这种偏聚，而且本身也易在晶界上偏聚，因而增加了这类回火脆性的倾向。

除回火后快冷可以防止高温回火脆性外，在钢中加入W(约1%)、Mo(约0.5%)等合金元素也可有效地抑制这类回火脆性的产生。

第六节　钢的表面淬火

一、概述

对于承受弯曲、扭转、冲击等动载荷，同时又承受强裂摩擦的零件，如齿轮、曲轴、凸轮轴等，一般要求表面具有高的强度、硬度、耐磨性和疲劳极限，而心部则应具有足够的塑性和韧性。为了满足这种表硬心韧的性能要求，可以采取多种表面强化技术，表面淬火就是其中之一。

钢的表面淬火是在不改变钢件的化学成分和心部组织的情况下，采用快速加热将表面层奥氏体化后进行淬火，以达到强化工件表面的热处理方法。

表面淬火用钢一般为 $w_C = 0.4\% \sim 0.5\%$ 的中碳钢或中碳合金钢，如 45、40Cr、42Mn 等。碳的质量分数过高，虽可提高表面硬度和耐磨性，但会降低心部塑性和韧性；反之，若碳的质量分数过低，会使表面硬度和耐磨性不足。不过在某些情况下，表面淬火也用于低合金工具钢和铸铁制造的工件。

钢的表面淬火最常用的是感应加热表面淬火。此外还有火焰加热表面淬火、接触电加热表面淬火及激光热处理等。

二、感应加热表面淬火

感应加热表面淬火是利用工件在交变磁场中所产生的感应电流，将工件表面迅速加热到淬火温度，然后快速淬火冷却的一种热处理操作方法。

1. 感应加热的基本原理

感应加热表面淬火的装置如图 5-33 所示，主要由电源、感应器及淬火用喷水器组成。当感应器中通过一定频率的交变电流时，所产生的交变磁场使放入感应器内的工件感生很大的涡流。感应电流在工件的表面密度最大，越往心部越小，而心部的电流密度几乎为零，电流频率越高，涡流集中的表面层越薄，这种现象称为“集肤效应”。由于钢件本身具有电阻，因而集中于表层的电流可使表层被迅速加热，几秒钟内温度便可升至 800 ~ 1000℃，而心部几乎未被加热。在随即喷水冷却时，工件表层即被淬硬。

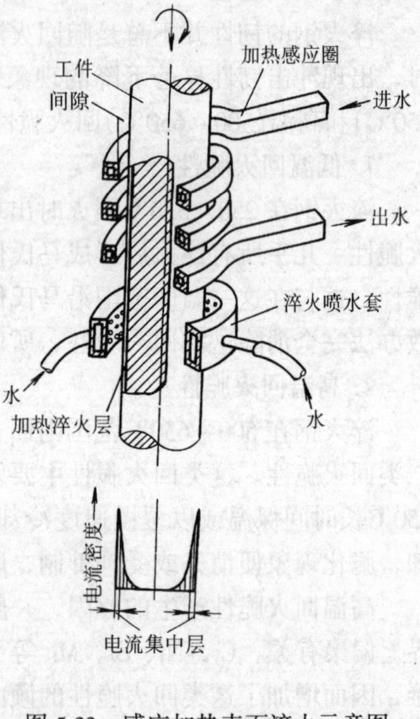

图 5-33　感应加热表面淬火示意图

感应加热深度，即电流透入深度主要取决于电流频率。感应电流频率越高，集胶效应越显著，感应加热深度越浅，工件淬硬层越薄。

2. 感应加热的分类及应用

根据所用电流频率的不同，感应加热可分为高频、中频和工频三类。

(1) 高频感应加热　常用电流频率范围为 250 ~ 300kHz，电源设备为电子管式高频发生器，一般淬硬层深度为 0.5 ~ 2.0mm，适用于 45、40Cr、40MnVB 等钢制造的中小模数齿轮、中小尺寸的轴类零件等。

此外，还有一种超音频感应加热，电流频率为 30 ~ 40kHz，对模数为 3 ~ 6 的齿轮等零件可得到沿齿廓分布的淬硬层。

(2) 中频感应加热　常用电流频率范围为 2500 ~ 8000Hz，电源设备为中频发电机或可控硅中频发生器，一般淬硬层深度为 2 ~ 10mm，适用于 45、40Cr、

9Mn2V、球墨铸铁等制造的中等模数齿轮，大模数齿轮的单齿加热淬火，凸轮轴、曲轴等。

(3) 工频感应加热　电流频率为 50Hz，不需变频设备，淬硬层深度可达 10～20mm，甚至更深，适用于大直径零件，如火车车轮、9Cr2W 钢制的冷轧辊等的表面淬火，也可用于较大直径零件的穿透加热淬火。

3. 感应加热表面淬火获得的组织

感应加热表面淬火后一般只进行低温回火，回火温度一般不高于 200℃，其目的是为了减少残余内应力和降低脆性，同时尽量保持表面的高硬度和高耐磨性。

工件经感应加热及低温回火后，表层组织为回火马氏体，心部组织为预先热处理时获得的组织，即回火索氏体(调质)或索氏体＋铁素体(正火)。

感应加热表面淬火零件的一般工艺路线为：锻造→正火或退火→粗机加工→调质→精机加工→感应加热表面淬火→低温回火→精磨。

4. 感应加热表面淬火的特点

与普通淬火比较，感应加热表面淬火有如下主要特点：

1) 加热速度极快，保温时间极短，过热度大，奥氏体晶粒细小，又不易长大，因此淬火后表层可获细小隐晶马氏体，硬度比普通淬火高 2～3HRC，且脆性较低；

2) 由于马氏体转变产生体积膨胀，使工件表面存在残余压应力，因而具有较高的疲劳强度；

3) 由于加热速度快，基本无保温时间，因此，工件一般不产生氧化脱碳，表面质量好。同时由于内部未被加热，淬火变形小；

4) 生产率高，易实现机械化与自动化，淬硬层深度也易于控制。

上述特点使感应加热表面淬火在工业生产中获得了广泛的应用。其缺点是设备较昂贵，维修调整技术要求高，形状复杂的感应器制造比较困难。

第七节　钢的化学热处理

一、概述

化学热处理是将工件置于一定的介质中加热和保温，使介质中的活性原子渗入工件表面层，通过改变表面层的化学成分和组织来获得所需性能的一种热处理工艺，也称表面合金化。与表面淬火相比，它不仅改变表层的组织，而且还改变其成分。

化学热处理的主要作用是：

1) 提高工件表层硬度、耐磨性与疲劳强度，而心部在具有一定强度的情况下，具有足够的塑性和韧性。如渗碳、渗氮、碳氮共渗等；

2）提高工件表层的耐腐蚀性。如渗氮、渗铬、渗硅等；

3）提高工件表层的抗氧化性。如渗铝等。

本节主要介绍渗碳、渗氮和碳氮共渗。

二、钢的渗碳

渗碳是向低碳钢或低碳合金钢表层渗入碳原子，提高钢件表层碳的质量分数，使之具有高硬度和耐磨性，而心部保持良好韧性的热处理工艺过程。渗碳广泛用于在磨损条件下工作并承受冲击载荷、交变载荷的工件，如汽车、拖拉机的传动齿轮，内燃机的活塞销等。

1. 渗碳方法

根据所用渗碳介质的工作状态，渗碳方法一般分为气体渗碳、固体渗碳和液体渗碳，常用的是气体渗碳。近几年，为进一步提高渗碳效率和质量，还有采用真空渗碳。

（1）气体渗碳　气体渗碳法是将工件放入密封的渗碳炉内，使工件在900～950℃的高温渗碳气氛中进行渗碳，如图5-34所示。

炉内的渗碳气氛有两种供给方式，一种是将富碳气体（如煤气、液化石油气等）直接通入炉内，另一种是将易分解的有机物液体（如煤油、苯、丙酮、甲醇等）滴入炉内，使其在高温下裂解成渗碳气氛。

渗碳气氛在高温下分解产生的活性碳原子被钢件表面吸收并向内部扩散而形成渗碳层，在一定温度下，渗碳层厚度取决于保温时间，保温时间愈长，渗碳层愈深。表5-3列出了井式气体渗碳炉在920℃渗碳保温时间与渗碳层厚度的大致关系。

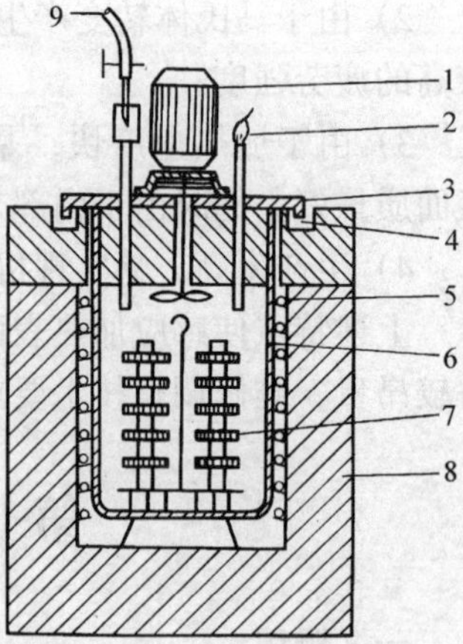

图5-34　气体渗碳法示意图

1—风扇电动机　2—废气火焰　3—炉盖　4—沙封　5—电阻丝　6—耐热罐　7—工件　8—炉体　9—煤油

气体渗碳法的优点是生产效率高，渗层质量好，劳动强度低，便于直接淬火。

（2）固体渗碳　固体渗碳法是将工件埋在固体渗碳剂中，装箱密封，放入加热炉中加热到渗碳温度保温，使工件表面增碳，是一种古老的方法。

固体渗碳剂是由主渗剂（木炭粒）和催渗剂（$BaCO_3$）组成的混合物。在渗碳温度下，渗碳剂发生如下反应：

$BaCO_3 \rightarrow BaO + CO_2$

$CO_2 + C$（木炭粒）$\rightarrow 2CO$

$2CO \rightarrow CO_2 + [C]$（渗入钢中）

固体渗碳法的渗碳速度，大约每保温一小时平均渗入0.1mm。

表5-3 920℃渗碳层厚度与保温时间的关系

渗碳时间/h	3	4	5	6	7	8
渗碳层厚度/mm	0.4~0.6	0.6~0.8	0.8~1.2	1.0~1.4	1.2~1.6	1.3~1.7

固体渗碳的优点是设备简单，成本较低，大小零件都可用。缺点是渗碳速度慢，生产效率低，劳动条件差，渗碳后不易直接淬火。

(3) 真空渗碳　真空渗碳是将零件放入特制的真空渗碳炉中，先抽真空达到一定的真空度，然后将炉温升至渗碳温度，再通入一定量的渗碳气体进行渗碳。由于炉内无氧化性气体等其他不纯物质，零件表面无吸附气体，因而表面活性大，通入渗碳气体后，渗碳速度快(获得同样渗层厚度,渗碳时间约为普通气体渗碳的三分之一)而且表面光亮。

2. 渗碳用钢和渗碳层质量

为了保证工件心部具有较高的韧性，渗碳用钢是碳的质量分数为0.15%~0.25%的低碳钢和低碳合金钢，如15、20、20Cr、20CrMnTi、20CrNi、18Cr2Ni4W等。决定渗碳层质量的主要指标是表面碳浓度、渗层厚度和碳浓度梯度。

低碳钢工件渗碳后缓冷，从表向里依次为过共析、共析和亚共析组织，如图5-35所示。表层组织为珠光体加二次渗碳体，心部为钢的原始组织铁素体加珠光体，中间为过渡层。一般规定，从表面到过渡层一半处的厚度为渗碳层厚度。

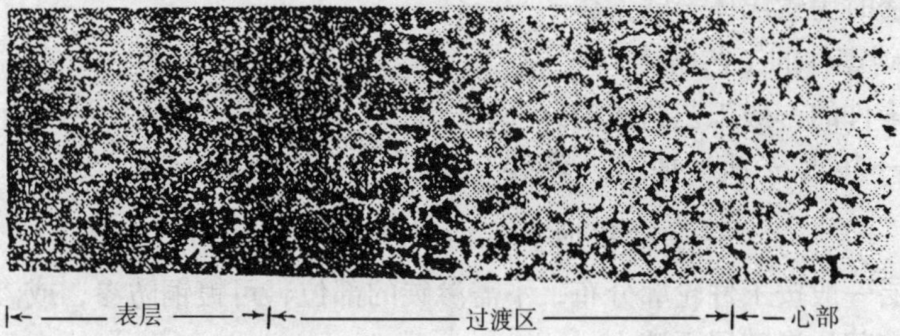

图5-35 低碳钢渗碳缓冷后的组织(200×)

渗碳件的表面碳的质量分数以0.85%~1.05%为好。碳的质量分数过低，表面耐磨性差，疲劳强度低。碳的质量分数过高，渗层变脆，易剥落。渗碳层厚度应根据工件尺寸及工作条件来确定，渗层太薄，易引起表层压陷和疲劳剥落。渗层太厚则会降低工件抗冲击载荷的能力。对于机器零件，渗碳层厚度通常为0.5~2mm。

渗碳层的碳浓度梯度反映了碳的质量分数沿渗层从表向里下降的状况，直接影响渗层的硬度梯度。碳浓度梯度应平缓，若太陡，则在使用过程中易产生剥落现象。

3. 渗碳后的热处理及其组织

工件渗碳后，必须经过淬火和低温回火，才能达到性能要求。根据工件材料和性能要求的不同，其淬火方法有三种。

（1）预冷淬火法　工件渗碳后直接出炉自渗碳温度预冷到略高于心部 Ar_3 的温度后立即淬火。这种方法不需重新加热淬火，因而减少了热处理变形，节省时间和费用。但由于渗碳温度高，加热时间长，因而奥氏体晶粒易粗大，淬火后残余奥氏体量较多，所以只适用于本质细晶粒钢或性能要求较低的工件。

（2）一次淬火法　将工件渗碳后缓冷，然后再重新加热进行淬火。淬火温度的选择应兼顾表层和心部，使表层不过热而心部得到充分的强化。有时也偏重于强化心部或强化表层，如强化心部则加热到 Ac_3 以上完全淬火，如要强化表层则应加热到 Ac_1 以上不完全淬火。

（3）二次淬火法　将工件渗碳缓冷后再进行两次淬火或一次正火加一次淬火。第一次淬火或正火是为了细化心部晶粒和消除表层网状渗碳体，加热温度应高于心部 Ac_3 温度。第二次淬火选在表层 Ac_1 以上加热，这样可细化表层组织，对于心部影响不大。两次淬火法工艺复杂，周期长，成本高，且工件变形，氧化脱碳倾向增大、应尽量少用。

渗碳件经淬火和 170～200℃低温回火后，表层组织为回火马氏体＋粒状渗碳体＋少量残余奥氏体，硬度可达 58～64HRC；心部组织淬透时为低碳回火马氏体，未淬透时为索氏体＋铁素体。

4. 渗碳零件的工艺路线

渗碳零件的一般工艺路线为：

锻造 → 正火 → 机械加工 → 渗碳 → 淬火 → 低温回火 → 磨

└—去碳机加工—┘

渗碳层一般按工件轮廓分布，不需渗碳的部位，可镀铜防渗，或渗碳后用机加工去除该部位渗碳层再淬火。

三、钢的渗氮

渗氮是将氮原子渗入工件表面，以形成富氮硬化层的化学热处理工艺。其目的是提高工件表面的硬度和耐磨性，并可提高疲劳强度和耐腐蚀性。

1. 渗氮方法

渗氮方法较多，根据处理目的及工艺过程的不同，可分为气体渗氮、抗蚀渗氮、离子渗氮等。

（1）气体渗氮　通常气体渗氮指的是抗磨渗氮，主要目的是获得高的表面硬度，故又称硬氮化。它是利用氨气加热时分解出的活性氮原子被工件表面吸收后，逐渐向内部扩散而形成氮化层。

渗氮可在专用设备或井式渗碳炉内进行。为了获得理想的硬度和耐磨性，需采用专门的氮化钢，如38CrMoAlA。渗氮处理温度较低，一般为500~570℃。但渗氮所用的时间很长，这是它的最大缺点。例如，为了获得0.5mm左右的氮化层，便需要渗40~60h。

(2) 抗蚀渗氮　目的是在工件表面得到一层薄而致密的白亮氮化物层，使工件在自来水、潮湿空气、过热蒸气及弱碱溶液等介质中具有不同程度的抗腐蚀能力，但不耐酸液的腐蚀。抗蚀渗氮温度通常为550~700℃，时间为1~3h，渗层厚度为0.015~0.06mm。可用于碳钢、低合金钢及铸铁等，尤以低碳钢效果最好。

(3) 离子渗氮　离子渗氮是一种较为先进的渗氮工艺。其方法是以真空容器为阳极，工件为阴极，通以400~700V的直流电，电离后的氮离子高速轰击工件表面，使工件表面温度升高到450~650℃，同时氮离子在阴极上捕获电子形成氮原子，渗入工件表面并向内层扩散而形成氮化层。

离子渗氮的优点是：处理周期短，仅为气体氮化的1/3~1/4，例如38-CrMoAl钢，氮化层深度若达到0.53~0.7mm，气体渗氮一般需70h，而离子渗氮仅需15~20h。同时其氮化层的韧性和疲劳强度比气体渗氮的高，变形也较小。

2. 渗氮层的组织

氮除了固溶于α-Fe外，还与铁和合金元素形成合金氮化物，如Fe_2N，Fe_4N，AlN，CrN等。渗氮层的最外层含氮浓度最高，形成一层不易腐蚀的氮化物白亮层，往里是氮的碳化物和合金氮化物，再往心部氮浓度逐渐降低，过渡到工件的原始组织。38CrMoAl钢的渗氮层组织如图5-36所示。白亮层硬而脆，易剥落，对于抗磨渗氮来说，希望白亮层愈薄愈好，或用磨削加工去除。但对抗蚀渗氮，则希望得到均匀致密的白亮层。

3. 渗氮用钢及渗氮处理技术条件

渗氮用钢通常是含有Al、Cr、Mo、V、Ti等合金元素的钢。因为这些合金元素很容易与氮形成颗粒细小、分布均匀、硬度很高且非常稳定的各种氮化物，可使工件表层获得高的硬度和耐磨性。最典型的渗氮钢是38CrMoAl A、H13等。渗氮层厚度的选择，视工件不同而

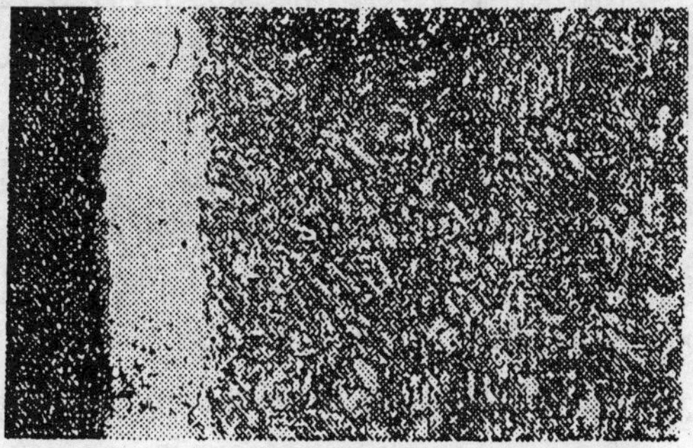

图5-36　38CrMoAl钢的渗氮层组织(400×)

定，但一般不超过0.6~0.7mm。

38CrMoAl A钢制零件进行气体渗氮的一般工艺路线为：

锻造→退火→粗加工→调质→精加工→去应力退火→粗磨→渗氮→精磨→时效→研磨

渗氮后不需再进行淬火便可达到高的表面硬度和耐磨性(表面硬度可高达HV1200)。为了获得理想的渗氮效果，应注意如下技术要求：

1）渗氮前的预先热处理应进行调质，以保证心部力学性能和提高渗氮层质量；

2）为了减少渗氮时的变形，在切削加工后进行去应力退火(温度低于调质的回火温度)。对重要及形状复杂的工件尤应如此；

3）因渗氮层很薄，所以放精磨余量在直径方向上不应超过0.1~0.15mm，否则会磨去渗氮层而使表面硬度大为下降，甚至失去渗氮的意义；

4）对不需渗氮的部位可镀铜或镀锡保护防渗，亦可放1mm余量，渗氮后磨去。

氮化工艺周期长，生产率低，成本高，氮化层薄，因此它主要用于耐磨性和精度均要求很高的传动件，或要求耐热、耐磨及耐蚀的零件，例如高精度机床丝杠、镗床和磨床主轴，精密传动齿轮和轴、汽轮机阀门和阀杆、发动机汽缸和排气阀以及热作模具等。

四、钢的碳氮共渗

碳氮共渗是将碳和氮同时渗入钢件表层的化学热处理工艺，以中温气体碳氮共渗和低温气体氮碳共渗应用较广泛。中温气体碳氮共渗的主要目的是提高钢件的硬度、耐磨性和疲劳强度；低温气体氮碳共渗则以提高钢件的耐磨性和抗咬合性为主。

1. 中温气体碳氮共渗

中温气体碳氮共渗以渗碳为主，其工艺与气体渗碳相似。最常用的方法是在井式气体渗碳炉内滴入煤油，同时通入氨气。在共渗温度下，煤油和氨分解生成[C]和[N]活性原子。活性碳、氮原子被工件表面吸收并向内扩散形成共渗层。此外，共渗剂还可用煤气+氨气、甲醇+丙烷+氨气、三乙醇胺+尿素等。

由于氮能扩大r相区，降低钢的临界点，并能增加碳的扩散速度，故共渗温度比单纯渗碳低，渗速也较快。一般共渗温度为820~860℃，保温时间取决于要求的共渗层深度，一般为2~5h。

工件经共渗处理后，须进行淬火和低温回火，才能提高表面硬度和心部强度。由于共渗温度不高，钢的晶粒不会长大，故一般都采用直接淬火。碳氮共渗件淬火并低温回火后，渗层组织为含碳、氮的回火马氏体+少量的碳氮化合物+少量残余奥氏体，心部组织为低碳或中碳回火马氏体。淬透性差的钢也可能出现极细珠光体和铁素体。

与渗碳相比，共渗层的硬度与渗碳层接近或略高，耐磨性和疲劳强度则优于渗碳层，且具有处理温度低、变形小、生产周期短的优点。目前常用于处理形状较复杂、要求热处理变形小的小型耐磨件，如缝纫机、纺织机零件及各种轻载齿轮等。

2. 低温气体氮碳共渗

低温气体氮碳共渗也称气体软氮化，常用氨气和渗碳气体的混合气、尿素等作共渗剂。共渗温度为520～570℃，由于处理温度低，实质上以渗氮为主。但因为有活性碳原子与活性氮原子同时存在，渗氮速度大为提高。一般保温时间为3～4h，渗层深度为0.01～0.02mm。

工件经氮碳共渗后，其共渗层的硬度比纯气体渗氮低，但仍具有较高的硬度、耐磨性和高的疲劳强度。渗层韧性好而不易剥落，并有减摩的特点，在润滑不良和高磨损条件下，有抗咬合、抗擦伤的优点，耐蚀性也有明显提高。由于处理温度低，时间短，零件变形小。

气体氮碳共渗不受钢种限制，适于碳钢、合金钢和铸铁等材料，用于处理各种工模具以及其他耐磨件。

第八节　热处理新技术简介

一、真空热处理

真空热处理是目前热处理技术发展的热点。真空热处理包括真空淬火、真空回火、真空退火和真空化学热处理(真空渗碳、真空渗氮等)，它具有表面不氧化、不脱碳、真空脱气、脱脂、表面光洁、变形小、环保、自动化程高等优点。

真空加热时真空度的选择是工艺的重要参数之一，一般选择在1.33～1.33×10^{-2}Pa(10^{-2}～10^{-4}Torr)的范围。真空度过高会造成金属显著蒸发，造成表面合金元素贫乏，使组织改变，性能下降。解决方法是将炉内先抽至较高的真空度，随即充入高纯氮气或氩气使炉内压力维持在13.3～133Pa之间进行加热。

真空淬火的冷却方式有三种：一是真空油淬火，用于一般合金结构钢和尺寸较大的合金工具钢；二是负压气淬，即往炉内通入氩气、氦气、氮气或氢气等气体，并使气体在炉内强烈循环，使钢件冷却淬火，此时炉内通常保持10%～20%的负压；三是高压气淬，炉内冷却气体的压力达5×10^5Pa～6×10^5Pa(甚至高达40×10^5Pa)，高压气淬比真空油淬工件变形小，并可克服一些钢件在负压气淬时沿奥氏体晶界析出碳化物及残余奥氏体量过高等缺点。

二、可控气氛热处理

热处理炉内的气体混合物的成分可控制在预定范围内时称为可控气氛。控制炉内的气体混合物的成分，可达到渗碳、碳氮共渗、防止氧化脱碳、光亮淬火等目的。

可控气氛中含有 CO、CO_2、CH_4、H_2、N_2 等气体，通过控制 CO/CO_2 或 CH_4/H_2 的比例就可以控制炉内气氛的“碳势”。例如，气氛的碳势控制在0.8%，则共析钢在该气氛中加热时将保持0.8%的碳的质量分数，既不会增碳，也不会脱碳。但在该气氛下，亚共析钢则会增碳，过共析钢则会脱碳，最后，钢的表面碳的质量分数都趋于0.8%，与气氛的碳势相平衡。

目前我国常用的可控气氛有吸热式气氛、放热式气氛和有机液体裂解气氛等，吸热式气氛是目前采用较为广泛的一种可控气氛。其制备方法是将燃料气(天然气、丙烷等)按一定比例与空气混合后通入发生器，在催化剂的作用下和外部供热的条件下，经吸热反应而制成的气氛，多用于渗碳、碳氮共渗和高碳钢的光亮淬火。放热式气氛是将燃料气(天然气、丙烷等)按一定比例与空气混合经放热燃烧而制成，多用于铜和低、中碳钢的光亮退火、正火。有机液体裂解气氛是将有机液体(醇、煤油、苯等)直接滴入已加热的工作炉内裂解，或滴入裂解炉内经催化裂解后生成的气氛，多用于渗碳、碳氮共渗和一般保护加热。

三、离子注入

离子注入是将被注入元素的原子利用离子注入机电离成正离子，经高压电场作用后强行注入材料表面，使其产生力学、化学性能的优化的工艺方法。与其他表面强化方法比较，离子注入工艺有以下特点：

1）可将任何元素注入任何基体材料中，离子注入后浓度可以很大且可严格控制，且不受材料固溶度的限制。例如可将 N、C、B、Mo、Cr 等离子注入钢中，提高耐磨性及疲劳强度；

2）由于注入过程是依赖于离子的高运动能量而不是热能渗浸到工件表面，故其最大优点是处理温度低，不存在变形问题，即使是精密零件，其几何尺寸一般都无变化。

3）离子注入层相对于基体没有突变界面，不存在剥落问题；

4）只改变材料的表面特性，而不改变材料基体内部组织和性能。

离子注入已应用于模具、刀具、轴承、人工关节等的表面处理，可使使用寿命提高几倍到几十倍。

离子注入工艺也存在局限性：由于离子注入的直进性，处理时工件需转动或平移；离子注入设备结构复杂，价格昂贵；由于离子注入层较薄，对服役于重载条件下的工件受到一定限制。

为了弥补注入层浅的弱点，人们把离子注入与膜层沉积过程结合起来，形成了离子束辅助沉积技术(I BAD)，I BAD 技术使离子注入与薄膜沉积融为一体，能对表面材料的成分、组织和结构进行控制，从而制备出新型结构材料与功能材料。

四、激光热处理

激光热处理是利用激光器发出能量密度极高的激光，以扫描方式快速加热工件表面而达到淬火的目的。由于加热体积很小，可以靠工件本身传热自冷淬火，不需另用淬火介质。

激光热处理时加热和冷却速度极高。加热速度高达 $10^5 \sim 10^9$℃/s，对应的加热时间为 $10^{-3} \sim 10^{-7}$s，冷却速度可达 $10^4 \sim 10^7$℃/s。扫描速度越快，冷却速度也越快。激光淬火层硬度比常规淬火层高，可获得极细马氏体组织。由于激光加热层薄，速度快，因而变形非常小。目前国内主要用于需增加表面耐磨性的工件热处理。

复习思考题

5-1　什么是奥氏体的本质晶粒度、起始晶粒度和实际晶粒度？如何控制奥氏体的实际晶粒度？

5-2　过冷奥氏体的等温转变产物有哪几种？它们的形成条件、组织形态和性能特点如何？

5-3　试述影响 C 曲线形状和位置的主要因素。

5-4　比较板条马氏体与针状马氏体的金相形态、亚结构、力学性能和形成条件。

5-5　马氏体的硬度主要取决于什么？说明马氏体具有高硬度的原因。

5-6　某过共析钢的 TTT 曲线如图 5-37 所示，若按 a、b、c、d 冷却规范冷却，分别获得什么组织？

5-7　某亚共析钢的 CCT 曲线如图 5-38 所示，若按 a、b、c、d 冷却规范冷却，分别获得什么组织？

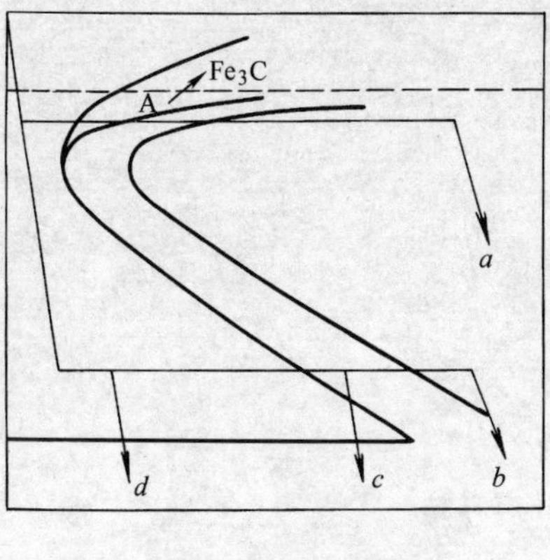

图 5-37　题 5-6 图

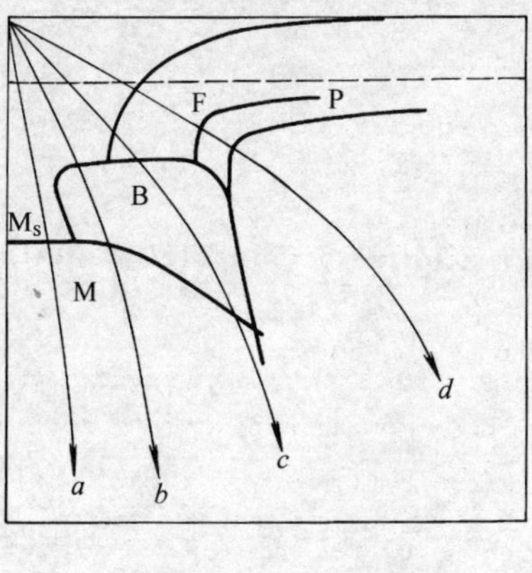

图 5-38　题 5-7 图

5-8　什么叫球化退火？球化退火的目的何在？主要用于什么钢？

5-9　试确定下列钢件应采取正火或何种退火工艺？目的何在？

1）20钢切削以前；2）60钢锻坯；3）具有片状 Fe_3C 的T12钢锻坯；4）具有网状 Fe_3C 的T12钢锻坯；5）冷成型弹簧。

5-10　什么叫淬火？如何确定淬火加热温度和淬火冷却介质？

5-11　什么叫淬透性和淬硬性？它们各自的影响因素有哪些？

5-12　什么叫调质处理？调质处理获得什么组织？

5-13　ϕ10mm的45钢试样分别经700℃、760℃、840℃、950℃加热保温并水冷所获得的组织是什么？你认为哪个温度是合适的淬火温度？（45钢 $Ac_1 = 730℃$，$Ac_3 = 780℃$）

5-14　有两个碳的质量分数为1.2%的碳钢薄试样，分别加热到780℃和860℃并保温相同时间，使之达到平衡状态，然后以大于 v_k 冷却速度冷至室温。试问：

（1）哪个温度加热淬火后马氏体晶粒较粗大？

（2）哪个温度加热淬火后马氏体碳的质量分数较多？

（3）哪个温度加热淬火后残余奥氏体较多？

（4）哪个温度加热淬火后未溶碳化物较少？

（5）你认为哪个温度淬火合适？为什么？

5-15　常用的回火操作有哪几种？指出各种回火操作得到的组织、性能及其应用范围。

5-16　从形成条件、组织形态和力学性能等方面区分马氏体和回火马氏体，托氏体和回火托氏体，索氏体和回火索氏体。

5-17　某45钢零件淬火回火后发现硬度偏低，其可能原因有哪些？

5-18　表面淬火的目的是什么？有哪些常用方法？一般应进行什么预先热处理？

5-19　渗碳的主要目的是什么？渗碳后要经过什么热处理？获得什么组织？性能特点如何？

5-20　试述渗氮的目的、特点和应用场合。

第六章　合　金　钢

第一节　概　　述

为了提高钢的力学性能、工艺性能或物理性能、化学性能，冶炼时，在碳钢的基础上特意往钢中添加一定量的一种或几种合金元素，这类钢就称为合金钢。

在工业用钢中，碳钢虽然具有价格低廉、容易加工等优点，但同时亦存在着淬透性低、回火抗力差、基本相软弱等缺点，因而使它的应用受到一定的限制。而合金钢与碳钢相比具有许多独特的性能，如高的强度及韧性；高的淬透性和回火稳定性；一定的抗氧化能力和低温冲击韧性；良好的耐磨耐腐蚀性等。

一、钢中合金元素

在合金钢中加入的合金元素主要有 Si、Mn、Cr、Ni、W、Mo、V、Ti、Nb、B 等，而不同类别、不同牌号的合金钢，其所含元素的种类及元素含量均不相同，低合金钢及合金钢中合金元素规定含量界限值见表 4-2 所示。

二、合金钢的分类及编号方法

1. 分类

合金钢种类繁多，为便于管理、研究及选用，通常按成分可分为低合金钢及合金钢；而按使用特性可分为五类：①合金结构钢；②合金工具钢；③不锈、耐蚀、耐热钢；④轴承钢；⑤特殊物理性能钢。

2. 编号方法

低合金钢的编号方法与碳素结构钢的编号方法相同，由代表屈服点的汉语拼音字母(Q)、屈服点数值、质量等级符号(A、B、C、D、E)三个部分按顺序排列。例如：Q390A 即表示该牌号钢的屈服极限为 390MPa，质量等级为 A 级。

合金钢的编号，能反映出该钢号的主要成分，包括碳的质量分数、合金元素及其含量。编号的原则是采用数字 + 元素符号 + 数字的方法表示。

(1) 碳的质量分数　对合金结构钢，前面的两位数字表示钢的平均含碳的质量分数的万分之几，例如 60Si2Mn 钢的 60，则表示钢的碳的质量分数平均为万分之 60，即 0.60%。

对合金工具钢及不锈钢，前面的一位数字表示钢的平均含碳的质量分数的千分之几，例如 9SiCr 钢的 9，则表示该钢的碳的质量分数平均为千分之 9，即

0.90%。但当钢中的碳的质量分数大于或等于 1.0%时，不标出其含碳量，例如 Cr12MoV 钢，前面没有数字，表示该钢碳的质量分数≥1.0%。但应当注意某些钢是例外的，如高速工具钢 W18Cr4V，其含碳量少于 1.0%，钢号的前面亦无表示含碳量的数字。

(2) 合金元素及其含量　钢号中的元素符号表示该钢含有这种合金元素，元素符号后面的数字则表示元素平均含量的百分数，当元素含量小于 1.50%时，编号中只标明元素符号而不标出表示含量的数字，当元素含量大于或等于 1.50%、2.50%、3.50%…便相应地以 2、3、4…表示。例如 40Cr，平均 $w_{Cr}<$ 1.50%，1Cr13，平均 w_{Cr}为 13%。

铬轴承钢及低铬工具钢则属特殊，轴承钢的钢号前冠以专业用钢代号“G”，含铬量以千分数表示。例如 GCr15 表示该钢 w_{Cr}为 1.5%。低铬工具钢的铬的质量分数也以千分数表示，如 w_{Cr}为 0.6%的低铬工具钢写成 Cr06。

第二节　合金元素在钢中的作用

一、合金元素对钢中基本相的影响

室温下碳钢的基本相有铁素体和渗碳体。根据合金元素与碳的相互作用，可把合金元素分为二类，即非碳化物形成元素和碳化物形成元素。

非碳化物形成元素如 Ni、Si、Al、Co 等在合金钢中，基本上都溶于铁素体内。而碳化物形成元素如 Mn、Cr、W、Mo、Nb、V、Zr、Ti 等，在一定条件下也会部分溶于铁素体内，但在一般情况下，基本上是以合金渗碳体或合金碳化物的形式存在。

凡溶于铁素体内的合金元素都使其硬度、强度升高，产生固溶强化。各元素的影响程度如图 6-1a 所示。

合金元素对铁素体韧性的影响如图 6-1b 所示。由图可见，Si 的质量分数在 0.60%以下，Mn 的质量分数在 1.50%以下时，其 A_k 值不会降低或稍有提高，但当质量分数超过此值时则有下降趋势。Cr、Ni 在一定的质量分数范围内($w_{Cr}\leqslant$ 2%，$w_{Ni}\leqslant$5%)，对铁素体的韧性还能起到提高的作用。因此，在合金结构钢中，为了让铁素体的强度获得适当提高而不至于降低韧性，通常其合金元素的含量范围都有一定的限度。

Fe_3C 是一种稳定性较低的碳化物，因为渗碳体中的 Fe 和 C 的亲和力较弱。当合金元素溶于渗碳体内，形成合金渗碳体$(FeCr)_3C$ 时，其稳定性将会获得提高。而稳定性较高的合金渗碳体，在进行热处理加热过程中，较难溶于奥氏体，也不易聚集长大。

在高合金钢中，除渗碳体型碳化物外，还存在着多种稳定性更高的合金碳化

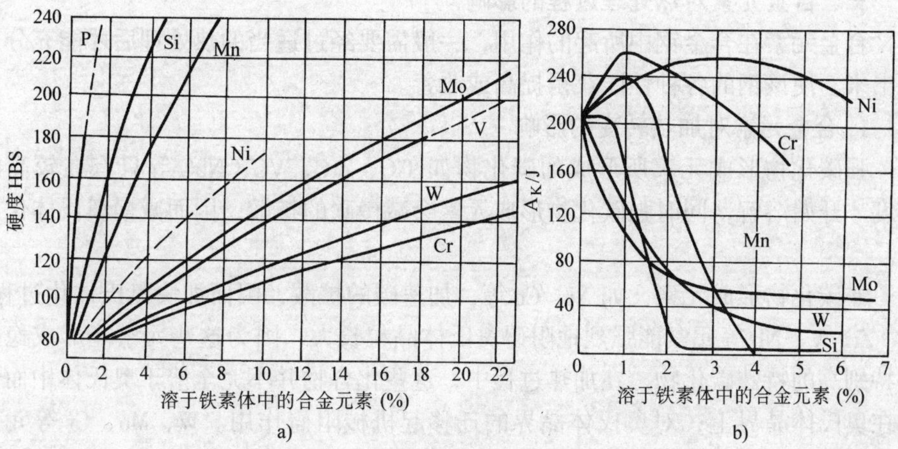

图 6-1　合金元素对铁素体性能的影响(退火状态)

a）对硬度的影响　b）对韧性的影响

物(如 Mn_3C、Cr_7C_3、$Cr_{23}C_6$、Fe_4W_2C 等)及稳定性特高的特殊碳化物(如 WC、MoC、W_2C、VC、TiC 等)。碳化物的稳定性愈高，愈难溶于奥氏体，愈难聚集长大，而且其熔点和硬度也愈高。随着这些碳化物数量的增多，将使钢的强度、硬度增大，耐磨性增加，但其塑性和韧性会有所下降。

二、合金元素对 $Fe\text{-}Fe_3C$ 相图的影响

1. 扩大 γ 区

凡能扩大 γ 区的一类元素，如 Mn、Ni，将会使 A_4 点上升，A_3 点下降，从而使 $Fe\text{-}Fe_3C$ 相图的 γ 区扩大，当钢中所含扩大 γ 区元素达到一定量时，在室温平衡状态下将得到单相奥氏体组织。如 w_{Mn} 为 13% 的 Mn13 耐磨钢及 w_{Ni} 为 9% 的 1Cr18Ni9Ti 不锈钢等均属此类。

2. 缩小 γ 区

凡能缩小 γ 区的一类元素，如 Cr，将会使 A_3 点上升，从而使 $Fe\text{-}Fe_3C$ 相图的 γ 区缩小。当钢中含缩小 γ 区的元素达到一定量时，在室温平衡状态下将获得单相铁素体组织。如 w_{Cr} 为 17% ~ 28% 的 Cr17、Cr25、Cr28 等铬不锈钢即属此类。

3. 使 $Fe\text{-}Fe_3C$ 相图的 *S* 点和 *E* 点向左移

随着合金元素含量的增加，合金钢中共析点的碳的质量分数就不再是 0.77%，而是小于 0.77%；同时碳在奥氏体中的最大溶解度不再是 2.11%，而是小于 2.11%。如高速钢 W18Cr4V，即使其碳的质量分数只有 0.7 ~ 0.8%，在其铸态组织中也会出现莱氏体；热模具钢 3Cr2W8V，其平均碳的质量分数仅为 0.3%，已属过共析钢。

三、合金元素对热处理过程的影响

合金元素在合金钢中所起的作用，一般需要经过适当的热处理后才能充分发挥出来，使该钢的各种性能获得提高或改善。

1. 合金元素对加热转变的影响

强碳化物形成元素所形成的碳化物如 TiC、ZrC、VC、NbC 等只有在较高的温度才开始溶解，同时强碳化物形成元素会减慢碳的扩散，因而减慢奥氏体化过程。

非碳化物形成元素，如 Ni、Co 等，加速碳的扩散，因而加快奥氏体化过程。Ti、Zr、V、Nb 等元素能强烈地阻碍奥氏体晶粒长大，因为这些元素能形成稳定性特别高的特殊碳化物，在加热过程中，这些化合物并不完全溶于奥氏体中而分布在奥氏体晶界上，对奥氏体晶界的迁移起机械阻碍作用。W、Mo、Cr 等元素对奥氏体晶粒长大的阻碍作用次之。

2. 合金元素对过冷奥氏体转变的影响

除 Co 外，所有合金元素若溶于奥氏体，都会不同程度地增大奥氏体的稳定性，使 C 曲线右移，增加钢的淬透性。

碳化物形成元素含量较多时，还会使 C 曲线的形状发生变化，甚至出现两组 C 曲线。如 Ti、Nb、V、W、Mo 等元素会强烈推迟珠光体转变，对贝氏体转变推迟较少，同时升高珠光体最大转变速度的温度，降低贝氏体最大转变速度的温度，这样会使珠光体转变和贝氏体转变的 C 曲线分离开来，出现两组 C 曲线，而两组 C 曲线之间有一个稳定的过冷奥氏体存在区。

凡使马氏体开始转变温度 M_s 点降低的合金元素，均使钢淬火后残余奥氏体量有所增加。

3. 合金元素对回火转变的影响

(1) 提高回火稳定性　合金元素在回火过程中推迟马氏体的分解和残余奥氏体的转变，使碳化物难以聚集长大，提高铁素体的再结晶温度，因此提高了钢对回火软化的抗力，即提高了钢的回火稳定性。使得合金钢在相同温度下回火时，比同样碳含量的碳钢具有更高的硬度和强度，或者在保持相同强度的条件下，可在更高的温度下回火，而使韧性更好些，工作温度更高些。提高回火稳定性作用较强的合金元素有 Si、Cr、W、Mo、V 等。

(2) 产生二次硬化　一些 Mo、W、V 含量较高的钢回火时，硬度不是随回火温度的升高而单调下降，而是到某一温度(约 400℃)后反而开始增高，并在另一更高温度(约 550℃)达到峰值，硬度比淬火状态还高，这是回火过程的二次硬化现象。二次硬化现象产生的原因，一是合金元素较多的钢中，淬火组织中残余奥氏体含量较多，而且十分稳定，在加热到 500 ~ 600℃的回火冷却过程中，残余奥氏体转变为马氏体，使钢的硬度反而升高，这种现象称“二次淬火”；二是在高合金钢中，由于V、Mo、W等元素存在，淬火钢在500~600℃温度范围内回火时，将会在马氏体内高弥散沉淀析出这些元素的特殊碳化物，使钢的硬度升高，称“沉淀强化”。

(3) 产生回火脆性　含Cr、Ni、Mn、Si等元素的合金钢淬火后高温回火会产生第二类回火脆性。

研究表明，要防止第二类回火脆性的出现，可采取如下措施：①提高钢的纯度，降低钢中杂质元素的含量；②加入适量对脆性具有抑制作用的元素Mo和W；③回火后采用水或油快速冷却，抑制杂质元素偏聚。在生产实践中应视具体条件，适当选择上述措施之一，即可有效地防止第二次回火脆性的出现。

第三节　合金结构钢

结构钢主要用于制造桥梁、船舶、建筑等各类工程结构件及各种机械零件。合金结构钢是在碳素结构钢的基础上，适当加入一种或几种合金元素而制成。常用元素主要有Cr、Mn、Si、Ni、Mo、W、V、Ti等。

根据其用途，合金结构钢可分为工程结构钢及机械结构钢两类。通常用于制造工程构件的钢是低合金结构钢，机械结构钢则包括用于制造各类机械零件的渗碳钢、调质钢、弹簧钢及易切削钢等。

一、工程结构钢

在工程结构钢中最常用的是低合金钢，而用于制造工程机械结构零件的高锰钢亦属于工程结构用钢的一类。低合金钢的强度显著高于相同碳的质量分数的碳素结构钢，因而常称这类钢为低合金高强度钢。

1. 成分及组织特点

低合金钢是一种低碳结构钢，为使其在具有高强度的基础上仍然保持良好的塑性及韧性，其碳的质量分数一般控制在0.20%以下，合金元素含量也较少，通常在3.0%以下。常含合金元素主要有Mn、Ti、V、Nb、Mo、Cu及Re(稀土)等。

这类钢通常是在热轧退火(或正火)状态下使用，在经过焊接、铆接或压力成形后一般不再进行热处理，因而其工作状态的金相组织主要由铁素体及珠光体组成。

2. 常用低合金钢

低合金高强度结构钢的化学成分(GB/T1591—94)和用途见表6-1。低合金结构钢原用的GB1591—88标准与新颁布的GB/T1591—94标准牌号对照表见表6-2。

表 6-1 低合金高强度结构钢的化学成分(GB/T1591—94)和用途

牌号	质量等级	化学成分 w(%)								用途
		C ≤	Mn	Si ≤	P ≤	S ≤	V	Nb	Ti	
Q295	A	0.16	0.80~1.50	0.55	0.045	0.045	0.02~0.15	0.015~0.060	0.02~0.20	油罐、车辆、桥梁梁柱、容器
	B	0.16	0.80~1.50	0.55	0.040	0.040	0.02~0.15	0.015~0.060	0.02~0.20	
Q345	A	0.20	1.00~1.60	0.55	0.045	0.045	0.02~0.15	0.015~0.060	0.02~0.20	桥梁、船舶、车辆压力容器、大型钢结构、起重机械
	B	0.20	1.00~1.60	0.55	0.040	0.040	0.02~0.15	0.015~0.060	0.02~0.20	
	C	0.20	1.00~1.60	0.55	0.035	0.035	0.02~0.15	0.015~0.060	0.02~0.20	
	D	0.18	1.00~1.60	0.55	0.030	0.030	0.02~0.15	0.015~0.060	0.02~0.20	
	E	0.18	1.00~1.60	0.55	0.025	0.025	0.02~0.15	0.015~0.060	0.02~0.20	
Q390	A	0.20	1.00~1.60	0.55	0.045	0.045	0.02~0.20	0.015~0.060	0.02~0.20	桥梁、船舶、车辆压力容器、大型钢结构、电站设备
	B	0.20	1.00~1.60	0.55	0.040	0.040	0.02~0.20	0.015~0.060	0.02~0.20	
	C	0.20	1.00~1.60	0.55	0.035	0.035	0.02~0.20	0.015~0.060	0.02~0.20	
	D	0.20	1.00~1.60	0.55	0.030	0.030	0.02~0.20	0.015~0.060	0.02~0.20	
	E	0.20	1.00~1.60	0.55	0.025	0.025	0.02~0.20	0.015~0.060	0.02~0.20	
Q420	A	0.20	1.00~1.70	0.55	0.045	0.045	0.02~0.20	0.015~0.060	0.02~0.20	大型船舶、大桥、高压容器、大型焊接结构
	B	0.20	1.00~1.70	0.55	0.040	0.040	0.02~0.20	0.015~0.060	0.02~0.20	
	C	0.20	1.00~1.70	0.55	0.035	0.035	0.02~0.20	0.015~0.060	0.02~0.20	
	D	0.20	1.00~1.70	0.55	0.030	0.030	0.02~0.20	0.015~0.060	0.02~0.20	
	E	0.20	1.00~1.70	0.55	0.025	0.025	0.02~0.20	0.015~0.060	0.02~0.20	
Q460	C	0.20	1.00~1.70	0.55	0.035	0.035	0.02~0.20	0.015~0.060	0.02~0.20	高压容器、大型焊接结构、厚壁容器
	D	0.20	1.00~1.70	0.55	0.030	0.030	0.02~0.20	0.015~0.060	0.02~0.20	
	E	0.20	1.00~1.70	0.55	0.025	0.025	0.02~0.20	0.015~0.060	0.02~0.20	

表 6-2 新旧低合金结构钢标准牌号对照表

GB/T1591—94	GB/T1591—88
Q295	09MnV、09MnNb、09Mn2、12Mn
Q345	12MnV、14MnNb、16Mn、16MnRE、18Nb
Q390	15MnV、15MnTi、16MnNb
Q420	15MnVN、14MnVTiRE
Q460	14MnMoV、18MnMoNb

二、机械结构钢

机械结构钢属特殊质量合金钢，根据其用途可分为渗碳钢、调质钢、弹簧钢、超高强度钢及易切削钢等。

1. 渗碳钢

渗碳钢广泛用于制造汽车、机车及工程机械等动力机械的传动齿轮、凸轮轴、活塞销等各类要求表面高硬度、耐磨、而心部具有良好的强韧性的机械零件。

(1) 渗碳钢的化学成分

1) 碳的质量分数　为了保证渗碳零件的心部具有足够的塑性及韧性，渗碳钢的碳的质量分数一般控制在 0.10%～0.25%之间。

2) 合金元素　为提高渗碳钢的淬透性及渗层的性能(强度、耐磨性、韧性)，改善渗碳件心部的强韧性，渗碳钢中常加入一定量的 Cr（$w_{Cr} \leqslant 2.0\%$）、Ni（$w_{Ni} \leqslant 4.5\%$）、Mn（$w_{Mn} \leqslant 2.0\%$）和 B（$w_B \leqslant 0.005\%$）等主加元素。而附加元素有 V（≤0.20%）、W（≤1.20%）、Mo（≤0.60%）、Ti（≤0.10%）等碳化物形成元素，其主要作用是降低钢的过热敏感性，细化晶粒，抑制钢在渗碳过程中发生晶粒长大。

常用渗碳钢的牌号、化学成分、热处理、性能及用途见表 6-3。

(2) 渗碳钢的热处理　渗碳钢的预先热处理一般宜用正火，以消除锻造过程所产生的内应力，同时可改善钢的切削加工性能，便于切削加工。为了保证渗碳件表层具有高硬度、耐磨的性能，工件渗碳后都要进行淬火加低温回火，其最终的组织为：表层为高碳回火马氏体＋碳化物，心部为低碳回火马氏体。

2. 调质钢

调质钢是指通常采用调质处理(淬火后高温回火)作为预先热处理或最终热处理的结构钢。调质钢经调质处理后，组织为回火索氏体，具有较高强度与良好的塑性及韧性的配合，即具有良好的综合力学性能。调质钢常用于制造各种轴类零件，如机床主轴、汽车后桥半轴、连杆螺栓及汽轮机主轴、内燃机曲轴等。

表 6-3 常用渗碳钢的牌号、成分、热处理、性能及用途

类别	钢号	主要化学成分 w(%) C	Mn	Si	Cr	Ni	V	其它	热处理/℃ 渗碳	预备处理	淬火	回火	力学性能(不小于) σ_b/MPa	σ_s/MPa	δ(%)	ψ(%)	α_k/kJ/m²	毛坯尺寸/mm	用途
低淬透性	15	0.12~0.19	0.35~0.65	0.17~0.37					930	890±10 空	770~800 水	200	≥500	≥300	15	≥55		<30	活塞销等
	20Mn2	0.17~0.24	1.40~1.80	0.20~0.40					930	850~870	770~800 油	200	820	600	10	47	600	25	小齿轮、小轴、活塞销等
	20Cr	0.17~0.24	0.50~0.80	0.20~0.40	0.70~1.00				930	880 水，油	800 水，油	200	850	550	10	40	600	15	齿轮、小轴、活塞销等
	20MnV	0.17~0.24	1.30~1.60	0.20~0.40			0.07~0.12		930		880 水，油	200	800	600	10	40	700	15	同上，也用作锅炉、高压容器管道等
	20CrV	0.17~0.24	0.50~0.80	0.20~0.40	0.80 1.10		0.10~0.20		930	880	800 水，油	200	850	600	12	45	700	15	齿轮、小轴、顶杆、活塞销、耐热垫圈
中淬透性	20CrMn	0.17~0.24	0.90~1.20	0.20~0.40	0.90~1.20				930		850 油	200	950	750	10	45	600	15	齿轮、轴、蜗杆、活塞销、摩擦轮
	20CrMnTi	0.17~0.24	0.80~1.10	0.20~0.40	1.00~1.30			Ti0.06~0.12	930	830 油	860 油	200	1100	850	10	45	700	15	汽车、拖拉机上的变速箱齿轮
	20Mn2TiB	0.17~0.24	0.50~1.80	0.20~0.40				Ti0.06~0.12 B0.001~0.004	930		860 油	200	1150	950	10	45	700	15	代 20CrMnTi
	20SiMnVB	0.17~0.24	1.30~1.60	1.50~0.80			0.07~0.12	B0.001~0.004	930	850~880 油	780~800 油	200	≥1200	≥1000	≥10	≥45	≥700	15	代 20CrMnTi
高淬透性	18Cr2Ni4WA	0.13~0.19	0.30~0.60	0.20~0.40	1.35~1.65	4.00~4.50		W0.80~1.20	930	950 空	850 空	200	1200	850	10	45	1000	15	大型渗碳齿轮和轴类件
	20Cr2Ni4A	0.17~0.24	0.30~0.60	0.20~0.40	1.25~1.75	3.25~3.75			930	880 油	780 油	200	1200	1100	10	45	800	15	同上
	15 CrMn2 SiMo	0.13~0.19	2.0~2.40	0.4~0.7	0.4~0.7			Mo 0.4~0.5	930	880~920 空	860 油	200	1200	900	10	45	800	15	大型渗碳齿轮、飞机齿轮

(1) 化学成分

1）碳的质量分数　调质钢的碳的质量分数大多介于0.30%～0.50%之间，属于中碳钢范围。在此碳的质量分数范围内，钢经过调质处理后在获得一定的强度、硬度的基础上，仍能保持较好的塑性及韧性。

2）合金元素　合金调质钢常含合金元素有Cr、Ni、Mn、Si、B、Mo、V、Al等。Cr、Ni、Mn、Si、B的其主要作用是增加钢的淬透性，以适应于制造截面尺寸较大的零件；V的主要作用是细化晶粒，提高综合力学性能；Mo的主要作用是减轻或抑制第二类回火脆性；Al的主要作用是加速合金调质钢的氮化过程。

(2) 热处理特点

1）预先热处理　调质钢制的零件在锻造成形后，一般应进行预先热处理，以消除锻造过程产生的应力及不正常组织，提高钢的切削加工性能。对碳的质量分数较低、合金元素含量较少的低淬透性调质钢，其预先热处理采用正火；而对碳的质量分数较高、合金元素含量较多的中淬透性调质钢，通常采用退火。

2）最终热处理　调质件经粗加工后，通常需进行调质处理，即淬火后高温回火。某些调质零件，其局部(如轴颈、齿轮齿廓)表层要求具有高硬度及良好的耐磨性，为此，此类零件经调质处理后，还需进行局部的表面淬火及低温回火处理。

常用调质钢的牌号、性能特点及用途见表6-4。

表6-4　各种调质钢的性能特点和用途

钢　号	淬　透　性		性 能 特 点	用 途 举 例
	淬透性值	油淬临界直径/mm		
45	$J\frac{43}{1.5\sim3.5}$	<5～20（水淬）	小截面零件调质后具有较高的综合力学性能。水淬有时开裂，形状复杂零件可水冷淬	制造齿轮、轴，压缩机、泵的运动零件等
42Mn2V	$J\frac{46}{9}$	约25	强度比40Mn2高，接近40CrNi	制造小截面的高负荷重要零件，如螺栓、轴、进气阀等。可用作表面淬火零件代40Cr或45Cr，表面淬火后硬度和耐磨性较好
40MnVB	$J\frac{44}{9\sim22}$	25～67	综合力学性能较40Cr好	可代40Cr或部分代42CrMo与40CrNi制重要的调质零件，如柴油机汽缸头螺柱、组合曲轴连接螺钉、机床齿轮花键轴等

(续)

钢号	淬透性		性能特点	用途举例
	淬透性值	油淬临界直径/mm		
40Cr	$J\frac{44}{7\sim17}$	18~48	强度比碳钢高约20%，疲劳强度较高	制造重要的调质零件，如齿轮、轴、套筒、连杆螺钉、螺栓、进气阀等，可进行表面淬火及碳氮共渗
40CrMn	$J\frac{44}{8\sim16}$	20~47	淬透性比40Cr好，强度高，在某些用途中可以和42CrMo，40CrNi互换，制较大调质件回火脆性倾向较大	制造在高速与高弯曲负荷下工作的轴，连杆，以及在高速高负荷(无强力冲击负荷)下的齿轮轴、齿轮、水泵转子，离合器，小轴等
40CrNi	$J\frac{44}{10\sim32}$	28~90	具有高强度，高韧性，淬透性好，有回火脆性倾向	制造截面较大，受载荷较重的零件，如曲轴、连杆、齿轮轴、螺栓等
42CrMo	$J\frac{46}{13\sim42}$	39~120	强度、淬透性比35CrMo更高	制造较35CrMo强度更高或截面更大的调质零件，如机车牵引用的大齿轮，增压器传动齿轮、后轴、受负荷很大的连杆
35CrMo	$J\frac{42}{11\sim32}$	31~90	强度高，韧性高，淬透性好，在500℃以下具有高的高温强度	制造在高负荷下工作的重要结构零件，特别是受冲击、震动、弯曲、扭转负荷的零件，如车轴、发动机传动机件、汽轮发电机主轴、叶轮紧固零件、连杆、在480℃以下工作的螺栓
30CrMnSi	$J\frac{40}{16}$	约45	断面小于或等于25mm的零件最好采用等温淬火，得到下贝氏体组织，使强度与塑性得到良好配合，使韧性大大提高，而且变形最小。一般在调质或低温回火后使用	制造重要用途零件，在震动负荷下工作的焊接件和铆接件，如高压鼓风机叶片、阀板、高速负荷砂轮轴、齿轮、链轮、紧固件、轴套等，还用于制造温度不高而要求耐磨的零件
37CrNi3		约200	具有高的强度、冲击韧性及淬透性	制造重要零件，如轴、齿轮等

（续）

钢　号	淬透性		性能特点	用途举例
	淬透性值	油淬临界直径/mm		
40CrNiMo	$J\frac{44}{7.5\sim29}$	21~85	一般情况回火脆性不敏感，大截面零件回火后应油冷，冲击韧性不致降低；具有良好的室温及低温冲击韧性（-70℃时 $A_k=48J$）	制造要求塑性好，强度高，重要的和较大截面的零件，如中间轴、半轴、曲轴、联轴器等
40CrMnMo	$J\frac{44}{15\sim45}$	43~150	40CrNiMo的代用钢材	制造重要负荷的轴、偏心轴、齿轮轴、齿轮、连杆及汽轮机零件等

注：1. 表中淬透性值用 $J\frac{HRC}{d}$ 表示，d 为端淬时半马氏体至末端距离。

2. 油淬临界直径指油淬后心部能获得50%M的最大直径。

3. 弹簧钢

弹簧零件通常是在冲击、震动及交变载荷下工作的。弹簧的主要失效形式是疲劳断裂。因此，弹簧钢必须具有高的抗拉强度、高的屈强比（σ_s/σ_b）及高的疲劳强度，同时还要求有较好的淬透性和低的脱碳敏感性。

按生产方法的不同，弹簧分为热轧弹簧及冷拉（轧）弹簧。热轧弹簧钢一般截面尺寸较大，制造弹簧时采用加热成形，然后进行淬火回火处理；而冷拉（轧）弹簧常为钢丝或薄钢带，制造弹簧时采用冷绕（弯）成形，然后经低温去应力定形处理。

（1）化学成分

1）碳的质量分数　弹簧钢碳的质量分数通常为0.50%~0.75%左右。随着碳的质量分数的增加，经淬火，回火后，钢的强度、硬度将明显升高。但若碳的质量分数过高，将会显著降低其韧性。

2）合金元素　弹簧零件淬火时要求整个截面都淬透，使回火后获得均匀一致的截面性能。因此，钢中常含有Si、Mn、Cr、V等合金元素，其主要作用是提高淬透性和回火稳定性，强化铁素体，细化晶粒，提高其弹性极限及屈强比。

（2）弹簧钢的热处理

1）热成形弹簧的热处理　热成形弹簧的热处理常为淬火加中温回火，以获得回火屈氏体组织。热成形弹簧的淬火工序与其他零件的不同之处是常常采用余热淬火，即将热成形工序与淬火加热结合起来，材料加热绕制或弯制成形后立即进行淬火冷却。利用余热淬火既可节省能源，也有利于提高弹簧的疲劳强度。淬火后弹簧的回火温度应根据其性能要求及材料的化学成分而选择，一般为350～520℃。

弹簧的表面质量对其使用寿命有很大的影响，微小的表面缺陷，如脱碳、裂纹、斑疤及夹杂等将造成应力集中，使弹簧因疲劳强度降低而早期失效。因此，弹簧钢材料除要求具有高的表面质量及冶金质量外，应严格控制热处理工艺参数，防止表面氧化、脱碳。如条件允许，在热处理后再进行喷丸处理，增加表层压应力，提高疲劳强度，从而提高弹簧的使用寿命。试验表明，采用60Si2Mn钢制的汽车板簧经喷丸处理后，寿命可提高5～6倍。

2）冷成形弹簧热处理　绕制冷成形弹簧的钢丝，按其制造工艺可分为退火状态钢丝、铅浴等温处理钢丝及油淬回火钢丝三类。以下简要介绍这三种冷成形弹簧成形前后的热处理方法。

① 退火状态供应的弹簧钢丝　此类钢丝在绕制成弹簧之前，经冷拔至要求的线径，然后进行退火软化处理，处理后钢丝具有良好的塑性，便于绕制成形，但其强度、硬度低，远未达到弹簧的性能要求。因此，以这类钢丝绕制成的弹簧必须经淬火及中温回火处理，才能达到弹簧的性能要求。

② 铅浴等温处理钢丝　此类钢丝的制造工艺是将盘条坯料预先冷拉到一定的尺寸，继而将冷拉钢丝进行连续加热至奥氏体化后，进入500～550℃的铅浴中等温冷却，使之获得索氏体组织，待出浴空冷后重新盘绕；然后再对钢丝进行多次冷拔，使之达到所需线径。在多次冷拔过程中由于钢丝发生冷塑性变形而产生加工硬化，从而使钢丝有高强度、高弹性极限等弹簧所要求的性能。用这种钢丝冷绕而成的弹簧，只需进行一次较低温度的去应力定型处理(又称回火)，消除冷绕过程所产生的内应力，并使之定型，而无需进行淬火、回火处理。

③ 油淬回火钢丝　此类钢丝在淬火前已冷拔致规定的线径，然后进行连续淬火回火处理，具备了弹簧钢丝的性能，其抗拉强度虽然不及铅浴等温处理的冷拉钢丝，但性能比较均匀一致，抗拉强度波动范围小，广泛应用于制造各种动力机械的阀门弹簧。这类钢丝冷绕成弹簧后，也只进行去应力定型处理，消除绕制时变形所产生的应力，即可满足弹簧性能要求。

常用弹簧钢的牌号、成分、热处理、性能及用途见表6-5。

4. 易切削钢

为改善钢的切削加工性而特意加入一定量的硫、磷、铅、钙等附加元素的钢称为易切削钢。易切削钢主要用于制造以自动机床加工的小型零件，对钢的切削加工性要求较高。在易切削钢中加入S、Pb、Ca、P等元素，可使钢的切削性能获得显著的改善。

易切削钢的钢号前冠以“Y”或“易”字样，其后为数字。如Y20、Y30或易20、易30等。“Y”或“易”表示易切削钢，其后面的数字表示万分之几的碳的质量分数。若Mn的质量分数较高者，在钢号后标出Mn或锰。

表 6-5　常用弹簧钢的牌号、成分、热处理、力学性能及用途

种类	牌号	化学成分 w(%)						热处理		力学性能(不小于)				用途举例
		C	Si	Mn	Cr	V	其它	淬火/℃	回火/℃	$\frac{\sigma_s}{MPa}$	$\frac{\sigma_b}{MPa}$	δ_{10}(%)	ψ(%)	
碳钢	65	0.62～0.70	0.17～0.37	0.50～0.80	—	—	—	840 油	500	800	1000	9	35	小于 ϕ12mm 的一般机器上的弹簧，或拉成钢丝作小型机械弹簧
碳钢	85	0.82～0.90	0.17～0.37	0.50～0.80	—	—	—	820 油	480	1000	1150	6	30	同上
合金弹簧钢	65Mn	0.62～0.70	0.17～0.37	0.90～1.20	—	—	—	830 油	540	800	1000	8	30	同上
合金弹簧钢	55Si2Mn	0.52～0.60	1.50～2.00	0.60～0.90	—	—	—	870 水、油	480	1200	1300	6	30	ϕ20～25mm 弹簧，工作温度低于 230℃
合金弹簧钢	60Si2Mn	0.56～0.64	1.50～2.00	0.60～0.90	—	—	—	870 油	480	1200	1300	5	25	ϕ25～30mm 弹簧，工作温度低于 230℃
合金弹簧钢	50CrVA	0.46～0.54	0.17～0.37	0.50～0.80	0.80～1.10	0.10～0.20	—	850 油	500	150	1300	10(δ_5)	40	ϕ30～50mm 弹簧，工作温度低于 210℃的气阀弹簧
合金弹簧钢	60Si2CrVA	0.56～0.64	1.40～1.80	0.40～0.70	0.90～1.20	0.10～0.20	—	850 油	410	1700	1900	6(δ_5)	20	ϕ<50mm 弹簧，工作温度低于 250℃
合金弹簧钢	55SiMnMoV	0.52～0.60	0.90～1.20	1.00～1.30	—	0.08～0.15	Mo 0.20～0.30	880 油	550	1300	1400	6	30	ϕ<75mm 弹簧，重型汽车、越野汽车大截面板簧

通常易切削钢以热轧或冷拉状态交货。以冷拉状态交货的条钢，其硬度在152～255HBS之间。可进行最终处理以满足使用性能要求，但不采用预先热处理，以免损害其切削加工性能。

常用易切削钢的牌号、成分、性能及用途见表6-6所示。

表6-6　常用易削钢的牌号、成分、性能及用途

牌　号	化学成分 w（%）						力学性能(热轧)				用途举例
	C	Mn	Si	S	P	其他	σ_b/MPa	δ_5（%）≥	ψ（%）≥	HBS ≤	
Y12	0.08～0.16	0.60～1.00	≤0.35	0.10～0.20	0.05～0.15		390～540	22	36	170	在自动机床上加工的一般标准紧固件，如螺栓、螺母、销。Y15碳的质量分数高，切削性更好
Y15	0.10～0.18	0.70～1.10	≤0.20	0.23～0.33	0.05～0.10		390～540	22	36	170	
Y20	0.15～0.25	0.60～0.90	0.15～0.35	0.08～0.15	≤0.06		450～600	20	30	175	强度要求稍高、形状复杂、不易加工零件，如纺织机、计算机上的零件及各种标准紧固件
Y30	0.25～0.35	0.60～0.90	0.15～0.35	0.08～0.15	≤0.06		510～655	15	25	187	
Y40Mn	0.35～0.45	1.02～1.55	0.15～0.35	0.20～0.30	≤0.05		590～735	14	20	207	受较高应力、要求表面粗糙度小的机床丝杠、光杠、螺栓及自行车、缝纫机零件
T10Pb	0.95～1.05	0.40～0.60	0.15～0.30	0.035～0.045	≤0.03	Pb 0.15～0.25	—	—	—	—	精密仪器小零件，要求一定硬度、耐磨的零件，如手表、照相机、齿轮轴
Y45Ca	0.42～0.50	0.60～0.90	0.20～0.40	0.04～0.08	≤0.04	Ca 0.002～0.006	600～745	12	26	241	经热处理的齿轮、轴

第四节　轴　承　钢

轴承钢主要用于制造各种类型的滚动轴承，按成分及使用特性可分为高碳铬轴承钢(滚动轴承钢)、渗碳轴承钢、不锈轴承钢、高温轴承钢、无磁轴承钢等五种。本节主要介绍最为常用的滚动轴承钢。用于制造各类滚动轴承的钢称为滚动轴承钢。

一、工作条件及性能要求

滚动轴承在工作时，各组成部分(内外圈、滚子、滚珠)均受到周期性交变载荷的作用，它们之间的接触面积很小，其接触应力可达 3000 ~ 3500MPa。轴承的损坏形式经常是接触疲劳破坏，即在接触表面局部区域有小片金属剥落而形成麻点。滚动体和圈套之间不但存在滚动摩擦，而且也有滑动摩擦，因而亦往往造成过度磨损，降低精度而失效。

根据滚动轴承的工作条件，轴承钢需具有以下性能：高的接触疲劳强度及弹性极限，良好的淬硬性及淬透性，足够的韧性及耐磨性，同时对润滑剂应具有较好的抗蚀能力。

二、化学成分

铬轴承钢的 w_C 通常为 0.95% ~ 1.15% 范围，高 w_C 的目的是保证轴承钢具有高的硬度及良好的耐磨性。w_{Cr} 为 0.40% ~ 1.65% 范围，Cr 的主要作用是提高钢的淬透性，同时有部分与碳形成合金渗碳体 $(Fe,Cr)_3C$，淬火后此碳化物呈细小颗粒状均匀分布在隐晶马氏体的基体上，使轴承钢在热处理后获得高而均匀的硬度及耐磨性。

此外，轴承钢对杂质含量的控制很严，一般规定 $w_s < 0.020\%$，$w_p < 0.027\%$；非金属夹杂物(氧化物、硫化物、硅酸盐等)的数量、大小、形状及分布情况，对轴承的使用寿命都有很大的影响，所以在钢材厂及用户钢材进出厂时，必须参照有关标准严格检查。

常用铬轴承钢的牌号、化学成分、热处理及用途见表 6-7。

表 6-7 常用滚动轴承钢的牌号、化学成分、热处理及用途

钢 号	主要化学成分 w (%)							热处理规范			主要用途
	C	Cr	Si	Mn	V	Mo	RE	淬火 ℃	回火 ℃	回火后硬度 HRC	
GCr6	1.05 ~ 1.15	0.40 ~ 0.70	0.15 ~ 0.35	0.20 ~ 0.40				800 ~ 820	150 ~ 170	62 ~ 66	< 10mm 的滚珠、滚柱和滚针
GCr9	1.0 ~ 1.10	0.90 ~ 1.20	0.15 ~ 0.35	0.20 ~ 0.40				800 ~ 820	150 ~ 160	62 ~ 66	20mm 以内的各种滚动轴承
GCr9SiMn	1.0 ~ 1.10	0.90 ~ 1.20	0.40 ~ 0.70	0.90 ~ 1.20				810 ~ 830	150 ~ 200	61 ~ 65	壁厚 < 14mm，外径 < 250mm 的轴承套。25 ~ 50mm 的钢球，直径 25mm 左右滚柱等

（续）

钢　　号	主要化学成分 w（%）							热处理规范			主 要 用 途
	C	Cr	Si	Mn	V	Mo	RE	淬火 ℃	回火 ℃	回火后硬度 HRC	
GCr15	0.95~1.05	1.30~1.65	0.15~0.35	0.20~0.40				820~840	150~160	62~66	与 GCr9SiMn 同
GCr15SiMn	0.95~1.05	1.30~1.65	0.40~0.65	0.90~1.20				820~840	170~200	>62	壁厚≥14mm，外径 250mm 的套圈。直径 20~200 的钢球。其他同 GCr15
* GMnMoVRe	0.95~1.05		0.15~0.40	1.10~1.40	0.15~0.25	0.40~0.60	0.05~0.10	770~810	170±5	≥62	代 GCr15 用于军工和民用方面的轴承
* GSiMoMnV	0.95~11.0		0.45~0.65	0.75~1.05	0.20~0.30	0.20~0.40		780~820	175~200	≥62	与 GMnMoVRe 同

注：钢号前标有“*”者为新钢种，供参考；Re 为稀土元素。

三、热处理特点

一般轴承零件(如内、外圈套)的加工工艺路线为：锻轧→球化退火→机械加工→淬火低温回火→磨加工→成品。由加工工艺路线可见，轴承零件的热处理包括预先热处理球化退火和最终热处理淬火及低温回火。

(1) 球化退火　球化退火的目的有二：一是降低硬度，便于切削加工；二是为最终热处理淬火作组织准备。退火后轴承钢的金相组织为在铁素体的基体上均匀分布细小粒状(球状)碳化物，其硬度值低于 210HBS（如 GCr15 钢为 179~207HBS)，具有良好的切削加工性能。

球化退火大多采用推杆式连续退火炉进行等温球化退火，如较常用的 GCr15 钢，在 780~810℃加热保温后，较快地降至 710~720℃等温 2~4h，然后慢冷至 650℃左右，再出炉空冷。

(2) 淬火、回火　GCr15 钢淬火加热温度选择 830℃时，能获得较理想的性能，硬度值可高达 63~66HRC，未溶碳化物数量为 7%~8%，残余奥氏体量 < 8%。

通常回火温度为 150~170℃，回火后组织为极细的回火马氏体和分布均匀的细小粒状碳化物及少量的残余奥氏体，回火后硬度值为 61~65HRC。

对精密轴承零件，为保证其尺寸稳定性，应在淬火后，随即进行一次 -70℃以下的冷处理，降低残余奥氏体的含量，并在精磨后再进行一次 120~130℃、5~10h 的低温时效处理，以便消除应力，稳定尺寸。

最后还应指出，铬滚动轴承钢与工具钢中的低合金刃具钢性能相近，因此，轴承钢除大量用于制造滚动轴承零件外，还可用于制造冷冲模具、机床丝杠、轧辊、精密量具及液压泵油嘴精密偶件等。

第五节　合金工具钢

工具钢用于制造刀具、模具和量具等各种工具。合金工具钢含有一定量的一种或几种合金元素，因而具有较碳素工具钢更优越的力学性能。合金工具钢按用途可分为刃具钢、模具钢及量具钢等三类。

一、刃具钢

1. 工作条件及性能要求

刃具钢主要用于制造车刀、铣刀、铰刀、钻头、丝锥、板牙等各种刀具，其工作任务是对各种金属或非金属材料进行切削加工。为此，刃具钢经过适当热处理后应具有如下性能：

(1) 高的硬度和耐磨性　其硬度值一般都在 60HRC 以上。高硬度也是保证耐磨性的必要条件。

(2) 高热硬性　热硬性(又称红硬性)是指钢受热升温时，能维持高硬度的一种特性。刃具在切削金属材料过程，因摩擦发热而不可避免地引起温度升高。因此，作为制造刃具的刃具钢，特别是制造高速切削刀具的刃具钢必须具有高的热硬性，以保证在高速切削过程受高温作用仍能保持高硬度的性能。

(3) 足够的塑性和韧性　刃具在切削过程中常受弯曲、扭转、振动、冲击等复杂的载荷作用，如果塑性和韧性较低，将导致刃具崩刃及断裂。

此外，刃具钢还要求具有良好的淬透性，使刃具经过淬火、回火处理后，整体具有均匀一致的力学性能，以延长其使用寿命。

2. 低合金刃具钢

用于制造受热程度较低的手工工具或低速而小进刀量的机用工具，常选用价格便宜、加工工艺性能良好的碳素工具钢，如 T8、T10、T12 等。当对刃具有较高的性能要求时，如制造板牙、丝锥、铰刀、搓丝板及拉刀等低速切削刀具，则必须选用含有一定量合金元素的低合金刃具钢。

常用的低合金刃具钢有 9SiCr、CrWMn、9Mn2V 等，其化学成分、热处理及用途举例见表 6-8。

表 6-8 常用低合金刃具钢的化学成分、热处理及用途

钢 号	化学成分 w（%）					淬火			回火		用 途 举 例
	C	Mn	Si	Cr	其他	温度/℃	介质	HRC ≥	温度/℃	HRC	
9SiCr	0.85~0.95	0.30~0.60	1.20~1.60	0.95~1.25		850~870	油	62	180~200	60~63	板牙、丝锥、绞刀、搓丝板、冷冲模
CrWMn	0.90~1.05	0.80~1.10	0.15~0.35	0.90~1.20	1.2~1.6W	820~840	油	62	140~160	62~65	长丝锥、长绞刀、板牙、拉刀、量具、冷冲模等
CrMn	1.30~1.50	0.45~0.75	≤0.40	1.30~1.60		840~860	油	62	130~140	62~65	长丝锥、拉刀、量具等
9Mn2V	0.85~0.95	1.70~2.00	≤0.40		0.01~0.25V	780~820	油	62	150~200	58~63	丝锥、板牙、样板、量规、中小型模具、磨床主轴、精密丝杠等

低合金刃具钢钢材通常以退火状态交货，硬度 179~241HBS。经改锻的低合金刃具钢的热处理，包括加工前的预先热处理球化退火和加工成形后的最终热处理淬火与低温回火两道工序。

以常用的 9SiCr 钢为例，球化退火工艺规范见图 6-2。经球化退火后，组织为球状珠光体，硬度在 197~241HBS 范围内，适宜于机械加工。

以 9SiCr 钢制造的圆板牙为例，最终热处理工艺规范见图 6-3，淬火后其硬度值为 60~63HRC 左右。

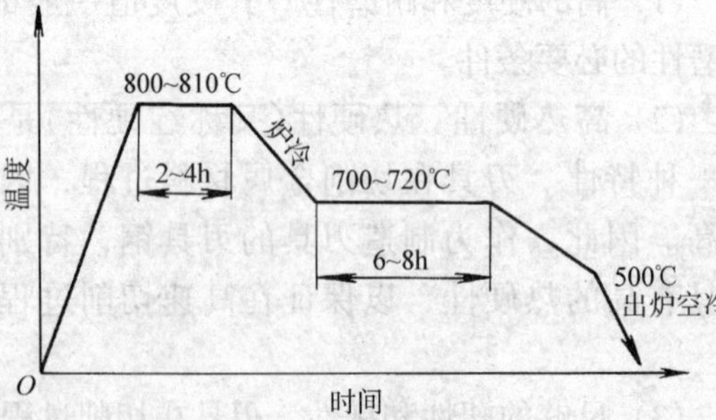

图 6-2 9SiCr 钢等温球化退火工艺

3. 高速钢

(1) 化学成分　高速钢是一种用于制造高速切削刃具的高合金工具钢。高速钢具有良好的热硬性、高硬度及耐磨等特殊性能。当工作温度达到 600℃左右时，其硬度值仍无明显下降，因而广泛应用于制造各种不同用途、不同类型的高速切削刃具，如车刀、铣刀、刨刀、拉刀及钻头等。用高速钢制造的刃具，在切削时明显比一般低合金刃具钢制的刃具更加锋利，因此又俗称锋钢。高速钢的碳的质量分数为 0.7%~1.4%，钢中含有 W、Mo、Cr、V 等多种合金元素，其总量 >10%。W 是使高速钢具有高热硬性的主要元素，Mo 在高速钢中的作用与 W 相似，Cr 的主要作用是提高淬透性，V 的主要作用是提高耐磨性、红硬性及细化

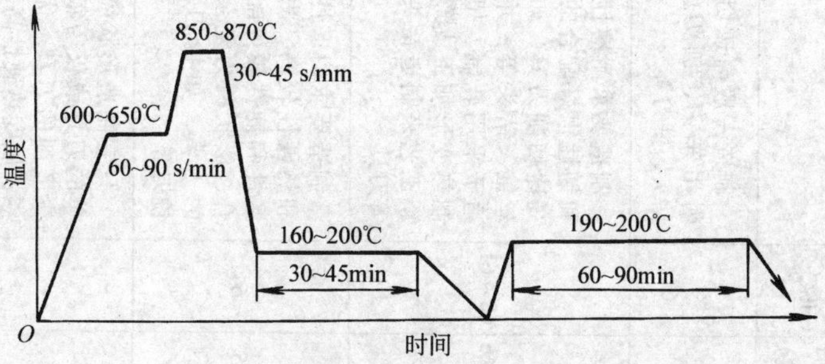

图 6-3　9SiCr 钢圆板牙淬火回火工艺

晶粒。常用高速钢的化学成分、热处理规范、性能及用途见表 6-9。

（2）铸态组织与锻造　高速钢属莱氏体钢，铸态组织中存在鱼骨状(或网状)共晶碳化物，热处理不能改变这些粗大的碳化物的分布，只有对铸件进行反复轧制或锻造，才能将莱氏体的粗大碳化物击碎，并使它分布均匀。由此可见，高速钢坯料的锻造不仅是为了成型，更重要的是为了击碎粗大的碳化物，使碳化物均匀分布。经锻造及退火后的显微组织由索氏体和分布均匀的粒状或小块碳化物组成，如图 6-4 所示。

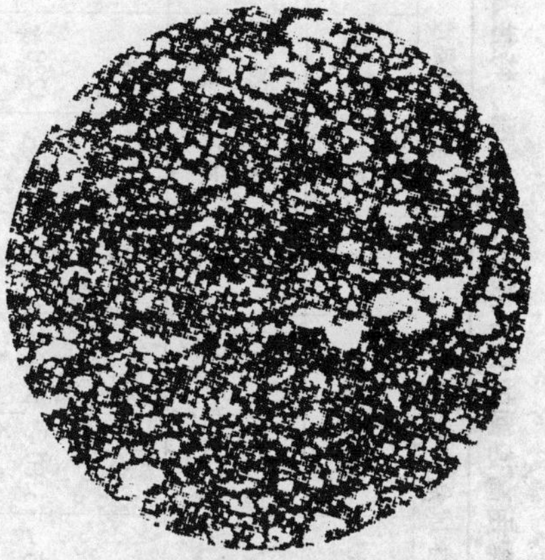

图 6-4　W18Cr4V 钢锻造退火后的显微组织(500×)

（3）热处理　高速钢的热处理，包括锻后预先热处理退火及加工成形后的最终热处理淬火、回火等工序。

1）退火　高速钢锻造后必须进行球化退火，目的不仅是消除应力，降低硬度，便于切削加工，同时也为随后的淬火处理提供较好的原始组织。退火工艺有普通退火及等温退火两种方法，如图 6-5 所示。

为了缩短时间，提高效率，通常较多采用等温退火。退火后组织为索氏体和均匀分布的粒状或小块碳化物组成，硬度值一般为 207 ~ 255HBS。

2）淬火、回火　高速钢中含有大量的合金元素，只有通过正确的淬火、回火处理，才能充分发挥其作用，获得高的热硬性、高硬度、耐磨及一定韧性的优良性能。现以 W18Cr4V 钢为例，其淬火、回火处理工艺曲线如图 6-6 所示。

① 淬火　高速钢中含有大量的合金元素及碳化物，其导热性能及塑性较差，

表 6-9　常用高速钢的化学成分、热处理、特性及用途

名称	钢号	主要化学成分 w（%）						热处理温度/℃			硬度		热硬性	用途
		C	W	Mo	Cr	V	Al或Co	退火	淬火	回火	退火后（HBS）	回火后（HRC）	（HRC[①]）	
钨高速钢	W18Cr4V（18-4-1）	0.70～0.80	17.50～19.00	≤0.30	3.80～4.40	1.00～1.40	—	860～880	1260～1300	550～570	207～255	63～66	61.5～62	制造一般高速切削用车刀、刨刀、钻头、铣刀等
钨钼高速钢	W6Mo5Cr4V2（6-5-4-2）	0.80～0.90	5.75～6.75	4.75～5.75	3.80～4.40	1.80～2.20	—	840～860	1220～1240	550～570	≤241	63～66	60～61	制造要求耐磨性和韧性很好配合的高速切削刀具，如丝锥、钻头等；并适于采用轧制、扭制热变形加工成形新工艺来制造钻头等刀具
高钒的钨钼高速钢	W6Mo5Cr4V3（6-5-4-3）	1.10～1.25	5.75～6.75	4.75～5.75	3.80～4.40	2.80～3.30	—	840～885	1200～1240	550～570	≤255	>65	64	制造要求耐磨性和热硬性较高、耐磨性和韧性较好配合、形状稍为复杂的刀具，如拉刀、铣刀等
超硬高速钢　高碳高钒高速钢	W12Cr4V4Mo	1.25～1.40	11.50～13.00	0.90～1.20	3.80～4.40	3.80～4.40	—	840～860	1240～1270	550～570	≤262	>65	64～64.5	只宜制造形状简单的刀具或仅需很少磨削的刀具。优点：硬度热硬性高，耐磨性优越，切削性能良好，使用寿命长；缺点：韧性有所降低，可磨削性和可锻性均差

（续）

名称		钢号	主要化学成分 w（%）						热处理温度/℃			硬度		热硬性	用途
			C	W	Mo	Cr	V	Al 或 Co	退火	淬火	回火	退火后（HBS）	回火后（HRC）	（HRC[1]）	
超硬高速钢	含钴高速钢	W18Cr4VCo10	0.70 ~ 0.80	18.00 ~ 19.00	—	3.80 ~ 4.40	1.00 ~ 1.40	9.00 ~ 10.00（Co）	870 ~ 900	1270 ~ 1320	540 ~ 590	≤277	66 ~ 68	64	制造形状简单截面较粗的刀具，如直径在 15mm 以上的钻头，某几种车刀；而不适宜于制造形状复杂的薄刃成型刀具或承受单位载荷较高的小截面刀具。用于加工难切削材料，例如高温合金、难熔金属、超高强度钢、钛合金以及奥氏体不锈钢等，也用于切削硬度≤300 ~ 350HBS 的合金调质钢
超硬高速钢	含钴高速钢	W6Mo5Cr4V2Co8	0.80 ~ 0.90	5.5 ~ 6.70	4.8 ~ 6.20	3.80 ~ 4.40	1.80 ~ 2.20	7.00 ~ 9.00（Co）	870 ~ 900	1220 ~ 1260	540 ~ 590	≤269	64 ~ 66	64	
超硬高速钢	含铝高速钢	W6Mo5Cr4V2Al	1.10 ~ 1.20	5.75 ~ 6.75	4.75 ~ 5.75	3.80 ~ 4.40	1.80 ~ 2.20	1.00 ~ 1.30（Al）	850 ~ 870	1220 ~ 1250	550 ~ 570	255 ~ 267	67 ~ 69	65	在加工一般材料时刀具使用寿命为 18-4-1 的两倍，在切削难加工的超高强度钢和耐热合金钢时，其使用寿命接近钴高速钢
超硬高速钢	含铝高速钢	W10Mo4Cr4V3Al（5F-6）	1.30 ~ 1.45	9.00 ~ 10.50	3.50 ~ 4.50	3.50 ~ 4.50	2.70 ~ 3.20	0.70 ~ 1.20（Al）	845 ~ 855	1230 ~ 1260	540 ~ 560	≤269	67 ~ 69	65.5 ~ 67.5	

① 将淬火回火后试样在 600℃加热四次，每次 1h。

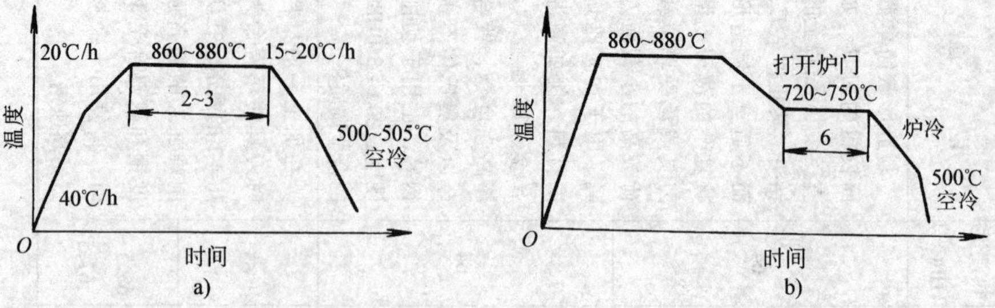

图 6-5　高速钢的两种退火工艺曲线

a）普通退火　b）等温退火

因此，在淬火加热过程中，必须进行预热，预热温度为 800 ~ 840℃左右。预热之目的是减少变形、防止开裂，并可缩短工件在淬火温度的高温停留时间，有利于防止产生氧化、脱碳等缺陷。对大型及形状复杂的刃具，预热工序尤为重要。

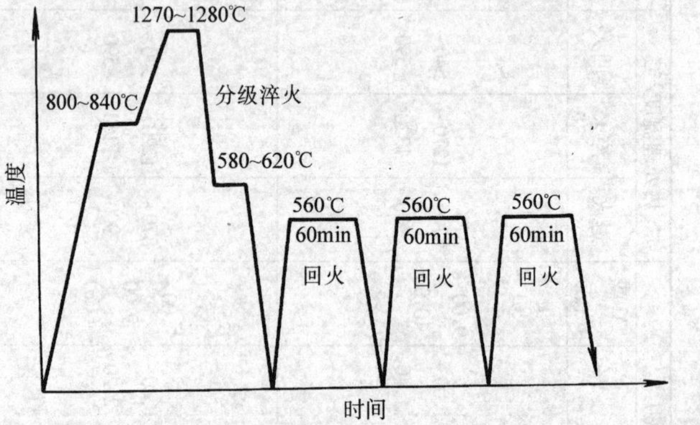

图 6-6　W18Cr4V 钢的淬火、回火工艺

高速钢的淬火加热温度非常高。就 W18Cr4V 钢而言，其加热温度高达 1270 ~ 1280℃。因为高速钢淬火后所具有的热硬性及回火稳定性的高低，主要取决于马氏体中合金元素的含量，也即在加热时溶于奥氏体中的合金元素量。

淬火冷却一般较多采用分级淬火法，在 580 ~ 620℃进行分级冷却，使刃具的表面及心部的温度趋于一致，然后从冷却介质(硝盐浴)中取出进行空冷，使在较缓慢的空冷过程中完成马氏体转变，这样可显著减少热应力及组织应力，从而减少变形、防止开裂。如在真空炉内加热淬火，也可采用预冷后油淬或气淬(充氮气冷却)。

W18Cr4V 钢正常的淬火组织为马氏体、粒状碳化物及残余奥氏体组成，如图 6-7 所示。

② 回火　高速钢淬火后一般都要进行三次 550 ~ 570℃回火，其主要原因是由于高速钢的淬火组织中含有大量的残余奥氏体，其含量常常达到 20% ~ 25%，一次回火难以全部消除，必须经过三次回火才能使钢中的残余奥氏体降至最低含

量，使钢达到最高硬度。第一次回火可使残余奥氏体量降至 10% ~ 15%，第二次回火后还剩 3% ~ 5%，第三次回火后一般可降至 1% ~ 2%。后一次回火还可将前一次回火冷却过程所形成的马氏体回火，降低应力，提高其强韧性。高速钢淬火后经过三次回火，其组织由回火马氏体、碳化物及少量残余奥氏体组成，如图 6-8 所示。

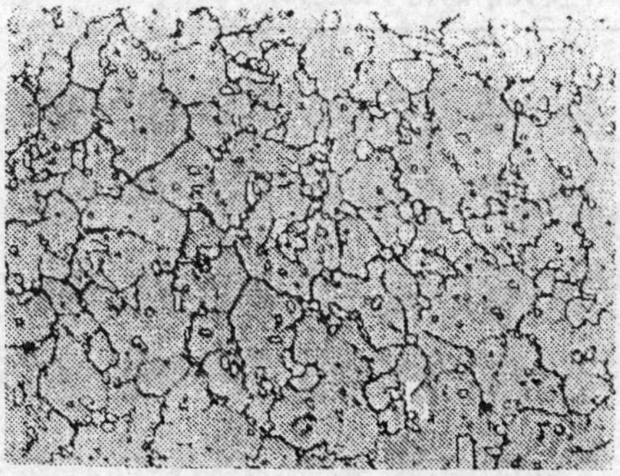

图 6-7 W18Cr4V 钢淬火后的组织(500×)

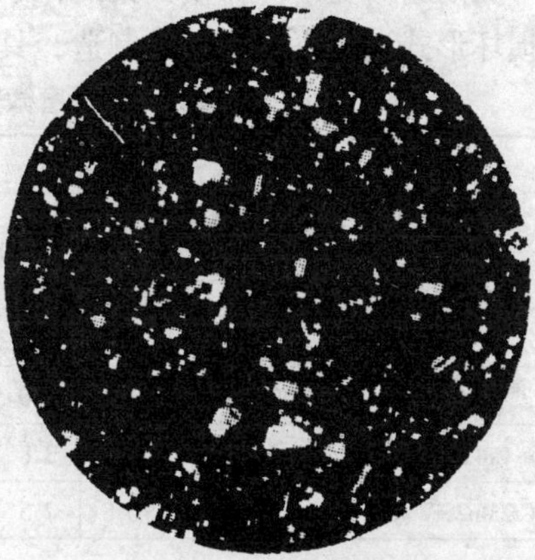

图 6-8 W18Cr4V 钢淬火回火后的组织(500×)

为进一步提高高速钢刃具的切削性能，在淬火、回火后通常进行表面化学热处理，如蒸汽处理、软氮化、硫氮共渗、氧氮共渗及离子氮化等，使刃具表面形成高硬、耐磨及良好抗咬合性能的化合物层，提高其使用寿命。

二、模具钢

模具是使金属材料或非金属材料成形的工具，其工作条件及性能要求，与被成形材料的性能、温度及状态等有着密切的关系。因此，模具钢大体可分为冷作模具钢、热作模具钢和塑料模具钢。

1. 冷作模具钢

(1) 工作条件及性能要求　冷作模具是使金属或非金属材料在常温状态下成形的模具，主要的种类有冲裁、成型、冷精压、冷镦、冷挤、冷滚压、拉拔模等。冷作模具在工作过程中主要受挤压、弯曲、冲击及摩擦作用，其主要损坏形式是磨损、断裂、崩刃及变形。因此，冷作模具钢经过适当热处理后应具有高的硬度、高的耐磨性、足够的强度及韧性。

(2) 常用钢种

1) 工作时载荷较轻、形状简单、尺寸较小的冷作模具，可选用碳素工具钢，如 T8A、T10A、T12A 等制造；

2）工作时载荷较轻，但形状复杂或尺寸较大的冷作模具，可选用低合金刃具钢，如 9SiCr、9Mn2V、CrWMn 等制造；

3）重载荷，要求高耐磨性、高淬透性、变形量小的形状复杂的冷作模具，选用 Cr12 型钢制造。近年来还发展了 Cr6WV、Cr4W2MoV 及基体钢等用于制造重负荷的模具。

高耐磨微变形冷作模具钢的化学成分见表 6-10。冷作模具根据不同工作条件及损坏形式选择不同的钢种制造，具体的选材方法见表 6-11。

表 6-10　高耐磨微变形冷作模具钢的化学成分

钢　　号	化学成分 *w*（%）							主 要 特 点
	C	Mn	Si	Cr	W	Mo	V	
Cr12MoV	1.5	—	—	12	—	0.5	0.2	综合性能好，适应性广泛
Cr12	2.2	—	—	12	—	—	—	高耐磨，高抗压性
Cr6WV	1.0	—	—	6.0	1.3	—	0.6	高强度，变形均匀
Cr4W2MoV	1.2	—	0.5	3.8	2.2	1.0	1.0	高耐磨，高热稳定性
Cr2Mn2SiWMoV	1.0	2.0	0.8	2.5	1.0	0.6	0.2	低温淬火，变形均匀

在冷作模具钢中，应用得较广泛，最具代表性的钢种是 Cr12 型钢，其中最常用的是 Cr12（相当于美国 AISI 牌号 D3、日本 JIS 牌号 SKD1）及 Cr12MoV（相当于 AISI 牌号 D2、JIS 牌号 SKD11）两个钢号。

Cr12 型钢属莱氏体钢，含有大量的共晶碳化物。碳化物的分布对钢的使用性能影响很大，只有当碳化物呈细小颗粒并均匀分布时，该类钢的良好使用性能才能充分地体现出来。如果碳化物呈大块状、网状或带状分布，则模具工作时常在碳化物堆积处发生折断或开裂，甚至在淬火或磨削过程就产生裂纹。因此，Cr12 型钢锭要通过轧制和锻造改善碳化物的分布，原材料的碳化物偏析级别应符合 GB1299—85 规定。通常零件下料后要进行改锻，进一步改善碳化物的分布。

表 6-11　冷作模具钢选用举例

冲模种类	钢　　号			备　　注
	简单(轻载)	复杂(轻载)	重载	
硅钢片冲模	Cr12，Cr12MoV，Cr6WV	同左	—	因加工批量大，要求寿命较长，故均采用高合金钢
冲孔落料模	T10A，9Mn2V	Cr12，Cr6WV，Cr12MoV	Cr12MoV	
压弯模	T10A，9Mn2V	—	Cr12，Cr12MoV，Cr6WV	

（续）

冲模种类	钢号			备注
	简单(轻载)	复杂(轻载)	重载	
拔丝拉伸模	T10A，9Mn2V	—	Cr12，Cr12MoV	
冷挤压模	T10A，9Mn2V	9Mn2V，Cr12MoV，Cr6WV	Cr12MoV，Cr6WV	要求热硬性时还可选用W18Cr4V，W6Mo5Cr4V2
小冲头	T10A，9Mn2V	Cr12MoV	W18Cr4V，W6Mo5Cr4V2	冷挤压钢件，硬铝冲头还可选用超硬高速钢、基体钢*
冷镦(螺丝、螺母)模 冷镦(轴承钢、球钢)模	T10A，9Mn2V	—	Cr12MoV，8Cr8Mo2SiV，Cr12MoV，W18Cr4V，Cr4W2MoV，8Cr8Mo2SiV2，基体钢*	

Cr12 型钢锻造后的预先热处理采用球化退火，最终热处理则根据模具的工作条件及性能要求而定。对要求高硬度，良好耐磨性、变形小的模具，常用一次硬化法，即进行 1000℃左右加热淬火和 2 ~ 3 次低温回火处理。而对某些耐磨性及红硬性要求较高，或随后需要氮化或软氮化处理的模具，可采用二次硬化法，即进行 1100℃左右加热淬火和 2 ~ 3 次 510 ~ 520℃高温回火。回火后由于有较多的残余奥氏体转变为马氏体，使钢的硬度略有提高，产生二次硬化现象。

对某些冲击负荷较重、以断裂为主要失效形式的模具，可选用另一类高强韧性的模具钢。

（3）高强韧性模具钢　高强韧性模钢的化学成分见表 6-12 所示。此类钢的化学成分相当于各种不同类型高速钢淬火后基体组织的成分，故亦称之为基体钢。基体钢的碳的质量分数较低，过剩碳化物少，且颗粒细小，分布均匀，因而具有较高的强韧性及疲劳强度，同时保持一定的耐磨性及红硬性，适合于制造以断裂为主要失效形式的重载荷冷作模具。

表 6-12　高强韧模具钢的化学成分

钢号	化学成分 w（%）					
	C	Cr	W	Mo	V	其他
65Nb	0.55	4.0	3.0	2.0	1.0	Nb0.2
CG2	0.60	4.0	1.0	3.0	1.0	Ni2.0
012Al	0.50	4.0	—	3.0	1.0	Si、Mn1.0
LD	0.70	7.0	—	~3.0	2.0	Si0.8

2. 热作模具钢

(1) 工作条件及性能要求　热作模具是使金属或非金属材料在被加热状态下成形的工具。热作模具在工作过程中均与热态材料接触，使模具的工作温度升高，如锤锻模在锻打钢件时，模具的平均温度在500～600℃之间，机锻模具甚至温升至700℃左右。由于模具的温度升高，导致其组织、性能发生变化，从而影响其使用寿命。为此，热作模具在工作时，常常采用必要的冷却措施，以控制模具的温升。这样热作模具在工作时除受机械力作用外，还受循环热应力的作用。热作模具的失效形式主要有塑性变形、断裂、磨损及热疲劳。

热疲劳是在模具温度发生循环变化的条件下，模具受到循环热应力的作用，以致在模具的工作面上出现微裂纹。当裂纹的数量多时，会呈网状，类似龟裂。热疲劳裂纹是一种表面裂纹，一般较浅。但热疲劳裂纹的出现会加速模具的磨损，并常常成为模具脆性破断及机械疲劳断裂的裂纹源。

根据热作模具的工作条件及失效形式，对热作模具用钢提出如下性能要求：①高的强度及良好的热硬性；②良好的断裂抗力，断裂韧性及冲击韧性；③高的热疲劳抗力；④良好的淬透性。

(2) 热作模具钢的分类及性能特点　常用热作模具钢的分类见表6-13所示。

表6-13　热作模具钢的分类

按用途分类	按性能分类	按合金元素分类	钢　号
锤锻模具钢	高韧性热模钢	低合金热模钢	5CrNiMo，5CrMnMo，5SiMnMoV，5Cr4Mo，5CrSiMnMoV
机锻模具钢 压铸模具钢	高热强热模钢	钨系热模钢 铬系热模钢 铬钼系热模钢	3Cr2W8V 4Cr5MoSiV1，4Cr5W2SiV，4Cr5Mo2SiV 4Cr4Mo2WSiV 5Cr4W5Mo2V，4SiCrV
热冲裁模具用钢	高热强热模钢 高耐磨热模钢	钨系热模钢 铬系热模钢	3Cr2W8V 8Cr3

锤锻模具有两个特点，一是工作时冲击载荷大，二是模具本身的截面尺寸大。因此，锤锻模具用钢应当具有高的淬透性，使淬火、回火后整体具有高的强韧性。用于制造锤锻模具的典型钢号有5CrNiMo和5CrMnMo。

热锻模具钢必须经热处理后，才能充分发挥各种合金元素的作用，使之满足性能要求。其预先热处理为退火，将钢加热至780～800℃保温后炉冷，使其改善锻后组织，并满足加工工艺要求。最终热处理淬火、回火工艺、如图6-9所示。由于热锻模尺寸较大，为减少热应力和组织应力，宜采用分级加热，即在550℃左右匀热后再缓慢升至淬火温度。淬火操作时必须注意，模具出炉后要先在空气中预冷至 750 ~ 780℃(呈樱红色)再淬入油中，在油中冷至接近 M_s 点(约 210℃左右)，即要取出并尽快回火，绝不允许将模具冷却至油温，或取出后冷却至室温再回火，否则极易因组织应力过大而开裂报废。回火温度根据模具尺寸和硬度要求而定。并应略高于模具的工作温度，一般为 480 ~ 620℃，回火后的组织为回火托氏体或回火索氏体。各种热作模具的选材及硬度要求见表 6-14。

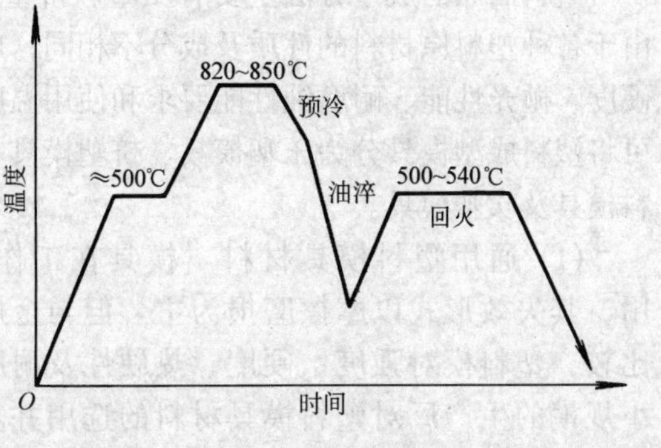

图 6-9　5CrMnMo 钢制热锻模淬火回火工艺

表 6-14　模具选材举例

名　称	类　　型	选　材　举　例	硬度(HRC)
锻模	高度 < 250mm 小型热锻模	5CrMnMo，5Cr2MnMo	39 ~ 47
	高度在 250 ~ 400mm 中型热锻模		
	高度 > 400mm 大型热锻模	5CrMnMo，5Cr2MnMo	35 ~ 39
	寿命要求高的热锻模	3Cr2W8V，4Cr5MoSiV，4Cr5W2SiV	40 ~ 54
	热镦模	4Cr3W4Mo2VTiNb，4Cr5MoSiV，4Cr5W2SiV，3Cr3Mo3V，基体钢	39 ~ 54
	精密锻造或高速锻模	3Cr2W8V 或 4Cr5MoSiV，4Cr5W2SiV，4Cr3W4Mo2VTiNb	45 ~ 54
压铸模	压铸锌、铝、镁合金	4Cr5MoSiV，4Cr5W2SiV，3Cr2W8V	43 ~ 50
	压铸铜和黄铜	4Cr5MoSiV，4Cr5W2SiV，3Cr2W8V 钨基粉末冶金材料，钼、钛、锆难熔金属	
	压铸钢铁	钨基粉末冶金材料，钼、钛、锆难熔金属	
挤压模	温挤压和温镦锻(300 ~ 800℃)	8Cr8Mo2SiV，基体钢	
	热挤压①	挤压钢、钛或镍合金用 4Cr5MoSiV，3Cr2W8V(> 1000℃)	43 ~ 47
		挤压铜或铜合金用 3Cr2W8V(< 1000℃)	36 ~ 45
		挤压铝，镁合金用 4Cr5MoSiV，4Cr5W2SiV(< 500℃)	46 ~ 50
		挤压铅用 45 号钢(< 100℃)	16 ~ 20

①　所列热挤压钢温度均为被挤压材料的加热温度

3. 塑料模具钢

塑料制品的成型方法主要有压塑、挤塑、注射、挤出、发泡和吹塑等六种。由于各种塑料原材料的性质及成分不相同，成型方法也不同，因而对成型模具的硬度、抛光性能、耐腐蚀性能要求和使用温度也不相同。按塑料制品的成型方法可将塑料成型模具分为压塑模具、挤塑模具、注射模具、挤出成形模具、泡沫塑料模具及吹塑模具。

(1) 通用塑料模具材料　模具在工作过程主要受温度、压力及摩擦作用，其失效形式以摩擦磨损为主。但与金属材料的冷冲压模具、热锻模具等比较，塑料模对强度、硬度、热硬性及耐磨性的要求低得多。所以，以往中小规模的生产厂对塑料模具材料的选用并不严格。对压塑、挤塑、注射、挤出模具材料主要有碳素结构钢 Q235、35、45 钢合金结构钢 40Cr、20CrMnTi、38CrMoAl，碳素工具钢 T8 ~ T10，合金工具钢 5CrNiMo、9Mn2V、CrWMn、Cr12，不锈钢 2Cr13；而泡沫塑料及吹塑模具主要选择有色金属锌、铝、铜及其合金或铸铁制造。

(2) 专用塑料模具钢　上述通用塑料模具钢虽然具有价格低、加工性能良好等优点，但主要缺点是抛光性能较差，所成形的塑料制品表面质量较低，模具的使用寿命较短，因而远远满足不了大规模生产及高品质塑料制品成形的要求。近年来，随着塑料制品工业的高速发展，对塑料模具钢提出了更高的要求，目前，用于制造压塑、挤塑、注塑及挤出成形的塑料模具，已广泛采用性能优异的专用塑料模具钢。国外常用的塑料模具钢的化学成分、热处理、特性及用途，见表 6-15。

塑料模具钢的生产厂，在产品出厂前大都将钢坯料先行锻造、退火处理，然后加工成一定尺寸规格后进行淬火、回火预硬处理，使钢料的整体硬度达到 20 ~ 40HRC，用户在购料后经加工成形便可使用。对某些要求较高的模具，加工成形后亦可采用氮化、软氮化或镀铬等方法进行表面处理，以提高表面性能及使用寿命。

专用塑料模具钢因含有一定量的合金元素 Cr、Ni、Mo、Mn 等，使钢具有良好的淬透性，经预硬处理后具有较高的强度，工作过程不易变形，抛光性能、加工性能良好，同时具有良好的抗腐蚀性能及热稳定性。其使用寿命通常可达 50 ~ 100 万件以上，与用 45 钢制的模具比较，寿命可提高 5 ~ 10 倍，同时也使塑料制品的质量大幅提高。

目前，国内的塑料制品厂广泛应用来自美、日、德、瑞典等国的塑料模具钢。随着需求量的不断增加，近年来国内有些特殊钢厂也正在开发、研制各种化学成分及性能与国外产品相近的塑料模具钢。

表 6-15　国外常用塑料模具钢的化学成分、热处理、特性及用途

钢号	主要化学成分 w（%）							热处理		出厂硬度（HRC）	性能特点及用途
	C	Cr	Ni	Mo	Si	Mn	其	淬火温度/℃	冷却介质		
AISI P20	0.3	1.65	0.16	0.40	0.65	0.75	S 0.006	815 ~ 845	油	31 ~ 35	具有优良的抛光性，耐磨性及加工性能，尤其适合电蚀加工。可制造电脑、电视机、洗衣机、摩托车外壳等大型塑料制品射出模具
DIN 1.2311	0.4	2.0	—	0.2	0.3	1.5	S 0.003	840 ~ 860	油	29 ~ 35	预硬处理后抛光性能、加工性能良好，使用后变形率低。适用于制造各种高要求的大小塑料模具，尤其适合电蚀操作
DIN 1.2738	0.4	2.0	1.1	0.2	0.3	1.5	S 0.002	840 ~ 860	油	30 ~ 35	
SIS 618	0.38	1.9	—	0.15	0.3	1.5	S 0.015	840 ~ 860	油	30 ~ 35	预硬处理后强度高，并且有良好的塑性及韧性，磨光、抛光性能极好。适于制造家电、电脑等大型塑料制品的模具或电话、音响等需要表面光亮的塑料模具。如注塑模。挤压模、吹塑模及塑料模滑块
SIS 718	0.33	1.8	0.9	0.2	0.3	0.8	S 0.008	840 ~ 860	油	35 ~ 40	
AISI 420	0.38	13.6	—	—	0.8	0.5	V 0.3	980 ~ 1050	油	退火 215HBS	具有优良的抗腐蚀性能、可抛光性能、耐磨性及加工性。适用于制造所有使用 PVC 原料的注塑模及需要镜面抛光的塑料模具。如电子零件、光学仪器、照相机、化学分析仪器等塑料制品的射出成型模具
SIS 8416	0.05	3.9	—	0.50	0.10	—	—	渗碳淬火 900 ~ 950	油	退火 100HBS	含碳量特别低，退火后硬度低，塑性极好。主要用于制造复压成型的塑料模，复压及加工成形后需进行渗碳、淬火、回火、表面硬化处理

第六节　不锈耐蚀和耐热钢

用于制造在酸、碱、盐等腐蚀性环境下或在一定的温度条件下服役的各类机械零件的钢材，需要具有特殊的力学、物理、化学性能，这类钢称为不锈钢或耐热钢。不锈、耐蚀钢和耐热钢在机械制造、石油、化工、仪表仪器、工业加热及国防工业等部门有着广泛的用途。本节主要介绍不锈钢及耐热钢。

一、不锈钢

在化工机械设备中，许多机件在工作过程与酸、碱、盐及腐蚀性气体和水蒸汽直接接触，使机件产生腐蚀而失效。因此，用于制造这些机件的钢，除应满足力学性能及加工艺性能要求之外，还必须具有良好的抗腐蚀性能。

不锈钢是指在大气和弱腐蚀介质有一定抗蚀能力的钢，而在各种强腐蚀介质(酸)中耐腐蚀的钢称为耐酸钢。要了解这类钢对腐蚀性介质的抗腐蚀原理，必须首先了解钢在这些介质中所产生的腐蚀过程及失效形式。

1. 金属腐蚀的概念

金属的腐蚀可分为两大类：化学腐蚀和电化学腐蚀。钢在高温下的氧化是典型的化学腐蚀，而金属与电解质溶液接触而引起的腐蚀属于电化学腐蚀。

在化学腐蚀过程中，金属将直接与腐蚀介质发生化学反应，化学反应的结果将使金属逐渐被破坏。但如果反应所形成产物层很致密，而且与基体结合得很牢固，它将可有效地阻挡外界腐蚀介质原子往里扩散，对基体起到保护作用。例如，含 Al、Cr、Si 等元素的合金钢，在受高温氧化性气氛作用时，其表面将会形成 Al_2O_3、Cr_2O_3 及 SiO_2 等致密的氧化膜(钝化膜)，从而阻碍氧化过程的继续进行，增强钢的抗氧化性能。

在电化学腐蚀过程中，因金属与电解质溶液接触，形成原电池或微电池，发生电化学作用而引起腐蚀。由上述可知，要提高金属的耐蚀性，一方面要尽量使合金在室温下呈单相组织，另一方面更重要的是提高合金本身的电极电位。为达到上述目的，一般在合金钢常加入较多数量的 Cr、Ni 等合金元素。

2. 不锈钢的合金化原理

为了提高金属的抗腐蚀性能，主要途径是合金化，往金属中加入合金元素，其主要目的如下：

1）使金属具有均匀化学成分的单相组织；

2）提高金属的电极电位；

3）使金属的表面形成致密的氧化膜保护层(钝化膜)。

在不锈钢中常加入的元素有 Cr、Ni、Ti、Mo、V、Nb 等。Cr 是决定不锈钢抗腐蚀性能的主要元素之一，Cr 可与氧形成致密的 Cr_2O_3 保护膜，同时还能提高铁素体的电极电位。此外 Cr 是缩小 γ 区的元素，当含 Cr 量较高时能使钢呈单一的铁素体组织。所以 Cr 是不锈钢中的必要元素。

Ni 是扩大 γ 区的元素，当钢中含 Ni 量达到一定值时，可使钢在常温下呈单相奥氏体组织，从而提高抗电化学腐蚀性能。因此，Ni 也是不锈钢中的常用元素。

3. 常用不锈钢

按正火状态的组织分类，通常可将不锈钢分为马氏体型、奥氏体型、铁素体型不锈钢三种类型。

(1) 马氏体型不锈钢　典型的马氏体型不锈钢有平均 w_{Cr}为 13%的 Cr13 型不锈钢及 9Cr18 不锈钢。

Cr13 型不锈钢中含碳量较低的 0Cr13、1Cr13、2Cr13，具有良好的力学性能。可进行深冲、弯曲、圈边及焊接成形，但其切削性能较差，主要用于制造不锈的结构件(如汽轮机叶片等)。而 3Cr13 及 4Cr13 钢碳的质量分数较高，其强度、硬度均高于 2Cr13，但变形及焊接性能比 2Cr13 差，主要用于制造要求高硬度的医疗工具、餐具及不锈钢轴承等。其最终热处理采用淬火 + 低温回火，使之获得回火马氏体组织。

9Cr18、9Cr18MoV 是一种高碳不锈钢，经淬火及低温回火处理后，其硬度值通常大于 55HRC，适于制造优质刀具、外科手术刀及耐腐蚀轴承。

马氏体不锈钢主要是在氧化性介质中，如大气、水蒸气、淡水、海水、低于 30℃的盐水、硝酸、食品介质及浓度不高的有机酸中，有良好的耐腐蚀性能。但在硫酸、盐酸、热磷酸、热硝酸溶液及熔融碱中，其耐蚀性能都很低。所以，不锈钢的所谓“不锈”是相对而言的。

(2) 奥氏体型不锈钢　奥氏体型不锈钢主要含有 Cr、Ni 合金元素，因而又称铬镍不锈钢，亦可称为 18—8 型不锈钢。常用钢号有：0Cr18Ni9 (AISI:304)、1Cr18Ni9 (AISI: 302)、Cr18Ni9 (AISI: 303)、0Cr18Ni9Ti (AISI: 321)、1Cr18Ni9Ti (AISI:322)、1Cr18Ni12Mo2Ti (AISI:316)、00Cr17Ni14Mo2 (AISI:316L)等。

奥氏体型不锈钢的碳的质量分数很低，w_C 大多在 0.10%以下，在常温下通常为单相奥氏体组织，其强度、硬度较低(135HBS 左右)，无磁性，塑性、韧性及耐腐蚀性均较马氏体型不锈钢好。奥氏体不锈钢较适宜作冷成型，其焊接性能也较好，广泛用于制造硝酸、有机酸、盐、硷等工业的零件及构件。这类钢不可用热处理方法强化，一般可采用冷加工变形强化来提高其强度及硬度。与马氏体型不锈钢比较，其切削加工性能较差，当碳化物在晶界析出时，还会产生晶间腐蚀现象，应力腐蚀倾向也较大。

为了提高奥氏体型不锈钢的性能，常用的热处理方法有固溶处理、稳定化处理及除应力处理等几种。

(3) 铁素体型不锈钢　铁素体型不锈钢的成分特点是碳的质量分数低(w_C < 0.15%)而铬的质量分数高(w_{Cr} = 12% ~ 30%)，致使钢从室温到高温均为单相铁素体，所以也不能用淬火方法强化。铁素体型不锈钢的耐蚀性、塑性、焊接性均优于马氏体不锈钢，但其强度较低，主要用于对力学性能要求不高、而对耐蚀性要求很高的零件及构件，如硝酸的吸收塔、热交换器、酸槽、管路等，也可作高温下抗氧化的材料使用。常用钢号有 1Cr17、1Cr28、1Cr17Mo2Ti 等。

二、耐热钢

耐热钢是指在高温下具有良好的抗氧化性能，并具有足够强度的钢。通常它应具备两种基本性能：一是高温化学稳定性，在高温条件下长期工作而不致因介质的侵蚀导致破坏；二是在高温条件下仍具有足够的强度，在载荷的作用下不产生大量的变形或破断。因此，耐热钢主要应具备高温抗氧化性能及高温力学性能。耐热钢包括抗氧化钢及热强钢两大类。

1. 抗氧化钢

在高温下具有良好的抗氧化性能，而且有一定强度的钢称为抗氧化钢，又叫耐热不起皮钢。这类钢主要用于制造炉用零件和热交换器，如燃气轮机的燃烧室、加热炉炉内结构零部件等。这些零部件大多在高温氧化性气氛下服役，所以必须具备良好的抗氧化性能。常用的抗氧化钢有 3Cr18Mn12Si2N、2Cr20Mn9Ni2Si2N、3Cr18Ni25Si2 等。

2. 热强钢

热强钢是在应力和高温的作用下工作的，要求材料在高温下有一定的抗氧化能力，同时具有较高强度及良好的组织稳定性。材料的热强性表现为在高温和载荷的作用下抵抗塑性变形和断裂的能力。

通常提高耐热钢热强性的方法，是加入合金元素 Cr、Mo、W、V、Nb 等。这些元素溶入固溶体中能产生固溶强化作用，同时可提高钢的再结晶温度。耐热钢中的强碳化物形成元素 Mo、V、W 能形成稳定性很高的 Mo_2C 和 V_4C_3 等化合物，能起到沉淀强化的作用。

常用的热强钢按组织类型分类，可分为珠光体型、马氏体型、奥氏体型等几种。

(1) 珠光体型热强钢　这类钢的碳的质量分数较低，合金元素含量也较少，主要有 Cr、Mo、W、V、Mn 等，工作温度一般在 600℃以下，广泛用于动力、石油化工等工业部门作为锅炉用钢及管道材料。

常用的珠光体型热强钢除用于制造锅炉管道零件的 15CrMo、12Cr1MoV 外，还有用于制造汽轮机叶片、转子、紧固件等重要零件的 24CrMoV、25Cr2MoVA、35CrMoV、34CrNi3MoV 等。

珠光体热强钢一般需经正火后以高于使用温度 100℃的温度回火处理，使其获得铁素体+索氏体组织，以增加组织稳定性，并提高其蠕变抗力。

（2）马氏体型热强钢　珠光体热强钢的高温强度较低，对于强度要求较高的汽轮机叶片等零件，珠光体热强钢满足不了要求，应该采用马氏体型热强钢。前面提及的Cr13型马氏体不锈钢除具有较高的抗蚀性能外，还具有一定的热强性。所以，1Cr13、2Cr13等钢亦常常作热强钢使用，它们可用于制造汽轮机叶片。1Cr13的工作温度为450~475℃，而2Cr13的工作温度为400~450℃。

当工作温度更高时则采用另两种热强钢：1Cr11MoV和1Cr12WMoV。这两种热强钢是在1Cr13钢的基础上发展起来的，有更好的热强性、组织稳定性及加工工艺性能。1Cr11MoV钢适宜于制造540℃以下的汽轮机及燃气轮机叶片、增压器叶片；1Cr12WMo钢宜制造580℃以下的汽轮机及燃气轮机叶片。

4Cr9Si2和4Cr10Si2Mo是另一类马氏体型热强钢，钢中w_C为0.40%，经热处理后可获得高的硬度及耐磨性。加入Cr、Si是为了提高钢的抗氧化性及抗腐蚀性能。4Cr9Si2主要用来制造工作温度在650℃以下的内燃机排气阀，4Cr10Si2Mo常用来制造航空发动机的排气阀。

（3）奥氏体型热强钢　奥氏体型热强钢是一种含有大量合金元素的耐热钢。这类钢的工作温度为600~700℃左右，广泛用于动力、航空、火箭、电炉、石油石化工等工业部门，其抗氧化性及热强性比珠光体及马氏体型热强性更好。常用奥氏体型热强钢有1Cr18Ni9Ti、4Cr14Ni14W2Mo等。

复习思考题

6-1　什么是合金元素？合金元素在钢中的作用如何？常用的合金元素有哪些？

6-2　哪些元素属碳化物形成元素？碳化物形成元素在钢中的作用如何？

6-3　解释下列现象：

1）在相同碳的质量分数情况下，大多数合金钢的热处理加热温度都比碳素钢要高，保温时间要长。

2）含碳量$w_C=0.3\%$的3Cr2W8V钢属过共析钢，含碳量$w_C=1.5\%$的Cr12MoV钢属莱氏体钢。

3）高速钢在热轧或热锻后，经空冷获得马氏体组织。

6-4　低合金钢的成分、组织特点如何？其主要用途有哪些？

6-5　渗碳钢主要用于制造哪些零件？为什么渗碳钢的碳的质量分数均属于低碳钢之范围？20CrMnTi钢中各合金元素的作用如何？

6-6　写出20CrMnTi钢制汽车传动齿轮的加工工艺路线，分析各热处理工艺的主要目的及所获得的组织。

6-7　何谓调质钢？其化学成分及热处理特点如何？

6-8　简述热成型弹簧及冷成型弹簧的热处理特点。

6-9　铬轴承钢应采用哪种预先热处理和最终热处理？分别获得什么组织？

6-10　什么叫二次硬化？说明产生二次硬化的原因。

6-11　什么叫红硬性？分析高速钢 W18Cr4V 中碳和合金元素的作用。

6-12　高速钢 W18Cr4V 的 Ac_1 约为 820℃，为什么其淬火加热温度选择在 1260 ~ 1288℃哪么高？淬火后通常要进行 560℃回火三次，目的何在？

6-13　为什么 Cr12 型模具钢要进行锻造？锻后应进行何种预先热处理？

6-14　大型热锻模具的淬火与回火应注意什么？

6-15　简述不锈钢的合金化原理。常用的不锈钢有哪几种？

6-16　对下列零件和构件选材并制订最终热处理技术要求：

1）钢结构桥梁；2）汽车变速箱齿轮；3）车床主轴；4）汽车板簧；5）板牙；6）负荷较重的冷冲模；7）外科手术刀；8）硝酸容器。

第七章 铸　铁

第一节 概　述

碳的质量分数大于 2.11% 的铁碳合金称为铸铁。从成份上看与钢的主要区别是铸铁的碳、硅含量较高，杂质元素硫、磷较多。

铸铁的组织主要由金属基体和石墨组成。铸铁的组织特点可以看作是在钢的基体上分布着不同形状的石墨。铸铁的性能即取决于石墨的数量、形状、大小及分布特点，其次取决于基体组织。铸铁的力学性能不如钢，但具有优良的铸造性能、切削加工性、减磨性及减震性，而且铸铁生产设备简单、成本低廉。因此，目前仍在工业生产中广泛应用。

一、铸铁的石墨化过程

铸铁中石墨的形成过程称为石墨化。在铁碳合金中，碳可能以两种形式存在：渗碳体(Fe_3C)和石墨(G)。究竟以哪种形式存在，取决于铁液的成分和冷却速度。相同成分的铁液在冷却时，冷却速度越缓慢，析出石墨的可能性越大；冷却速度越快，析出渗碳体的可能性越大。此外，形成的渗碳体若加热到高温，又可分解为铁素体与石墨，即 $Fe_3 \rightarrow 3Fe + G$，因此,石墨是稳定相，而渗碳体是亚稳定相。为了描述 Fe_3C 的析出规律和 G 的析出规律，便于比较和应用，常常把 Fe-Fe_3C 相图和 Fe-G 相图画在一起，称为铁碳合金双重相图，如图 7-1 所示。图中实线表示 Fe-Fe_3C 相图，虚线表示 Fe-G 相图，虚线与实线重合的都用实线画出。

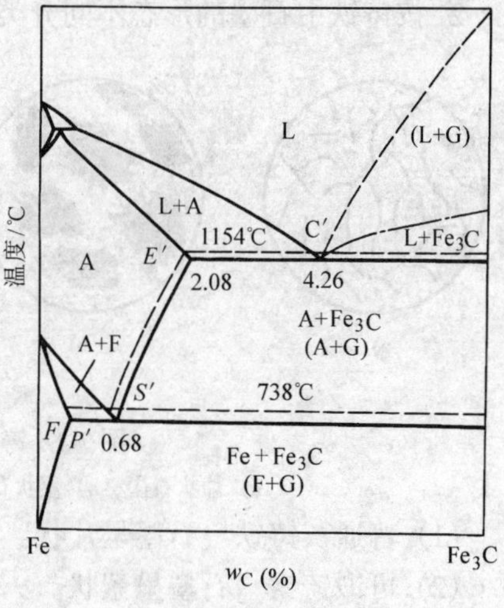

图 7-1　铁碳合金双重相图

铸铁的石墨化有两种方式：①按照 Fe-G 相图直接析出石墨，例如生产中经常出现的铁水中漂浮石墨现象；②按照 Fe-Fe_3C 相图结晶出渗碳体，随后渗碳体在一定条件下分解出石墨，例如生产中白口铸铁经高温退火后获得可锻铸铁。

根据铁液从高温冷却的情况，把铸铁的石墨化过程分为三个阶段：

第一阶段(液态阶段)：包括从过共晶成分的液相中直接结晶出一次石墨，以及从共晶成分的液相中结晶出奥氏体＋石墨。反应式为

$$L_c' \rightarrow A_E' + G$$

第二阶段(1154℃～738℃阶段)：包括从奥氏体中直接析出二次石墨，以及二次渗碳体在此温度范围内分解为奥氏体＋石墨。

第三阶段(共析阶段)：包括共析转变时奥氏体转变为铁素体＋石墨，以及共析渗碳体退火时分解为铁素体＋石墨。反应式为

$$A_S' \rightarrow F_P' + G$$

二、铸铁的分类

1. 按碳在铸铁中存在的形式分类

(1) 灰铸铁　碳主要以石墨形式存在，其断口呈暗灰色，故也称为灰口铸铁。灰铸铁在工业上得到广泛应用。

(2) 白口铸铁　除少量碳溶于铁素体外，碳都以渗碳体的形式存在，断口呈白色。这类铸铁硬而脆，很难切削加工，主要作炼钢原料。有时也利用它硬而耐磨的特性铸造出表面有一定深度的白口层，中心为灰铸铁的铸件，称为冷硬铸铁件。冷硬铸铁应用于一些耐磨的零件，如轧辊、球磨机的磨球及犁铧等。

(3) 麻口铸铁　碳一部分以石墨形式存在，另一部分以渗碳体形式存在，断口呈灰白相间的麻点。这类铸铁脆性大，工业上很少应用。

2. 按铸铁中石墨的形态不同分类(图 7-2)

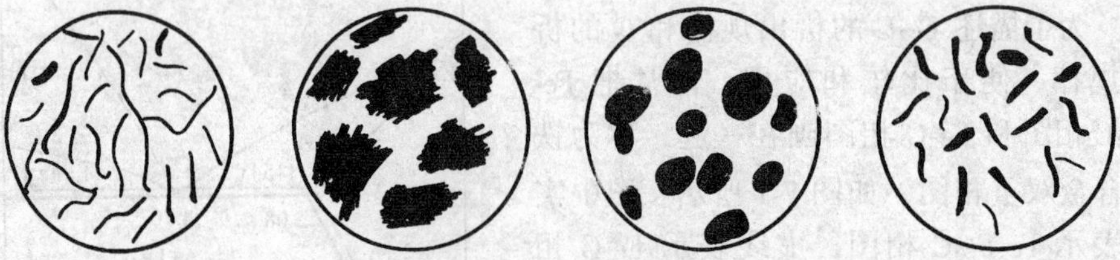

a)　　b)　　c)　　d)

图 7-2　铸铁石墨形态示意图

a) 片状石墨　b) 絮状石墨　c) 球状石墨　d) 蠕状石墨

(1) 普通灰铸铁　石墨呈片状。

(2) 可锻铸铁　石墨呈絮状。

(3) 球墨铸铁　石墨呈球状。

(4) 蠕墨铸铁　石墨形态介于片状与球状之间，近似于蠕虫状。

3. 按化学成分分类

(1) 普通铸铁　包括普通灰铸铁、高强度灰铸铁(可锻铸铁、球墨铸铁、蠕墨铸铁)。

(2) 特殊性能铸铁(合金铸铁)　在普通铸铁中加入一定量的合金元素，如铬、镍、铜、钼、铅等制成的铸铁。

第二节　灰　铸　铁

一、灰铸铁的成分、组织和性能

普通灰铸铁简称为灰铸铁，是应用最广泛的一种铸铁，其化学成分一般为：$w_C = 2.8\% \sim 3.6\%$，$w_{Si} = 1.0\% \sim 2.5\%$，$w_{Mn} = 0.5\% \sim 1.3\%$，$w_P \leqslant 0.3\%$，$w_S \leqslant 0.15\%$。

灰铸铁的显微组织除片状石墨外，基体组织有三种：铁素体、珠光体、铁素体+珠光体。铁素体灰铸铁的强度、硬度、耐磨性较低，但塑性较好。珠光体灰铸铁的强度、硬度、耐磨性较好，但塑性较差。铁素体+珠光体灰铸铁的性能介于上述二者之间。

片状石墨虽然降低了灰铸铁的抗拉强度、塑性和韧性，但它却使铸铁具有一系列优良性能，如良好的铸造性，优良的切削加工性，良好的耐磨性、减振性和低的缺口敏感性。

二、灰铸铁的孕育(变质)处理

灰铸铁组织中因有片状石墨存在，因而它的力学性能较低。为了改善灰铸铁的组织和提高力学性能，可对灰铸铁进行孕育处理。

灰铸铁的孕育处理就是在浇注前往铁液中加入少量孕育剂(如硅铁、硅钙合金等)，改变铁液中的结晶条件，从而获得细珠光体基体加细小的、均匀分布的片状石墨组织。经孕育处理后的铸铁称孕育铸铁或变质铸铁。孕育铸铁的力学性能较好，断面敏感性小，常用作力学性能要求高，截面尺寸变化较大的大型铸件。

三、灰铸铁的牌号及应用

表 7-1 为灰铸铁的牌号、抗拉强度及用途。牌号中“HT”代表“灰铁”二字，后面三位数字表示其最小抗拉强度。

四、灰铸铁的热处理

灰铸铁中的片状石墨割裂了基体的连续性，故力学性能不高。热处理只能改变它的基体组织，不能改变石墨形状、大小、数量和分布情况。所以灰铸铁的热处理一般只用于消除铸件内应力和白口组织，稳定尺寸和提高工作表面硬度、耐磨性。

1. 去应力退火

表 7-1 灰铸铁的牌号、抗拉强度及应用(根据 GB9439—88)

牌号	铸件壁厚/mm	σ_b/MPa ≥	用途举例(参考)
HT100	2.5~10	130	适用于对摩擦、磨损无特殊要求的低载荷零件，如盖、外罩、油盘、手轮、支架、底板、重锤等
	10~20	100	
	20~30	90	
	30~50	80	
HT150	2.5~10	175	适用于承受中等载荷的零件，如普通机床上的支柱、底座、齿轮箱、刀架、床身、轴承座、工作台、带轮等
	10~20	145	
	20~30	130	
	30~50	120	
HT200	2.5~10	220	适用于承受大载荷的重要零件，如汽车、拖拉机的汽缸体、汽缸盖、制动鼓以及齿轮等
	10~20	195	
	20~30	175	
	30~50	160	
HT250	4.0~10	270	适用于承受大应力、重要的零件，如联轴器盘、液压缸、泵体、泵壳、化工容器及活塞等
	10~20	240	
	20~30	220	
	30~50	200	
HT300	10~20	290	适用于承受高载荷、高气密性和要求耐磨的重要零件，如剪床、压力机等重型机床的床身、机座、机架以及受力较大的齿轮、凸轮、衬套、大型发动机的汽缸体、汽缸套及液压缸、泵体、阀体等
	20~30	250	
	30~50	230	
HT350	10~20	340	
	20~30	290	
	30~50	260	

由于铸件在冷却过程中组织转变和各部位冷却速度不同，产生一定内应力。从而使铸件变形、开裂以及机械加工后的精度不易保证。因此，对于大型、复杂和壁厚不匀的铸件或精密铸件，在切削加工前要进行去应力退火。

去应力退火一般是将铸件缓慢加热到 500~560℃，保温一段时间，然后随炉冷却到 150~200℃后出炉空冷。这种消除内应力的方法叫人工时效处理，目前采用较多。另外一种方法是将铸件露天存放数月甚至一年以上，使其随气候变化而热胀冷缩以消除内应力，称为自然时效处理。

2. 消除铸件白口的退火

铸件在冷却时，由于表层及薄壁处冷却速度较快，出现白口组织，使铸件硬度和脆性增加，造成切削加工困难和使用中易剥落。消除白口的退火方法是将铸件加热到800~950℃，保温1~3h，然后随炉冷却到400~500℃，出炉后空冷，使 Fe_3C 分解为铁素体和石墨。

3. 表面淬火

为了提高灰铸铁件的表面硬度和耐磨性，可进行火焰表面淬火，高频、中频表面淬火和化学热处理等，其中以高频或中频表面淬火应用较广。

第三节　可 锻 铸 铁

可锻铸铁又称马铁或玛钢，它是由白口铸铁经石墨化退火而获得的具有团絮状石墨组织的铸铁。因其塑性优于灰铸铁而得名，但实际上并不能锻造。

一、可锻铸铁的生产过程、成分、组织和性能

可锻铸铁的生产分为两个步骤，第一步浇注成白口铸件，第二步经高温长时间石墨化退火(可锻化退火)，使渗碳体分解出团絮状石墨。如果第一步浇注时生成少量片状石墨而不是完全白口组织，则在第二步退火中会沿着这些片状石墨继续结晶，最终形成片状石墨而不是絮状石墨组织。因此，为了保证浇注后获得白口铸件，必须使可锻铸铁中的含碳量和含硅量较低。但过低的含碳量和含硅量不仅使退火时石墨化困难，延长退火周期，而且难以熔炼，铸造性能变差。目前生产中，可锻铸铁的质量分数一般为 $w_C = 2.2\% \sim 2.8\%$，$w_{Si} = 1.0\% \sim 1.8\%$，$w_{Mn} = 0.4\% \sim 1.2\%$，$w_P < 0.2\%$，$w_S < 0.18\%$。可锻铸铁的组织一般为铁素体或珠光体(或少量渗碳体)基体加团絮状石墨。

根据化学成分、退火工艺、性能及组织不同，可锻铸铁分为黑心可锻铸铁(铁素体可锻铸铁)、珠光体可锻铸铁和白心可锻铸铁三类。我国以生产黑心可锻铸铁和珠光体可锻铸铁为主。黑心可锻铸铁塑性和韧性较好，强度一般，硬度较低。珠光体可锻铸铁有较高强度、硬度和耐磨性。

可锻铸铁的絮状石墨较之片状石墨对基体的割裂小得多，应力集中也小，所以其强度、塑性和韧性比灰铸铁高。

二、可锻铸铁的牌号及用途

表7-2列出黑心可锻铸铁和珠光体可锻铸铁的牌号及性能、用途。牌号中“KT”表示“可铁”二字，其后“H”表示黑心可锻铸铁，“Z”表示珠光体可锻

铸铁。后两组数字分别表示最小抗拉强度和伸长率。

表 7-2　可锻铸铁牌号、性能和用途(根据 GB9440—88)

类型	牌号	试样直径/mm	力学性能 σ_b/MPa	$\sigma_{0.2}$/MPa	δ(%)	特性和用途(参考)
			≥	≥	≥	
黑心可锻铸铁	KTH 300-06	12 或 15	300	—	6	有一定韧性和强度,用于承受低的动载荷、要求气密性好的零件,如管道配件、中低压阀门等
	KTH① 330-08		330	—	8	有一定韧性和强度,用于承受中等动载荷和静载荷的零件,如轮毂、机床用扳手及钢丝绳轧头等
	KTH 350-10		350	200	10	有较高的韧性和强度,用于承受较大冲击、振动及扭转载荷的零件,如汽车、拖拉机后桥壳、差速器壳、转向节、铁道零件、管道接头、船用电机壳等
	KTH① 370-12		370	—	12	
珠光体可锻铸铁	KTZ 450-06		450	270	6	韧性低、强度大、硬度高、耐磨性好,且切削加工性好。可用来代替低、中碳钢、低合金钢及有色金属做承受较高载荷、要求耐磨和具有韧性的重要零件,如连杆、齿轮、摇臂、活塞环、轴承、万向节叉、棘轮、扳手等
	KTZ 550-04		550	340	4	
	KTZ 650-02		650	430	2	
	KTZ 700-02		700	530	2	

① 为推荐牌号。

第四节　球 墨 铸 铁

球墨铸铁是一种高强度铸铁,它是在浇注前向一定成分铁液中加入适量的球化剂和孕育剂,获得具有球状石墨的铸铁。由于球墨铸铁是在基体上分布着球状石墨,使石墨对基体组织的割裂作用和应力集中作用减到最小,而且还可通过热处理和合金化来改善其成分和组织,使基体组织的力学性能得到充分发展,因此球墨铸铁几乎是具有最高力学性能的铸铁。

一、球墨铸铁的成分、组织和性能

球墨铸铁在生产中向铁水中加入球化剂(镁或稀土合金)使铁液中的石墨成为球形，然后加入孕育剂(硅的质量分数为75%的硅铁)以促进石墨化。因此球墨铸铁与灰铸铁比较，碳、硅的质量分数高，锰的质量分数较低，硫与磷质量分数低，并含有一定量稀土与镁。一般成分为 $w_C=3.6\%\sim4.0\%$，$w_{Si}=2.0\%\sim3.2\%$，$w_{Mn}=0.6\%\sim0.9\%$，$w_P<0.1\%$，$w_S<0.07\%$，$w_{Mg}=0.03\%\sim0.05\%$，$w_{Re}<0.05\%$。

在铸态下，球墨铸铁的基体往往由不同数量铁素体、珠光体，甚至自由渗碳体组成混合组织。生产中进行不同的热处理即得到不同基体组织的球墨铸铁，常见的有铁素体球墨铸铁、球光体+铁素体球墨铸铁，球光体球墨铸铁和贝氏体球墨铸铁。

球墨铸铁的力学性能超过灰铸铁，可与相应组织的铸钢相媲美。其疲劳极限接近一般中碳钢，冲击疲劳强度高于中碳钢，屈强比几乎是钢的一倍。铁素体基体的球墨铸铁强度、硬度较低，耐磨性较差，塑性、韧性较高；珠光体球墨铸铁强度较高，耐磨性较好，但塑性、韧性较差。球墨铸铁中石墨球愈小、愈圆、分布愈均匀，力学性能愈好；反之则差。

球墨铸铁还保留了灰铸铁的优良性能，如良好的铸造性、切削加工性、减震性、耐磨性及低的缺口敏感性。但是在生产中易出现白口、缩松等现象，其熔炼和铸造工艺要求较高。

二、球墨铸铁的牌号和用途

表7-3列出我国球墨铸铁牌号、性能及用途。牌号中“QT”表示“球铁”二字，后面两组数字的第一组表示最小抗拉强度，第二组表示伸长率。

表7-3 球墨铸铁的牌号、力学性能和用途举例(根据 GB1348—88)

牌号	σ_b/MPa	$\sigma_{0.2}$/MPa	δ(%)	供参考		用途举例(参考)
	≥			硬度(HBS)	主要金相组织	
QT400—18	400	250	18	130~180	铁素体	汽车、拖拉机的牵引架、轮毂、离合器及减速器等的壳体；农机具的犁铧、犁柱、犁托；高压阀体、阀盖及支架等
QT400—15	400	250	16	130~180	铁素体	
QT450—10	450	310	10	160~210	铁素体	
QT500—7	500	320	7	170~230	铁素体+珠光体	液压泵齿轮；水轮机的阀门体；铁路机车车辆的轴瓦等
QT600—3	600	370	3	190~270	珠光体+铁素体	

（续）

牌号	σ_b/MPa	$\sigma_{0.2}$/MPa	δ（%）	供参考		用途举例(参考)
	≥			硬　度（HBS）	主要金相组织	
QT700—2	700	420	2	225~305	珠光体	内燃机的曲轴、连杆、凸轮轴、汽缸套、进排汽阀门座；脚踏脱粒机的齿条、齿轮；空气压缩机及冷冻机的缸体、缸套、曲轴；球磨机齿轮、矿车轮、起重机滚轮等
QT800—2	800	480	2	245~335	珠光体或回火组织	
QT900—2	900	600	2	280~360	贝氏体或回火组织	汽车、拖拉机减速器齿轮，柴油机凸轮轴等

由于球墨铸铁性能优良，在机床、汽车、化工、农机等机械工业领域得到广泛应用。它成功地代替了不少碳钢、合金钢和可锻铸铁，用来制造一些受力复杂，强度、韧性和耐磨性要求高的零件。

三、球墨铸铁的热处理

球墨铸铁的热处理与钢的热处理基本相同，但由于硅含量较高，石墨导热性差，所以加热温度较高，加热、冷却速度较缓慢。常用的热处理方法有以下几种：

1. 退火

（1）去应力退火　球墨铸铁的铸造内应力比灰铸铁大，对于不再进行其它热处理的球墨铸铁件，都应进行去应力退火。去应力退火工艺是将铸件缓慢加热到500~620℃，保温2~8h，然后随炉缓冷。

（2）石墨化退火　石墨化退火的目的是消除白口，降低硬度，改善切削加工性能以及获得铁素体球墨铸铁。根据铸态基体组织不同，分为高温退火和低温退火两种。

1）高温退火　当球墨铸铁铸态组织有自由渗碳体时，进行高温退火。将铸件加热到900~980℃，保温2~4h，然后缓慢冷却到600℃后出炉空冷。

2）低温退火　当球墨铸铁的铸态组织为铁素体+珠光体以及石墨，而没有自由渗碳体时，进行低温退火。将铸件加热到700~760℃，保温2~8h，然后随炉缓冷到600℃，再出炉空冷。

2. 正火

球墨铸铁正火的目的是为了增加基体组织中珠光体数量，使珠光体细密，以提高铸件强度、硬度和耐磨性。也可以作为表面淬火的预处理。正火分为高温正火和低温正火两种。

（1）高温正火　将铸件加热到880~950℃，保温1~3h，然后出炉空冷或喷雾冷。

(2) 低温正火　将铸件加热到820～860℃，保温1～4h，然后出炉空冷或喷雾冷。

正火后的铸件常残留一定内应力，需再进行一次去应力退火。

3. 调质处理

球墨铸铁进行调质处理的目的是获得回火索氏体和球状石墨组织，提高铸件综合力学性能。调质处理的淬火温度为860～920℃，以保证全部奥氏体化。为了避免淬火冷却时铸件开裂，一般采用油冷。淬火后组织为细片状马氏体和球形石墨，再加热到550～600℃，回火2～6h。

4. 等温淬火

球墨铸铁虽广泛采用正火，但当铸件形状复杂，需要高强度、较好的塑性与韧性时，正火很难满足要求，往往采用等温淬火。

等温淬火工艺是将铸件加热到850～920℃，保温一定时间(约为钢的1倍)后，立即在250～350℃的等温盐浴中处理0.5～1.5h，再取出空冷。

球墨铸铁除进行以上几种热处理工艺外，还可进行表面淬火、渗氮等表面热处理。

第五节　蠕墨铸铁

蠕墨铸铁是近年来发展起来的一种新型高强度灰铸铁。它是在铁水中加入一定量的蠕化剂(稀土镁钛合金、稀土硅铁合金或稀土镁钙合金等)经处理而炼成，具有独特的组织和优良性能，在工业生产中得到越来越广泛的应用。

一、蠕墨铸铁的成分、组织和性能

蠕墨铸铁的化学成分一般为 $w_{c}=3.5\%\sim3.9\%$，$w_{si}=2.1\%\sim2.8\%$，$w_{Mn}=0.4\%\sim0.8\%$，$w_{s}<0.1\%$，$w_{p}<0.1\%$。其组织中石墨的形状类似于片状，但片短而厚，头部较圆、较钝，形似蠕虫状。蠕墨铸铁在铸态时的铁素体质量分数为50%或更高，加入稳定元素(如Cu、Ni、Sn等)后珠光体质量分数可提高到70%左右。若再进行正火处理，珠光体质量分数可达90%～95%。

蠕墨铸铁的力学性能较好。强度和韧性高于灰铸铁，接近球墨铸铁，其导热性、减震性、铸造性和切削加工性都比球墨铸铁好，它的抗氧化性、耐磨性均高于灰铸铁。

二、蠕墨铸铁的牌号和应用

蠕墨铸铁的牌号用“蠕铁”二字的汉语拼音字首“RuT”加最小抗拉强度表示。例如RuT420和RuT380分别表示最小抗拉强度为420MPa和380MPa的蠕墨铸铁。在生产中蠕墨铸铁可代替其它铸铁，制作大功率柴油机汽缸盖、汽缸套、电动机外壳、钢锭模、机座、制动鼓、阀体以及一些大型零件。

第六节　特殊性能铸铁

在工业上为了使铸铁具有某种特殊性能，如耐热、耐磨、耐蚀等性能，可向铸铁中加入一定量的合金元素，获得特殊性能铸铁，也称合金铸铁。

一、耐热铸铁

普通铸铁加热到450℃以上的高温下，会发生表面氧化和“热生长”现象。热生长是指铸铁在高温下产生的体积不可逆膨胀现象，严重时胀大10%左右，使铸件体积变化，力学性能降低，出现显微变形和裂纹。

耐热铸铁是在铸铁中加入硅、铝、铬等元素，使铸件表面形成一层致密的氧化层，保护内层不继续被氧化并使临界点上升而不发生组织转变，提高了铸铁的耐热性即高温下抗氧化和抗热生长的能力。

常用耐热铸铁有高硅和铝硅耐热球墨铸铁。例如RQTSi5是硅耐热球墨铸铁，使用温度可达850℃，应用于炉条、烟道挡板、换热器等处。RQTA15Si5是铝硅耐热球墨铸铁，使用温度可达1050℃，应用于加热炉底板、钩链、焙烧机构件等处。

二、耐磨铸铁

耐磨铸铁分两类，一类是在无润滑、干摩擦条件下工作，如犁铧、轧辊、球磨机磨球所用的冷硬铸铁、白口铸铁。另一类是在润滑条件下工作，如机床导轨、汽缸套、活塞环等，通过加入一定合金元素而获得。

(1) 高磷铸铁　将普通铸铁中磷的质量分数提高到0.6%～0.7%，以二元磷共晶形式断续网状分布，形成坚硬骨架，提高了耐磨性。

(2) 铬钼铜合金铸铁　其组织为细层状珠光体＋细片状石墨＋少量磷共晶和碳化物。这种铸铁耐磨性比HT200高一倍以上。

还有钒钛铸铁、硼铸铁等耐磨合金铸铁。

三、耐蚀铸铁

铸铁的腐蚀原理和提高其耐腐蚀性的途径基本上与不锈钢相同。一般加入一定量的硅、铝、铬、镍、铜等元素，使铸件表面生成一层致密的氧化膜来提高其耐蚀能力，并控制石墨使其含量低，呈球状，分布均匀。

耐蚀铸铁常用的有高硅耐蚀铸铁(如STSi5R)、高铝、高铬耐蚀铸铁，主要用于化工部门的管道、阀门、泵类等。

复习思考题

7-1　什么叫铸铁？白口铸铁和灰铸铁各有什么性能特点？其主要原因是什么？

7-2 什么是石墨化过程？影响石墨化过程的主要因素有哪些？

7-3 什么是灰铸铁的孕育处理？目的是什么？

7-4 为什么可锻铸铁的生产首先要获得完全白口组织？在生产中采用什么措施来保证？

7-5 球墨铸铁是怎样获得的？为什么球墨铸铁热处理效果比灰铸铁显著？

7-6 灰铸铁、蠕墨铸铁、可锻铸铁、球墨铸铁的力学性能有何差异？为什么？

第八章　有色金属及其合金

金属材料分为黑色金属和有色金属两大类。黑色金属主要指钢和铸铁，铝、铜、镁、钛、锌、锡等及其合金统称为有色金属或非铁金属。有色金属又分为轻有色金属(相对密度小于3.5)和重有色金属(相对密度大于3.5)。

有色金属具有钢铁所不具备的独特性能，如质轻、强度高、耐腐蚀、导电性好等，在现代工业和人民生活中广泛应用。

有色金属铝、镁、钛等矿藏丰富，其中铝矿比铁矿贮量还高；但大多数有色金属化学活性高，冶炼困难，产量低，其成本高于钢铁。

第一节　铝及铝合金

一、工业纯铝

铝是面心立方晶格，没有同素异构转变，相对密度2.72，约为铁的1/3，熔点660℃，导热、导电性能良好，仅次于金、银、铜。

纯铝是非磁性、无火花材料，反射性能好。在空气中，铝的表面生成致密的氧化膜，隔绝了空气，提高了耐蚀性，但铝不耐酸、碱、盐的腐蚀。

工业纯铝的纯度一般为99.7%～98%，强度低(σ_b = 80～100MPa)，塑性好(Ψ = 80%)。加工硬化后强度可提高到 σ_b = 150～200MPa，但塑性下降至 Ψ = 50%～60%。

工业纯铝的牌号为1070A、1060、1050A（GB/T3190—1996)等，产品有半成品铝锭和压力加工成的线、板、带、棒、管等型材，代替贵重的铜制作导线，配制铝合金以及制作一些器皿、垫片等。

二、铝合金

为了提高纯铝的强度，将铝与合金元素(硅、铜、镁、锌、锰等)进行合金化，即得到铝合金。根据铝合金的成分及生产工艺特点，将铝合金分为变形铝合金和铸造铝合金两大类。

图8-1是铝与主加合金元素的二元相图。图中 *D* 点左边的合金当加热到固溶线以上时，可得到单相固溶体，其塑性很好，宜于进行压力加工，故称为变形铝合金；图中 *D* 点右边的合金由于存在共晶组织，适于铸造，故称为铸造铝合金。

1. 变形铝合金

变形铝合金在相图中 F 点以左的，其 α 固溶体成分不随温度而变化，故不能用热处理方法强化，属于不可热处理强化变形铝合金；其成分在 D' ~ F 之间的，其 α 固溶度随温度而变化，可用热处理强化，属于可热处理强化铝合金。不可热处理强化变形铝合金主要有防锈铝合金，可热处理强化变形铝合金主要有硬铝、超硬铝和锻铝合金。表 8-1 列出各种变形铝合金代号、力学性能和用途举例。

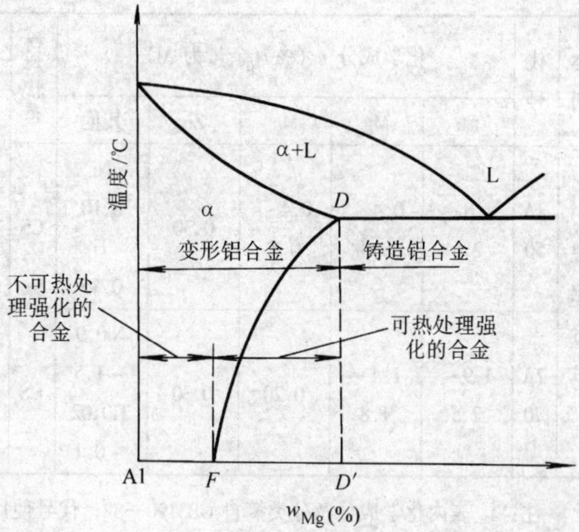

图 8-1 铝合金二元相图

表 8-1 常用变形铝合金代号、化学成分、力学性能及用途举例

类别	代号	化学成分 w(%)(余量为 Al)					材料状态	力学性能			用途举例
		Cu	Mg	Mn	Zn	其他		σ_b /MPa	δ_{10} (%)	硬度 (HBS)	
防锈铝合金	5A05	0.10	4.8 ~ 5.5	0.3 ~ 0.6	0.20	—	M	280	20	70	散热器片、导管、日用品、铆钉以及中载零件及制品
防锈铝合金	3A21	0.20	0.05	1.0 ~ 1.6	0.10	Ti 0.15	M	130	20	30	蒙皮、容器、油管、焊条、铆钉、轻载零件及制品
硬铝合金	2A01	2.2 ~ 3.0	0.2 ~ 0.5	0.20	0.10	Ti 0.15	CZ	300	24	70	工作温度不超过 100℃的结构用中等强度铆钉
硬铝合金	2A11	3.8 ~ 4.8	0.4	0.4 ~ 0.8	0.30	Ni 0.10 Ti 0.15	CZ	420	15	100	中等强度的结构零件，如骨架、模锻的固定接头、支柱、螺旋桨叶片，局部镦粗零件，螺栓和铆钉
超硬铝合金	7A04	1.4 ~ 2.0	1.8 ~ 2.8	0.2 ~ 0.6	5.0 ~ 7.0	Cr 0.1 ~ 0.25	CS	600	12	150	主要受力结构件，如飞机大梁、桁架、加强框、起落架

（续）

类别	代号	化学成分 w（%）（余量为 Al）					材料状态	力学性能			用途举例
		Cu	Mg	Mn	Zn	其他		σ_b /MPa	δ_{10} （%）	硬度（HBS）	
锻铝合金	2A50	1.8～2.6	0.4～0.8	0.4～0.8	0.30	Ni 0.10 Ti 0.15	CS	420	13	105	中等强度的复杂形状锻件及模锻件
	2A70	1.9～2.5	1.4～1.8	0.20	0.30	Ni0.9～1.5 Ti0.02～0.1	CS	440	12	120	内燃机活塞和在高温下工作的复杂锻件、板材、结构件

注：1. 表内化学成分及分类摘自 GB3190—82；代号使用了 GB/T3190—1996 规定的新牌号。

2. M—退火，CZ—淬火 + 自然时效，CS—淬火 + 人工时效。

（1）防锈铝合金　防锈铝合金属于铝—锰系合金及铝—镁系合金。铝—锰系合金代号用 3XXX 表示，铝—镁系合金代号用 5XXX 表示。例如，5A02（原牌号 LF2）、3A21（原牌号 LF21），A 表示原始纯铝。这两系列铝合金由于加入锰，提高了合金的耐蚀能力，并且大部分锰溶于固溶体，产生了固溶强化作用；加入镁用于固溶强化和降低合金密度。

防锈铝合金强度高于纯铝，并有良好的耐蚀性、塑性和焊接性，但切削加工工艺性差。这类合金不能进行热处理强化。防锈铝合金主要用于制造容器、管道、蒙皮及需要拉深、弯曲的零件和制品。

（2）硬铝合金　硬铝合金属于铝—铜—镁系合金，其代号用 2XXX 表示，例如 2A11、2A12（原牌号 LY11、LY12）。加入铜和镁是为了在时效过程中产生强化相 $CuAl_2$ 和 Al_2CuMg（S）等。这类合金既可通过热处理强化（淬火 + 时效）来获得较高强度和硬度，也可进行变形强化。镁含量越高，时效强化处理效果越显著，即强度越大。硬铝在航空工业获得广泛应用，如飞机构架、螺旋桨、叶片等，但其抗蚀性差。

（3）超硬铝　超硬铝属于铝—铜—镁—锌系合金，其代号用 7XXX 表示。例如，7A04、7A09（原 LC4、LC9），7 表示 Zn。这类合金经淬火 + 人工时效后，可产生各种复杂的第二相，具有很高强度和硬度，切削性能良好，但耐蚀性、焊接性较差。常用作飞机上的主要受力部件，如大梁桁架、加强框、起落架等。

（4）锻铝合金　锻铝合金属于铝—铜—镁—硅系合金，其代号用 2XXX 表示，如 2A50、2B50、2A70（原牌号 LD5、LD6、LD7）。主要强化相是 Mg_2Si，性能与硬铝接近，但耐蚀性和热塑性好，适于锻造，故称“锻铝”。锻铝通过固溶处理和人工时效来强化，主要用于制造外形复杂的锻件和模锻件。

2. 铸造铝合金

铸造铝合金力学性能虽然不如变形铝合金，但其铸造性能好，适于形状复杂的铸件。铸造铝合金种类很多，主要有铝—硅系、铝—铜系、铝—镁系及铝—锌系四种，其中铝—硅系应用最广泛。

铸造铝合金代号用“ZL”代表“铸铝”，后加三位数。第一位数表示合金类别(1 为铝—硅系、2 为铝—铜系、3 为铝—镁系、4 为铝—锌系)；后两位数为合金顺序号。表 8-2 列出常用铸造铝合金代号、成分、力学性能及用途。

表 8-2　部分铸造铝合金代号、化学成分、力学性能及用途

代号	主要化学成分 w (%)（余量为 Al）					力学性能			应用举例
						σ_b /MPa	δ (%)	硬度 (HBS)	
	Si	Cu	Mg	Mn	Zn	不小于			
ZL 102	10.0 ~ 13.0	—	—	—	—	150	4	50	适于 200℃以下工作，形状复杂的砂型、金属型和压力铸造零件，要求气密性好，承受低载荷，如仪表、水泵壳体
ZL 104	8.0 ~ 10.5	—	0.17 ~ 0.30	0.2 ~ 0.5	—	200	1.5	70	适于 200℃以下工作的砂型、金属型和压力铸造的形状复杂零件，如发动机气缸体等
ZL 203	—	4.0 ~ 5.0	—	—	—	230	3	70	适于砂型铸造、中等载荷、形状较简单、要求加工性能好，工作温度 < 200℃的零件，如托架等
ZL 302	0.8 ~ 1.3	—	4.5 ~ 5.5	0.1 ~ 0.4	—	150	1	55	腐蚀介质下，严寒大气中工作的中等载荷零件，如船舶配件等
ZL 401	6.0 ~ 8.0	—	0.1 ~ 0.3	—	9 ~ 13	250	1.5	90	适于压力铸造、工作温度不超过 200℃、结构形状复杂的汽车、飞机零件

(1) 铝—硅铸造合金　为了获得优良的铸造性能，常用铝—硅合金中硅的质量分数为 10% ~ 13%。它在铸造缓冷后，组织主要为共晶体(α + Si)。其中硅晶体是硬脆相，呈粗大针状，会严重降低合金的力学性能。所以一般进行变质处理，促进硅形成，阻碍晶体长大，使硅晶体成为极细的粒状，均匀分布在铝基体

上，并且形成亚共晶组织，使合金的力学性能显著提高。

为了进一步提高铝—硅合金的强度，加入镁、铜以形成强化相。这样的合金在变质处理后还可进行淬火时效，以提高强度、耐热性及耐磨性。

铸造铝—硅合金一般用来制造轻质、耐蚀、形状复杂但强度要求不高的零件，如汽车车灯架、手提电动或风动工具(手电钻、风镐)及仪表外壳。加入镁、铜的铝—硅合金(如 ZL108 等)是制造内燃机活塞的合适材料。

(2) 其他铸造铝合金　铝—铜系合金有较好的高温性能，但铸造性能和抗蚀性差，且密度大，主要用于制造要求高强度、高耐热的零件，如金属铸型等。铝—镁系合金具有较高强度和良好耐蚀性，密度小，铸造性能差，多用于制造在腐蚀介质下工作的零件。铝—锌系合金强度较高、热稳定性和铸造性能较好，但密度较大，耐蚀性很差，用于制造形状较复杂的零件。

三、铝合金热处理特点

铝合金的热处理与钢不同。钢是通过控制同素异构体转变来改变性能，铝合金是通过固溶-时效处理来提高强度、硬度和其他性能，这种热处理也称强化处理。

1. 固溶处理(淬火)

将铝合金加热到稍微超过固溶线，保温适当时间，可得到均匀的单相 α 固溶体，然后在水中快速冷却，使第二相来不及析出，在室温下获得过饱和的 α 固溶体组织。

2. 时效

铝合金淬火后应及时进行时效，因为 α 固溶体是过饱和、不稳定的组织，有分解出第二相过渡到稳定状态的倾向。如果在一定温度下保持一段时间，使第二相从过饱和固溶体中缓慢析出，导致晶格畸变，从而使铝合金的强度和硬度得到显著提高，塑性明显下降，这种现象称为时效。

在室温下进行的时效称自然时效，在 100 ~ 200℃范围进行的时效称人工时效。人工时效温度越高，时效过程越短，但强化效果越差。超过 200℃，晶格畸变完全消失，已不具有强化性能。

自然时效在淬火后的几小时内强度无明显增加，塑性较好，随着时间的延长，铝合金才逐渐强化，这段时间称孕育期。生产中利用孕育期进行铆接、弯曲、卷边、矫形等冷加工作业。当零件在使用过程中发生变形，矫形修复前可重新加热到略高于时效温度，短时保温后在水中急冷，合金恢复到淬火状态，这时利用孕育期进行矫形，可减轻加工难度。这种对已时效强化零件进行的再淬火—加工—时效处理也称为回归处理，这种处理在生产中具有实用意义。

3. 退火

变形铝合金的退火是为了消除加工硬化，便于再加工。它主要用于飞机蒙皮等形状复杂的钣金件，一般是加热到 350～450℃，保温后空冷。

不可热处理强化铝合金零件，为保持较高强度，适当增加塑性，进行去应力退火，在 180～300℃加热后空冷。

铸造铝合金的退火可以消除铸造时的偏析和内应力，并使组织稳定、提高塑性。退火温度决定于材料种类，加热时间一般较长。

第二节　铜及铜合金

一、纯铜

纯铜用电解方法制得，又称电解铜。熔点 1038℃，相对密度 8.94，形成氧化膜后呈紫色，故又称紫铜。

纯铜强度低($\sigma_b = 200 \sim 250$MPa)、塑性好($\delta = 35\% \sim 45\%$)、抗蚀性较好，便于进行冷、热锻压加工，用来制作油管、铆钉、垫圈和各种型材。它又有良好的导电、导热和逆磁性，广泛用来制作导线、散热器、冷凝器、抗磁性的仪器仪表等。

二、铜合金

由于纯铜的强度低，往往加入适量合金元素制成铜合金。铜合金分为黄铜、青铜以及白铜(铜镍合金)。

1. 黄铜

黄铜是以锌为主要合金元素的铜合金。按化学成分不同，分为普通黄铜、特殊黄铜两种。表 8-3 列出常用黄铜牌号、化学成分、力学性能及用途。

(1) 普通黄铜　普通黄铜是铜—锌二元合金。其牌号中的“H”表示“黄”，数字表示铜平均含量，余量为锌。锌加入铜中，首先形成 Zn 在 Cu 中的固溶体 α 相，使合金强度、塑性增高。当锌的质量分数 30%～32%时，塑性最高；当 Zn 增至 40%～42%时，产生以化合物 CuZn 为基的固溶体(β 相)，β 相在低温会发生有序化，形成脆性相 β′，塑性下降而强度最高。当锌的质量分数超过 45%以后，组织全部为 β′相，合金强度、塑性急剧下降，无使用价值。普通黄铜力学性能、工艺性和耐蚀性较好，应用较广泛。

(2) 特殊黄铜　在普通黄铜中加入铅、铝、锰、锡、铁、镍、硅等合金元素所组成的多元合金称特殊黄铜。牌号用“H”＋主加元素符号＋铜的质量分数＋主加元素质量百分数表示。若特殊黄铜中加入的合金元素较少，则塑性较高，也称为压力加工特殊黄铜；加入的合金元素较多，则强度和铸造性能好，称为铸造用特殊黄铜，牌号中用“Z”表示“铸造”。加入铝、锡、锰、镍的合金还能提高抗蚀性和耐磨性。

表 8-3 常用黄铜的牌号、化学成分、力学性能及用途举例

（根据 GB2060—89 或 YB146—71）

类别	牌号	主要成分 w（%）（余量为 Zn）		制品种类	力学性能		用途举例
		Cu	其他		σ_b /MPa	δ_5 （%）	
普通黄铜	H80	79~81	—	板，条，带，箔，棒，线，管	265~392	50	色泽美观，用于镀层及装饰
	H68	67~70	—		294~392	40	管道、散热器，铆钉、螺母，垫片等
	H62	60.5~63.5	—		294~412	35	散热器，垫圈，垫片等
特殊黄铜	HPb59—1	57~60	Pb 0.8~1.9	板，带，管，棒，线	343~441	25	切削加工性好，强度高，用于热冲压和切削加工件
	HMn58—2	57~60	Mn 1.0~2.0	板，带，棒，线，	382~588	35	耐腐蚀和弱电用零件
铸铝黄铜	ZCuZn31Al2	66~68	Al 2.0~3.0	砂型铸造、金属型铸造	295~390	12~15	要求耐蚀性较高的零件
铸硅黄铜	ZCuZn16Si4	79~81	Si 2.5~4.5	砂型铸造、金属型铸造	345~390	15~20	接触海水工作的管配件及水泵叶轮，旋塞等

2. 青铜

青铜分锡青铜(普通青铜)和特殊青铜两类。青铜的牌号由 Q（代表“青”）+第一主加元素及质量分数(%)+其他元素质量分数(%)表示。铸造用青铜在牌号前加 “Z”，后接化学元素符号及含量。常用青铜牌号、化学成分、力学性能及用途举例见表 8-4。

（1）锡青铜　工业用锡青铜中锡成分的质量分数在 3%~14%之间。锡的质量分数 < 8%的锡青铜具有较好的塑性，适于压力加工；锡的质量分数 > 10%的锡青铜塑性低，适于铸造。压力加工锡青铜耐磨性和抗蚀性好，而且具有弹性，用于制造簧片、电极、齿轮、轴承等。铸造锡青铜含锡、磷量高，因此强度、耐磨性高，用于制造齿轮、蜗轮、泵壳等。

（2）特殊青铜　特殊青铜是不含锡的青铜，比锡青铜具有更高的力学性能和耐磨、耐蚀性。

表 8-4　常用青铜牌号、化学成分、力学性能及用途举例

类型	牌号	主要成分 w (%)(余量 Cu)		制品种类	力学性能		用途举例
		Sn	其他		σ_b /MPa	δ_5 (%)	
压力加工锡青铜	QSn4—3	3.5 ~ 4.5	Zn 2.7 ~ 3.3	板，带，棒，线，	350	40	较次要的零件，如弹簧、管配件和化工机械等
	QSn6—5-0.1	6.0 ~ 7.0	P 0.1 ~ 0.25	板，带，棒	300 500 600	38 5 1	耐磨件、弹性零件
	QSn4—4 - 2.5	3.0 ~ 5.0	Zn3.0 ~ 5.0 Pb1.5 ~ 3.5	板，带	300 ~ 350	35 ~ 45	轴承、轴套、衬垫等
铸造锡青铜	ZCuSn10Zn2	9.0 ~ 11.0	Zn 1.0 ~ 3.0	金属型铸造	245	6	中等或较高负荷下工作的重要管配件，泵、阀、齿轮等
				砂型铸造	240	12	
	ZCuSn10P1	9.0 ~ 11.5	P 0.5 ~ 1.0	金属型铸造	310	2	重要的轴瓦、齿轮、连杆和轴套等
				砂型铸造	220	3	
特殊青铜（无锡青铜）	ZCuAl10Fe3	Al 8.5 ~ 11.0	Fe 2.0 ~ 4.0	金属型铸造	540	15	重要用途的耐磨、耐蚀重型铸件，如轴套、螺母、蜗轮
				砂型铸造	490	13	
	QBe2	Be 1.9 ~ 2.2	Ni 0.2 ~ 0.5	板，带，棒，线	500	3	重要仪表的弹簧、齿轮等
	ZCuPb30	Pb 27 ~ 33	—	金属型铸造	—	—	高速双金属轴瓦、减磨零件等

1）铝青铜　铝含量的质量分数为 5% ~ 11%，如 ZCuAl10Fe3。常用来制造强度及耐磨性要求较高的零件，如齿轮、蜗轮、轴套等。

2）铍青铜　以铍为主加元素的铜合金称为铍青铜，铍的质量分数为 1.6% ~ 2.5%，如 QBe2、QBe2.5 等。由于铍在铜中的溶解度变化很大，所以铍青铜是时效硬化效果极大的铜合金，具有很高的强度、硬度和弹性极限。其导电、导热、耐寒性也特别好，同时还有抗磁、受冲击时不产生火花等特殊性能。铍青铜常用来制作精密仪器、仪表中重要的弹性元件，耐蚀、耐磨零件及防爆工具，但铍青铜工艺复杂，价格较贵。

第三节　轴 承 合 金

滑动轴承与滚动轴承比较，有承压面积大、工作平稳、噪声小，制造，维修、拆装方便等优点，广泛应用于发动机、机床等动力设备和传动装置。滑动轴承由轴承体和轴瓦组成，轴瓦的钢质基体内侧浇注或轧制着一层高强度耐磨合金，这层合金就称为轴承合金。

一、对轴承合金的性能要求

1）具有良好的减磨性。良好的减磨性包括三个方面：①摩擦系数低；②抗咬合(粘着)性能好；③磨合性好；

2）足够的强度和硬度，特别是抗压强度；

3）有足够的塑性和韧性便于加工和抵抗冲击、震动；

4）有良好的耐蚀性、导热性和较小的膨胀系数。

二、轴承合金的组织

根据上述性能要求，常常制造出具有两类组织的轴承合金。

(1）软的基体上分布着硬质点　在工作中软基体很快磨损凹下，可储存润滑油，使轴与轴瓦间形成连续油膜；硬质点突出于表面以承受载荷，抵抗磨损。这类组织的轴承合金主要是巴氏合金，它们具有较好的磨合性，抗冲击、振动，但难以承受高载荷。

(2）较硬基体上分布着软的质点　这类轴承合金基体的硬度低于轴颈硬度，但较软基体硬，能承受较大载荷。基体上分布着软的质点，具有低的摩擦系数，但磨合性较差。这类组织的轴承合金有铜基、铝基轴承合金。

三、常用轴承合金

1. 锡基与铅基轴承合金(巴氏合金)

(1）锡基轴承合金(锡基巴氏合金)　它是以锡为基础，加入锑、铜等元素组成的合金。其组织是以锑溶入锡形成的 α 固溶体为软基体，以化合物 SnSb 和 Cu6Sn5 形成硬质点及骨架。

这种合金摩擦系数小，塑性、导热性好，是优良的减磨材料，常用作重要轴承，如汽轮机、发动机、压气机等机器的高速轴承。它的主要缺点是疲劳强度较低，价格贵。

(2）铅基轴承合金(铅基巴氏合金)　以铅—锑为基础，加入锡、铜等元素，其硬度、强度、韧性均较锡基合金低，且摩擦系数较大，但价格便宜。这种合金常用来制造承受中、低载荷的中速轴承，如汽车、拖拉机曲轴轴承、连杆轴承及电动机轴承。

锡基、铅基轴承合金牌号用“Z”，主加、辅加元素化学符号，主、辅加元素质量分数(%)来表示。例如 ZSnSb8Cu4 表示铸造锡基轴承合金，主加元素锑的质量分数为 8%，附加元素铜质量分数为 4%，余量为锡。

2. 铜基、铝基轴承合金

铜基、铝基轴承合金都具有承载能力高的特点。铝基轴承合金更具有原料丰富、价格便宜、导热性好，疲劳强度和高温硬度高，适于高速场合的优点，近年来已逐步替代巴氏合金和铜基合金，应用于高速、重载的内燃机轴承。常用的有 ZCuSn5Pb5Zn5、ZCuPb2Sn5、ZA1Sn6Cu1Ni1 等。

除以上轴承合金外，粉末冶金含油轴承、聚氨脂橡胶、聚四氟乙烯工程塑料等也可作滑动轴承或衬套材料。

第四节　钛及钛合金

钛及其合金具有密度小、比强度大、耐热性好、抗腐蚀性高、低温韧性优良等特点，且资源丰富，成为航空、航天、造船、化工等工业中的重要结构材料。

一、工业纯钛

钛是银白色金属，熔点高(1725℃)，密度小(4.5g/cm^3)。钛具有同素异构现象，在 882℃以下为 α-Ti，具有密排六方晶格；882℃以上为 β-Ti，具有体心立方晶格。工业纯钛的力学性能与其纯度有很大关系，若存在氧、氮、氢、碳等元素则其强度显著增加，塑性下降。

工业纯钛按纯度分为三个等级：TA1、TA2、TA3。其中 T 为钛的汉语拼音字首，序号表示纯度，序号越大纯度越低。工业纯钛常用于制造 350℃以下工作的低载荷零件，如飞机骨架、发动机部件、耐海水管道及柴油机活塞、连杆等。

二、钛合金

钛合金按其退火组织状态分为全部 α 相、全部 β 相和 α+β 相三类，分别称 α 钛合金　β 钛合金和 α+β 钛合金，其符号分别以 TA、TB、TC 表示。

1. α 钛合金 TA

α 钛合金的主要合金元素是铝。这种合金具有很好的强度和韧性、热稳定性、焊接性和铸造性，抗氧化能力较好，塑性较低，热强性很好，可以在 500℃左右长期工作。α 钛合金的热处理一般是退火，可用来制造飞机涡轮机壳等。

2. β 钛合金 TB

这种合金一般加入 Mo、V、Cr、Al 等合金元素，强度较高、韧性好，经淬火和时效处理后，析出弥散的 α 相，强度进一步提高，主要用于制造高强度板材和复杂形状零件。

3. α+β钛合金 TC

主要加入 Al，也加入 Mn、Cr、V 等，兼有上述两类合金的优点，即塑性好、热强性好(可在 400℃长期工作)、抗海水腐蚀能力很强，生产工艺简单，可通过淬火和时效处理进行强化，主要应用于飞机压气机盘和叶片、舰艇耐压壳体、大尺寸锻件、模锻件等。

钛合金还具有良好的低温工作性能。例如，TC4（Ti-6Al-4V）在 -196℃以下仍然具有良好的韧性，用于制造低温高压容器，如火箭及导弹的液氢燃料箱等。钛合金应用于高、低温工作条件下结构材料，其发展前景非常广阔。

三、钛合金的热处理

钛合金的热处理与钢的热处理相似，主要有以下两种方式。

1. 退火

退火有去应力退火和高温退火。

(1) 去应力退火　去应力退火一般在再结晶温度以下进行，以消除机加工以及焊接所引起的内应力。大多数钛合金的去应力退火温度为 450~650℃，焊接件保温 2~12h 后空冷，机加工件保温 1~2h 后空冷。

(2) 高温退火　高温退火在再结晶温度以上进行，以消除加工硬化和稳定组织。钛合金高温退火温度一般为 650~850℃，冷却速度决定于钛合金的种类。

2. 淬火和时效

钛合金在高温β相区淬火，可获得马氏体，经时效处理后可显著提高合金强度，降低塑性。钛合金的时效温度一般为 450~600℃，主要适用于β钛合金。

钛合金也可以进行氮化、渗碳等处理，以提高合金零件的耐磨性和疲劳强度。

第五节　镁　合　金

以镁为基体的合金称镁合金，也称为超轻质合金。它的优点是：①比重很小，比铝轻 1/3，但比强度高于铝合金；②疲劳极限高；③与铝合金相比，能承受较大的冲击载荷；④耐蚀性好(特别耐煤油、汽油等矿物油和碱类的腐蚀)；⑤有良好的切削加工性。由于以上优点，镁合金在航空、无线电通讯、仪表等行业获得广泛的应用。特别是近年来手提电话和笔记本电脑普及率越来越高，使镁合金的应用产生了新的价值。

工业纯镁的牌号用“Mg”和序列号表示，例如 Mg1 称为一号纯镁，Mg2 称为二号纯镁。镁合金的牌号用“MB”和序列号表示，例如 MB2 称为二号镁合金，MB6 称为六号镁合金等。

镁合金的主要合金元素是铝、锌和锰，一般质量分数为 $w_{Al}=0.2\%\sim9.2\%$，

$w_{Zn}=0.2\%\sim6.0\%$，$w_{Mn}=0.1\%\sim2.5\%$。镁合金根据加工方法分为变形镁合金(压力加工镁合金)和铸造镁合金两类。压力加工方法制造的镁及镁合金半成品以板、管、棒、线、锻件等形式供应。镁合金的铸造性能较差，熔化时需要加入特殊的防护熔剂，铸造时要用特种混合型砂来制作砂模，铸造后易产生应力集中，因此铸造工艺要求较高。

第六节　粉末冶金

粉末冶金是将几种金属粉末或金属与非金属粉末混匀压制成型，再经过烧结而获得材料或零件的加工方法。它属于具有微小孔隙的多孔材料，可具有高硬度、高摩擦系数，良好吸附性(含油)以及过滤作用。

一、粉末冶金的分类

粉末冶金按制品材料分类有铁基粉末冶金和铜基粉末冶金两种。

二、粉末冶金的生产工艺

粉末冶金产品一般经过：粉料配制混匀→压制成型→烧结→后处理四个工序。

1. 粉料制备

粉料制备是在金属粉末中加入石墨、合金元素、润滑剂(硬脂酸锌、机油)和增塑剂(汽油橡胶溶液、石蜡等)，按一定比例混合均匀，以便压制成型。

2. 压制成型

将制备好的粉末放在模具中，以 500 ~ 600MPa 的压力压制成型。

3. 烧结

压制成型的粉末冶金制品颗粒间的机械结合力较小，强度较低，需要在气氛保护或真空中进行高温烧结。烧结与熔化不同，熔化时全部组元都变成液相，而烧结时至少有一种组元仍处于固相。烧结后粉末经过扩散、再结晶、蠕变、晶粒长大等过程，得到具有一定孔隙度的制件。

4. 后处理

一般烧结后的粉末冶金件即可使用，但对于尺寸精度、表面粗糙度、硬度、耐磨性要求较高的制件还需进行后处理。例如进行精压、滚压、表面淬火以提高制件的力学性能，进行浸油或浸渍其他润滑液以达到润滑、耐蚀目的。

三、粉末冶金的应用

粉末冶金不需要熔炼或铸造，生产工艺简单，占地面积小，做到了无切屑或少切屑加工，极大地提高了生产率和材料利用率，因此用途日益广泛，用粉末冶金方法可以生产出结构材料和具有多种特殊性能的材料，如硬质合金、难熔金属、耐热钢、高速钢、减磨材料、磁性材料、热交换材料、磨擦材料、过滤材料等，在工业生产中制成多种机械零件和工具，如刀具、齿轮、衬套、摩擦片、含油轴承、过滤器等。

1. 含油轴承

含油轴承有铁—石墨含油轴承和青铜—石墨含油轴承。铁基含油轴承合金承载能力大，硬度高，多用于承受压力大、线速度低、腐蚀性大的场合。铜基粉末冶金轴承合金导热性、抗咬合性、耐蚀性好，摩擦系数小，适于工作压力较小、线速度较高的精密机械。

与锡基轴承合金比较，由于粉末冶金含油轴承本身含有一定的固体润滑剂(石墨、铅、二硫化钼等)和储存有 17% ~ 25% 体积的润滑油，不但结构简单、使用方便，而且减磨性能明显高于锡基轴承合金。

2. 摩擦材料

粉末冶金由于多孔性，可以长久保持较粗糙的表面，耐磨性高，散热良好，用来取代石棉制品制作离合器、汽车制动器等摩擦片，不但经济耐用，而且减少了石棉粉尘污染，取得较好经济效益和社会效益。

3. 硬质合金

硬质合金是粉末冶金工具材料应用最普遍的一种。与工具钢相比，它硬度高(69 ~ 81HRC)，热硬性好(可达 900 ~ 1000℃)，耐磨性和抗压强度均较高。用它制造刀具，其切削速度、耐磨性、寿命都比高速钢高，而且可用于制造某些冷作模具、量具及不受冲击、震动的高耐磨零件。

硬质合金以碳化钨(WC)、碳化钛(TiC)等高熔点、高硬度碳化物为主要元素制成的材料称为金属陶瓷硬质合金，将在第九章介绍：用碳化物和合金钢(如高速钢、铬钼钢等)为主要元素制成的材料称钢结硬质合金。

钢结硬质合金是以一种或几种碳化物(如 TiC、WC)为强化相，以合金钢粉末为粘结剂制成的硬质合金。它耐热、耐蚀、抗氧化性好，可同钢一样进行锻造、热处理、焊接与切削加工。它淬火回火后硬度达 70HRC，并且寿命超过合金工具钢，与金属陶瓷硬质合金相当，适宜制造各种形状复杂的刀具、模具和耐磨零件。近年来出现了粉末冶金锻造，轧制等工艺，使粉末冶金件的强度大幅度提高，开辟了更广阔的用途。

除以上介绍的各种有色金属及其合金外，还有一些具有特殊性能和用途的精密合金，包括记忆合金、硬磁材料、弹性合金、膨胀合金、电阻合金、热电偶合金等等，广泛应用于现代工业的仪表、传感器、控制元件中。

复习思考题

8-1　试述各种变形铝合金的特性和用途。

8-2　在铸造铝合金中以哪些系列铝合金应用最广泛？

8-3 铝合金的强化措施有哪些？铝合金的淬火与钢的淬火有什么不同？

8-4 什么是黄铜？为什么黄铜中锌的质量分数不大于45%？

8-5 什么是锡青铜？有何性能特点？

8-6 滑动轴承合金应具有哪些性能要求？为确保这些性能，滑动轴承合金应具有什么样的理想组织？

8-7 什么是粉末冶金？试述其特点和应用。

8-8 试述硬质合金的种类、特点和用途。

第九章　非金属材料

工程材料分为金属材料和非金属材料两大类。非金属材料一般包括高分子合成材料、陶瓷材料、复合材料等三类。非金属材料具有金属材料所不及的某些性能，如绝缘性、高弹性、耐高温、抗腐蚀，硬、脆、质轻等，在现代工业生产中逐渐取代某些金属，得到越来越广泛应用。

第一节　高分子合成材料

高分子是指相对分子质量大于500的有机化合物，它分天然(如松香、蛋白质、天然橡胶等)、合成(如合成树脂、合成橡胶、合成纤维等)两大类。

高分子化合物的化学组成并不复杂，它的每个大分子都由一种或几种较简单的低分子化合物重复连接(聚合)而成，故又称聚合物或高聚物。这些低分子化合物称为单体，这些单体以一定方式重复连接起来，形成高分子链。高分子链的几何形态有线型结构、支链型结构和体型(如网状)结构。前两种形态聚合物弹性良好，具有热塑性(在加热和溶剂作用下可熔融、溶解变软，冷却变硬，并可反复进行)，易于加工成型，合成纤维、热塑性塑料属于此类。后一种是三维网状形态，具有热固性(热压成型后，再加热时不熔融和溶解)，只能一次热模压成型，硫化橡胶、酚醛树脂属于此类。

人工合成高分子化合物的方法有加聚反应(均聚反应、共聚反应)和缩聚反应两种。合成的高聚物作为原料，一般以颗粒状、液状供应工厂加工产品。

高聚物的物理状态随着载荷和温度的不同而不同，在低温下一般为玻璃态，中等温度为高弹态，高温下为粘流态。

高分子材料的共同缺点是易老化，就是在氧、热、紫外线、机械力、水蒸气、微生物等作用下逐渐失去弹性，出现龟裂，变硬或发粘软化，变色，失去光泽。通常通过改变聚合物的结构，加入防老化剂(芳香族中胺类化合物、水杨酸酯等)、表面涂层或镀金属的措施来防老化。另外，许多难溶的高分子材料制品报废后不能有效回收，对生态环境造成危胁，如塑料制品的“白色污染”、汽车轮胎的“黑色污染”等。但是，高分子材料都有其独特的优良性能，在工农业及日常生活中具有其它材料不可替代的某些作用。

一、工程塑料

以合成树脂为主要成分，在一定温度和压力下可塑制成型的高分子合成材料，统称为塑料。塑料中能够代替金属作为工程结构材料应用的称为工程塑料。

1. 塑料的组成

塑料一般由合成树脂和添加剂组成。

(1) 合成树脂　合成树脂是塑料的主要成分，含量占 40%～100%，决定了塑料的主要性能。合成树脂靠聚合反应获得，性能与天然树脂相似，通常为粘稠状液体或固体，无一定熔点，受热时软化或呈熔融状。

(2) 添加剂　为了改变塑料的性能(如强度、减摩性、耐热性等)常常按需要加入下列各种不同的添加剂：

1) 填充剂　又称填料，含量占据 20%～50%，用来改进塑料的性能或赋予新的性能(如导电性)，同时节约了合成树脂，降低了成本。例如，生产中加入玻璃纤维以提高强度，加入石棉纤维以提高耐热性，加入云母以提高绝缘性等。

2) 增塑剂　用来提高塑料的可塑性和柔软性。常用的有邻苯二甲酸、二辛酯、邻苯二甲酸二丁酯和樟脑等。

3) 稳定剂　即防老化剂，前已述及。

4) 润滑剂　防止塑料在成型过程中粘在模具上，并使制品表面光洁美观，常用的有硬酯酸、盐类。

5) 着色剂　有机染料或无机染料，如苯胺黑、甲基红、甲基蓝等，使制品具有美丽色彩。

除上述添加剂外，还可加入催化剂、发泡剂、阻燃剂等。

2. 塑料的分类

塑料按工艺性分为热塑性塑料和热固性塑料两大类，按使用性分为通用塑料和工程塑料。

3. 工程塑料的特性

工程塑料与金属相比，有以下特性：

(1) 密度小　一般为 $0.85\sim2.2g/cm^2$，泡沫塑料密度低达 $0.02\sim0.2g/cm^2$。

(2) 比强度高　由于密度小，比强度高于金属材料。例如，玻璃纤维增强环氧塑料的比强度是钢的两倍左右。

(3) 良好的抗腐蚀性　可以耐酸、碱、油、水等的腐蚀。

(4) 优良的电绝缘性　在电器工具、壳体、支架等方面广泛应用。

(5) 耐磨、减摩、自润滑性好　制成的零件可在液体、半干和干摩擦状况有效工作，可用来制造轴承、轴瓦、齿轮、凸轮等。

(6) 工艺性好　易热压成型。部分热固性塑料还具有较好的切削加工性。

此外，塑料还有减震、隔音、防潮、易粘结等性能。

塑料的弱点是耐热性差，一般塑料不宜在 60～100℃以上工作，且易发生蠕变、导热性差，易老化。目前，耐热塑料发展很快，有普及的趋势。其耐热温度可达 100～200℃，甚至更高。工程塑料的主要特性及应用举例见表 9-1。

表 9-1 工程塑料的主要特性及应用举例

类别	名称及代号	主要特性	应用举例
热塑性塑料	聚乙烯（PE）	耐蚀、绝缘性好；加工性好；力学性能不高。高压 PE 柔软，低压 PE 较硬	高压 PE：薄膜、电缆包复；低压 PE：化工管道、绝缘件、涂层
	聚丙烯（PP）	质轻，耐蚀、高频绝缘性好，不耐磨	一般结构件：壳体、盖板：耐蚀容器、高频绝缘件、管道等
	聚氯乙烯（PVC）	耐蚀、绝缘性好	耐蚀件：硬 PVC：泵、阀、瓦楞板，排水管、件；软 PVC：薄膜、人造革
	聚苯乙烯（PS）	透明，高频绝缘性优，质脆，不耐有机溶剂	高频绝缘件，透明件，如仪表外壳
	ABS 塑料（ABS）	刚韧，绝缘性好，易于电镀和涂漆	一般构件及耐磨件，汽车车身，冰箱内衬、凸轮
	聚酰胺(尼龙)（PA）	坚韧，耐磨、耐疲劳性优，成型收缩率大	耐磨传动件，如齿轮、蜗轮、密封圈，尼龙纤维布
	聚甲醛（ROM）	耐疲劳、耐磨性优，耐蚀性好，易燃	耐磨传动件，如无润滑轴承，凸轮、运输带
	聚碳酸酯（PC）	冲击韧度好，透明，绝缘性好，热稳定性好，不耐磨。俗称“透明金属”	受冲击零件，如座舱罩、面盔、防弹玻璃；高压绝缘件
	聚砜（PSU）	耐热性、抗蠕变性突出，绝缘性、韧性好，加工成型性不好，不耐热	印制集成线路板、精密齿轮
	聚四氟乙烯（塑料王）（F-4）	耐高低温、耐蚀性、电绝缘性优异，摩擦系数极小，力学性能和加工性能较差。俗称“塑料王”	热交换器、化工零件、绝缘材料、导轨镶面
	聚甲基丙烯酸甲酯(有机玻璃)（PMMA）	透明，抗老化，表面硬度低，易擦伤，耐热性差	显示器屏幕、弦窗、光学镜片
热固性塑料	酚醛塑料(PF)	绝缘、耐热性好；刚度高；性脆	电器开关；复合材料
	环氧塑料（EP）	强度高；性能稳定；有毒性；耐热、耐蚀、绝缘性好	塑料模具、量具，灌封电子元件等
	有机硅塑料	优良的电绝缘性。高频绝缘性好，耐热，可在 100～200℃以下长期使用，防潮性强，耐辐射、耐臭氧，耐低温	浇注料：电气、电子元件及线圈灌封与固定；塑料粉：耐热件、绝缘件
	聚氨酯塑料	柔韧、耐油、耐磨、易于成型，耐氧、耐臭氧，耐辐射及许多化学药品：泡沫聚氨酯有优良的弹性及隔热性	用于密封件、传动带；泡沫聚氨酯，用于隔热、隔音及吸振材料

4. 塑料的成型工艺

塑料加工的成型工艺很多，可在液态或熔融态下喷丝成纤维或浇注成零件，也可在塑性状态吹塑、注射、模压、挤压成型。现介绍几种主要加工方法。

(1) 模压　将配制好的塑料颗粒注入加热至一定温度的模膛内，加压成型后冷却固化，这种工艺主要用于热固性塑料，目前也用于压制热塑性塑料。

(2) 挤压　也称压注成型。把塑料放在加料室内加热呈粘流态，在活塞压力下挤入模膛成型(见图 9-1)。这种制品尺寸、形状精度较高。

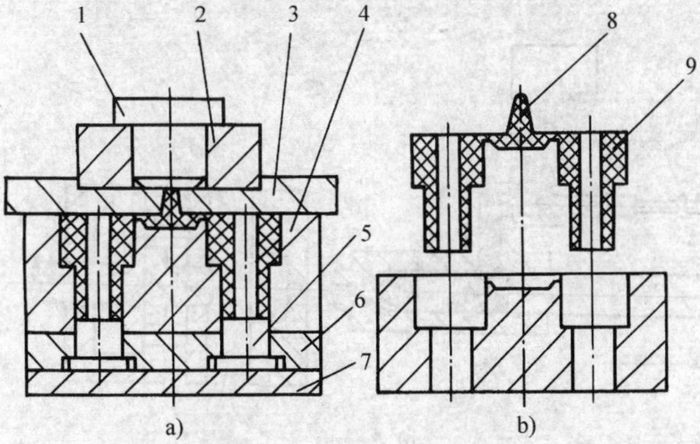

图 9-1　塑料的压注成型

1—柱塞　2—加料腔　3—上模座　4—凹模

5—凸模　6—凸固定板　7—下模座　8—料头　9—制品

(3) 挤出　由加料斗进入料筒的塑料加热呈粘流态，经螺旋压力输送机从口模连续挤出塑料型材(见图 9-2)。

(4) 注射　将塑料放入专用注塑机的加料斗，加热呈糊状，再通过加压机构使糊状塑料从料斗末端的喷嘴注入闭合的模膛内，冷却后脱模，取出制品(见图 9-3)。注射法生产率高，易自动化，可制复杂、精密和嵌金属的制品。

(5) 吹塑　把熔融状态的塑料坯料置于模具内，用压缩空气将坯料吹胀，使之紧贴模具内腔成型(见图 9-4)。这种方法用于制造中空制品和薄膜。

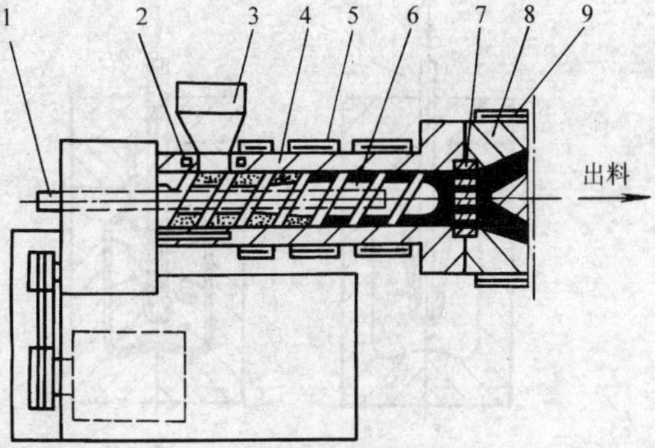

图 9-2　挤出成型

1—螺杆冷却水入口　2—料斗冷却区　3—料斗

4—机筒　5—机筒加热器　6—螺杆　7—多孔板

8—挤出模　9—机头加热器

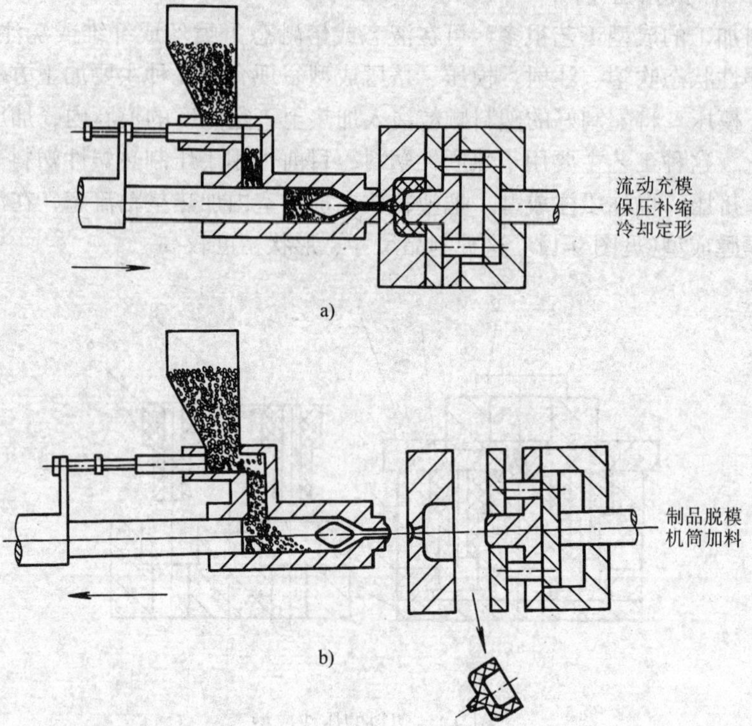

图 9-3　塑料的注射成型

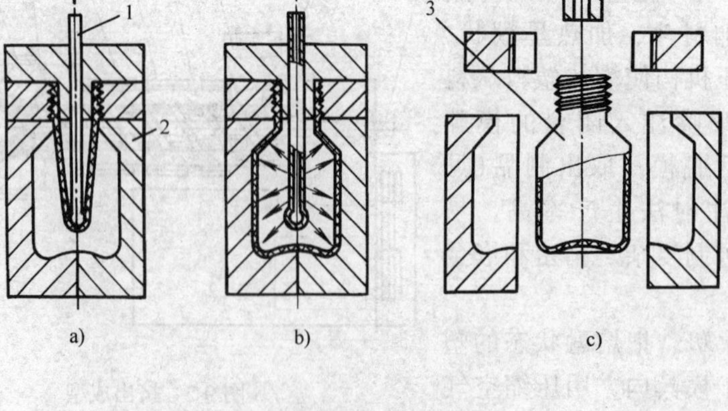

图 9-4　吹塑成型原理

1—吹管(兼作拉伸芯棒)　2—吹塑模　3—制品

(6) 切削加工　塑料也可以进行车、刨、钻、铰、镗、攻螺纹、锯、锉等切削加工，以满足结构和精度要求。塑料导热性差，弹性大，切削用量应小，刀具刃口要锋利，切削速度宜高，进给量宜小。

(7) 焊接　用热熔的方法使两塑料件对接面加热熔化，加压冷却后即焊接成一体。或在两对接面涂以适当溶剂，使之溶胀、软化、加压，从而实现联接。

二、合成橡胶

1. 橡胶的特性

橡胶也是一种高分子材料，在常温下处于高弹性状态，并具有良好的耐磨、隔音、阻尼性和绝缘性。橡胶的特点是受氧化、光照射易老化，失去弹性。大部分橡胶不耐酸、碱、油及有机溶剂。

2. 橡胶的分类

橡胶分为天然橡胶和合成橡胶。

(1) 天然橡胶　天然橡胶是橡树乳，经凝固、干燥、加压等工序后制成片状生胶，再经硫化后制成品。天然橡胶是良好的绝缘体，耐碱，但耐油、耐溶性差，不耐高温，在 -70℃以下失去弹性，主要用于制造轮胎、胶带、胶管、密封垫等。

(2) 合成橡胶　由于天然橡胶数量、性能不能满足工业需要，于是发展了以石油为主要原料的合成橡胶，多以烯烃，特别是丁二烯为主要单体聚合而成。

3. 橡胶制品的加工

橡胶制品一般经过塑炼、混炼、成型、硫化几个工艺过程。

塑炼是在高温下通过氧化作用或在较低温度下由机械作用而使橡胶分子裂解以减小分子量，从而提高橡胶塑性。

混炼是将各种配合剂(塑炼胶、防老剂、填料、软化剂、硫化促进剂)按顺序均匀分散到橡胶中去的过程，一般靠机械混合。

成型是将混炼好的胶模压、挤压成型或涂到织物上，形成产品形状。

硫化是在橡胶中加入硫化剂(常用硫磺)和其他配料后加热、加压，使线型结构分子相互交联为网状结构，强度、稳定性提高，弹性增强，塑性降低，并具有不溶、不融特性。这是橡胶加工中最重要的工序。

4. 橡胶制品的特点和用途

合成橡胶制品的特点和用途见表 9-2。

5. 橡胶制品的维护

橡胶制品应注意使用和维护，尽量避免氧化、光照、高温和低温；不工作时应处于松弛状态，不与酸、碱、油类及有机溶剂接触。

表 9-2　常用合成橡胶的特点和用途

类别	名称	优点	缺点	用途举例
通用橡胶	丁苯(SBR)	耐磨性较突出，耐老化和耐热性超过天然橡胶	加工性较天然胶差，特别是自粘差	轮胎、胶板、胶布等通用制品
	异戊(IR)(又称合成天然胶)	有天然胶的大部分优点，吸水性低，电绝缘性好，耐老化优于天然胶	成本较高，弹性比天然胶低，加工性能较差	胶管、胶带
	顺丁(BR)	弹性与耐磨性优良，耐寒性较好，易与金属粘合	加工性能差，自粘性差，抗撕性差	轮胎及耐寒运输带
	丁基(HR)	耐老化性、气密性及耐热性优于通用橡胶；吸振、阻尼特性良好，耐酸、碱及一般无机介质及动植物油脂	弹性大、加工性能差；耐光老化性差，动态生热大	内胎、水胎、化工容器衬里及防振制品
	氯丁(CR)	物理力学性能好，耐候性良好，耐油及耐溶性较好	密度大，相对成本高，电绝缘性差，难加工	胶管、胶带、电缆胶粘剂、压制品、汽车门窗嵌条等
	丁腈(EBR)	耐油性及气体介质优良；耐热性较好，可达 150℃；气密性和耐水性好	耐寒性及耐臭氧性较差，加工性不好	输油管、耐油密封圈、胶碗、O 形圈、汽车配件及一般耐油制品
特种橡胶	聚氨酯(UR)	耐磨性高于其它各种橡胶；抗拉强度最高可达 3.5MPa；耐油性良好	耐酸、碱和水性差，高温性能差，动态生热大	衬套、胶辊、实芯轮胎，同步带及耐磨制品
	丙烯酸酯(AR)	耐热性较好，耐老化及耐候性良好	耐低温性较差，不耐水	汽车配件，如油封、胶碗

三、胶粘剂

胶粘剂是以富有粘性的物质为基料，加入各种配合剂，能将物件粘在一起，使胶接面有足够联接强度。

1. 胶粘剂的组成和功用

天然胶粘剂有骨胶、虫胶、桃胶和树脂等。目前大量使用人工合成树脂胶粘剂，它由粘料(一般是高聚物，如酚醛树脂、环氧树脂、丁腈橡胶等)、固化剂、改性剂(填料、增韧剂、增塑剂、稀释剂等)按不同配方组成。

胶接可以部分代替铆接、焊接和螺纹联接，可以接合无法焊接的金属，还可使金属与橡胶、塑料、陶瓷等非金属材料粘合，特种胶粘剂还有密封、导电、耐高低温、导磁等特殊性能。胶粘工艺在工业生产、零件修理、堵漏、密封等方面，使用越来越广泛。

2. 胶粘剂的分类、代号及应用

胶粘剂主要按粘料分类，也按胶粘剂的物理形态、硬化方法和被粘物材质分类。

(1) 按胶粘剂主要粘料属性分类　分为七大类和若干小类，如表 9-3 所示。

表 9-3　胶粘剂主要粘料分类

大　　类(代号)	部分小类、组别(代号)
动物胶(100)	血液胶(110)、骨胶(121)、皮胶(122)等
植物胶(200)	羧甲基纤维素(211)、淀粉(221)、天然树酯类(230)、天然橡胶类(250)等
无机物及矿物胶(300)	硅酸钠(311)、磷酸盐(313)、金属氧化物(315)、石油树脂(321)、石油沥青(322)等
合成弹性体(400)	丁苯橡胶(412)、丁腈橡胶(413)、丁基橡胶(424)，氯丁橡胶(431)、硅橡胶(441)、聚硫(474)、丙烯酸酯橡胶(481)等
合成热塑性材料(500)	聚乙酸乙烯酯(511)、聚乙烯醇缩醛(515)、聚苯乙烯类(520)、丙烯酸酯聚合物(531)、氰基丙烯酸酯(534)、聚氨酯类(550)、聚酰氨类(570)、聚砜(582)
合成热固性材料(600)	环氧树酯类(620)、有机硅树脂类(640)、聚氨酯类(650)、酚醛树酯类(660)、呋喃树酯类(680)、杂环聚合物(690)等
热固性、热塑性材料及弹性体复合(700)	酚醛—丁腈型(711)、酚醛—氯丁型(712)、酚醛—环氧型(713)、酚醛—缩醛型(714)、环氧—聚砜型(723)、环氧—聚酰氨型(724)、其他复合型结构胶粘剂(730)等

(2) 按胶粘剂物理形态分类　分为七类(括号内是各类的代号)：无机溶剂液体①：有机溶剂液体②；水基液体③；膏、糊状④；粉、粒、块状⑤：片、膜、网、带状⑥：条、棒状⑦。

(3) 按胶粘剂硬化方法分类　分为 11 类(括号内是各类的代号)：低温硬化(a)；常温硬化(b)；加温硬化(c)；适合多种温度区域硬化(d)；与水反应固化(e)；厌氧固化(f)；辐射硬化(g)；热熔冷硬化(h)；压敏粘接(i)；混凝或凝聚(j)；其他(k)。

(4) 按被粘物材质分类　分为 22 类(括号内是各类的代号)：例如多类材料(A)；木材(B)；金属及合金(G)；合成橡胶(N)；硬质塑料(P)等。

(5) 按应用性能分类①结构胶，胶接强度较高，用于受力较大的结构件胶接；②非结构胶，胶接强度较低，用于非受力部位或构件；③密封胶，起密封作用；④浸渗胶，渗透性好，能浸渗铸件等，堵塞微孔、砂眼；⑤功能胶，具有特殊功能，如导电、导磁、导热、耐超低温、应变及点焊胶接等，以及具有特殊的固化反应，如厌氧性、热熔性、光敏性、压敏性等。

胶粘剂的代号按 GB/T13553—1996 的规定表示如下：

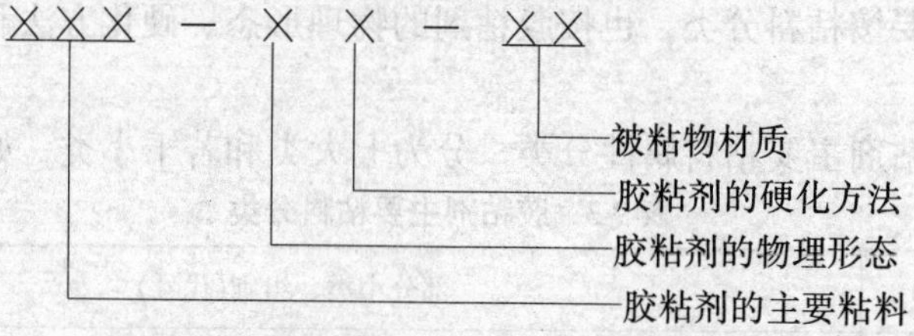

其中第一段用三位数字分别代表胶粘剂主要粘料的大类、小类和组别；第二段的左边数字代表胶粘剂的物理形态，右边小写字母代表胶粘剂的硬化方法；第三段两位大写字母代表被粘物材质。例如 620-4b-p 表示环氧树脂膏状胶，常温硬化，被粘材料可以是硬塑料。

常见胶粘剂及适宜胶接的某些材料列于表 9-4。

表 9-4　常用胶粘剂及适宜粘接材料

胶粘剂类型 / 被胶接材料	乙烯-醋酸乙烯共聚物	聚丙烯酸酯	α-氯基丙烯酸酯	聚氨酯	不饱和聚酯	环氧	聚酰亚胺	环氧-丁腈	酚醛-缩醛	酚醛-丁腈	酚醛-氯丁	氯丁橡胶	有机硅橡胶	含氟胶	无机胶
钢铁，铝合金	△	+	+	+	+	++	+	++	++	++	△	△	(△)	△	+
热固性塑料		+	+	+	+	++	+	+	++	+	△	△			+
硬聚氯乙烯	++	△	△	△								△			
软聚氯乙烯	△		△	△								△			
聚乙烯聚丙烯		(△)	(△)	(△)		(△)						(△)			
氟塑料		(△)	(△)	(△)		(△)				(△)		(△)		+	
聚酰胺（尼龙）			△	△		△				△					
聚碳酸酯		+	+	+	△	+									

（续）

被胶接材料＼胶粘剂类型	乙烯-醋酸乙烯共聚物	聚丙烯酸酯	α-氰基丙烯酸酯	聚氨酯	不饱和聚酯	环氧	聚酰亚胺	环氧-丁腈	酚醛-缩醛	酚醛-丁腈	酚醛-氯丁	氯丁橡胶	有机硅橡胶	含氟胶	无机胶
聚甲醛				+		+									
ABS		△	+	+	△	+				△	△	△			
橡胶（天然、丁腈等）		△	+	+		△		△		△	++	++			
氟硅橡胶													+	+	
玻璃、陶瓷		+	+	△	△	+	+	+	+	+			−		++

注：表中＋＋表示胶接强度优；＋表示较好；△表示可以；在符号上加（ ）表示被胶接材料需进行化学处理。

3. 胶接工艺

胶接工艺一般分下面几个步骤：

（1）接头设计　接头设计可采用板条搭接、角接、T型、嵌接、套接等方式，使胶接面积和机械紧固力尽可能大，以提高接头的承载能力。

（2）表面处理　一是净化表面，除油、除锈、除尘、除水；二是经机械加工（如打磨）使接缝严密，微观粗糙；三是个别情况经表面活性处理而得到特殊表面。

（3）配胶　单组分胶搅匀即可，双组分或多组分胶按比例配好后搅匀。

（4）涂胶　涂胶应均匀，厚度0.03～0.15mm为宜，避免太厚。

（5）晾置　有些胶，如801、502等晾置一段时间使溶剂挥发或吸收水分后再接合，粘接效果较好。

（6）叠合　将被胶接物两表面紧密接合起来。橡胶型胶粘剂叠合应一次对准位置，不可错动，并敲打、压平、排气；液体无溶剂胶粘剂叠合后来回错动几次，以调匀胶层，增加接触。

（7）固化　固化是胶粘剂经过物理、化学反应而凝固的过程，这一过程对胶接质量影响很大，应特别注意控制好温度、压力、时间。

第二节 陶　　瓷

一、陶瓷的分类

陶瓷是一种无机非金属材料，在现代工业中有重要应用，它与传统的陶瓷材料概念是不同的。陶瓷材料一般分为普通陶瓷、特殊陶瓷和金属陶瓷三类。

(1) 普通陶瓷　它是以天然硅酸盐矿物(粘土、长石、石英)经粉碎、压制成型、烧结而成的制品，如日用陶瓷，建筑陶瓷、电绝缘陶瓷等。

(2) 特殊陶瓷　特殊陶瓷采用高纯度人工合成材料烧结而成，具有特殊物理、化学性能。

(3) 金属陶瓷　用粉末冶金法制成工具、耐热制品等。

二、陶瓷的组织结构

陶瓷是高温烧结形成的致密固体物质，组织结构比金属复杂，有晶相、气相和玻璃相。各相的数量、形状、分布不同，陶瓷的性能不同。

(1) 晶相　它是陶瓷的主要组成相，决定陶瓷的主要性能。组成陶瓷晶相的晶体通常有硅酸盐、氧化物和氮化物等，它们的结合键为离子键或共价键。陶瓷一般也是多晶体，细化晶粒可改善其性能。

(2) 玻璃相　它是陶瓷烧结时各组分通过物理化学作用而形成的非晶态物质，熔点较低，结构疏松，使陶瓷耐热性和电绝缘性降低，因此常将含量控制在20%～40%内。它的主要作用是粘结分散的晶体，抑制晶粒长大并填充气孔。

(3) 气相　它是陶瓷中存在的气孔，占陶瓷体积5%～10%，分布在玻璃相、晶界、晶内，使组织致密性下降，降低强度和抗电击穿能力，材料脆性增加。因此应力求降低气孔大小、数量，并使其分布均匀。

三、陶瓷的性能

(1) 力学性能　弹性模量比金属高，硬度高，抗压强度高，但脆性大，抗拉强度低，塑性和韧性也很小。

(2) 热性能　熔点高(2000℃以上)，抗蠕变能力强，热膨胀系数和导热系数小，1000℃以上仍能保持室温性能。

(3) 电性能　一般是优良绝缘体，个别特殊陶瓷具有导电性和导磁性，属新型功能材料。

(4) 化学性能　非常稳定，耐酸、碱、盐等的腐蚀，不老化，不氧化。

四、常用陶瓷材料

1. 特殊陶瓷

(1) 高温陶瓷　如氧化铝陶瓷，被称作刚玉瓷，1200℃时硬度80HRA，且强度高，绝缘性、耐蚀性好，广泛应用于刀具、内燃机火花塞、坩埚、热电偶绝缘套、导弹天线、瞄准仪等工业领域。另一类如碳化硅陶瓷，高温强度很高，硬度接近金刚石，用做耐热元件、耐磨元件、砂轮磨料等。

(2) 金属陶瓷　它是金属与陶瓷组成的非均匀复合材料，具有高强度、高韧性，耐高温、耐蚀的特点。金属陶瓷作为工具材料和耐高温、耐蚀材料，广泛应用于机床刀具(如硬质合金)、航空涡轮喷气发动机、汽车发动机等。金属陶瓷硬质合金有：

1）钨钴类硬质合金　主要成分是碳化钨和钴。牌号以“YG”代表“硬”、“钴”，以数字代表钴的质量百分比。例如，YG3、YG6、YG8 表示钨钴类硬质合金，钴的质量百分比分别为 3%、6%、8%，余量为碳化钨。这类合金刀具切削韧性材料时耐磨性较差，适合加工铸铁、青铜等脆性材料。

2）钨钴钛类硬质合金　主要成分是碳化钨、碳化钛和钴。牌号以“YT”代表“硬”、“钛”，以数字代表碳化钛的质量百分比。例如，YT5、YT15、YT30 分别表示 TiC 质量百分比 5%、15%、30%的钨钴钛类合金。这类硬质合金刀具切削韧性材料时较耐磨，适合加工钢件。

3）通用硬质合金　为了弥补以上合金的缺陷，添加少量碳化钽(TaC)、碳化铌(NbC)等并细化晶粒，形成通用硬质合金或称万能硬质合金。牌号中“YW”代表“硬”、“万”，数字代表顺序号。这类合金刀具适合加工各类钢材，特别是不锈钢、耐热钢、高锰钢等难加工钢材，效果很好。

2. 敏感陶瓷

它是采用粉末冶金方法制成的精细陶瓷，有半导体陶瓷(如氧化锡陶瓷)、介电陶瓷和压电陶瓷(如铁电陶瓷 $BaTiO_3$)、光学陶瓷、磁性陶瓷(如 $MgFe_2O_2$)等。用这些材料制成敏感元件或传感器，实现对光、电、磁、声、温度等信息的检测和传递，广泛应用于耐高温光学仪器，电子、电磁线路，超声波、声纳、声谱仪、激光、光导纤维、光储存材料，磁性记录元件，温度、压力传感，通讯、医疗、摄影、计算机、交通等领域，是当今新材料技术高速发展的产物。

第三节　复合材料

随着现代科学技术的发展，单一材料已无法满足工业生产的全面需要。另一方面，自然资源(如木材)日益贫乏，需要替代的新材料。因此，人工复合材料以其无比的优越性得到迅猛发展。

复合材料是由两种或两种以上物理和化学性质不同的材料经人工合成的多相固体材料。其中一种组成物为基体，是连续相，起粘合作用；另一种为增强材料，是分散相，可增加强度和韧性。

一、复合材料的分类

(1) 按基体材料分类　可分为高聚物基复合材料(如纤维增强塑料、轮胎等)、金属基复合材料(如纤维增强金属等)、陶瓷基复合材料(如夹网玻璃等)、水泥基复合材料。

(2) 按复合结构和增强材料形态分类　可分为颗粒填料复合材料(如金属陶瓷等)、纤维增强复合材料(如玻璃钢等)、层叠复合材料(如胶合板)、骨架复合材料(如填充泡沫塑料等)，结构示意见图 9-5。

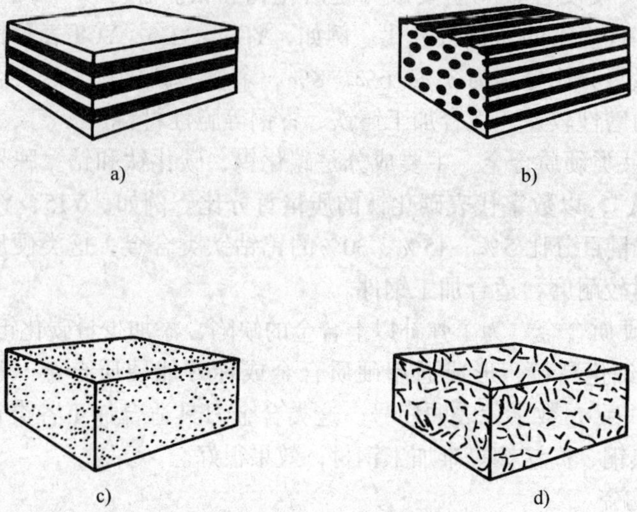

图 9-5　复合材料结构示意图

a）层叠复合　b）连续纤维复合　c）颗粒复合　d）短切纤维复合

(3) 按材料作用分类　用于制造受力构件的结构复合材料；具有各种特殊性能(如阻尼、导电、导磁、换能、摩擦、屏蔽等)的功能复合材料。另外还有同质复合材料(如碳/碳复合材料)与异质复合材料之分。

二、复合材料的性能特点

复合材料的出现是现代材料技术的一个突破。它综合了各种材料如纤维、树脂、橡胶、金属、陶瓷等的优点，按需要设计、复合成综合性能优异的新型材料。有科学家预计，21 世纪将是复合材料的时代。复合材料与单一材料比较，具有以下一些特点：

1）比强度和比模量高。如玻璃钢比强度可达 530MPa；又如用高强度、高模量的硼纤维、碳纤维增强铝基、镁基复合材料，既保留了铝、镁合金的轻质、导热、导电性，又充分发挥增强纤维的高强度、高模量，获得高比强度、高模量、导热、导电、热膨胀系数小的金属基复合材料，在航天飞机和人造卫星上应用，取得巨大成功；

2）疲劳强度高。由于大多数金属材料的疲劳强度极限低于碳纤维材料，因此碳纤维/聚酯类复合材料疲劳强度远远高于某些金属材料；

3）阻尼大，减振性好。复合材料界面具有吸振能力，使材料振动阻尼很高。由于复合材料比模量高，故具有高的自振频率；

4）高温下强度和抗疲劳性能好，热稳定性也较好。例如欧洲动力公司推出的碳纤维增强碳化硅基体陶瓷基复合材料，用于航天飞机高温区，在1700℃下保持20℃时的抗拉强度，并且具有较好的抗压性能，较高的层间抗剪强度；

5）过载安全性好。如纤维增强复合材料在断裂时，载荷会迅速重新分配到未破坏的纤维上，使整个构件在短期内不至于失去承载能力；

6）化学稳定性好，耐腐蚀。另外，复合材料可优选配料，采用整体成型，加工工艺性好。有些复合材料还有良好的减摩性、电绝缘性、光学、磁学特性等。金属基复合材料还具有导热、导电性能和尺寸稳定性、气密性等。

三、复合材料的制造方法

(1) 纤维的制取　用熔体抽丝法、热分解法、气相沉淀法、拔丝法，可分别制出玻璃纤维、碳纤维、硼纤维、金属纤维等。

(2) 纤维与树脂复合成型　可用手糊成型、压制成型、缠绕成型或喷射成型。

四、常用复合材料特点及用途

由于复合材料的优异性能和特点，在航空、汽车、轮船、压力容器、管道、传动零件以及生活用品各方面得到广泛应用。表9-5列出常用复合材料的性能、特点及用途。

表9-5　常用复合材料性能、特点及用途

类别	名　称	性能及特点	用途举例
纤维复合材料	玻璃纤维复合(玻璃钢)	热固性树脂与纤维复合，抗拉、抗弯、抗压、抗冲击强度高，脆性低，收缩小。热塑性树脂与纤维复合，抗拉、抗弯、抗压、弹性模量、抗蠕变性均提高，热变形温度显著上升，冲击韧度下降，缺口敏感性改善	主要用于耐磨、减摩及一般机械零件、密封件、仪器仪表零件、管道、泵阀、汽车及船舶壳体、槽车等
	碳纤维、石墨纤维复合	碳—树脂复合、碳—碳复合、碳—金属复合、碳—陶瓷复合等，比强度、比模量高，线胀系数小，摩擦磨损小，自润滑性好	在航空、宇航、原子能等工业中用于压气机叶片、发动机壳体、轴瓦、齿轮等
	硼纤维复合	硼与环氧树脂复合，比强度高	用于飞机、火箭结构件，可减轻重量25%～40%
	晶须复合(包括自增强纤维复合)	晶须是单晶，机械强度特别高。用晶须毡与环氧树脂复合的层压板，抗弯模量可达70000MPa	可用于涡轮叶片
	石棉纤维复合	温石棉及闪石棉，与树脂复合，前者不耐酸；后者耐酸、较脆	用于密封件、制动件、绝热材料等
	植物纤维复合	木纤维或棉纤维与树脂复合而成纸板、层压布板，综合性能好，绝缘	用于电绝缘、轴承

（续）

类别	名　称	性能及特点	用途举例
颗粒复合材料	金属粒与塑料复合	金属粉加入塑料，可改善导热及导电性，能降低线胀系数等	高含量铅粉塑料做γ射线的罩屏及隔音材料，铅粉加入氟塑料作轴承材料
	陶瓷粒与金属复合	改善高温、耐磨、耐腐蚀、润滑性能	氧化物金属陶瓷做高切速及高温材料；碳化铬用做耐腐蚀、耐磨喷嘴、重载轴承、高温无油润滑件；钴基碳化钨用于切割、拉丝模、阀门；镍基碳化钨用作火焰管喷嘴等高温零件
层叠复合材料	多层复合	钢—多孔性青铜—塑料三层复合	用于轴承、垫片、球头座耐磨件
	塑料复合	普通钢板上覆一层塑料，以提高耐腐蚀性	用于日用化工及食品工业
骨架复合材料	多孔浸渍材料	多孔材料浸渗低摩擦系数的油脂或氟塑料，浸树脂的石墨	可作油枕及轴承，抗磨材料
	夹层结构材料	质轻、抗弯强度大	可做飞机机翼、舱门、大电机罩等

复习思考题

9-1　高分子化合物结构的特点与其性能有什么关系？

9-2　塑料由哪几部分组成？一般有哪些特性？

9-3　常用塑料的加工方法有哪几种？

9-4　选用塑料时应考虑哪些因素？

9-5　天然橡胶与合成橡胶各有何特性？在应用上有何区别？

9-6　什么是橡胶的硫化？硫化的作用是什么？

9-7　试举例几种常用胶粘剂及其适宜粘结的材料。

9-8　陶瓷材料具有哪些特性？

9-9　特种陶瓷和金属陶瓷在成分上有何区别？金属陶瓷可望在工业上的应用有哪些？

9-10　什么叫复合材料？它有什么特点？

9-11　常见的复合材料增强结构有几种？

第十章　铸　　造

第一节　概　　述

机械设备都是由符合技术要求的零件或部件组装的，而所有零件或部件则都直接来源于毛坯或毛坯加工的产品。从图 10-1 所示的机器设备制造过程示意图中不难想象，毛坯生产在整个机器制造过程中处于极为重要的环节。

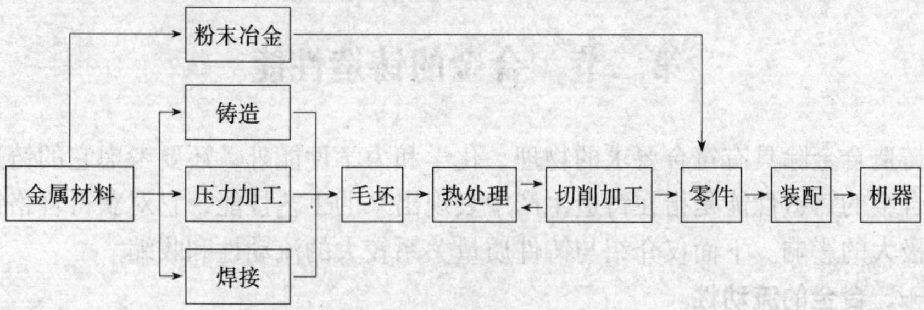

图 10-1　机器设备制造过程

根据零件的工作条件及技术经济要求，毛坯主要可以通过四类不同的生产方法来制造，这就是：铸造(液态成形)、压力加工(塑性成形)、焊接、粉末冶金(即使用粉末原料经制坯、压制成型、烧结等一系列工序)。无论哪一种成形方法获得的毛坯，都可以根据零件的工作条件和性能要求，或直接作为零件使用，或经过加工、处理后作为零件使用。

将液态金属浇注到与零件的形状和尺寸相适应的铸型空腔中，待其冷却凝固，以获得毛坯或零件的生产方法，称为铸造。用于铸造的金属统称为铸造合金。铸造方法包括两大类：砂型铸造和特种铸造，其中砂型铸造是最常用的方法。

铸造生产具有如下优点：

1）可以制成形状复杂、特别是具有复杂内腔的毛坯，如箱体、汽缸体、床身、机座等，而且铸件的重量可轻仅几克，重达几百吨；

2）适应性强。工业中常用的金属材料，如碳素钢、合金钢、各种铸铁、青铜、黄铜、铝合金等，都可以用于铸造，其中应用最广的是铸铁；

3）铸造所用的原材料来源广泛，价格低廉，设备投资小，铸件成本较低。

因此，铸造方法是最常用的毛坯生产手段之一，广泛应用于机器制造业中。

现代各种类型的机器设备中，铸件仍占很大比重，例如，在机床、内燃机中，铸件占机器总重的70%～80%，农机中占40%～70%。

铸造生产存在的主要问题：

1）铸造生产过程较复杂，工序多，影响铸件质量的因素较多，所以废品率较高。特别是手工造型，劳动强度大，生产率低，铸件质量不够稳定；

2）由于铸件质量问题不仅涉及铸型工艺，还与铸型材料、模具、合金种类、合金熔炼及浇注等因素密切相关，而这些因素在生产过程中较难综合、精确地控制，所以，铸件一般较容易出现成分和组织不太均匀、晶粒较粗、缩孔、缩松、气孔、夹渣、砂眼等缺陷，使铸件的力学性能一般不如锻件高。

随着铸造技术的不断发展，只要控制好每个生产环节和正确选择相关的铸造方法(如特种铸造)，这些问题已经或正在逐步得到改善和解决。

第二节　合金的铸造性能

铸造合金除具有符合要求的物理、化学和力学性能外，还要考虑它的铸造性能。合金的铸造性能是指在铸造生产中表现出来的工艺性能，它对获得合格铸件具有极大的影响。下面仅介绍与铸件质量关系较大的流动性和收缩。

一、合金的流动性

1. 流动性及其对铸件质量的影响

金属液充满铸型的能力称为流动性。合金的流动性好，容易充满铸型，能获得外形完整、轮廓清晰、尺寸精确、薄而复杂的铸件；合金凝固收缩时能得到补缩；此外还有利于非金属杂质及气体的上浮和排除，使铸件的质量提高。相反，流动性差的合金，由于充型不好，可使铸件产生浇不足、冷隔、气孔和夹渣等缺陷。

2. 影响流动性的因素

影响合金流动性的因素很多，其中主要是合金的化学成分、浇注温度及铸型条件等。

(1) 化学成分　位于共晶成分附近的合金，凝固温度低，凝固范围窄，流动性好；离开共晶点越远，凝固范围越宽，其流动性越差。这是由于枝晶发达，会阻碍金属液的流动。铸铁中的硅和磷可提高铁水的流动性，而硫则使铁液的流动性降低。在常用的铸造合金中，铸铁和有色合金的流动性较好，铸钢较差。

(2) 浇注温度　提高浇注温度可使金属液的粘度下降，同时因过热度大，金属液含热量增加，传给铸型的热量也增多，减慢了金属液的冷却速度，使合金的流动性提高。所以高温浇注是防止铸件产生浇不足、冷隔和某些气孔、夹渣等铸造缺陷的主要工艺措施。但过大地提高浇注温度，会使合金的总收缩量增加，吸气增多，氧化严重，晶粒粗大，又会使铸件产生缩孔、缩松、粘砂和气孔等缺陷。

(3) 铸型条件　直浇口过低，浇注系统截面大小或布置得不合理，铸型材料导热性过高，铸型排气不畅或透气性不好，都要降低合金的流动性。另外，湿型要比干型对合金流动性的影响大。

二、合金的收缩

1. 合金的收缩及其影响因素

铸件在凝固和冷却过程中，其体积和尺寸减小的现象称为收缩。收缩能使铸件产生缩孔、缩松、内应力、变形和裂纹等缺陷，严重地影响铸件的质量。

金属从浇注温度冷却到室温，要经历三个互相联系的收缩阶段：

(1) 液态收缩　从浇铸温度冷却到凝固开始温度(液相线温度)的收缩。

(2) 凝固收缩　从凝固开始温度冷却到凝固终止温度(固相线温度)的收缩。

(3) 固态收缩　从凝固终止温度冷却到室温的收缩。

液态收缩和凝固收缩表现为合金的体积缩小，通常用体收缩率来表示，它们是使铸件产生缩孔、缩松缺陷的基本原因。固态收缩只引起铸件外部尺寸的变化，通常用线收缩率来表示，它是铸件产生内应力、变形和裂纹等缺陷的主要原因。

铸件的收缩与合金的种类、化学成分、浇注温度和铸型条件等有关。

(1) 化学成分　不同的铸造合金有不同的收缩率。在常用合金中，铸钢收缩最大，灰铸铁最小。碳素钢随 w_C 的增加，凝固收缩要增加，固态收缩略有减少。灰铸铁由于大部分的碳是以石墨状态存在，因石墨比热容大，在结晶过程中，析出石墨所产生的体积膨胀，抵消了一部分收缩。硅是促进石墨化的元素，所以碳硅含量越多，收缩就越小。硫能阻碍石墨的析出，使铸件的收缩率增大，若适当提高含锰量，可减小硫对石墨化的阻碍作用，使收缩率减小。但含锰量过高，也有阻碍石墨化的作用，又使铸铁的收缩率有所增加。

(2) 浇注温度　浇注温度越高，过热度越大，液态收缩增加。

(3) 铸型结构与铸型条件　合金在铸型中并不是自由收缩，而是受阻收缩。其阻力来自两个方面：①铸件各部分冷速不同，相互制约而对收缩产生阻力；②铸型和型芯对收缩的机械阻力。显然，铸件的实际线收缩率比合金的自由线收缩率小。因此，在设计模型时，应根据合金的材质，铸件的形状、尺寸等，选用适当的收缩率。

2. 缩孔和缩松

(1) 缩孔和缩松的形成　液态金属在铸型内凝固时，如果收缩得不到补充，在铸件最后凝固的部位将形成孔洞，这种孔洞称为缩孔。

缩孔可分为集中缩孔和分散缩孔两类。集中缩孔是容积较大的孔洞，通常所说的缩孔是指集中缩孔。分散缩孔通常称为缩松。

1）缩孔　缩孔通常隐藏在铸件上部或最后凝固的部位，有时经机械加工可暴露出来。在某些情况下，缩孔产生在铸件的上表面，呈明显凹坑，这种缩孔又称为“明缩孔”。缩孔的外形特征是：形状不规则，但多近于倒圆锥形，其内表面粗糙。

缩孔的形成过程如图 10-2 所示。金属液填满铸型(图 10-2a)后，由于铸型吸热，靠近型腔表面的金属液很快就降低到凝固温度，结成一层外壳(图 10-2b)；温度继续下降，凝固层加厚，内部的剩余液体由于液态收缩和补充凝固层的凝固收缩，体积缩减，液面下降，在铸件内出现了空隙(图 10-2c)；温度继续下降，外壳继续加厚，液面不断下降，待内部完全凝固，则在铸件上表面形成了缩孔(图 10-2d)；已经产生缩孔的铸件自凝固终止温度冷却到室温，因固态收缩使外廓尺寸略有缩小(图 10-2e)。

纯金属或共晶成分的合金，易于形成集中缩孔。

2）缩松　根据铸件凝固的情况，缩松可能分散在铸件的某一个区域内，也可能分布在铸件壁的中心轴线上。前者是分散性缩松，后者是轴线缩松。缩松的形成可由图 10-3 所示的圆柱形铸件来说明。铸件首先从外层开始凝固，但凝固的前沿凹凸不平(图 10-3a)；在圆周方向散热条件相近，凝固的前沿几乎同时到达中心，形成一个同时凝固区，并分隔成许多小液体区(图 10-3b)；最后这些数量极多的小液体区凝固收缩时，得不到补缩而形成缩松(图 10-3c)。

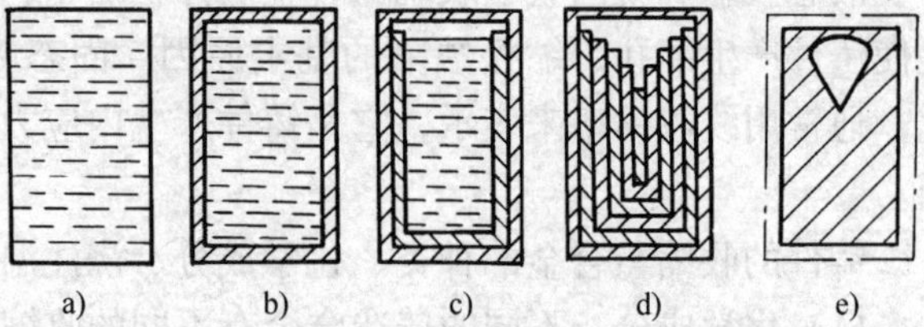

图 10-2　缩孔的形成过程

缩松在铸件中是难以完全避免的，对于一般铸件通常不作缺陷看待，如果要求铸件有高的气密性，防止在压力下渗漏，或要求特殊的物理、化学性能时，就要防止或减少缩松缺陷。

（2）缩孔的防止方法　缩孔是因凝固时的收缩得不到金属液补充而引起的。所以只要合理地控制铸件的凝固，使之实现顺序凝固，并适当的补充金属液，缩孔是可以防止的。在铸件可能出现缩孔的厚大部位（热节）

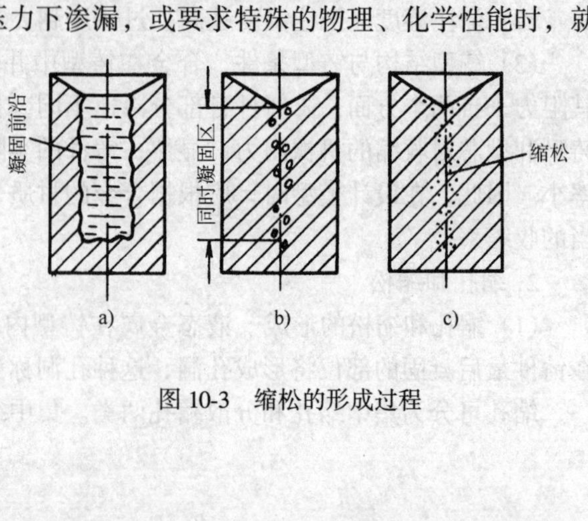

图 10-3　缩松的形成过程

处，增设冒口或冷铁等，使铸件远离冒口处先凝固，接着是靠近冒口处凝固，最后才是冒口本身凝固，这样就可以把缩孔转移到冒口之中。图 10-4 为利用冒口和冷铁造成顺序凝固的实例。图 10-4 中左边表示没有冒口时在热节处可能产生缩孔，右边表示增设冒口和冷铁后，铸件实现了顺序凝固，防止了缩孔。但安置冒口浪费金属，耗费工时，使铸件成本增加，而且会加大铸件内应力，易于产生变形和裂纹。因此，此法主要用于铸钢、球墨铸铁、可锻铸铁及黄铜等凝固收缩大的铸件。

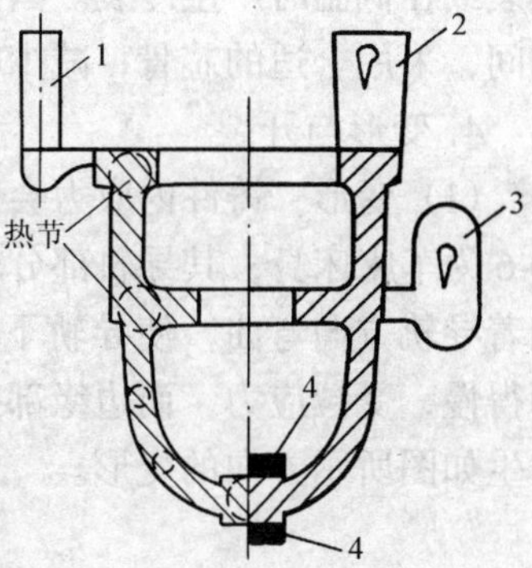

图 10-4　阀体铸件的两种铸造方案

1—浇口　2—明冒口

3—暗冒口　4—冷铁

3. 铸造内应力

铸件在凝固后继续冷却的过程中产生的固态收缩受到阻碍时，会产生铸造内应力。它是铸件产生变形和裂纹等缺陷的主要原因。铸造内应力可分为热应力和收缩应力两种。

(1) 热应力　热应力是由于铸件壁厚不均匀，造成各部分冷却速度不同，收缩不一致而产生的。

固态合金在较高温度时，塑性较好，在较小收缩外力的作用下，就发生塑性变形，不会产生内应力。在较低温度下收缩时，产生弹性变形就会产生内应力。

热应力使铸件薄壁和表面部分受压应力,厚壁和内部区域受拉应力。合金固态收缩率越高,铸件壁厚差别越大,热应力也越大。采用顺序凝固,也会使热应力增大。

预防热应力的基本途径是尽量减少铸件各部分的温差，使其均匀冷却。为此，设计铸件时，应尽量使其壁厚均匀，避免热节，并在工艺上采用同时凝固的原则。这样，就应将内浇口开在铸件薄壁处，在厚壁处安放冷铁(图 10-5)。同时凝固可减少铸造内应力，防止铸件产生裂纹、变形等缺陷，而且，因不用冒口而省工、省金属。其缺点是铸件的中心部位易出现缩松(或缩孔)。它主要用于灰铸铁及锡青铜等铸件，也可用于薄壁铸钢件或其它易裂易变形的铸件。

(2) 收缩应力　它是铸件收缩时受到机械阻碍而产生的内应力(又称机械应力)。形成机械阻碍的原因很多，如型砂或芯砂的高温强度过高、退让性差，砂箱箱带或芯骨吃砂量过少等。

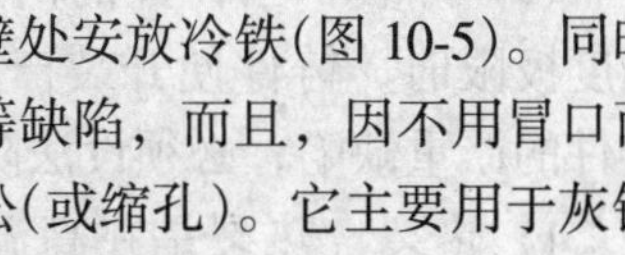

图 10-5　铸件的同时凝固

收缩应力可使铸件产生拉伸或剪切应力，这种应力是暂时的，铸件经打箱或取出型芯后，应力便可消失。但是，收缩应力在铸型中能与热应力共同起作用，增大了拉伸应力，促使铸件在高温时产生热裂或在低温时产生冷裂。因此要选择退让性较好的型砂和芯砂，正确控制落砂时间，采用合适的芯骨，减少收缩应力。

4．变形与开裂

（1）变形　铸件内应力会使铸件变形，细而长或大而薄的铸件更易变形。图10-6为车床床身，其导轨部分较厚而受拉应力，床壁部分较薄而受压应力，于是朝着导轨方向弯曲，使导轨下凹。图10-7为平板铸件，中心部分比边缘部分冷却得慢，受拉应力，而边缘部分受压应力，铸型上面又比下面冷却快，于是平板发生如图所示方向的变形。

图10-6　车床床身弯曲变形示意图

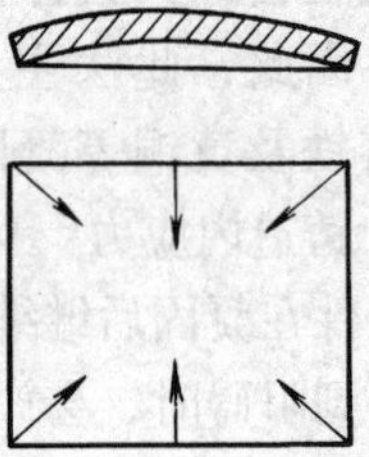

图10-7　平板铸件的变形

为了防止铸件变形，要求铸件壁厚均匀或形状对称(图10-8)。在工艺上使用同时凝固原则。对易变形的铸件，在制造木模时，制成与铸件变形相反的形状，可以抵消铸件产生的变形，这种方法称为反变形法。

冷却后的铸件若残留有较大的内应力，或对尺寸稳定要求较高的铸件如床身等，应进行自然时效或人工时效处理，消除内应力。

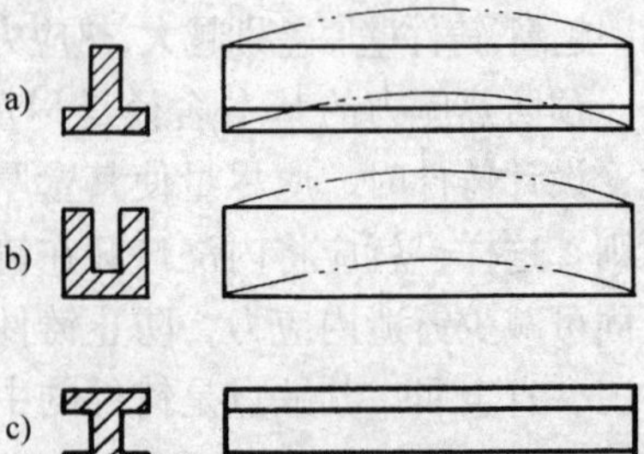

图10-8　铸件结构对变形的影响

（2）开裂　当铸件的内应力超过金属的强度极限时，铸件便开裂产生裂纹。裂纹是铸件的严重缺陷，必须设法防止。

1）热裂　热裂是在高温下形成的开裂。它的特点是裂纹短，缝隙宽，形状曲折，缝内呈氧化色。热裂是铸钢和铝合金铸件常发生的缺陷。为防止热裂，除改善铸件结构、提高砂型和型芯的退让性外，还要严格控制铸钢和铸铁中的含硫量，因为硫能增加热脆性。

2）冷裂　冷裂是在较低温度下形成的开裂。它常出现在铸件受拉伸的部位，其裂纹细小，呈连续直线状，裂口表面干净，呈金属本色，有时也呈轻微的氧化色。

壁厚差别大，形状复杂的铸件，尤其是大型薄壁铸件，或是有气孔和非金属夹杂物的部位，易产生冷裂。凡是减少铸造内应力或降低合金脆性的因素，都能防止产生冷裂。铸铁和铸钢中的磷能显著降低合金的冲击韧度，增加脆性，因此，在金属熔炼中，必须严格限制磷的含量。

第三节　砂 型 铸 造

砂型铸造是以型砂为造型材料、用人工或机器在砂箱内造出所需的型腔及必要的浇注系统的一类历史悠久、应用最为广泛的铸造方法。这种铸造方法适用于各种形状、尺寸及各类合金的铸件生产。图 10-9 为砂型铸造工艺过程示意图。图 10-10 为套筒的砂型铸造过程。

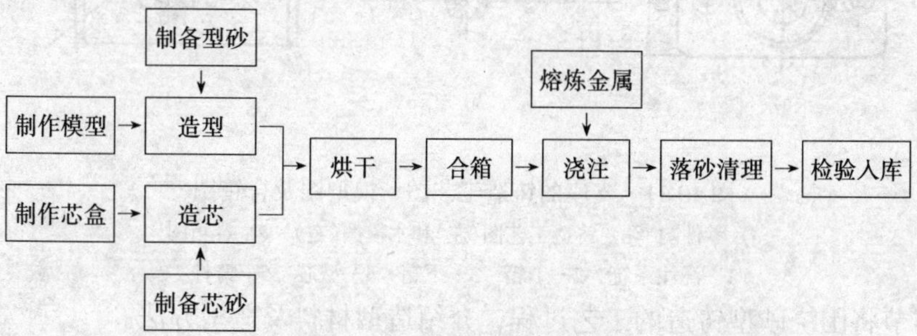

图 10-9　砂型铸造的工艺过程

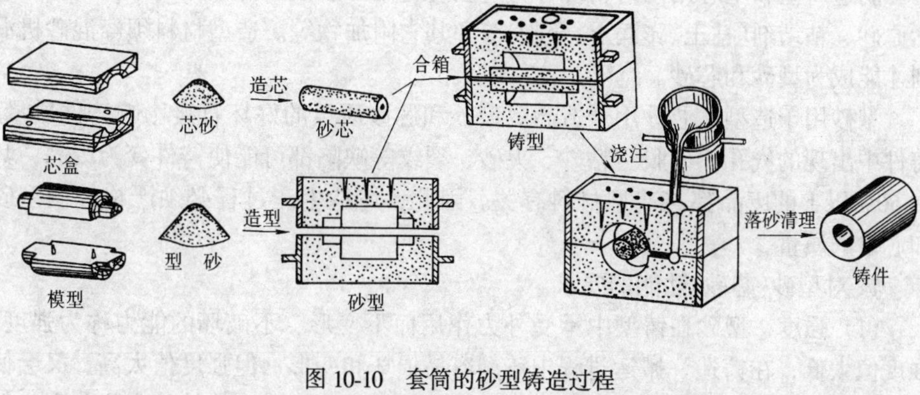

图 10-10　套筒的砂型铸造过程

掌握砂型铸造方法是合理选择铸造方法和正确设计铸件的基础。为了获得完好的铸件，减少铸型制造的工作量，降低铸件成本，在砂型铸造的准备过程中，就必须根据零件图制订铸造工艺方案，并绘出铸造工艺图。

铸造工艺图就是在零件图上用不同颜色和各种工艺符号表示出铸造工艺方案的图形，主要包括：浇注位置；铸型分型面；型芯数量、形状及固定方法；加工余量；起模斜度；铸造圆角；收缩率；浇注系统；冒口、冷铁的尺寸和布置等。铸造工艺图是指导模型(芯盒)设计、生产准备、铸型制造和铸件检验的基本工艺文件。依据铸造工艺图结合所选定的造型方法，便可绘制出模型图及合箱图，如图10-11所示。

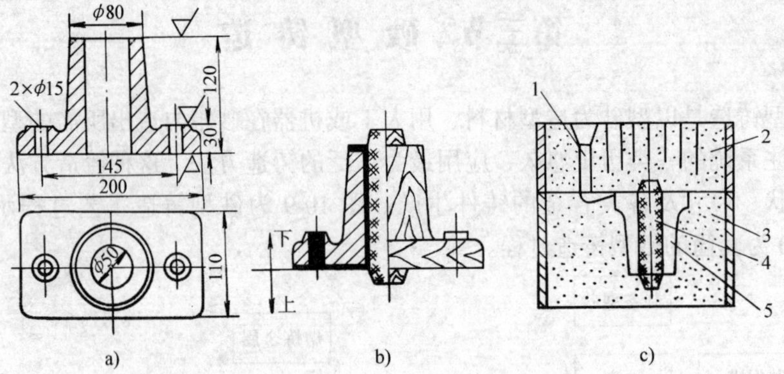

图10-11　支座的铸造工艺图、模型图及合箱图

a) 零件图　b) 铸造工艺图(左)和木模图(右)　c) 合箱图

1—浇注系统　2—上箱　3—下箱　4—型芯　5—铸件

本节将围绕砂型铸造的工艺过程，介绍造型材料及造型方法。

一、造型材料

制造铸型和型芯用的材料统称为造型材料。一般砂型铸造用的原材料主要包括原砂、粘结剂(粘土、膨润土、合脂)等和其它附加物等。造型材料须经混砂机混制才能成为型砂和芯砂。

型砂用于造型，芯砂用于造芯。型砂和芯砂质量的好坏直接影响铸件质量。铸件中出现的气孔、砂眼、粘砂、夹砂、裂纹等缺陷都可能使铸件变为废品，其中50%以上的废品都与造型材料有关。因此，铸造生产过程必须严格控制型砂和芯砂的质量。

1. 对型砂(芯砂)性能的要求

(1) 强度　型砂在铸型中承受外力作用而不变形、不破坏的能力称为强度。强度值太低，在铸造、搬运过程中铸型容易损坏和变形；但强度值太高，又会使铸型太硬、透气性和退让性较差，从而阻碍铸件的收缩，并使铸件产生气孔、较大的内应力和裂纹等缺陷。型砂的强度随粘土含量和紧实度的增加而增加，砂的粒度越细强度越高。型砂的含水量对强度也有很大的影响，过多或过少均使强度变低。

(2) 透气性　型砂可通过气体的能力称为透气性。高温金属液注入铸型时会产生大量的气体，这些气体必须通过铸型排出。型砂透气性不好，则气体排出太少或无法排出，就会进入铸件中形成气孔。

(3) 耐火性　型砂在高温金属液作用下不软化、不烧结的性能称为耐火性。其高低主要取决于砂子中的 SiO_2 含量。纯 SiO_2 的熔点为 1714℃。原砂中 SiO_2 含量越高，型砂的耐火度就越高；砂子粒度大，耐火性也高；杂质含量高时，SiO_2 的熔点降低，因而型砂的耐火性也降低。在生产铸铁件时，型砂中的 $w(SiO_2) > 85\%$ 即可满足要求。

(4) 退让性　当铸件冷却和凝固收缩时，型砂被压溃且不阻碍铸件收缩的能力称为退让性。退让性不足，会使铸件的收缩受阻，产生内应力、变形和裂纹等缺陷。在型砂中加入一些附加物(如锯木屑、焦炭粒等)可提高退让性。

(5) 流动性　型砂在自重和外力的作用下，砂粒之间相互位移的能力称为流动性。流动性好的型砂，容易充满模型周围的空间，且容易舂紧，从而获得松紧度均匀、轮廓清晰的型腔，并可减少舂砂的劳动强度，提高生产率(尤其是手工造型)。

(6) 可塑性　型砂在外力的作用下产生变形，当去除外力时仍能保持此变形的性能称为可塑性。型砂的可塑性好，则较柔软、易变形，起模性能也好。起模时通常在模型周围刷水，就是为了增加局部型砂的水分，以便提高其可塑性。

型芯(砂芯)往往处于高温金属液包围之中，工作条件十分恶劣，极易产生铸件缺陷，所以对芯砂，除上述各项性能要求比型砂更高些外，芯砂还应具有发气性小、出砂性好、吸湿性小等特点，以便保证型芯(砂芯)质量。

2. 型砂的分类和应用

按照粘结剂的不同，型(芯)砂可分为如下几类：

(1) 粘土砂　粘土砂是以粘土为粘结剂，由砂、粘土、水及附加物(煤粉、木屑等)按一定比例制备而成。粘土的储量丰富、来源广泛、价格低廉。粘土砂的回用性好，旧砂可以重复使用多次，因此应用最广。粘土砂根据其所制成的砂型烘干与否又可分为湿型砂和干型砂两大类。湿型铸造生产周期短并能节约烘干设备和燃料，但砂型强度较低，发气量较大，透气性差，因此主要用于中小型普通铸件。对于质量要求较高的中大型铸件，为了提高砂型和砂芯的强度和降低发气性，应采用干型铸造。

(2) 水玻璃砂　水玻璃砂是以水玻璃为粘结剂的一种型砂。水玻璃是硅酸钠的水溶液，是一种暗灰色的粘稠液体。在一定条件下，水玻璃可生成硅酸凝胶。水玻璃砂就是利用这种凝胶，将砂粒牢固地粘结在一起。生产中广泛采用的水玻璃砂是利用 CO_2 来硬化的，吹气硬化过程通常仅需 1~3min。

水玻璃砂主要的优点是砂型或砂芯不需要烘干，硬化速度快，生产周期短。其不足之处主要是溃散性差，铸件的落砂清理困难。此外，水玻璃砂的回用性差。

(3) 油砂、合脂砂及树脂砂　长期以来，植物油(如桐油、亚麻仁油等)一直是制造复杂砂芯的主要粘结剂。这是因为油砂干强度高，烘干后不易吸湿返潮。在金属浇注以后则由于油料被烧掉，强度显著降低，从而获得良好的退让性和溃散性。同时其燃烧产生的还原气氛能使铸件不易粘砂。油砂中油的加入量为1%～3%，制好的砂芯尚需在200～250℃烘干。

尽管油砂性能优良，但油料是宝贵的工业原料，价格也比较昂贵，应尽量节约。通过探索和实践，以合脂、树脂作为粘结剂配制的合脂砂、树脂砂是油砂的良好代用品，其性能与油砂相近。而合脂、树脂来源丰富，价格便宜，因而得到迅速推广。

二、造型方法的选择

造型就是用造型材料及模型制造出铸件的型腔，以供浇注金属液。在砂型铸造中，造型是最基本的工序。按照造型手段通常分为手工造型和机器造型两大类，其中手工造型应用最广泛。

1. 手工造型方法的特点和应用

手工造型时紧砂和起模是用手工来进行的，其操作灵活、适应性强、模型成本低、生产准备时间短，但铸件质量较差、生产率低、且劳动强度大。因此，主要用于单件、小批生产。

在实际生产中，由于铸件的尺寸、形状、生产批量、铸件的使用要求，以及生产条件的不同，手工造型有着各式各样的造型方法。合理地选择造型方法，对于获得合格的铸件、减少制模和造型工作量、降低铸件成本和缩短生产周期都是非常重要的。表10-1所示为各种手工造型方法的特点及其适用范围。

2. 机器造型的特点和应用

单件、小批生产时，大都采用手工造型；成批、大量生产时(如汽车、拖拉机、机床、机车等的一些铸件)，应采用机器造型。

机器造型(制芯)是以机械运动代替人工紧砂和起模，大大减轻了体力劳动强度，提高了生产率。机器造型的动力来自压缩空气或液压传动，因此具有铸型紧实度高且分布均匀以及起模平稳、模型振动小等优点，可显著提高铸件的尺寸精度。此外，机器造型对工人操作技术要求不高，容易掌握。

机器造型是采用模板进行两箱造型的。模板是将模型、浇注系统沿分型面与底板联结成一整体的专用模具，造型后底板形成分型面，模型形成铸型型腔。所以机器造型只适于两箱造型，不能进行三箱造型，同时也应避免活块，因为取出活块费时，使造型机的生产率显著降低。因此，在设计大批量生产的铸件及确定其铸造工艺时，须考虑机器造型这些工艺要求，并采取措施予以满足。

表 10-1　各种手工造型方法的特点和适用范围

造型方法名称		特　点	适 用 范 围
按砂箱特征区分	两箱造型	铸型由成对的上箱和下箱构成，操作方便	为造型最基本方法，适用于各种生产批量，各种大、小铸件
	三箱造型	铸型由上、中、下三箱构成。中箱的高度须与铸件两个分型面的间距相适应。三箱造型操作费工，且需有适合的砂箱	主要用于手工造型中，单件、小批生产具有两个分型面的铸件
	地坑造型	造型是利用车间地面砂床作为铸型的下箱。大铸件需在砂床下面铺以焦炭，埋上出气管，以便浇注时引气 地坑造型仅用上箱便可造型，减少了制造专用下箱的生产准备时间，减少砂箱的投资。但造型费工，且要求的技术较高	常用于砂箱不足的生产条件，制造批量不大的大、中型铸件
	脱箱造型	它是采用活动砂箱来造型，在铸型合箱后，将砂箱脱出，重新用于造型。所以一个砂箱可制许多铸型 金属浇注时，为防止错箱，需用型砂将铸型周围填紧，也可在铸型上加套箱	常用于生产小铸件。因砂箱无箱带，所以砂箱多小于400mm×400mm×150mm
按模型特征区分	整模造型	模型是整体的，分型面是平面，铸型型腔全部在半个铸型内。其造型简单，铸件不会产生错箱缺陷	适用于铸件最大截面靠一端，且为平面的铸件
	挖砂造型	模型虽是整体的，但铸件的分型面为曲面。为了能起出模型，造型时用手工挖去阻碍起模的型砂。其造型费工，生产率低	用于单件、小批生产分型面不是平面的铸件
	假箱造型	为克服上述挖砂造型的挖砂缺点，在造型前预先作个底胎(即假箱)，然后再在底胎上制下箱。由于底胎并不参加浇注，故称假箱 假箱造型比挖砂造型操作简便，且分型面整齐	用于成批生产需要挖砂的铸件
	分模造型	将模型沿截面最大处分为两半，型腔位于上、下两个半型内。其造型简单，节省工时	常用于铸件最大截面在中部(或圆形)的铸件
	活块造型	铸件上有妨碍起模的小凸台、筋条等。制模时将这些作成活动部分。造型起模时，先起出主体模型，然后再从侧面取出活块。其造型费时，要求工人的技术水平高	主要用于单件、小批生产带有突出部分难以起模的铸件
	刮板造型	用刮板代替木模造型。它可大大降低模型成本，节约木材，缩短生产周期。但造型生产率低，要求工人的技术水平高	主要用于有等截面的或回转体大、中型铸件的单件、小批生产。如带轮、飞轮、齿轮、铸管、弯头等

第四节　铸造工艺设计

根据铸件结构特点、技术要求、生产批量、材质、重量、交货周期以及现有生产条件等，来确定铸造工艺方案和工艺参数、绘制铸造工艺图、编制工艺卡和工艺规程等一系列工作，通称为铸造工艺设计。铸件结构工艺性一般是指铸件本身的结构应符合铸造生产的要求，既要方便铸造工艺过程的实施，又要保证产品质量和经济性。为了获得合格的铸件，减少铸型制造工作量并降低铸件成本，在铸造生产之前就必须制订出铸造工艺方案，绘制出铸造工艺图，编写铸造工艺卡等基本工艺文件，作为指导模型(芯盒)设计、生产准备、铸型制造和铸件检验的依据，这就是所谓铸造工艺规程。本节主要围绕铸造工艺设计的内容介绍铸件结构设计的原则、铸造工艺方案的选择。

一、铸件结构设计的原则

铸件结构设计不仅要保证其工作性能和力学性能的要求，还必须认真考虑铸造工艺各环节和所用合金的铸造性能对铸件结构的要求，并使铸件的具体结构与这些要求相适应。铸件的结构是否合理，即其结构工艺性是否良好，对铸件的质量、生产率和生产成本都有很大的影响。当产品是大批量生产时，铸件结构应设计成便于机器造型；当产品是单件、小批量时，则应使设计的铸件尽可能在现有条件下生产出来。若有某些铸件需要采用金属型铸造、压力铸造等特种铸造方法时，还必须考虑这些铸造方法对铸件结构的特殊要求。下面以砂型铸造为例，讨论铸件结构设计的一些基本原则及必须考虑的主要问题。

1. 铸件结构设计应与砂型铸造工艺相适应

进行铸件设计时，必须使铸件结构能使制模、造型、制芯、合箱和清理等过程简化，以便保证铸件质量、降低成本，并为铸件的机械化生产创造条件。

(1) 合理设计铸件内腔，便于模型和芯盒制作　良好的铸件内腔设计，不仅可以减少型芯数目，而且有利于型芯的固定、排气和清理，从而防止铸件偏芯、气孔等缺陷的产生。

1) 节省型芯的设计　在铸件设计中，应尽量不用和少用型芯。图 10-12 为一悬臂支架，其中 10-12a 设计成中空结构，必须以悬臂型芯来形成其内腔，这种型芯还须用芯撑加固，使制模、造芯及下芯都较费工。如改为图 10-12b 所示开式结构，则可省去型芯，降低成本。

在一定条件下，铸件内腔也可利用模型内腔自然形成的砂垛来形成。图 10-13a 所示的铸件，因内腔出口处较小，只好采用型芯。图 10-13b 为改进后的结构，内腔直径 D 大于高度 H，故可用自然形成的砂垛取代型芯，从而省去制模、造芯等工序。

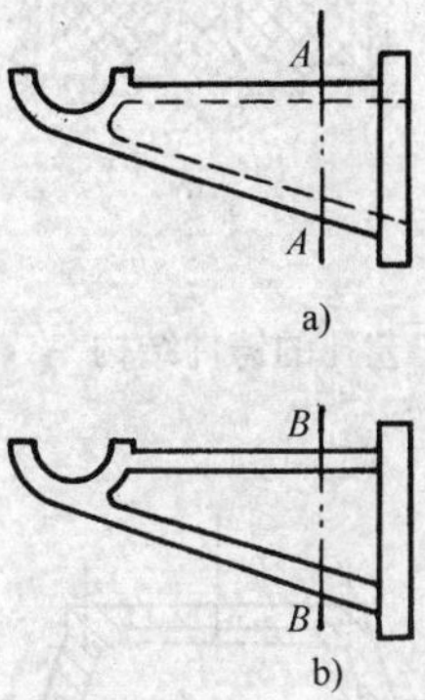

图 10-12　悬臂支架

a）不正确　b）正确

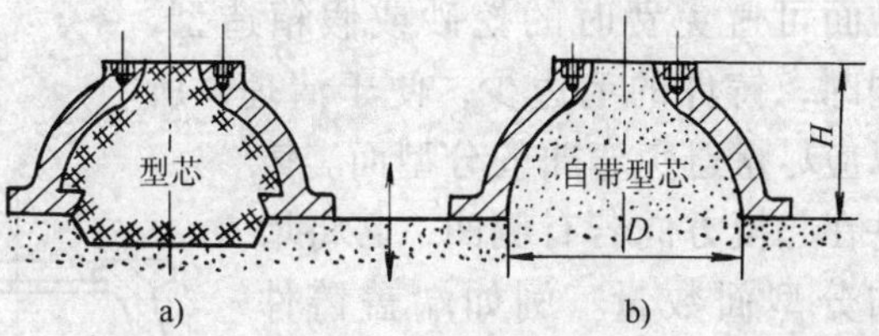

图 10-13　内腔的两种设计

2）铸件内腔设计应便于型芯固定、排气和铸件清理　型芯必须牢固地支撑在铸型中，其固定方式主要依靠型芯头。如果铸件形状特殊，单靠芯头还不能使型芯(砂芯)牢固定位时，则可采用钢或铸铁等金属材料制成的芯撑加以固定。但是，采用芯撑会增加下芯工作量，而且由于芯撑表面常有油污或氧化层，如果清理不彻底容易产生气孔。因此，芯撑仅用于不加工表面和不要求耐压检验的铸件，对一般铸件也应尽量避免。

图 10-14a 为一轴承支架，其内腔采用两个型芯，其中较大的呈悬臂状，必须用芯撑加固。若按图 10-14b 改为整体型芯，则型芯的稳定性大为提高，且下芯简便、易于排气。

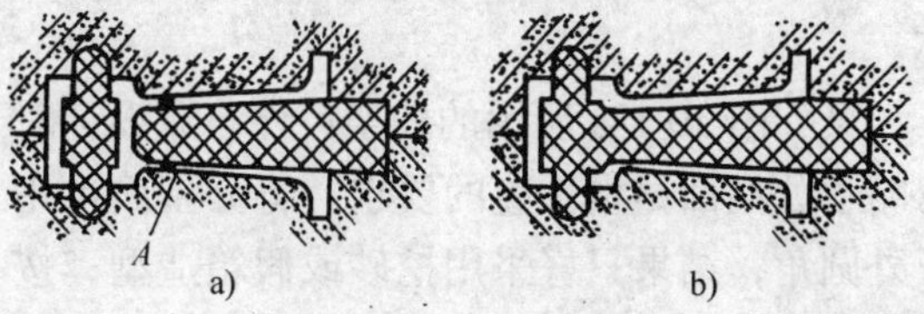

图 10-14　轴承支架

对于因型芯头数量不足而难以固定型芯的铸件，在不影响使用性能的前提下，为增加型芯头的数量，不妨增设一些适当尺寸和数量的工艺孔，以简化型芯结构，省去芯撑。如图 10-15a 所示铸件，因底面没有型芯头，只好采用芯撑加固；图 10-15b 为改进后的铸件，在底面增设了两个工艺孔，不仅省去了芯撑，也便于排气和清理。如果铸件不允许有工艺孔，可在后续工序中用螺钉或柱塞堵住。

(2) 设计的铸件结构应便于造型和起模　在满足使用要求的前提下，铸件的外形大多可以在一定范围内变动，因此，在设计铸件外形时，应从简化铸造工艺出发，使其便于起模，尽量避免采用三箱造型、挖砂造型、活块造型及不必要的外部型芯。

1）尽量使分型面是平面并减少分型面数量　分型面少不仅可减少造型箱数、减少工时，而且可减少错箱、提高铸件尺寸精度，所以设计铸件时，应尽量避免两个以上分型面。机器造型时要求只有一个分型面。平直的分型面可避免费时的挖砂或假箱造型，同时，铸件的毛边少，便于清理，所以应尽量避免弯曲的分型面。铸件在起模方向若有侧凹，必将增加分型面数量。例如端盖铸件（图 10-16a），由于有法兰凸缘，铸件产生了侧凹，使其具有两个分型面，常需采用三箱造型，或者增加环状外型芯，使造型工艺复杂化。图 10-16b 所示为改进后的结构，取消了上部法兰凸缘，使端盖铸件仅有一个分型面，因而便于造型。

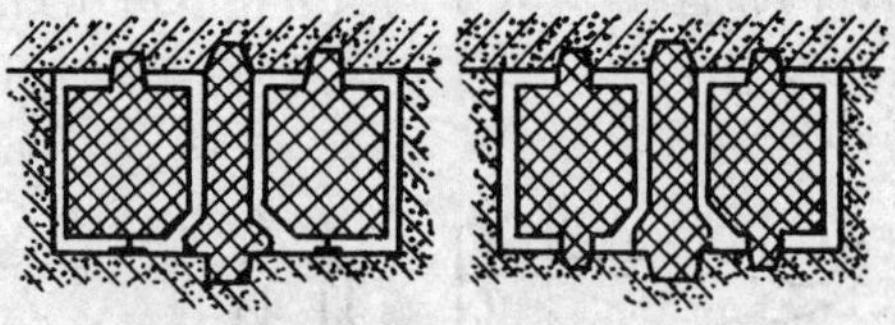

图 10-15　增设工艺孔的铸件结构

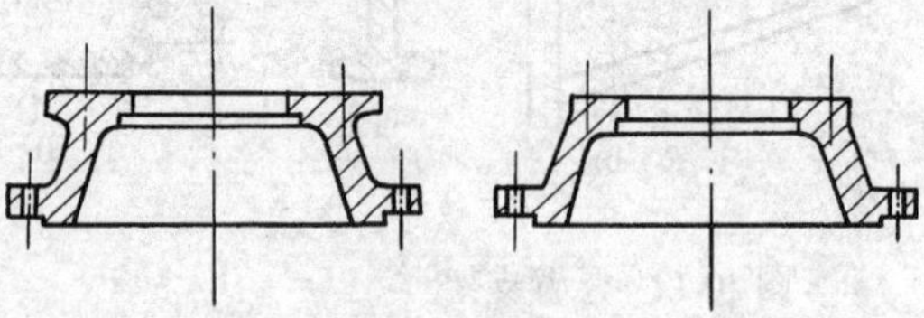

图 10-16　端盖铸件

图 10-17 为一机床铸件。图 10-17b 在 *AB* 截面两侧设计成凹坑，必须使用两个较大的外型芯才可取模。若改为图 10-17a 所示结构，将凹坑扩展成直通底部的凹槽，则可省去外型芯。

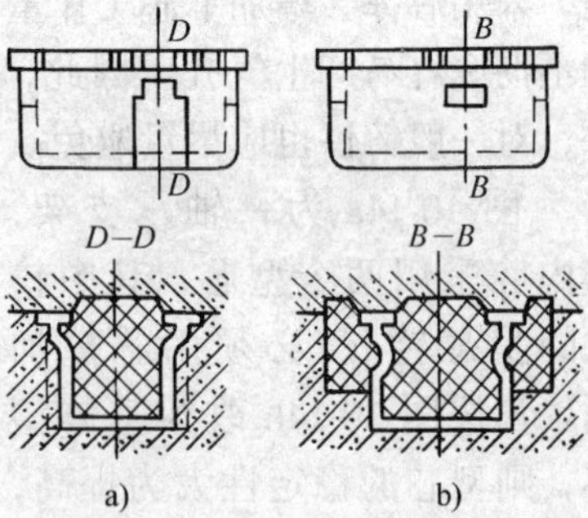

图 10-17　机床铸件两种结构比较
a）正确　b）不正确

又如图 10-18a 所示的托架铸件，原设计时忽略了分型面尽量平直的要求，将分型面也用了外圆角，结果只好采用挖砂或假箱造型；按图 10-18b 改进后，便可采用简单的整模造型。

2）设计铸件上的凸台、筋条时应考虑便于造型　图 10-19a 中的凸台和图 10-19c 下面的凸台均妨碍起模，必须采用活块或增加型芯来克服。如果这些凸台与分型面的距离较近，则应将凸台延伸到分型面（图 10-19b、d），以简化造型。

3）铸件的结构斜度　铸件上凡是垂直于分型面的不加工表面最好具有结构斜度，如图 10-20 所示。这样起模省力，型腔表面不易损坏，铸件精度高，且便于利用砂垛取代型芯。

铸件上哪些部位应具有结构斜度，应依照分型面的位置而定。在铸件设计过

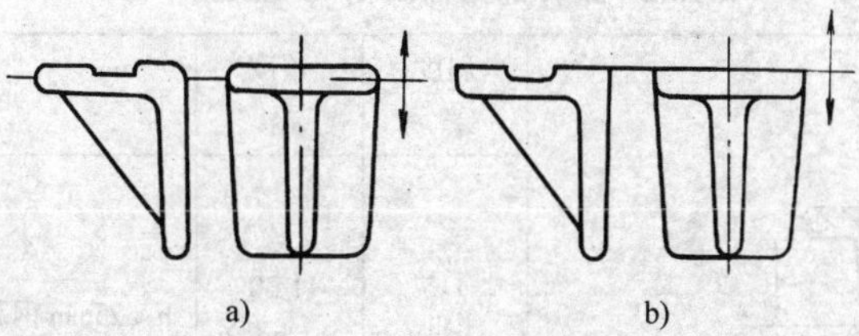

图 10-18 托架

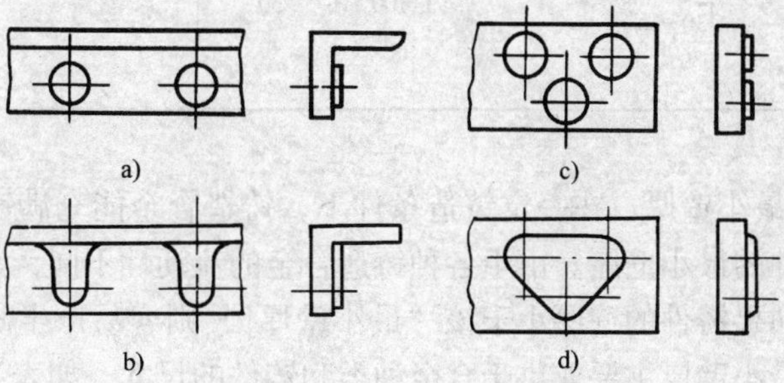

图 10-19 凸台的设计

程中，初步选定分型面是确定结构斜度的前提。铸件结构斜度的大小随垂直壁的高度而不同，高度越小，角度越大(见表 10-2)。由表可知铸件凸台或壁厚过渡处的斜度可达 30°～45°。

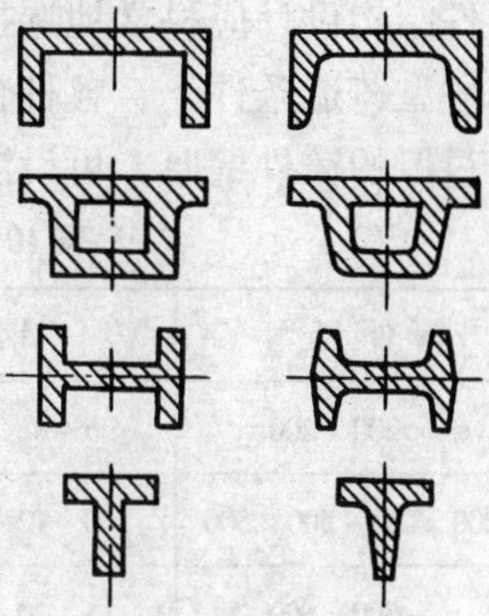

图 10-20 结构斜度

铸件的结构斜度与起模斜度不容混淆。前者直接在零件图上标出，且斜度值较大；后者是在绘制铸造工艺图或模型图时，对零件图上没有结构斜度的立壁给予很小角度(0.5°～3.0°)的斜度。

2. 铸件结构必须考虑合金的铸造性能

铸件的一些主要缺陷，如缩孔、缩松、裂纹、变形、浇不足、冷隔等，与铸件结构有密切关系。一般来说，流动性好，收缩小的合金容易得到合格铸件，因此，设计铸件时必须考虑以下几个方面：

(1) 合理的铸件壁厚　每种铸造合金都有其适宜的壁厚，如果选择得当，既可保证铸件机械性能，又能防止某些铸造缺陷的产生。

表 10-2　铸件的结构斜度(Q/ZB158—73)

	斜度 $a:h$	角度 β	适 用 范 围
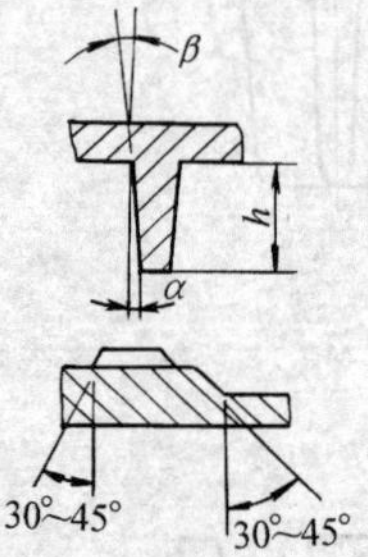	1:5 1:10 1:20 1:50 1:100	11°30′ 5°30′ 3° 1° 30′	h < 25mm 钢和铸铁件 h = 25 ~ 500mm 钢和铸铁件 h > 500mm 钢和铸铁件 有色合金件

1）铸件的最小壁厚　在一定铸造条件下，铸造合金能充满铸型的最小壁厚称为该合金铸件的最小壁厚。由于各种铸造合金的流动性不同，其允许的最小壁厚也不相同。如果铸件的壁厚小于该“最小壁厚”，则容易产生浇不足、冷隔等缺陷。铸件的最小壁厚主要取决于合金种类和铸件的尺寸，如表 10-3 所示。

2）铸件的临界壁厚　各种合金都存在一个临界壁厚，超过此厚度后，铸件的力学性能并不随厚度而成比例增加，而是单位壁厚的力学性能显著下降。所以铸件结构设计应科学地选择壁厚，做到既能满足性能要求，又不使铸件太笨重。在砂型铸造条件下，各种合金铸件的临界壁厚可按其最小壁厚的 3 倍来考虑。对于过厚的铸件壁厚，可设法采用加强肋来减小之。

表 10-3　砂型铸造条件下，铸件的最小壁厚　　　　（mm）

铸 件 尺 寸	铸　钢	灰铸铁	球墨铸铁	可锻铸铁	铝合金	铜合金
< 200 × 200	5 ~ 8	3 ~ 5	4 ~ 6	3 ~ 5	3 ~ 3.5	3 ~ 5
200 × 200 ~ 500 × 500	10 ~ 12	4 ~ 10	8 ~ 12	6 ~ 8	4 ~ 6	6 ~ 8
> 500 × 500	15 ~ 20	10 ~ 15	12 ~ 20	—	—	—

注：1. 灰铸铁最小允许厚度 HT100、HT150：4 ~ 6mm；HT200：6 ~ 8mm；HT250：8 ~ 15mm。

2. 如有特殊要求，在改善铸造条件下，灰铸铁最小 3mm，可锻铸铁小于 3mm。

3）铸件的内外壁厚度　铸件截面的承载能力并非按截面积成比例增加，这是由于心部散热条件差，冷速慢，晶粒较粗大，且容易形成缩孔、缩松、偏析等缺陷，从而使力学性能降低。因此，不应以单纯增加壁厚来提高铸件的承载能力。在铸件结构设计时，内腔应比外壁薄些，使铸件的内外壁均匀冷却，防止产生内应力和裂纹。表 10-4 为灰铸铁件壁厚的参考值。

表 10-4　灰铸铁件外壁、内壁和加强肋的厚度

铸件重量 /kg	铸件最大尺寸 /mm	外壁厚度 /mm	内壁厚度 /mm	肋的厚度 /mm	零件举例
<5	300	7	6	5	盖，拨叉、轴套、端盖
6~10	500	8	7	5	挡板、支架、箱体、门、盖
11~60	750	10	8	6	箱体、电动机支架、溜板箱、托架
61~100	1250	12	10	8	箱体、液压缸体、溜板箱
101~500	1700	14	12	8	油盘、带轮、镗模架
501~800	2500	16	14	10	箱体、床身、盖、滑座
801~1200	3000	18	16	12	小立柱、床身、箱体、油盘

4）合理的截面形状　为了充分发挥合金的效能，既要避免厚大截面，又能保证铸件的一定强度、刚度，应该根据载荷性质和大小，合理选择铸件截面形状(如丁字形、工字形、槽形或箱形结构)，并在脆弱部位安放加强肋。为了减轻铸件重量，便于型芯的固定、排气和铸件清理，常在壁上开设窗口。图 10-21 为导架铸件的结构实例。

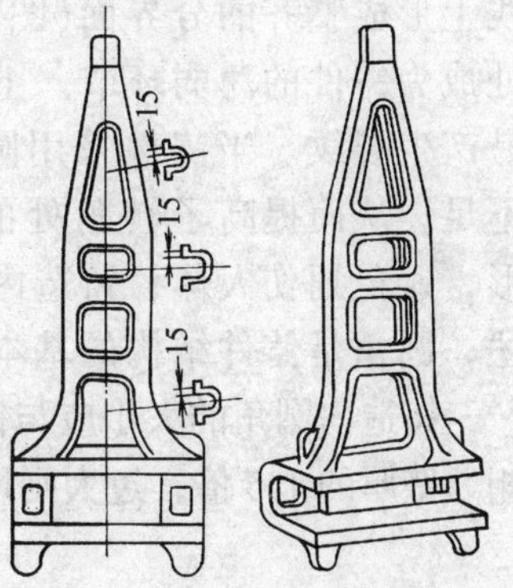

图 10-21　导架铸件的结构实例

(2) 铸件壁厚应尽可能均匀　铸件各部位厚度差别过大，一方面在厚壁处形成金属积聚的热节，容易产生缩孔、缩松等缺陷；另一方面由于铸件各部位冷却速度差别较大，冷却凝固时将形成热应力，使铸件厚薄连接处产生裂纹(图 10-22a)。如果铸件的壁厚均匀，则可避免上述缺陷(图 10-22b)。必须指出，所谓铸件壁厚的均匀性是指铸件各部位的冷却速度相近，并非要求所有壁厚完全相同。例如，铸件的内壁因散热较慢，所以应比外壁薄些，而肋的厚度则应更薄(参见表 10-4)。

检查铸件壁厚的均匀性时，必须将铸件的加工余量包括在内，因为不包括加工余量时似较均匀，但包括加工余量后热节却很大。对于有些难以做到壁厚均匀的铸件，如果合金的缩孔倾向较大，则应使结构便于实现顺序凝固，以便安放冒口进行补缩。

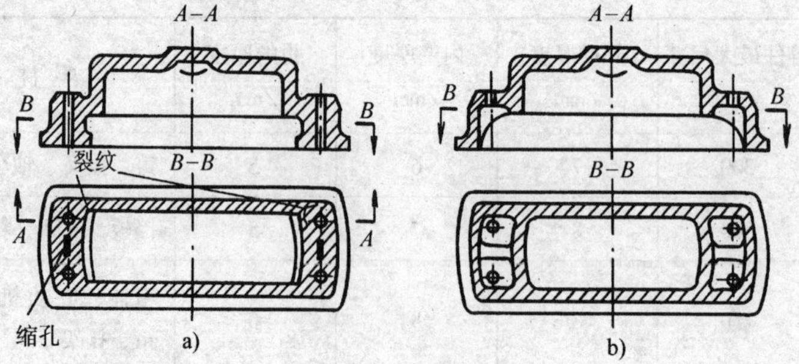

图 10-22 顶盖的设计

(3) 铸件壁的连接

1) 铸件的结构圆角 铸件壁间的转角处一般应具有结构圆角，这主要是由于：①直角连接处会形成金属的积聚，且内侧散热条件差，较容易产生缩孔和缩松；②在载荷作用下，直角部位的内侧产生应力集中，使内侧的实际应力比平均应力大大增加(图 10-23a)；③有些合金的结晶过程将形成垂直于铸件表面的柱状晶，若采用直角连接，则因结晶的方向性，在转角的对角线上形成整齐的分界面(图 10-24a)，在此分界面上集中了许多杂质，使转角处成为铸件的薄弱环节。上述各因素均使铸件转角处的力学性能下降，较容易产生裂纹。当铸件采用圆角结构时(图 10-23b 和图 10-24b)，可克服上述不足，从而提高了转角处的力学性能。此外铸造外圆角还可美化铸件的外形，避免划伤人体；铸造内圆角还可防止金属液流将型腔尖角冲毁。综前所述，圆角是铸件结构的基本特征，不容忽视。

铸造内圆角的大小应与铸件的壁厚相适应，通常应使转角处内接圆直径小于相邻壁厚的 1.5 倍，过大则增大了缩孔倾向，其具体数值可参阅表 10-5。

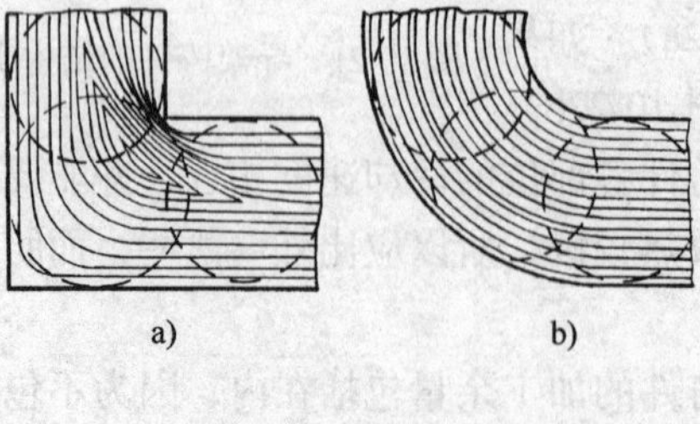

图 10-23 不同转角的热节和应力分布

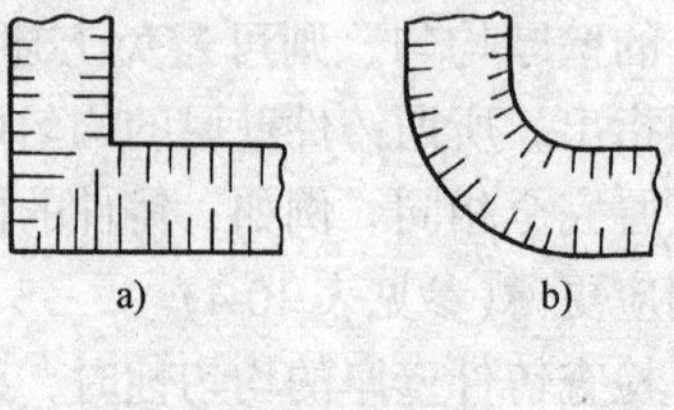

图 10-24 转角结晶的方向性

表 10-5　铸造内圆角半径 R 值　　（mm）

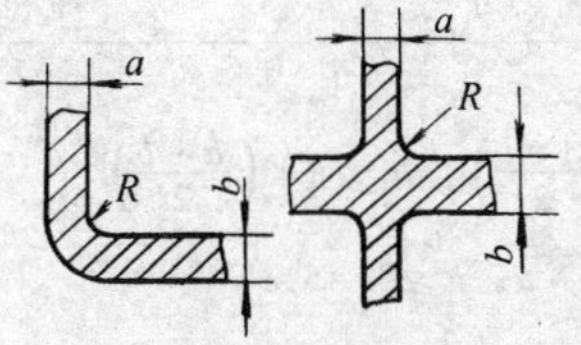	$\frac{a+b}{2}$	≤8	8～12	12～16	16～20	20～27	27～35	35～45	45～60
	铸铁	4	6	6	8	10	12	16	20
	铸钢	6	6	8	10	12	16	20	25

注：本表数据取自 Q/ZB156—73

2）避免交叉和锐角连接　为了减小热节，避免铸件产生缩孔、缩松等缺陷，铸件的肋的连接应避免交叉，中小型铸件可考虑用交错接头，而大件则以环状接头为宜，如图 10-25a 所示。同时，铸件壁间也应避免锐角连接，若两壁间需呈小于 90°的夹角，则应采用图 10-25b、c 所示的过渡形式。

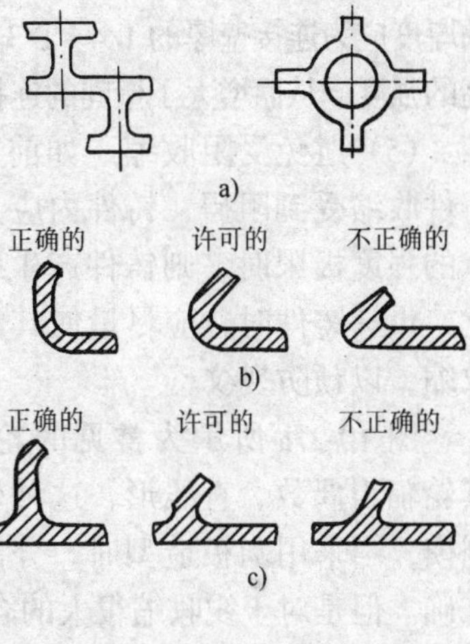

图 10-25　接头结构

3）厚壁与薄壁间的连接要逐步过渡　铸件各部分的壁厚往往难以做到完全均匀一致，甚至存在很大差别。为了减少应力集中，应采用逐步过渡的方法，防止壁厚的突变。表 10-6 所示为几种壁厚的过渡形式和尺寸。

表 10-6　几种壁厚的过渡形式及尺寸

图　例	尺		寸
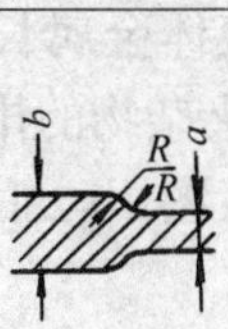	$b \leqslant 2a$	铸铁	$R \geqslant \left(\frac{1}{6} \sim \frac{1}{3}\right)\left(\frac{a+b}{2}\right)$
		铸钢	$R \approx \frac{a+b}{4}$
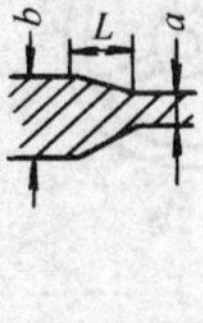	$b > 2a$	铸铁	$L > 4(b-a)$
		铸钢	$L \geqslant 5(b-a)$

（续）

图例	尺寸	
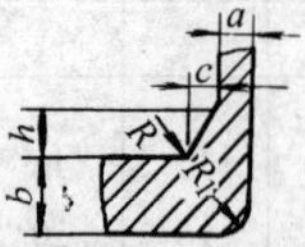	$b>2a$	$R\geqslant\left(\frac{1}{6}\sim\frac{1}{3}\right)\left(\frac{a+b}{2}\right)$；$R_1\geqslant R+\left(\frac{a+b}{2}\right)$ $C\approx 3\sqrt{b-a}$；$h\geqslant(4\sim5)c$

(4) 防裂肋的应用　为了防止拉裂，可在铸件易裂处增设防裂肋，如图 10-26 所示。为了使防裂肋能够起应有的防裂效果，肋的方向必须与应力方向相一致，而且肋的厚度应为连接壁厚的 1/4～1/3。由于防裂肋很薄，在冷却过程中迅速凝固而具有较高的强度，从而增大了壁间的连接力。防裂肋常用于铸钢、铸铝等易热裂的合金。

(5) 避免受阻收缩　如前所述，当铸件收缩受到阻碍，铸件内应力超过合金的强度极限时，则铸件产生裂纹。因此，设计铸件时，应尽量使其能够自由收缩，以预防裂纹。

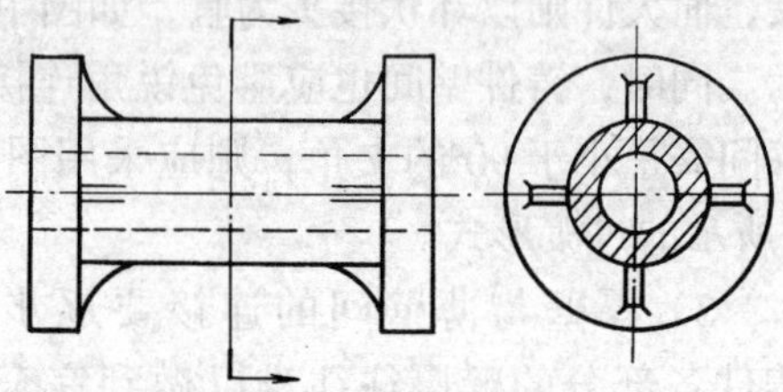

图 10-26　防裂肋的应用

图 10-27a 所示为常见的轮形铸件，其轮辐为偶数、直线形，这种轮辐易于制模，当采用刮板造型时，分割轮辐较准确。但是对于线收缩很大的合金，有时由于内应力过大，而使轮辐产生裂纹。为防止这种裂纹，可改为图 10-27b 所示的弯曲轮辐，这样可借轮辐的微量变形自行减少了内应力。同理，也可以改为图 10-27c 所示的奇数轮辐，此时在内应力作用下，可通过轮缘的微量变形来减缓其内应力。

(6) 铸件应尽量避免有过大的水平面　铸件大的水平面不利于金属的填充，易于产生浇不足等缺陷。同时，平面型腔的上表面，由于受液体金属长时间烘烤，易于产生夹砂。此外，大的水平面也不利于气体和非金属夹杂物的排除。因此，铸件结构应尽量避免大的水平面。图 10-28 为一轮形铸件，图 10-28b 的倾斜辐板比图 10-28a 的水平辐板有利于防止上述缺陷的产生。

a)　　b)　　c)

图 10-27　轮辐的设计

除此之外，铸件结构设计还应与后续的工艺相适应。如锻压工艺性、焊接工艺性、切削加工工艺性、热处理工艺性和装配工艺性等，必须全面考虑，才能设计出好的结构。

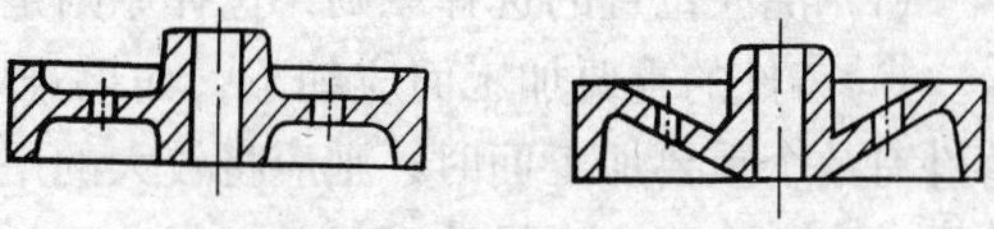

图 10-28　防止大平面的设计

二、铸造工艺方案的选择

1. 造型方法的选择

造型是砂型铸造的最基本工序，造型方法选择是否合理对于铸件质量和成本有着重要影响。由于手工造型和机器造型对铸造工艺的要求有着明显的不同，因此，在许多场合下，造型方法的选定是制订铸造工艺的前提。

(1) 手工造型　手工造型操作灵活，大小铸件均可适应。它可通过分模、活块、挖砂、三箱等方法生产出外形复杂、难以起模的铸件。手工造型对模具的要求不高，可采用成本较低的木模，对于较大尺寸的回转体或等截面铸件还可采用成本较低的刮板造型。手工造型对砂箱的要求也不高，不需要严格的配套和机械加工，较大的铸件还可采用地坑来代替下箱，这样可减少砂箱费用，缩短了生产准备时间。因此，尽管手工造型生产率低，对工人技术水平要求较高，而且铸件尺寸精度及表面质量较差，但在实际生产中仍是难以完全取代的重要工艺方法，主要用于单件、小批生产，有时也用于较大批量的生产。

(2) 机器造型(制芯)　现代化铸造厂已广泛采用机器造型和制芯，并以机械化砂处理、浇注和落砂等工序共同组成流水生产线。为适应不同形状、尺寸和不同批量的铸件生产，造型机的种类很多，其紧砂和起模方式也有所不同。震压式造型机主要用于制造中、小铸型，其主要缺点是噪声大、劳动条件较差以及生产率不够高等，因此，已逐步被机械化程度更高的微震压实造型机、高压造型机、射压造型机以及多工位造型机所取代。

以合成树脂为粘结剂的树脂砂来制芯，使机器制芯工艺发生了变革。采用电热的芯盒(或其它硬化措施)，使射入芯盒的树脂砂快速硬化，这不仅省去型芯骨和烘干工序，降低型芯成本，而且型芯变形小、精度高。

与手工造型相比，机器造型(制芯)可大大提高劳动生产率，如普通震压式造型机每小时生产 30~80 箱，高效造型机每小时可达数百箱，而且铸件尺寸精确、表面光洁、加工余量小，同时改善劳动条件和生产环境。但机器造型对厂房结构要求高，设备投资大，生产准备时间长，同时还必须使其它工序(如配砂、运输、浇注、落砂等)全面机械化才能使生产协调，因此一般适用于大批量生产。

2. 浇注位置与分型面的选择

浇注位置是指金属液浇注时铸件所处的空间位置。而铸型分型面是指砂箱之间的接触表面。

(1) 浇注位置的选择原则　选择原则是：

1）铸件的重要加工面应朝下，如果难以做到，也应尽力使其位于侧面。当铸件有数个重要加工面时，则应将较大的平面朝下。图 10-29 为车床床身的浇注位置方案。由于床身导轨面是关键加工面，不允许有明显的表面缺陷（如砂眼、气孔、夹渣等），而且要求组织致密，因此通常都将导轨面朝下浇注。图 10-30 为起重机卷扬筒的浇注位置方案。因为卷扬筒的圆周表面质量要求高，不允许存在明显的铸造缺陷，若采用卧铸，圆周的上表面质量不均匀；反之，若采用立铸，由于全部圆周表面均处于侧立位置，其质量均匀一致，较易获得合格铸件；

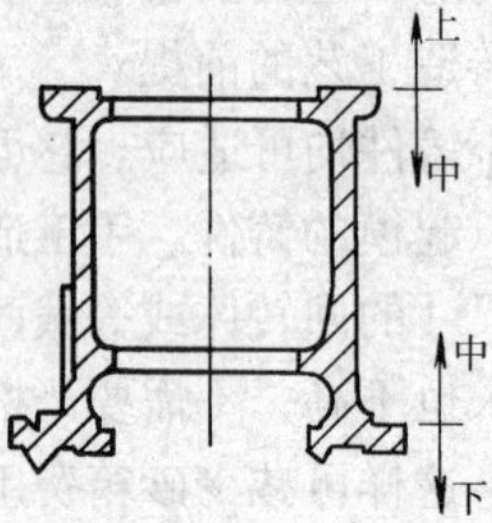

图 10-29　床身的浇注位置

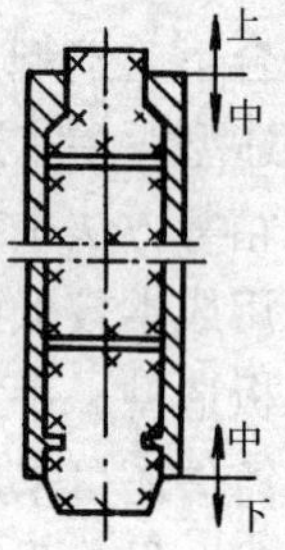

图 10-30　卷扬筒的浇注位置

2）铸件的大平面应朝下。这是因为型腔的上表面除了容易产生砂眼、气孔、夹渣等缺陷外，大平面还常产生夹砂缺陷。这是由于浇注时金属液对型腔上表面有强烈的热辐射，型砂因急剧热膨胀和强度下降而拱起或开裂，使金属也容易进入表层裂缝之中，形成夹砂。因此，对平板类、圆盘类铸件的大平面应朝下；

3）为防止铸件薄壁部分产生浇不足或冷隔缺陷，应将面积较大的薄壁部位置于铸型下部或使其处于垂直或倾斜位置。图 10-31 为油盘薄件合理的浇注位置；

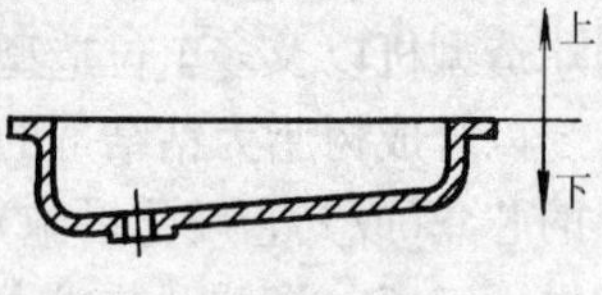

图 10-31　薄件的浇注位置

4）对于容易产生缩孔的铸件，应使其肥厚的部分置于分型面附近的上部或侧面，以便在铸件肥厚处直接安放冒口，使之实现自下而上的顺序凝固。如前所述的铸钢卷扬筒（参见图 10-30），在浇注时其厚端放在上部是合理的；反之，若厚端在下部，则难以补缩。

(2) 铸型分型面的选择原则　选择原则是：

1）应便于起模，简化造型工艺。如使分型面选在模型的最大截面处；尽量使分型面平直、数量少；避免不必要的活块和型芯等。

图 10-32 为一起重臂铸件，按图中所示的平直分型面，可采用简便的分模造

型。如果选择弯曲分型面，则需采用挖砂或假箱造型，使造型工艺复杂。

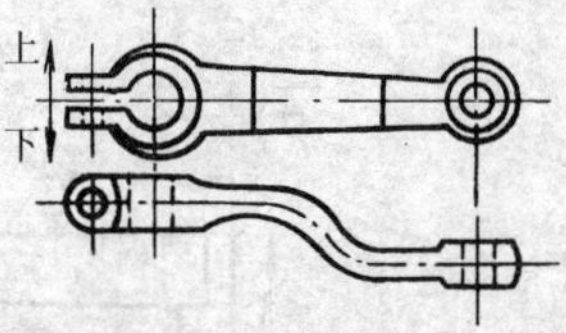

图 10-32　起重臂的分型面

应尽量使铸型只有一个分型面，便于采用简单的两箱造型。图 10-33 为三通阀铸件，其内腔需用 T 字型芯来形成。采用不同的分型方案时，其分型面数目不同，从而采用的造型工艺也不同。当中心线 *ab* 呈垂直时(图 10-33b)，铸型必须有三个分型面才能取出模型，并且要用四箱造型；当中心线 *ab* 呈水平时(图 10-33c)，铸型有两个分型面，必须采用三箱造型；当中心线 *ab* 与 *cd* 都呈水平位置时(图 10-33d)，因为只有一个分型面，故采用两箱造型即可。显然，后者是合理的分型方案。

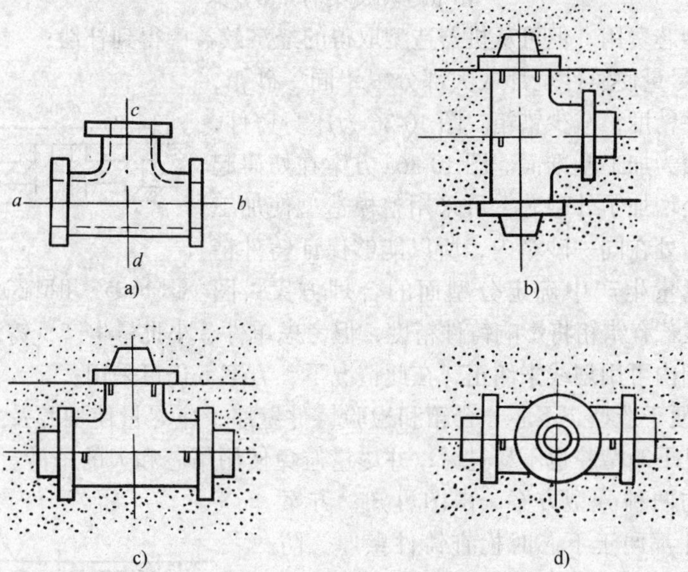

图 10-33　三通铸件的分型方案

图 10-34 是支架的分型方案。方案Ⅰ，凸台必须用四个活块制出，且下部两活块的部位甚深，较难取出；当采用方案Ⅱ分型时，可省去活块，仅在 *A* 处稍加挖砂即可。

型芯可形成铸件内腔，有时还可用来简化模型的外形，以制出妨碍起模的凸台、凹槽等，但制造型芯须专门的型芯盒和型芯骨，还需增加烘干、下芯等工序，增加了铸件成本。因此选择分型面时应尽量避免不必要的型芯。有时并非型芯愈少，铸件的成本愈低。图 10-35 是一轮形铸件，由于其圆周面上有内凹，在批量不大的生产条件下，多采用三箱造型。如果大批量生产时，须采用机器造型，所以要改用图 10-35 中所示的环状型芯，使铸型简化成一个分型面，该法尽

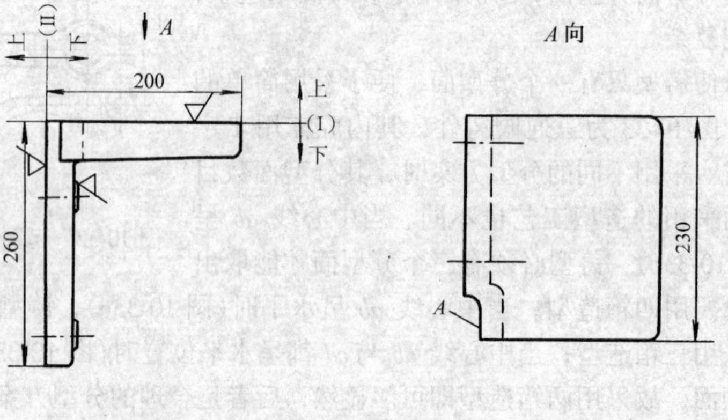

图 10-34　支架的分型方案

管增加了型芯费用，但可从机器造型取得的经济效益中得到补偿；

2）应尽量使铸件全部或大部分置于同一砂箱，以保证铸件精度，减少错箱。图 10-36 为床身铸件，其顶部平面为加工基准面。图 10-36a 方案在妨碍起模的凸台处增加了外型芯，可采用整模造型使加工面和基准面处在同一砂箱内，所以能够保证铸件精度，是大批量生产中确定分型面的合理方案；图 10-36b 方案若有错箱将影响铸件精度，但考虑单件、小批量生产，铸件尺寸偏差在一定范围内可用划线来纠正，在此情况下，方案 b 仍可采用；

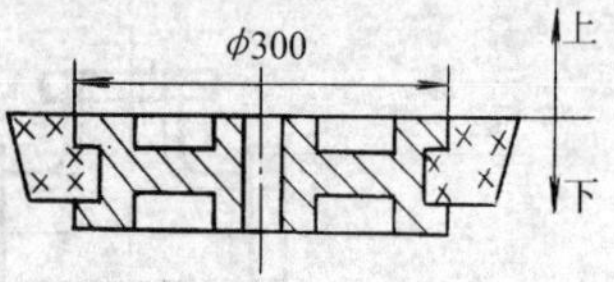

图 10-35　用型芯减少分型面

3）为便于造型、下芯、合箱和检验铸件壁厚，应尽量使型腔及主要型芯位于下箱，且下箱型腔也不易过深，并尽量避免使用吊芯和大的吊砂。图 10-37 为机床支柱的两种分型方案。由图可知，方案Ⅰ和方案Ⅱ都便于下芯时检查铸件壁厚、防止偏芯缺陷，但方案Ⅱ的型腔及型芯大部分位于下箱，这样便可减少上箱的高度，有利于起模及翻箱操作，故较为合理。

综上所述，对于某个具体铸件来说，多数情况难以全面满足以上各条原则，有时会出现相互矛盾。关键在于全面考虑，抓住问题的主要矛盾，次要的问题应尽量从工艺措施方面寻找解决方法。例如，对于质量要求很高的床身、立柱、刀架，钳工平板，造纸机烘缸等铸件，应在满足浇注位置要求的前提下再考虑造型工艺的简化。对一般质量要

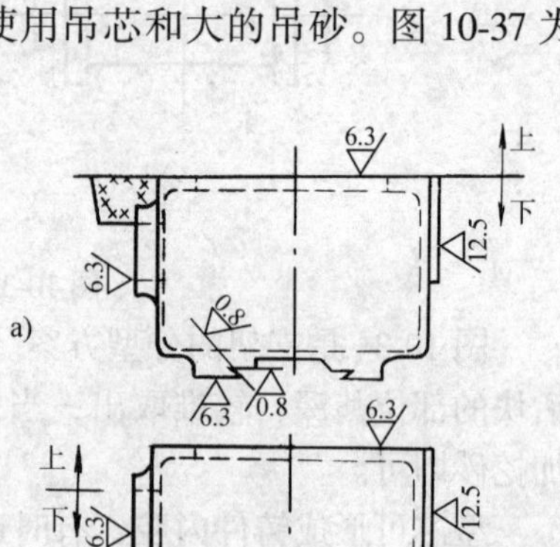

图 10-36　床身铸件

求的铸件，则以简化造型工艺、提高经济效益为主，不必过多考虑铸件的浇注位置，仅对朝上的加工表面采用稍大的加工余量即可。

3. 铸造工艺参数的选择

(1) 机械加工余量和孔槽　在铸件上为了切削加工而增加的金属层厚度称为机械加工余量(简称加工余量)。必须认真选取加工余量，因为余量过大，浪费加工工时和金属材料；余量过小，加工后会残留黑皮而报废，或者因铸件表层过硬而加速刀具磨损。

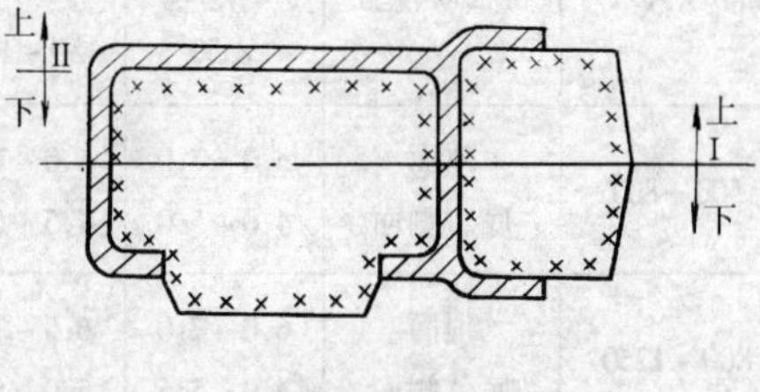

图 10-37　机床支柱的分型面选择

机械加工余量的具体数值与铸件生产批量、合金种类、铸件尺寸、造型方法、加工面与基准面的距离及加工面在浇注时的位置等有关。大量生产时，多采用机器造型，铸件精度高，故加工余量可取得小些；反之，手工造型误差大，加工余量应加大些。铸钢件因表面较粗糙，余量应加大；有色金属铸件价高且表面光洁，其加工余量比铸铁小。铸件的尺寸愈大，或加工面与基准面的距离愈大，则铸件的尺寸误差也愈大，故加工余量也应随之加大；浇注时朝上的表面因产生缺陷的机率较大，其加工余量应比底面和侧面大。表 10-7 列出了灰铸铁的机械加工余量，可供参考。

铸件待加工的孔、槽是否铸出，不仅取决于工艺上的可能性，还要考虑其是否必要，即应视孔与槽的尺寸大小、生产批量和铸造合金种类而定。一般情况是：较大的孔、槽应铸出，以减少切削加工余量和节约金属材料，同时可减小铸件上的热节；较小的孔、槽则不必铸出，留待加工反而更经济。不铸出的孔、槽尺寸见表 10-8。对于零件图上不要求加工的孔、槽，无论其大小，都要铸出。

表 10-7　灰铸铁件的机械加工余量　(mm)

铸件最大尺寸	浇注时位置	加工面与基准面的距离					
		< 50	50 ~ 120	120 ~ 260	260 ~ 500	500 ~ 800	800 ~ 1250
< 120	顶面	3.5 ~ 4.5	4.0 ~ 4.5				
	底、侧面	2.5 ~ 3.5	3.0 ~ 3.5				
120 ~ 260	顶面	4.0 ~ 5.0	4.5 ~ 5.0	5.0 ~ 5.5			
	底、侧面	3.0 ~ 4.0	3.5 ~ 4.0	4.0 ~ 4.5			
260 ~ 500	顶面	4.5 ~ 6.0	5.0 ~ 6.0	6.0 ~ 7.0	6.5 ~ 7.0		
	底、侧面	3.5 ~ 4.5	4.0 ~ 4.5	4.5 ~ 5.0	5.0 ~ 6.0		

（续）

铸件最大尺寸	浇注时位置	加工面与基准面的距离					
		<50	50~120	120~260	260~500	500~800	800~1250
500~800	顶面 底、侧面	5.0~7.0 4.0~5.0	6.0~7.0 4.5~5.0	6.5~7.0 4.5~5.5	7.0~8.0 5.0~6.0	7.5~9.0 6.5~7.0	
800~1250	顶面 底、侧面	6.0~7.0 4.0~5.5	6.5~7.5 5.0~5.5	7.0~8.0 5.0~6.0	7.5~8.0 5.5~6.0	8.0~9.0 5.5~7.0	8.5~10 6.5~7.5

注：加工余量数值中的下限用于大批量生产，上限用于单件小批量生产

表 10-8　铸件一般最小铸孔直径和凹槽的最小铸造尺寸　　(mm)

铸件材料	最小铸孔直径		不铸槽的尺寸	
	铸件壁厚		槽　宽	槽　深
	≤50	51~100		
铸铁	30~35	35~40	20	10
铸钢	40	45	30	20

(2) 起模斜度　为了使模型或型芯易于从铸型或芯盒中取出，凡垂直于分型面的立壁，制造模型时必须留出一定的倾斜度称为起模斜度或铸造斜度，如图 10-38 所示。起模斜度的大小取决于立壁的高度、造型方法、模型的材料等因素，通常为 15′~3°。立壁愈高，斜度愈小。机器造型比手工造型斜度小，金属型应比木模斜度小。

为使型砂便于从模型内腔脱出、以便形成自带型芯，铸孔内壁的起模斜度应比外壁大，通常为 3°~10°。在铸造工艺图中，加工表面上的起模斜度应结合加工余量直接表示出来(参见图 10-38)，而不加工表面上的斜度仅用文字说明即可。

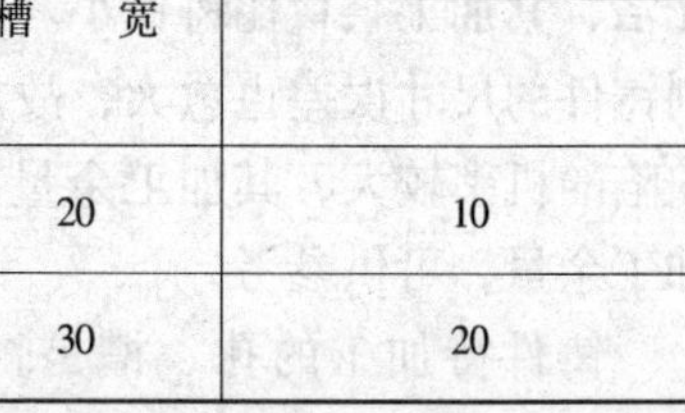

图 10-38　起模斜度

(3) 收缩率　由于合金的线收缩，铸件冷却后的尺寸将比型腔尺寸略为缩小，为保证铸件的应有尺寸，模型尺寸须比铸件放大一个该合金的收缩量称为收缩余量或收缩率。其放大数值主要

根据合金的收缩率来确定。

在铸件冷却过程中，其线收缩不仅受到铸型和型芯的机械阻碍，同时还存在铸件各部分之间的相互制约。因此铸件的线收缩率除了因合金种类而不同外，还与铸件形状、尺寸有关。通常，灰铸铁为0.8%～1.0%；铸造碳钢为1.3%～2.0%；铸造铝硅合金为0.8%～1.2%；锡青铜为1.2%～1.4%。

(4) 型芯头　对于要使用型芯来形成内腔的空心铸件，须在模型上做出支持型芯的芯头。模型的芯头与砂芯的芯头应基本一致，只是在尺寸上应加上有关的装配间隙和芯头斜度。型芯头的形状和尺寸对于型芯在铸型装配中的工艺性和稳定性有很大影响。型芯头可分为垂直型头和水平型头两大类。

垂直型头一般都有上、下芯头(图10-39a)，但短而粗的型芯也可省去上芯头。垂直芯头的高度 H 主要取决于型芯头直径 d。芯头必须留有一定的斜度 α。下芯头的斜度应小些(5°～10°)，高度应大些，以增强型芯在铸型中的稳定性；上芯头的斜度应大些(6°～15°)，高度应小些，以便于合箱。

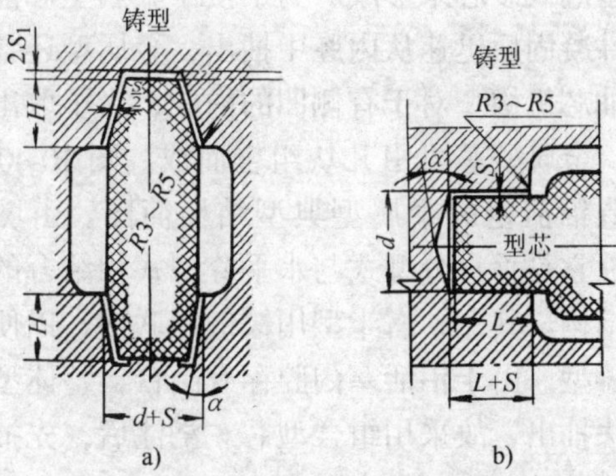

图10-39　型芯头的构造

水平芯头(图10-39b)的长度 L 主要取决于型芯头的直径 d 及型芯的长度。为便于下芯及合箱，铸型上型芯座的端部也应留出一定的斜度 α。悬臂型芯头必须长而大，以平衡支持型芯，防止合箱时型芯下垂或被金属液抬起。

型芯头与铸型型芯座之间应留出1～4mm的间隙 S，以便于铸型的装配。

第五节　特种铸造

特种铸造是指与普通砂型铸造有显著区别的一些铸造方法，主要有金属型铸造、压力铸造、低压铸造、离心铸造和熔模铸造等。每一种特种铸造方法在提高铸件精度和表面质量、改善铸件力学性能、提高生产效率、改善劳动条件、降低成本等方面各有其优越之处。近些年来，特种铸造在我国发展相当迅速，其地位和作用日益提高。

一、金属型铸造

金属型铸造是把液态合金浇入由金属材料制成的铸型而获得铸件的一种铸造方法。由于金属铸型可反复使用多次(几百次到几千次)，故又称为永久型铸造。

1. 金属型的分类及构造

根据分型面的方位不同，金属型可分为整体式、垂直分型式、水平分型式和复合分型式四种。其中，垂直分型式便于开设浇口和取出铸件，并易于实现机械化生产而获得最广泛的应用。由于金属型本身没有透气性，因此浇注时的排气是通过出气口以及分布在分型面上的许多通气槽。为了在开型过程中将灼热的铸件从型腔中推出，多数金属型还设有推杆机构。

金属型一般是用铸铁、铸钢或耐热钢制成。其结构主要取决于铸件的形状、尺寸、合金的种类及生产批量等。铸件的内腔可以用金属型芯或砂芯来形成。为了便于金属型芯能在铸件凝固后迅速从内腔中抽出，金属型还常设有抽芯机构。对于有侧凹的内腔，为了取出型芯，金属型芯可由几块组合而成。图 10-40 为铸造铝活塞的金属型典型结构简图。由图可见，它是垂直分型式与水平分型式相结合的复合结构。其左、右半型用铰链相联接，以便开合铸型。由于铝活塞内腔存有凸台，整体型芯无法抽出，故采用组合型芯。浇注后，先抽出 4，再取出 3、5 两块型芯。

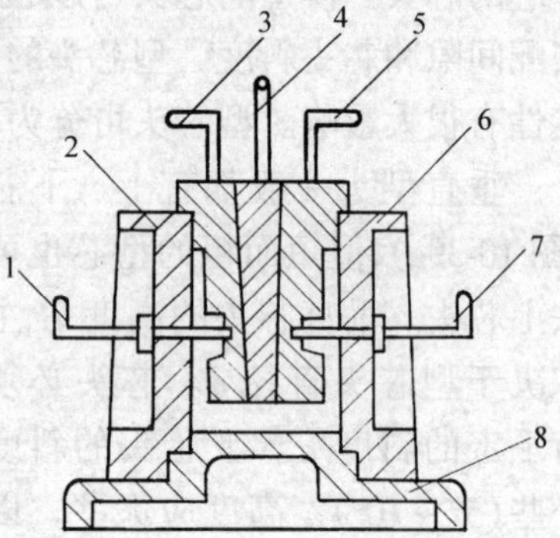

图 10-40　铸造铝活塞金属型典型结构简图

1、7—销孔金属型芯　2、6—左右半型　3、4、5—分块金属型芯　8—底型

2. 金属型的铸造工艺

由于金属型导热快，液态金属在铸型内冷却速度快且没有退让性和透气性，为了获得优质铸件和延长金属型的使用寿命，必须严格控制其铸造工艺。

(1) 喷刷涂料　金属型型腔和型芯表面在使用前必须喷刷涂料以减缓铸件的冷却速度、防止高温金属液流对型壁的直接冲刷并利用涂料有一定的蓄气、排气能力，防止气孔。涂料厚度约为 0.1～0.2mm。

(2) 使金属型保持一定的工作温度　其目的是减缓铸型对金属铸件的激冷作用，防止铸件产生白口。同时，因减少了铸型与金属铸件的温差，铸型的寿命得以提高。

金属型的工作温度一般为：铸铁件 250～350℃；有色金属 100～250℃。为保持上述工作温度，在开始铸造时要对金属型进行预热；在连续生产过程中，必须利用金属型上的散热装置(气冷或水冷)来散热。

(3) 适当的出型时间　浇注后的铸件在铸型内停留的时间愈长，由于收缩量增大，铸件的出型及抽芯愈困难，铸件的裂纹倾向也增大。为此，必须尽早从铸型中取出铸件。

(4) 防止铸铁件产生白口组织　为防止铸铁件产生白口，铸件壁厚不宜过薄，一般应大于15mm，铁水中的碳、硅总含量应高于6%，同时，涂料中应加些硅铁粉。此外，若采用孕育处理的铁水对预防白口也有显著效果。对于已经产生白口的铸件，要利用出型时的自身余热及时进行退火。

(5) 要防止浇不足　由于冷却快，为了防止浇不足，应限制铸件的最小壁厚：铝合金为2.4~4mm；镁合金及铸铁件为5mm；铸钢为10~12mm。

3. 金属型铸造的特点及适用范围

金属型铸造的主要优点是：①实现了“一型多铸”，节省了砂型铸造所需要的设备和场地；②便于实现机械化和自动化，从而大大提高了生产率；③铸件的尺寸精度和表面质量比砂型铸造显著提高，从而节省金属、减少加工余量或不需要机加工；④由于金属型导热性好，金属件在铸型内冷却速度较快，使铸件结晶组织细密，从而提高其力学性能，如铝铸件的屈服强度平均提高20%。

金属型铸造的主要缺点是：①由于金属型的制造成本高、周期长，因此不适合于单件小批量生产；②铸件的外形，尤其是内腔不易过于复杂；③铸件不易过薄，否则会产生浇不足等缺陷；④用于铸造铸钢等高熔点合金时，金属型的寿命低。

目前金属型铸造主要适用于铝、铜、镁等有色合金铸件的大批量生产，也少量用于一些铸铁件的生产。

二、压力铸造

压力铸造简称压铸，它是在高压下(30~70MPa)快速地(充型时间约为0.01~0.2s)将液态或半液态合金压入金属铸型中，并在压力下凝固，以获得铸件的铸造方法。

1. 压铸机及压力铸造工艺

用于压力铸造的机器称为压铸机。压铸是在压铸机上进行的。压铸所用的铸型称为压型。压型与垂直分型的金属型相似，其一半是固定的，称为定型(静模),另一半可水平移动，称为动型(动模)。压型上装有抽芯机构和顶出铸件机构。

压铸机主要由压射机构和合型机构组成。压射机构的作用是将液态金属压入型腔；合型机构用于开合压型，并在压射金属时顶住动型，防止金属液自分型面喷出。压铸机的规格通常是以合型力的大小来表示。

图10-41为卧式压铸机的工作过程：

(1) 合型并注入金属液　首先闭合压型，用手工将定量勺内的金属液通过压室上的注液孔向压室内注入(图10-41a)。

(2) 压铸　压射冲头向前推进，金属液被压入压型中(图10-41b)。

(3) 开型、取出铸件　铸件凝固后，抽芯机构将型腔两侧的型芯同时抽出，动型左移开型，铸件则借助冲头的前伸动作离开压室(图10-41c)。此后，在动型继续打开过程中，由于顶杆停止移动，在顶杆作用下铸件被顶出动型(图10-41d)。

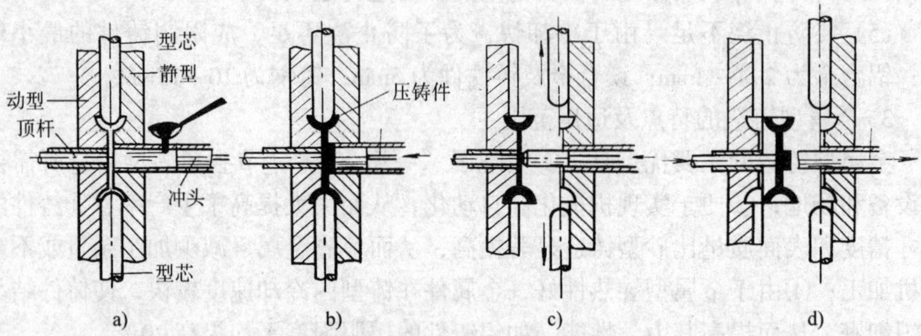

图 10-41 卧式压铸机的工作过程

压型是压铸的重要而关键的工艺装备。因此，压型要选用合金工具钢来制造，并须经严格的热处理。压型型腔的尺寸精度和表面质量必须很高，以保证高质量铸件。压铸时，压型的工作温度应保持在 120～280℃，并定期喷刷涂料。

2. 压力铸造的特点和适用范围

(1) 压力铸造的主要优点 ①由于金属液是在高温下注入成形且压型精密，极大提高了合金的充型能力，因此可压铸出形状复杂的薄壁件或镶嵌件。如可铸出极薄件或直接铸出小孔、螺纹以及各种花纹、图案的铸件；②铸件的尺寸精度及表面质量较其它铸造方法高。一般不经切削加工(或仅个别表面进行修整加工)即可使用；③铸件冷却快，又是在高压下结晶成形，表层组织细密，所以铸件的强度和硬度都较高；④生产率比其它铸造方法高。如我国生产的压铸机生产能力在 50～250 次/h，最高可达 500 次/h，而且易于实现半自动化、自动化生产。

(2) 压力铸造的主要缺点 ①压铸设备投资大、制造成本高、周期长，只有在大批量生产条件下，经济上才合算；②压铸高熔点合金(如钢、铸铁)时，压型使用寿命很低；③由于压铸速度很高，型腔内的气体很难排除，厚壁处的收缩也难以补缩，致使铸件内部产生小气孔、缩松等缺陷，因此，压铸件不宜进行较大余量的切削加工，以防孔洞的外露；④由于上述气孔是在高压下形成的，在热处理加热时，孔内气体膨胀将导致铸件表面起泡、开裂，所以压铸件一般不能用热处理来提高其性能。

压力铸造主要用于有色金属合金的薄壁小零件大批量生产。目前，压力铸造已在航空、汽车、拖拉机、电器仪表、计算机、兵器、纺织机械等工业中得到了广泛的应用。

三、低压铸造

低压铸造是介于金属型铸造和压力铸造之间的一种铸造方法。它是在 20～70kPa 压力的作用下，将金属液注入型腔，并在压力下凝固以获得铸件的一种方法。

1. 低压铸造的工艺过程

低压铸造装置如图 10-42a 所示。其下部为一密闭的保温坩埚炉，用于储存熔炼好的金属液。坩埚炉的顶部紧固着铸型(通常为金属型)，垂直的升液管使金属液与朝下的交口相通。

金属型在浇注之前必须预热到工作温度，并喷刷涂料。低压铸造时，先缓缓地向坩埚炉室内通入压缩空气，迫使金属液从升液管平稳上升，直到注满型腔(图 10-42b)，才使气压上升到规定的工作压力，使金属在压力下结晶。当铸件凝固之后，使坩埚室与大气相通，由于撤消了压力，于是升液管和浇口中尚未凝固的金属液在重力作用下流回坩埚(图 10-42c)。最后，开启上型，取出铸件(图 10-42d)。

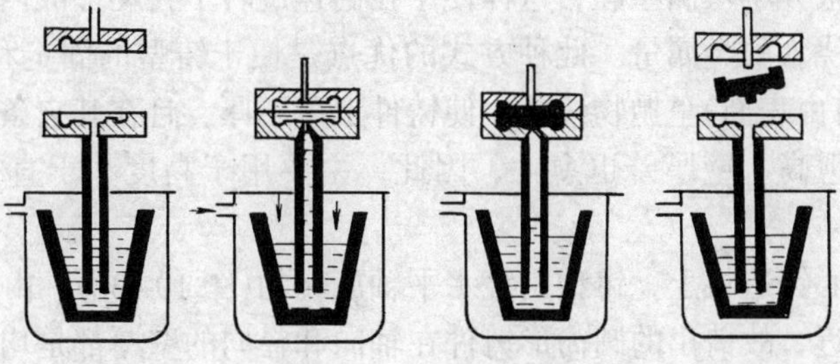

图 10-42　低压铸造

低压铸造的铸件不需另设冒口，而由浇口兼起补缩作用。为使铸件实现自上而下的顺序凝固，浇口的截面尺寸必须足够大，且应开在铸件的厚壁处。

选择适合的增压速度、工作压力及保持压力时间，对于保证铸件质量是非常重要的。

2. 低压铸造的特点及适用范围

低压铸造是近些年发展起来的铸造新工艺，这种铸造方法便于获得优质铸件，并可弥补压力铸造的某些不足。其主要优点如下：

1）浇注的压力和速度便于调节，故可适应各种不同的铸型(如金属型、砂型、熔模型壳等)。同时，充型平稳，对铸型的冲刷力小，气体较易排除；

2）便于实现顺序凝固，以防止缩孔和缩松，尤其能有效地克服铝合金的针孔缺陷；

3）铸件的表面质量高于金属型，可生产出壁厚为 1.5～2mm 薄壁铸件；

4）由于不用冒口，金属的利用率可提高到 90%～98%。

此外，设备费用远较压力铸造低。

低压铸造现已广泛用于许多部门，目前主要用于铝合金铸件的大批量生产。如汽缸体、缸盖、活塞、曲轴箱、壳体等，也可用于球墨铸铁、铜合金等较大铸件。

四、离心铸造

将液态合金浇入高速旋转(250～1500r/min)的铸型中，使金属液在离心力作用下充填铸型并凝固成型，这种铸造方法称为离心铸造。

1. 离心铸造的基本方式

离心铸造主要用于生产圆筒形铸件，为使铸型旋转，离心铸造必须在离心铸造机上进行。根据铸型旋转轴空间位置的不同，离心铸造机可分为立式和卧式两大类。

在立式离心铸造机上，铸型是绕垂直轴旋转的(图 10-43a)。当其浇注圆筒形铸件时，金属液并不填满型腔，这样便于在高速旋转下自动形成内腔，而铸件的壁厚则取决于浇入的金属量。此种方式的优点是便于铸型的固定和金属的浇注，但其内表面(自由表面)呈抛物线状，使铸件上薄下厚，且在其它条件不变的前提下，铸件高度愈高，壁厚差也愈大，因此，主要用于高度小于直径的圆环类铸件。

在卧式离心铸造机上，铸型是绕水平轴旋转的(图 10-43b)。由于铸件各部分的冷却条件相近，故铸出的圆筒形铸件在轴向和径向的壁厚都是均匀的，因此适于生产较长的套筒、管类铸件。

离心铸造也可用于生产成形铸件，此时多在立式离心铸造机上进行。如图 10-44 所示，铸型紧固于旋转工作台上，浇注时金属液填满型腔，故不形成自由表面，在离心力作用下，提高了金属液的充型能力，便于薄壁铸件的成形，而且浇口可起补缩作用，使铸件组织致密。

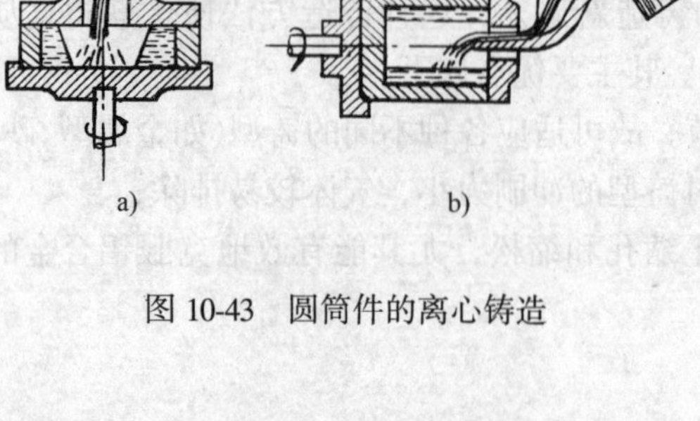

图 10-43　圆筒件的离心铸造

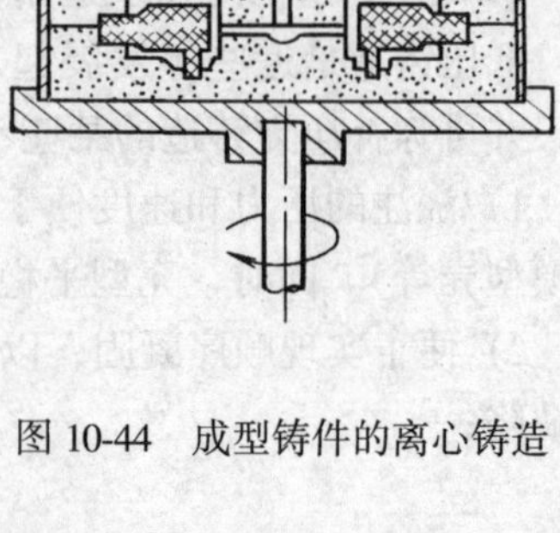

图 10-44　成型铸件的离心铸造

2. 离心铸造的特点及适用范围

离心铸造具有如下优点：

1）浇注时，在离心力作用下，铸件由外向内顺序凝固，金属中的熔渣、气体因比重轻则向内腔(自由表面)移动而集中排除，从而可获得组织细密(极少有缩孔、气孔、夹渣等缺陷)、力学性能较好的铸件；

2）铸造圆筒形、中空形铸件时，可省去型芯和浇注系统，因而可降低铸件成本，提高液态金属的利用率；

3）金属的充型能力强，便于铸造流动性差的合金及薄壁铸件；

4）便于制造双金属铸件。如在制造滑动轴承中，可在钢套上镶嵌薄层铜衬，节省贵重金属材料。

离心铸造不足之处是：

1）依靠自由表面所形成的内孔尺寸偏差大，且内表面粗糙，若需切削加工，必须增大加工余量；

2）不适宜铸造比重偏析大的合金以及轻金属合金，如铅青铜、铝合金、镁合金等。此外，因需要较多的设备投资，故不适宜单件、小批生产。

离心铸造是铸铁管、汽缸套、铜套、双金属轴承等铸件的主要生产方法，铸件最大重量可达十多吨。此外，离心铸造也已在耐热钢辊道、特殊钢的无缝管坯以及造纸机烘缸的生产中获得应用。

五、熔模铸造

熔模铸造是用易熔材料制成模型(包括浇道)，然后在模型上涂挂耐火材料，经硬化后再将模型熔化、排出型外(从浇道中流出)，从而获得没有分型面的整体铸型(中空的硬壳型)。由于熔模广泛采用蜡质材料制造，故又常称为“失蜡铸造”。

1. 熔模铸造的工艺过程

熔模铸造的工艺过程包括：制造蜡模、结壳、脱蜡、填砂、焙烧、浇注、落砂清理等。

(1) 蜡模制造　蜡模制造一般要经过如下工序：

1）压型制造　压型是用来制造蜡模的专用模具，如图 10-45 所示。为了保证蜡模质量，压型必须有很高的尺寸精度和低的表面粗糙度，而且型腔尺寸必须包括蜡料和铸造合金的双重收缩率。压型一般用钢、铜或铝合金经切削加工制成，这种压型使用寿命长，制出的蜡模精度高，但压型的成本高，生产周期长，主要用于大批量生产。

压型型体之间应设有定位装置和锁紧装置。为了使蜡模便于从压型内取出，多数压型都设有顶板起模装置(图 10-45a)。蜡膜上的凸台、沟槽等妨碍起模的部分都要用活块制出，而内腔则用金属型芯形成。

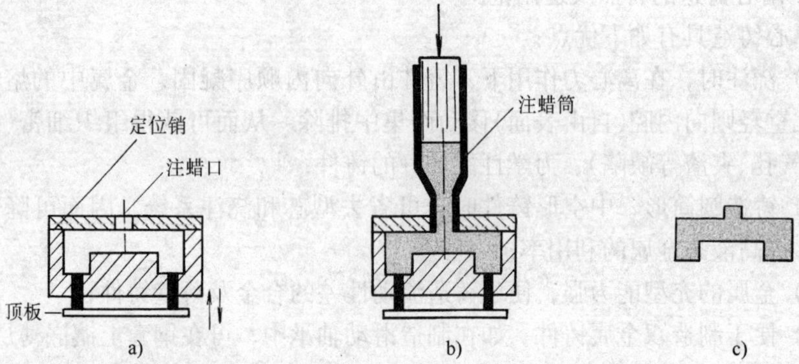

图 10-45　蜡模的制造

a）压型　b）注蜡　c）蜡模

2）压制蜡模　制造蜡模的材料有石蜡、蜂蜡、硬脂酸和松香等，常采用质量分数为 50% 的石蜡和质量分数为 50% 的硬脂酸的混合料。将蜡料加热至糊状后，在 0.2～0.3MPa 压力下，将蜡料压入压型(图 10-45b)，待蜡料冷却凝固后，便从压型内取出，去除分型面上的毛刺，即得单个蜡模(图 10-45c)。

3）蜡模组装　熔模铸件一般较小，为了提高生产率,降低铸件成本，通常将若干个蜡模焊在一个预先制好的直浇口棒上构成蜡模组(图 10-46)，实现一箱多铸。

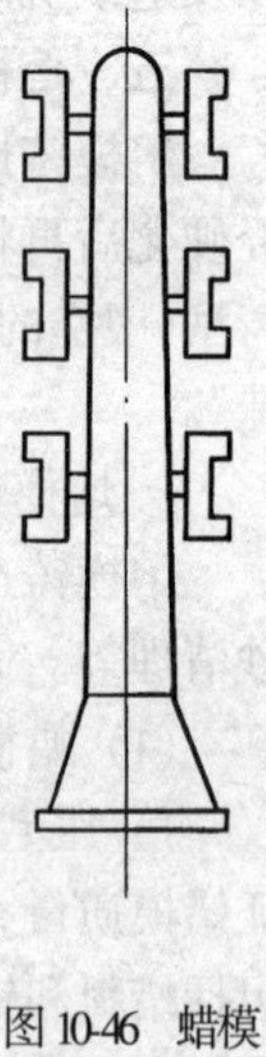

图 10-46　蜡模的组装

(2) 结壳　即在蜡模组上涂挂耐火材料，制成具有一定强度的耐火型壳。型壳质量的好坏对铸件精度和表面粗糙度至关重要，因此结壳是熔模铸造的关键环节。结壳须经过几次浸挂涂料、撒砂、硬化、干燥等工序。

1）浸涂料　将蜡模组置于涂料中浸渍，使涂料均匀的覆盖在蜡模组表层。涂料是由耐火材料(如石英粉)、粘结剂(如水玻璃)组成的糊状混合物，可使型腔获得光洁的面层。

2）撒砂　使浸渍过涂料的蜡模组均匀地粘附一层较粗的石英砂，以便迅速增厚型壳。小批生产时可用手工撒砂，大批量生产时可用专门撒砂设备进行。

3）硬化　为使耐火材料层结成坚固的型壳，撒砂后应进行化学硬化和干燥。当用水玻璃作粘结剂时，经在空气中干燥一段时间后，将蜡模组浸在饱和浓度(约 25%)的 NH_4Cl 溶液中 1～3min。经化学反应使分解出的 SiO_2 迅速以胶态析出，将石英砂粘得十分牢固。此后在空气中干燥 7～10min，即形成 1～2mm 厚的薄壳。

为了使型壳具有较高的强度，上述结壳过程要重复进行 4 ~ 6 次，最后制成 5 ~ 12mm 厚的耐火型壳。在上述各层中，面层所用的石英粉和石英砂均较以后的各加强层细小，以获得高质量的型腔表面。

(3) 脱蜡和造型

1) 脱蜡　为了取出蜡模以形成铸型空腔，必须脱蜡。最简便的脱蜡方法是将附有型壳的蜡模组浸泡于 85 ~ 95℃的热水中，使蜡模熔化并经浇口流出，形成型腔(图 10-47a)。脱出的蜡可经回收处理后重复使用。

除上述热水法脱蜡外，还可采用高压蒸汽法，就是将蜡模组倒置于高压釜内，通以压力为 $(2 \sim 5) \times 10^5$Pa 的蒸汽，使蜡料熔出。

2) 造型(又称填砂)　为了加固型壳，防止浇注时变形和破裂，将脱蜡后的型壳置于铁箱中，周围用粗砂填充(图 10-47b)。如果在加固层涂料中加入一定比例的粘土制成高强度型壳，则可不经填砂便可直接浇注。

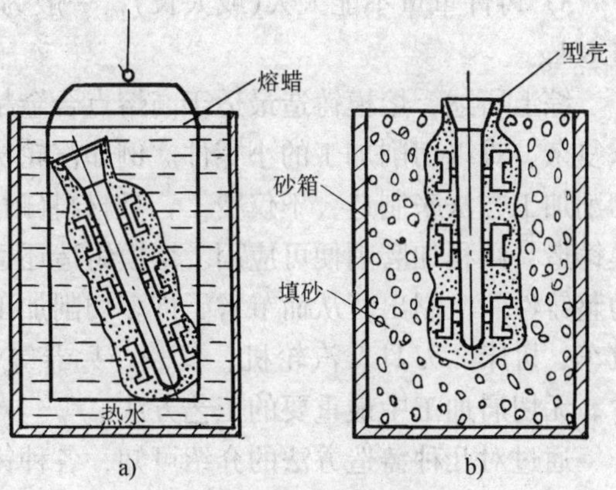

图 10-47　脱蜡和造型

a) 脱蜡　b) 装箱造型

(4) 焙烧和浇注

1) 焙烧　为了进一步去除型壳中的水分、残余蜡料和其它杂质，在浇注金属之前，必须将型壳送入加热炉内，加热到 850 ~ 950℃进行焙烧，使型壳的强度增高，型腔更为干净。

2) 浇注　为了提高合金的充型能力，防止浇不足、冷隔等缺陷，要在焙烧后趁热(600 ~ 700℃)进行浇注。

(5) 落砂和清理　冷却之后，将型壳破坏，取出铸件，然后去掉浇口、清理毛刺。对于铸钢件还需进行退火或正火，以便获得所需的力学性能。

2. 熔模铸造的特点和适用范围

熔模铸造的主要优点是：

1) 因为铸型精密，没有分型面，型腔表面极为光滑，所以铸件的尺寸精度及表面质量均优。同时，铸型在预热后浇注，可生产出形状复杂的薄壁铸件(最小壁厚 0.7mm)；

2) 能适应各种合金的铸造，这对于高熔点合金及难切削加工合金(如高锰钢、磁钢、耐热合金)的铸造尤为可贵；

3）生产批量不受限制，除适用于成批、大量生产外，也可用于单件生产。

熔模铸造的主要缺点是：

1）材料昂贵、工艺过程复杂、生产周期长(4～15d)，铸件成本比砂型铸造高数倍；

2）难以实现全盘机械化、自动化；

3）铸件重量不能太大(或太长)，一般为几十克至 25kg，目前最大重量不超过 80kg。

综上所述，熔模铸造最适于高熔点合金精密铸件的大批量生产，适于铸造形状复杂、难以切削加工的小零件。例如汽轮机叶片，其几何形状很复杂，若采用切削加工方法来制造，不仅费工，且材料(耐热合金钢)的利用率甚低；若采用熔模铸造，则稍加磨削便可应用。熔模铸造还适用于将数个零件装配而成的组件改为整铸件一次制出，从而节省了许多切削加工及装配费用。目前，熔模铸造已在汽车、机床、刀具、汽轮机、仪表、兵器等制造业中得到广泛应用，并已成为少、无切屑加工中最重要的工艺方法。

通过对几种铸造方法的介绍可知，各种铸造方法都有其优缺点，不能认为某种方法最完善，必须结合生产具体情况，如铸件的大小、形状、合金种类、生产批量、表面质量要求以及现场设备条件等，进行全面分析比较，才能正确地选择铸造方法。

复习思考题

10-1　什么是铸造？简述铸造的主要优缺点。

10-2　合金的流动性不足，易产生哪些铸造缺陷？影响合金流动性的主要因素有哪几个方面？在实际生产中常用什么措施防止浇不足。

10-3　缩孔与缩松对铸件质量有何影响？如何鉴别缩孔与气孔？

10-4　什么是顺序凝固原则和同时凝固原则？各需采取什么措施才能实现？哪些合金常需采取顺序凝固原则？

10-5　冒口为什么能防止缩孔？它与出气口有何不同(作用、尺寸、位置)？与冷铁的作用又有何不同？

10-6　试用图 10-48 所示的轨道铸件分析热应力的形成原因，并用虚线表示出铸件的变形方向。

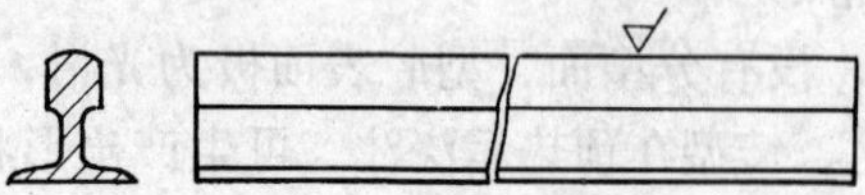

图 10-48　习题 10-6 图

10-7　从简化铸造工艺考虑，铸件的外形和内腔设计应如何考虑？

10-8　试从铸件结构、型砂、铸造工艺等方面考虑，如何防止铸件产生内应力和裂纹？

10-9　型砂应具备哪些性能？这些性能如何影响铸件质量？

10-10　铸件的造型方法应根据哪些条件来选择？

10-11　试述分型面的选择原则，它与浇注位置选择原则的关系如何？

10-12　木模、铸件和零件在形状和尺寸上有何不同？图 10-49 所示铸件的结构是否合理，应如何改正？

10-13　图 10-50 所示铸件的结构有何缺点？该如何改进？

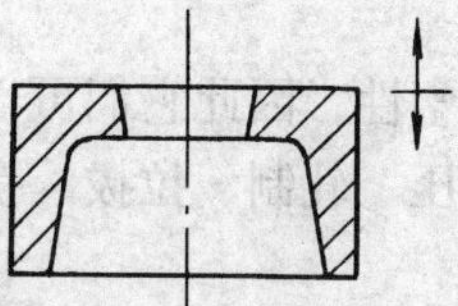

图 10-49　习题 10-12 图

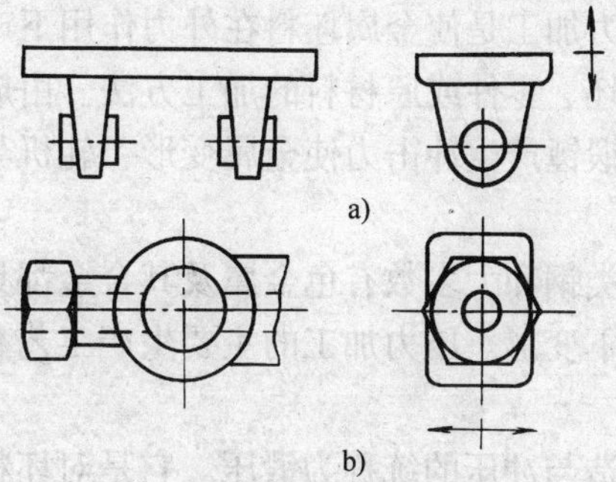

图 10-50　习题 10-13 图

10-14　为什么进行铸件设计时，就要初步考虑出铸件的大致分型面？试举例说明之。

10-15　为什么铸件要有结构圆角？图 10-51 所示的铸件上哪些圆角不够合理，应如何修改？

10-16　计算图 10-52 所示铸铁件的圆角半径 R 及转角尺寸 h、c。

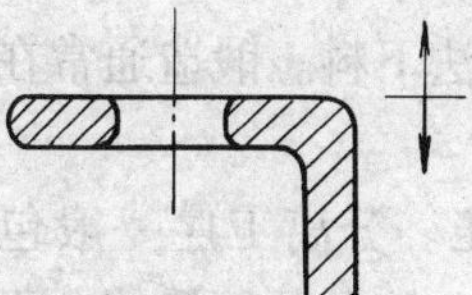

图 10-51　习题 10-15 图

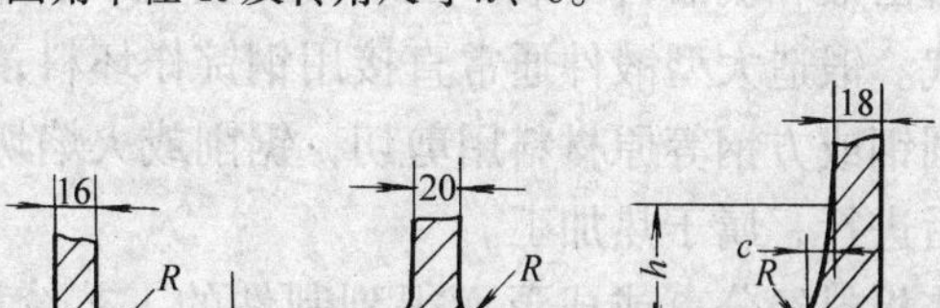

图 10-52　习题 10-16 图

10-17　为什么要规定铸件的最小壁厚？灰铸铁件的壁厚过大或局部过薄会出现哪些缺陷？

10-18　特种铸造方法主要有哪几种？各有什么特点？适用范围如何？

第十一章 金属压力加工

第一节 概 述

压力加工是使金属坯料在外力作用下产生塑性变形，以获得所需的形状、尺寸的毛坯、零件或原材料的加工方法。由成形设备提供的外力可分为冲击力和静压力。锻锤产生冲击力使金属变形，轧机与压力机对金属坯料施加静压力使之变形。

各类钢和大多数有色金属及其合金都具有一定的塑性，因此它们可以在热态或冷态下变形。压力加工的主要生产工艺有锻造、冲压、轧制、拉拔、挤压等几种。

锻造与冲压的统称为锻压。它是对坯料施加外力，使其产生塑性变形、改变尺寸、形状及改善性能，用以制造机械零件、工件或毛坯的成形方法。用于锻压的材料应具有良好的塑性，以保证在锻压加工时能产生较大的塑性变形而不被破坏。常用金属材料中，铸铁塑性很差，在通常条件下不能锻压；钢和大多数有色金属如铜、铝等塑性良好，可以锻压。

锻造主要有自由锻造和模锻两大类。而自由锻按其设备和操作方式又可分为手工自由锻和机器自由锻。在现代工业生产中，手工自由锻已逐步为机器自由锻所取代。锻造大型锻件通常直接用钢锭作坯料；锻造中、小型锻件，常以经过轧制的圆钢或方钢等原材料用剪切，锯削或火焰切割等方法下料。锻造通常在材料加热后进行，属于热加工。

使板料经分离或成形而得到制件的工艺统称为冲压。分离工序一般包括剪切、冲孔和落料等；成形工序一般指拉深、弯曲、翻边、缩口及压筋等。而冲压用薄板金属为原材料，用剪床下料，一般不需加热，故又称为冷冲压或板料冲压。

经锻造后的金属材料成分更加均匀，内部组织更加致密，承载能力(强度)及耐冲击能力(冲击韧度)都有所提高。故承受重载及冲击载荷的重要零件如机器的主轴、重要齿轮、连杆、炮管等，多以锻件为毛坯，再经切削加工而制成。冲压生产的制件具有强度高、刚度高、结构轻等优点。广泛用于汽车制造、电器、仪表及日用品工业等方面。一般常用的金属型材、板材、管材和线材等原材料，大都是通过轧制、挤压、拉拔等方法制成的。

锻造和冲压属于机械制造行业，轧制、挤压、拉拔属于冶金领域，这两大行业的工艺相互渗透导致新工艺产生，如轧制和锻造结合产生辊锻工艺。随着科学技术的发展，先进的压力加工方法和工艺不断涌现，如精密锻造、径向锻造、爆炸成形、超塑性成形，摆动辗压等。常用的压力加工方法见表 11-1。

表 11-1　压力加工方法

加工方法	典型加工图	特 点 及 应 用
锻造	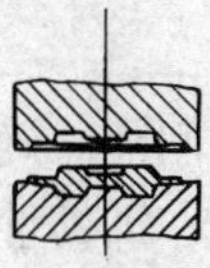	金属坯料在上、下砧座间受冲击力或压力而变形的加工方法，适用于生产承受大载荷的机器零件或改善零件的力学性能
冲压	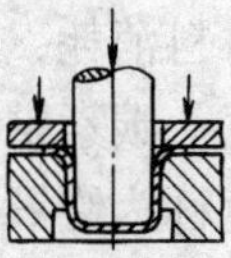	金属板料在冲模之间受压产生分离或变形的加工方法，用于生产汽车外壳、电器、日用品等
轧制	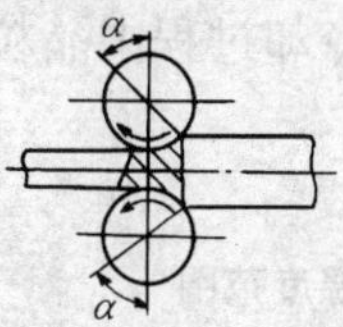	金属坯料在两个回转轧辊的孔隙中受压变形，以获得各种产品的加工方法，如生产钢板、型材、管材、带材
拉拔	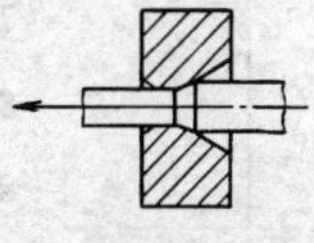	将金属坯料拉过拉拔模的模孔而变形的加工方法，可生产各种细线材、薄壁管、型材，如拉丝生产电缆线
挤压	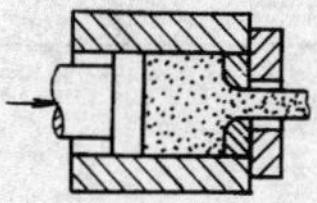	金属坯料在挤压模内受压被挤出模孔而变形的加工方法，可生产复杂截面的型材或零件

第二节　锻造加热和冷却

一、金属的加热

某些具有良好塑性的金属在常温下也能锻造成形，但变形量受到一定限制，而且变形力很大，甚至造成难以达到预期的成形要求。金属材料通过加热，随着温度的升高，其塑性好、强度降低，正因如此，金属在高温下锻造，可以用较小的锻造力而产生较大的塑性变形，锻后可获得良好的组织。所以金属锻造前加热可以达到提高坯料的塑性和降低其变形抗力，提高其可锻性的目的。

锻坯在加热时应注意严格控制加热温度和加热速度。加热温度过高会发生过热、过烧；高温下停留时间过长会发生氧化、脱碳；加热速度过快容易使坯料内外受热不均、温差过大会使金属产生较大应力而出现裂纹等。因此，加热是锻造工艺中极为重要的环节，它直接影响锻件的质量。

二、锻造温度范围

锻造温度范围是指锻件由始锻温度到终锻温度的间隔。确定锻造温度范围的原则是：保证金属在锻造过程中具有良好的锻造性能，即塑性好，变形抗力小以及在锻后能获得良好的内部组织；同时锻造温度范围要尽可能宽一些，以便有足够的时间进行锻造成形，从而减少加热次数，降低材料消耗，提高生产率。

通常，将材料加热的允许最高温度称为始锻温度。碳素钢的始锻温度一般低于其熔点温度 100~200℃。金属允许的最低锻造温度称为终锻温度。在终锻温度以下，金属的塑性变差，变形抗力增加，继续锻打容易出现裂纹，而且容易发生人身、设备事故；终锻温度过高，停锻后金属在冷却过程中晶粒还会继续长大，降低锻件的力学性能，尤其是冲击韧度。

常用金属材料的锻造温度范围，见表 11-2。

表 11-2　常用金属材料的锻造温度范围　　（℃）

材料种类	始锻温度	终锻温度
低碳钢	1200~1250	700~800
中碳钢	1150~1200	800~850
合金结构钢	1100~1180	800~850
铝合金	450~500	350~380
铜合金	800~900	650~700

三、加热产生的缺陷及其防止方法

金属在加热过程中可能产生的缺陷有：氧化、脱碳、过热、过烧和内部裂纹等。

1. 氧化及烧损

金属加热时，炉气中的氧化性气体（O_2，CO_2，H_2O 和 SO_2 等）与金属表面发生化学反应。这种现象称为氧化，其生成物 FeO_4，Fe_3O_4 和 Fe_2O_3 等氧化物的总称为氧化皮。氧化皮的形成不仅造成了金属材料的损耗，而且还影响到锻件的质量和炉子的使用寿命。

坯料在加热过程中因生成氧化皮而造成的损失称为烧损，又称火耗。减少氧化烧损的方法是在保证加热质量的前提下尽量采用快速加热并避免金属在高温下停留时间过长，在燃料完全燃烧的前提下尽量减少空气送进量，并注意减少燃料中的水分和硫的含量。

2. 脱碳

在高温下钢料表层的碳与氧或氢产生化学反应，生成的一氧化碳或甲烷被烧掉，造成金属材料表层碳含量降低，这种现象称为脱碳。脱碳层深度大于加工余量时，金属零件的强度和耐磨性降低。脱碳的多少及脱碳层深度与炉气成分、加热温度、加热时间等因素有关。为了减少脱碳，应快速加热，对于重要零件加热前要在坯料表面涂以保护涂料，缩短高温阶段的加热时间，加热好的坯料要尽快出炉锻打。

3. 过热

一般把金属由于加热温度过高或高温下保持时间过长引起晶粒粗大的现象称为过热。过热的金属材料晶粒粗大，塑性下降，锻件的力学性能降低。对于已产生过热但尚未锻造的坯料可用冷却后重新加热的方法来挽救。若锻后发现粗晶组织，可通过热处理如正火的方法细化晶粒。

4. 过烧

加热温度超过始锻温度过多，使晶粒边界出现氧化及熔化的现象称为过烧。过烧的金属晶粒间的低熔点物质熔化、氧化后形成脆壳，破坏了晶粒间的联系，一经锻打即破碎而成为废品，是加热中不可挽救的缺陷。

5. 内部裂纹

大型及复杂锻件的坯料在加热过程中，若装炉温度过高或加热速度过快，可能造成表面与中心的温度差过大，从而使同一锻件上内外或各部分之间膨胀系数不一致而形成内部裂纹。低碳钢和中碳钢塑性好，一般不会形成裂纹；高碳钢及某些高合金钢由于导热性低、塑性差，较易形成裂纹。对于这类钢坯的加热，要严格遵守加热规范，一般可采用预热措施，使内外温度一致后再加热到始锻温度。

四、加热设备

用来加热金属坯料的设备可根据热源的种类分为火焰炉和电炉两大类。前者用煤、重油或煤气作燃料，利用燃烧时放出的热加热坯料，如手锻炉、反射炉、油炉和煤气炉，后者利用电能转变为热能来加热金属，如电阻炉。下面以反射炉为例介绍其结构，见图11-1。反射炉是以煤为燃料的火焰加热炉，燃烧室中产生的火焰和高温炉气越过火墙进

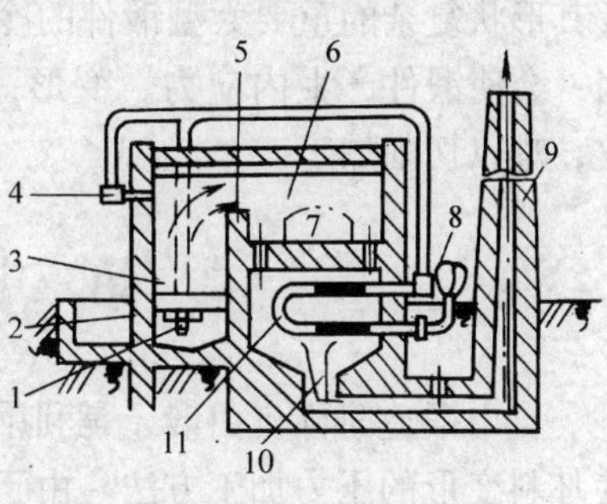

图 11-1　反射炉

1—一次送风管　2—水平炉篦　3—燃烧室　4—二次送风管　5—火墙　6—炉膛　7—炉门　8—鼓风机　9—烟囱　10—烟道　11—换热器

入炉膛加热坯料，其温度可达1350℃左右。废气经烟道排出。坯料从炉门装入或取出。使用反射炉，金属坯料不与固体燃料直接接触，加热均匀，且可以避免坯料受固体燃料的污染。同时炉膛封闭，热效率高。适合于中、小批量生产的锻造车间采用。

五、锻后冷却

锻后冷却是保证锻件质量的重要环节。冷却过程中温度与时间的关系称为冷却规范。采用不同的冷却方法，可得出不同的冷却规范。冷却规范通常用冷却时间温度曲线表示。常见的冷却方法有：

(1) 空冷　热态锻件在空气中冷却的方法称为空冷，是冷却速度较快的一种冷却规范。

(2) 堆冷　将热态锻件成堆放在空气中进行冷却的方法称为堆冷。堆冷的冷却速度低于空冷。

(3) 坑冷　将热态锻件放在地坑(或铁箱)中缓慢冷却的方法称为坑冷。其冷却速度较堆冷低。

(4) 灰砂冷　将热态锻件埋入炉渣、灰或砂中缓慢冷却的方法称为灰砂冷。锻件入砂温度一般在500℃，150℃出砂，周围蓄砂厚度不能少于80mm，冷却速度低于坑冷。

(5) 炉冷　锻后锻件放入炉中缓慢冷却的方法称为炉冷。炉冷时根据需要按预定的温度时间曲线进行冷却，其冷却速度低于灰砂冷。

热锻成形的锻件，通常要根据其化学成分、尺寸、形状复杂程度等来确定相应的冷却方法。低、中碳钢小型锻件锻后常采用空冷或堆冷的方式进行冷却；低合金钢锻件及截面宽大的锻件则需要坑冷或灰砂冷；高合金钢锻件、大型锻件、及其形状复杂的重要大型锻件的冷却速度要缓慢，通常要随炉缓冷。冷却方式不当，会使锻件产生内应力、变形、甚至裂纹。冷却过快还会使锻件表面产生硬皮，难以切削加工。

第三节　自　由　锻

自由锻造简称自由锻，是利用锻造设备的上、下砧或简单的通用性工具直接使坯料变形的压力加工方法。由于锻造时，金属在变形过程中只有部分表面受工具限制，其余表面为自由变形，故称为自由锻。锻件的形状和尺寸靠锻工翻动坯料及控制机器对坯料施加压力来保证。自由锻具有较大通用性，能够锻造各种大小的锻件。但金属损耗大，常用于生产形状简单批量小的锻件。对于大型锻件如冷轧辊、水轮机主轴、多拐曲轴等只能采用自由锻，以获得好的力学性能。因此，自由锻在重型机器制造中占有重要地位。

自由锻采用的设备有锻锤类和液压机两种。锻锤产生冲击力，而液压机产生静压力使金属坯料变形。自由锻造设备主要有空气锤、蒸汽—空气锤、水压机等。

一、空气锤

空气锤是一种小型的自由锻设备，其结构和动作原理见图 11-2。电动机通过减速装置和曲柄连杆使压缩缸中的活塞作上、下往复运动，活塞上部或下部的空气受到压缩。被压缩的空气经上、下转阀交替地进入工作缸的上部或下部空间，推动工作缸内的活塞上、下运动，实现对坯料的锤打，从而使坯料产生塑性变形。空气锤以其落下部分的质量来表示吨位，通常在(65 × 9.8N ~ 750 × 9.8N)之间。主要用于小型锻件的镦粗、拔长、冲孔、弯曲等自由锻工序，也可用于胎模锻造。

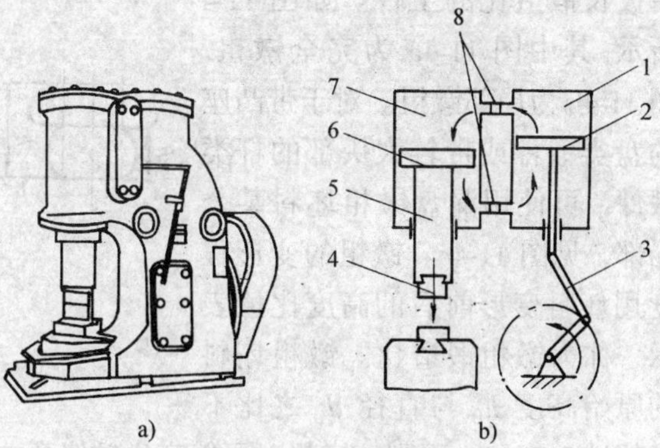

图 11-2 空气锤

a）外形图 b）动作原理图

1—压缩缸 2—压缩缸活塞 3—连杆 4—上锤头 5—活塞杆 6—工作缸活塞 7—工作缸 8—转阀

二、自由锻基本工序

自由锻造的基本工序有拔长、镦粗、冲孔、扩孔、弯曲、切断、扭转和错移等。其中以拔长、镦粗、冲孔和扩孔最为常用。

(1) 拔长 使毛坯横断面积减小而长度增加的锻造工序叫拔长。常用来生产具有长轴线的锻件，如光轴、阶梯轴、拉杆、连杆等。如图 11-3 所示，可在平

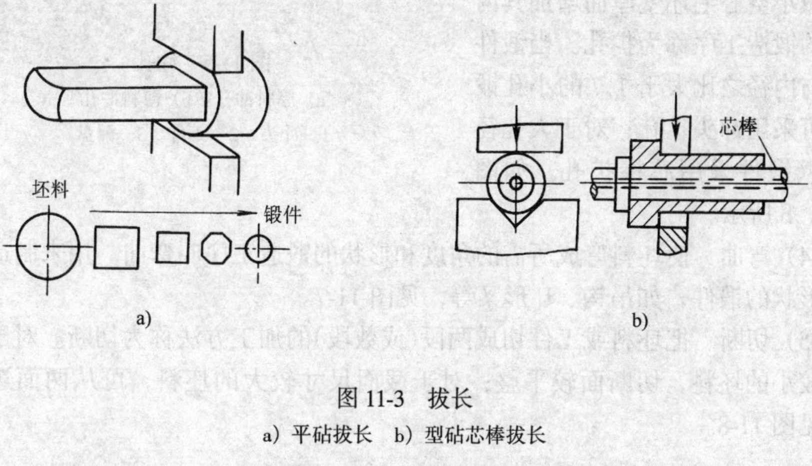

图 11-3 拔长

a）平砧拔长 b）型砧芯棒拔长

砧上拔长，也可在型砧上拔长。型砧拔长效率比平砧高。拔长的变形程度用变形前后的断面积之比值表示，称为拔长锻造比，一般在 2.5～3。为提高拔长效率，送进量 L 应等于坯料宽度的 0.4～0.5 倍。为减少空心坯料的壁厚和外径，增加其长度，可采用芯棒拔长方式。

(2) 镦粗　使毛坯高度减小，横断面积增大的锻造工序叫镦粗。主要用于制造高度小、截面大的工件，如齿轮、法兰盘等，也可用于冲孔前的准备及增加以后拔长锻造比的工件。如图 11-4 所示，其中图 11-4a 为完全镦粗，图 11-4b 为局部镦粗。对于带凸座的盘类锻件或带较大头部的杆类锻件，可使用漏盘镦粗坯料某个局部，见图 11-4c。镦粗的变形程度用坯料变形前后的高度比值表示，称为镦粗锻造比。镦粗坯料的原始高度 h_0 与直径 d_0 之比不宜超过 2.5～3，否则，镦粗时可能产生轴线弯曲。

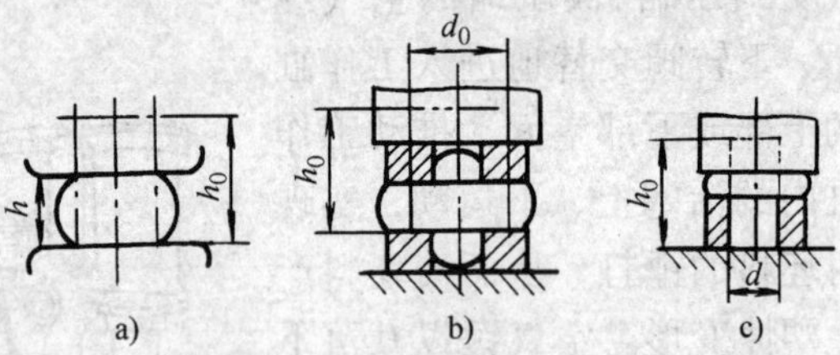

图 11-4　镦粗

a) 平砧间镦粗　b) 局部镦粗　c) 漏盘中镦粗心轴

(3) 冲孔和扩孔　在锻件上制造出通孔或不通孔的锻造工序叫冲孔。较厚的锻件可采用双面冲孔，较薄的锻件采用单面冲孔，冲孔的基本方法可分为实心和空心冲孔，如图 11-5a、b 所示。直径 $d < 450$mm 的孔用实心冲头冲孔，直径 $d > 450$mm 的孔用空心冲头冲孔。

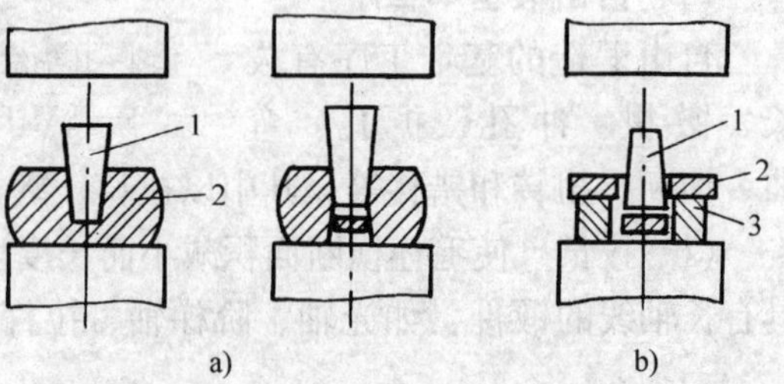

图 11-5　冲孔

a) 厚料冲孔　b) 薄料冲孔

1—冲头　2—工件　3—漏盘

减小空心毛坯壁厚而增加其内外径的锻造工序称为扩孔。当锻件外径与内径之比大于 1.7 的小孔锻件时可采用冲头扩孔；对于大孔径的薄壁锻件采用芯棒扩孔。如图 11-6a、b 所示。

(4) 弯曲　使坯料弯成所需的角度和形状的锻造工序叫弯曲。用来制造各种弯曲形状的锻件，如吊钩、U 形叉等，见图 11-7。

(5) 切断　把坯料或工件切成两段(或数段)的加工方法称为切断。对于截面尺寸较小的坯料，切断面较平整；对于截面尺寸较大的坯料，可从两面进行切断，见图 11-8。

图 11-6　扩孔

a）冲头扩孔　b）芯棒扩孔

1—冲头　2、5—坯料　3—垫杯　4—托架　6—上抵铁　7—芯棒

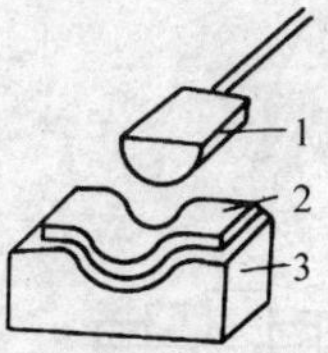

图 11-7　弯曲

1—模芯　2—坯料

3—胎膜

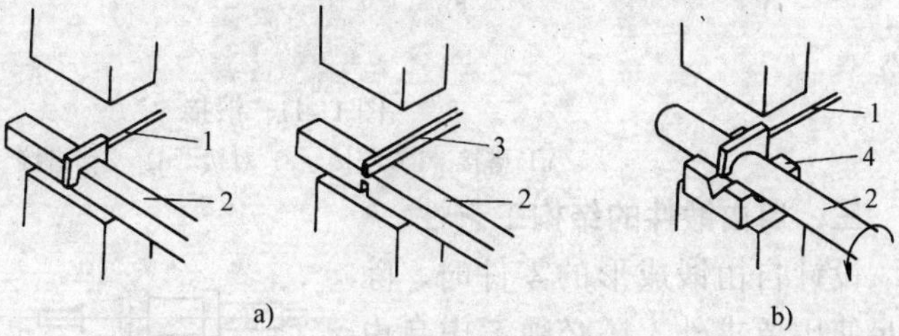

图 11-8　切断

a）方料的切断　b）圆料的切断

1—剁刀　2—工件　3—克棍　4—剁垫

（6）扭转　将毛坯的一部分相对于另一部分绕其轴线旋转一定角度的锻造工序称为扭转，见图 11-9。

（7）错移　将坯料的一部分相对另一部分错移开，但仍保持轴心平行的锻造工序称为错移，见图 11-10。

（8）锻接　坯料在炉内加热至高温后，用锤快击，使两者在固相状态结合的方法称为锻接，见图 11-11。夹钢也属于锻接范围。

自由锻除基本工序外，还有辅助工序和整修工序。辅助工序是为基本工序操作方便而进行的预先变形，如切痕、压肩等。整修工序用以减少锻件表面缺陷如凹凸不平及整形等，包括摔光、校直、打圆、打平、倒棱等。工件锻好后需进行整修，其目的是使锻件尺寸准确、表面光洁。

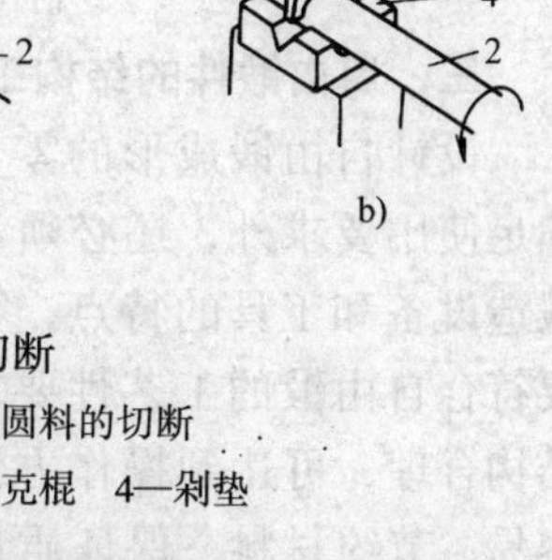

图 11-9　扭转

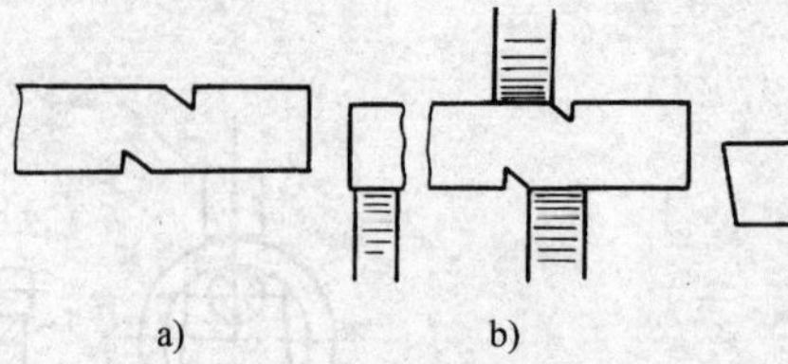

图 11-10　错移

a）压肩　b）锻打　c）整修

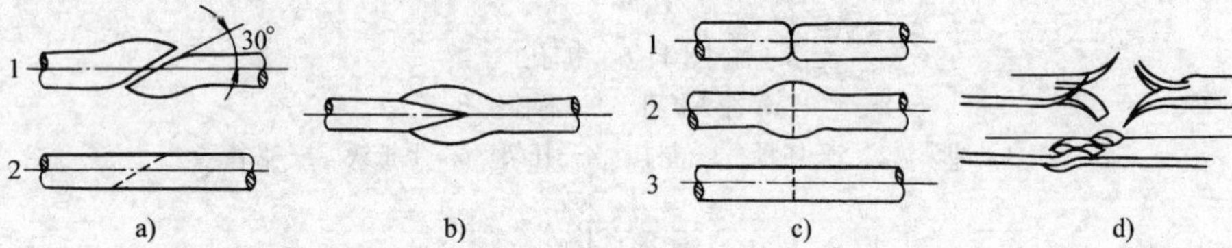

图 11-11　锻接

a）搭接　b）咬接　c）对接　d）交错搭接

三、自由锻件的结构工艺性

设计自由锻成形的零件时，除满足使用要求外，还必须考虑自由锻造设备和工具的特点，零件结构要符合自由锻的工艺性要求。锻件结构合理，可达到操作方便、成形容易、节约材料、保证质量和提高效率的目的。

1. 锻件上应避免锥面和斜面的结构

如图 11-12a 所示，锻件有锥面或斜面结构，需要专用工具成形，工艺过程复杂，操作不便，成形困难，生产率低，其结构工艺性差。改进设计为图 11-12b 所示，其结构合理便于成形。

2. 锻件上应避免形成空间曲线

由多个简单几何体构成的锻件，几何体的交接处不应为空间曲线，如图 11-13 所示。

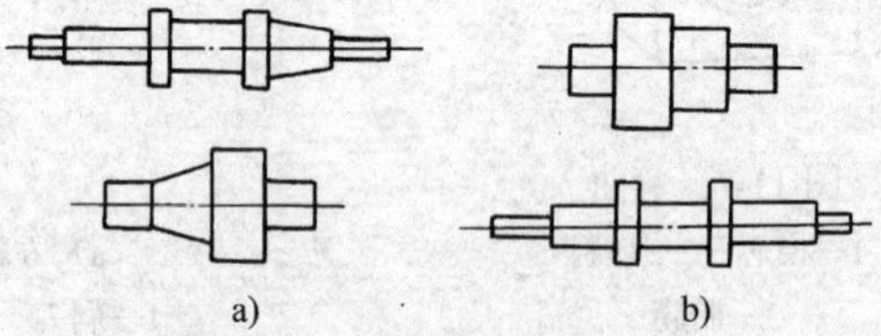

图 11-12　轴类锻件结构

a）工艺性差的结构　b）工艺性好的结构

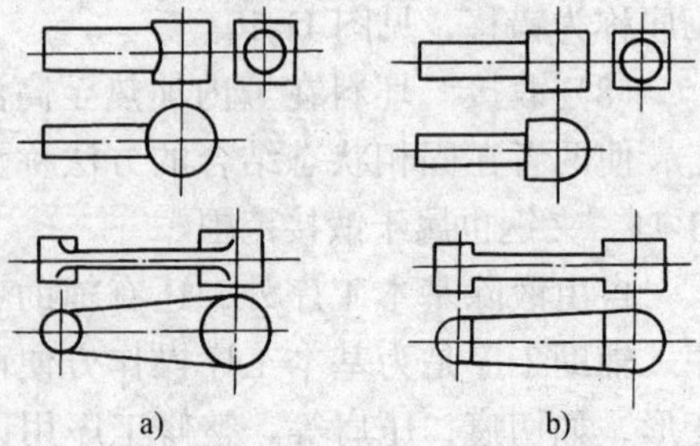

图 11-13　杆类锻件结构

a）工艺性差的结构　b）工艺性好的结构

3. 锻件上应尽量避免加强肋、凸台、工字形截面或空间曲面

图 11-14a 所示的加强肋和凸台难以用简单的自由锻造方法成形，必须用特殊的工具和工艺措施来生产，故提高了难度，增加了成本。改进设计后，如图 11-14b 所示，结构工艺性好，经济效益大。

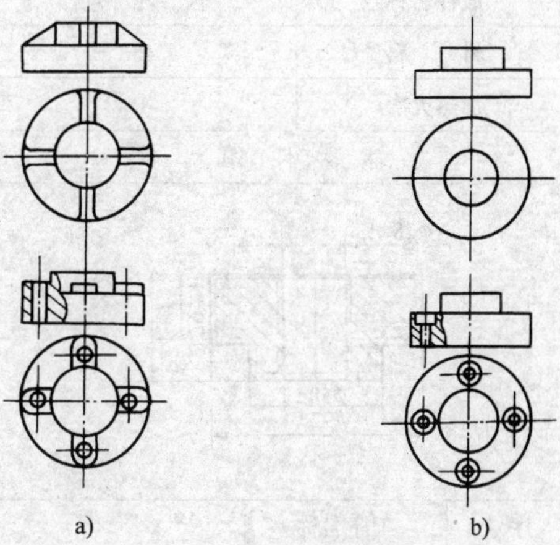

图 11-14 盘类零件结构
a）工艺性差的结构 b）工艺性好的结构

4. 锻件结构应避免截面尺寸的急剧变化

图 11-15a 的锻件截面尺寸变化剧烈，锻造过程中局部变形太大，结构工艺性差。改成由几个简单件构成的组合体，每个简单件分别锻后用焊接或螺钉联接起来，将复杂件变成几个简单件来做，达到化难为易之目的，如图 11-15b 所示。

四、制订锻件的自由锻造工艺过程

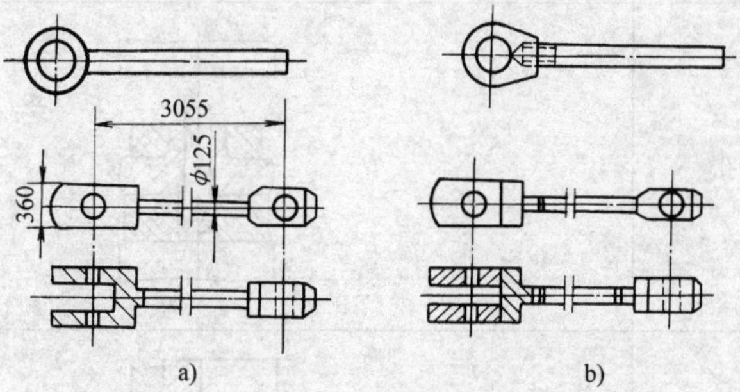

图 11-15 复杂件结构
a）工艺性差的结构 b）工艺性好的结构

锻造锻件都要预先制订锻造工艺规程。自由锻造的工艺规程包括：锻件图、坯料的质量和尺寸、锻造工序、锻造设备和吨位、锻造工具、锻造温度范围、冷却和热处理规范、技术要求和检验要求、劳动组织和工时定额等。将这些内容填在工艺卡上，车间根据工艺卡的规定组织生产。

下面以盘类典型锻件齿轮坯的自由锻造工艺过程作为示例(见表 11-3)，介绍锻造工艺规程的内容。

表 11-3　齿轮坯的自由锻造工艺过程

锻件名称	齿　轮　坯	工艺类别	机器自由锻
材　　料	45	设　　备	65kg空气锤
加热火次	1	锻造温度范围	1150 ~ 800℃
锻　件　图		坯　料　图	
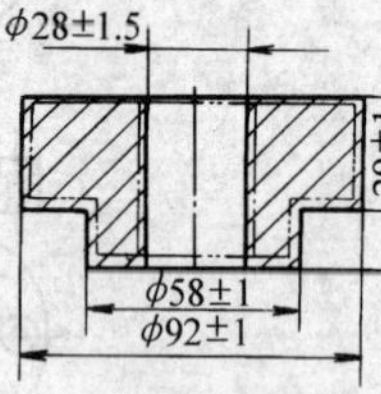			

序号	工序名称	工　序　简　图
1	镦粗	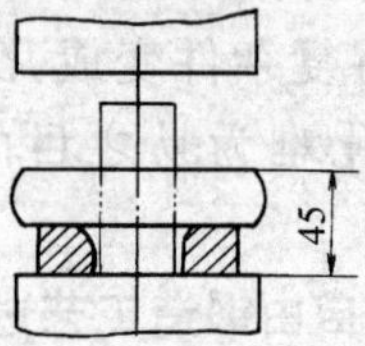
2	冲孔	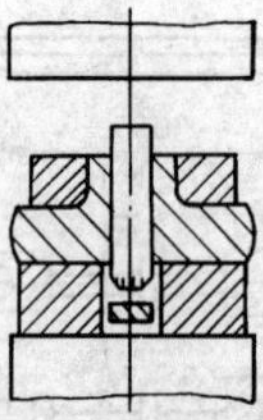
3	整修外圆	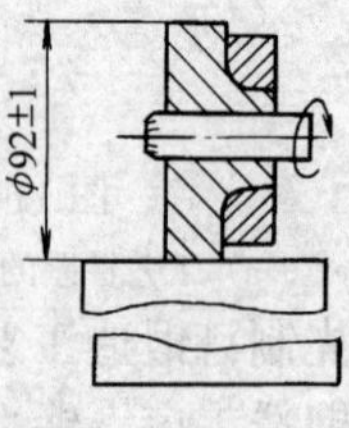
4	整修平面	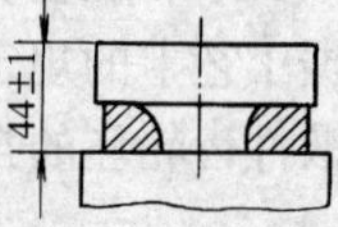

五、自由锻的锻造缺陷

当坯料质量不好、锻造方法不规范、加热冷却及热处理不当都会引起锻造缺陷，自由锻件的缺陷分析见表 11-4。

表 11-4 常见自由锻件的缺陷分析

缺陷名称	主要特征	产生原因
表面横向裂纹	拔长时，锻件表面及角部出现横向裂纹	1. 坯料表面有缺陷，锻造时进一步扩展 2. 冷却速度过快，产生残留应力 3. 送进量过大，当相对送进量 $L_0/h_0>1$ 时，锻件表面和角部受拉应力过大产生裂纹
内部横向裂纹	拔长时，锻件内部及中心出现横向裂纹	1. 低温区快速加热 2. 送进量过小，当 $L_0/h_0<0.5$ 时，锻造区出现双鼓形，致使内部出现拉应力形成裂纹
中空纵裂	拔长时，中心出现较长甚至贯穿的轴向裂纹	1. 加热未透，内部温度过低 2. 未经打成方形断面，而直接由大圆形断面打成小圆形断面，由于变形集中于上下表面，心部出现横向拉应力，引起中心裂纹
表面纵向裂纹	镦粗时，锻件表面出现纵向裂纹	镦粗时，受坯料心部大变形作用，外表面形成鼓形，存在切向拉应力形成裂纹
十字裂纹	拔长时，锻件沿方形断面对角线产生十字裂纹，多见于高合金钢中	当 $L_0/h_0>1$ 时，如果坯料在同一部位反复重击，由于金属沿对角线的激烈相对流动，会使塑性低的锻件产生十字裂纹
自行开裂	锻造或热处理后发生、或经过长时间后发生	1. 锻造过程中已形成裂纹，热处理使之加剧 2. 锻件残留应力过大
龟裂	锻件表面出现龟甲状较浅裂纹	1. 钢中铜、锡、砷、硫含量过多 2. 始锻温度过高
白点	锻件内部银白色、灰白色圆形的裂纹，含 Ni、Cr、Mo、W 等合金钢容易产生	1. 钢中含氢量过高 2. 锻后冷却或退火工艺不合适

第四节 模 锻

模型锻造(简称模锻)是在模锻设备上利用锻模对金属材料进行锻造成形的一种工艺方法。锻模是用高强度金属制造的成形锻件的模具，其上有与锻件形状一致的模膛，使坯料在模内受压变形。在变形过程中由于模膛对金属坯料流动的限制，因而锻造终了时能得到和模膛形状一致的锻件。

模锻与自由锻比较有如下特点：①生产率较高；②模锻件尺寸精确，加工余量小；③可以锻造形状比较复杂的锻件，如图 11-16 所示。这些零件如果用自由锻成形，则必须加上大量的敷料，以简化形状；④模锻生产比自由锻消耗的金属材料少，切削加工工作量也少，有利于降低生产成本。

但是由于模锻生产受模锻设备吨位的限制，锻件质量不能太大，通常在150kg以下。而且因为制造锻模成本较高，所以只有在大批量生产时其优越性才能表现出来。

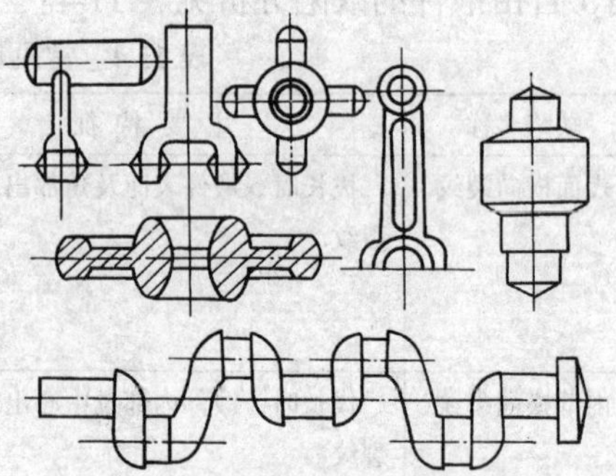

图 11-16　典型模锻零件

由于模锻的上述特点，模锻生产越来越广泛地应用在国防工业和机械制造业中，如飞机制造厂、坦克厂、汽车厂、拖拉机厂、轴承厂等。

一、锤上模锻

锤上模锻设备为模锻锤，生产中应用最广泛的是蒸汽-空气模锻锤，其结构与自由锻造的蒸汽-空气锤相似，如图11-17所示。但由于模锻生产精度较高，锤的刚性更好，锤头与导轨之间的间隙

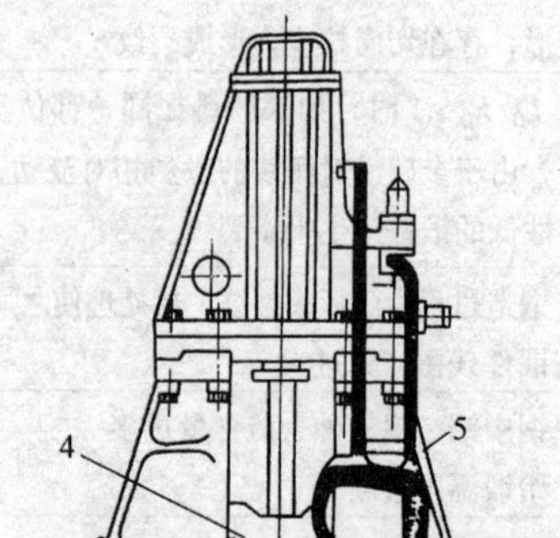

图 11-17　蒸汽-空气模锻锤

1—踏杆　2—下模　3—上模　4—锤头

5—操纵机构　6—机架　7—砧座

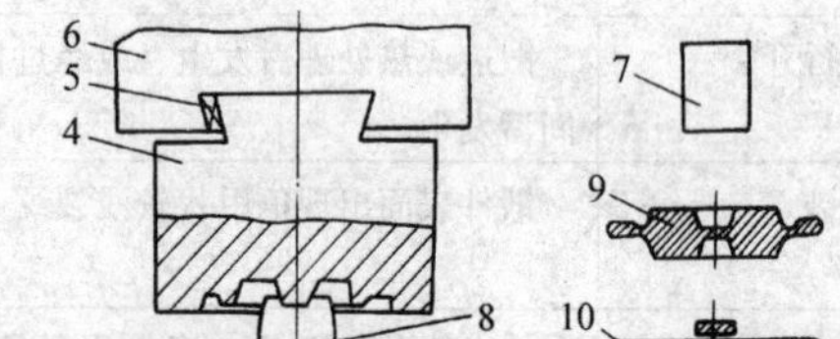

图 11-18　单模膛锻模

1—工作台　2—模轮　3—下模　4—上模

5—紧固楔铁　6—锤头　7、8—坯料

9—带飞边和连皮的锻件　10—飞边

11—模锻件

更小。模锻锤动力由空气或蒸汽提供，其吨位用落下部分的质量表示。下落部分的质量在 1～16t 之间，可锻造的锻件质量在 0.5～150kg 之间。

锤上模锻用的锻模由上模和下模两部分构成。下模部分通过燕尾和楔铁与锻锤工作台的模垫相连接，固定于工作台上。上模部分通过燕尾和楔铁与设备的锤头相连接，随锤头上、下往复运动锤击金属坯料。锻模上有使坯料成形的型腔，称之为模膛。根据模膛的作用分为模锻模膛和制坯模膛两大类。具有一个模膛的锻模为单模膛锻模，具有两个以上模膛的锻模为多模膛锻模。

根据模锻件复杂程度的不同，变形所需要的模膛数量各异，可将锻模设计成单模膛形式，也可设计成多模膛形式。如齿轮坯模锻件就可设计为单模膛锻模，见图 11-18，直接将圆柱形坯料放入锻模中成形。复杂的锻件则需要在多模膜的锻模中完成。如弯曲连杆锻件可在的多模膛锻模中锻造，参见图 11-19。

二、胎模锻

胎模锻是在自由锻设备上用可移动的简单锻模(称胎模)生产模锻件的一种工艺方法。胎模不固定在锻造设备上，结构简单，容易加工。胎模锻件在胎模内成形，有模具来保证，比自由锻操作简便，成形准确，节省材料，生产率高；与模锻相比，不需昂贵的模锻设备，成本低，工艺操作灵活，可以局部成形或分段成形，能够用较小的设备成形较大的锻件，但锻件精度较低，工人劳动强度大，胎模易损坏。可见胎模锻是界于自由锻和模锻之间的工艺，在中小工厂应用较多。

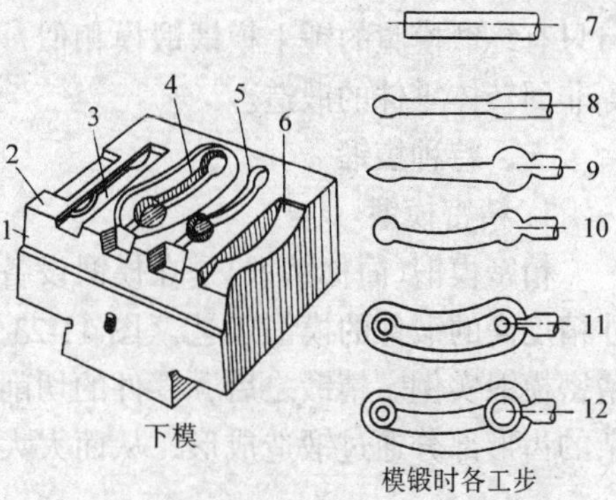

图 11-19　多模膛锻模

1—检验角　2—拔长模膛　3—滚压模膛　4—终锻模膛　5—预锻模膛　6—弯曲模膛　7—原坯料　8—拔长　9—滚压　10—弯曲　11—预锻　12—终锻

胎模类型主要有扣模、筒模和合模三种。

(1) 扣模　扣模由上扣和下扣组成，用来对坯料进行全部或局部扣形，生产长杆非回转体锻件，也可为合模锻造进行制坯，如图 11-20 所示。

(2) 筒模　筒模主要用来锻造齿轮、法兰盘等回转体类锻件，也可用于非回转体类锻件。根据锻件的具体情况，可制成整体模、镶块模、带垫模和组合模等多种形式，如图 11-21 所示。

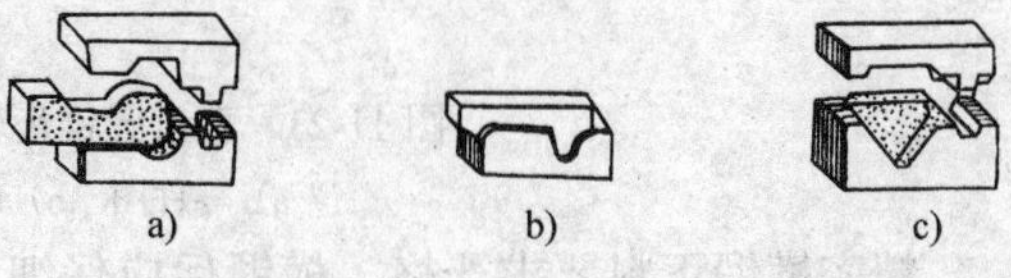

图 11-20　扣模

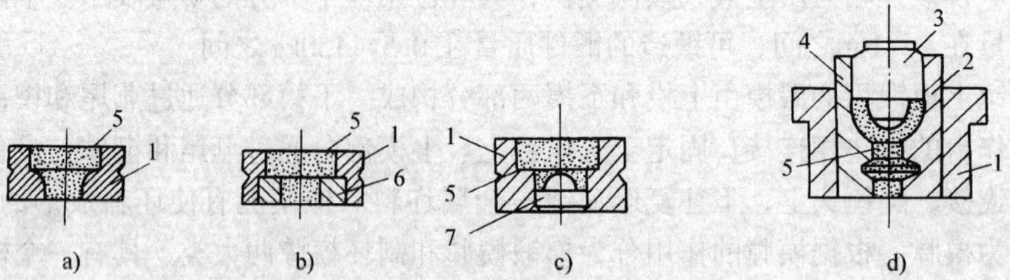

图 11-21　筒模

a）整体筒模　b）镶块筒模　c）带垫筒模　d）组合筒模

1—筒模　2—右半模　3—冲头　4—左半模　5—锻件　6—镶块　7—模垫

（3）合模　合模通常由上模和下模两部分组成，为了使上、下模对中以避免错位，在模具上设有导向装置。合模结构如图 11-22 所示，与只有终锻模膛的锤上模锻锻模相似，主要用于连杆、拨叉等非回转体零件的锻造。

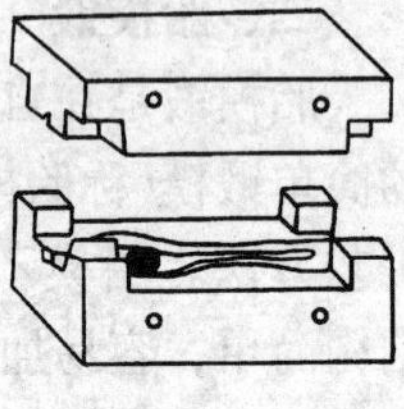

图 11-22　合模

三、特种模锻

1. 精密模锻

精密模锻(简称精锻)是在模锻设备上锻出形状复杂、尺寸精度高的锻件的模锻工艺。图 11-23 为一直齿圆锥齿轮的精密模锻实例。精锻之后，零件的切削加工部分仅为其内孔和背锥面，形状最复杂的齿形部分通过锻造成形，从而大大提高了生产效率。

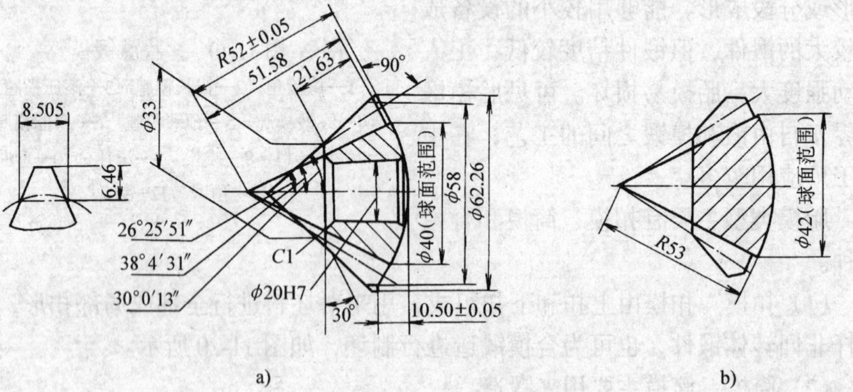

图 11-23　直齿圆锥齿轮的精密模锻

a）零件图　b）锻件图

精密模锻下料要求严格，模锻后应仔细清理坯料表面，锻件精度在很大程度上取决于锻模的加工精度，因此精锻模膛的精度必须很高。模具的精度一般要比锻件精度高两级。精密模锻一般都在刚度大、精度高的模锻设备上进行，如曲柄压力机、摩擦压力机或高速锤。

2. 超塑性模锻

利用金属材料在特定条件下具有的超塑性进行压力加工的方法称为超塑性成形。

使金属或合金呈超塑性的特定条件为：低的变形速率($\varepsilon = 10^{-2} \sim 10^{-4}/s$)、一定的变形温度(约为材料熔点的一半)和均匀的细晶粒(平均晶粒直径为 0.2 ~ 5μm)。超塑性状态下的金属的相对伸长率 δ 超 100%。如钢的 $\delta > 500\%$、纯钛的 $\delta > 300\%$、锌铝合金的 $\delta > 1000\%$。此时的金属在拉伸变形过程中不产生缩颈现象，其变形抗力比常态下金属的变形抗力低几倍至几十倍。

一般情况下，钛合金和镍基高温合金由于塑性差、变形抗力大而难于锻造成形，若采用超塑性模锻成形，则可锻造出如叶片、涡轮等形状复杂的零件，且具有较高的精度和较好的力学性能。过程为：金属在再结晶温度下热变形以细化晶粒，将模具预热至变形温度时模锻，然后将得到的锻件热处理。表 11-5 列出了采用普通模锻和超塑性模锻生产钛合金涡轮盘时的主要工艺参数。

表 11-5　锻造钛合金涡轮盘时超塑性模锻和普通模锻的对比

工 艺 参 数	普 通 模 锻	超塑性模锻
坯料加热温度/℃	940	940
模具预热温度/℃	480	940
变形速率/$mm \cdot s^{-1}$	12.7 ~ 42.3	0.025
平均单位压力/MPa	50.0 ~ 58.3	11.7
模锻工步	4	1
锻件加工余量	大	很小

3. 液态模锻

液态模锻是将一定量的熔融金属液直接注入金属模膛，随后在机械静压力的作用下，使处于熔融或半熔融的金属液发生流动并凝固成形，且伴有小量塑性变形，从而获得毛坯或零件的一种金属加工方法。

液态模锻的工艺流程可分为金属液和模具准备、浇注、合模施压及开模取件四个步骤。图 11-24 为液态模锻典型工艺流程示意图

这种方法融合了铸造的填充模式和锻造的压力因素，与压力铸造比较，由于液态金属直接注入模膛，避免了在压力铸造情况下，液态金属在短时间内，沿着浇道充填型腔时卷入气体的危险；况且液态模锻压力是直接施加在金属液面上，避免了压力铸造时的压力损失。由液态模锻获得的制件比压力铸造组织来得细密。

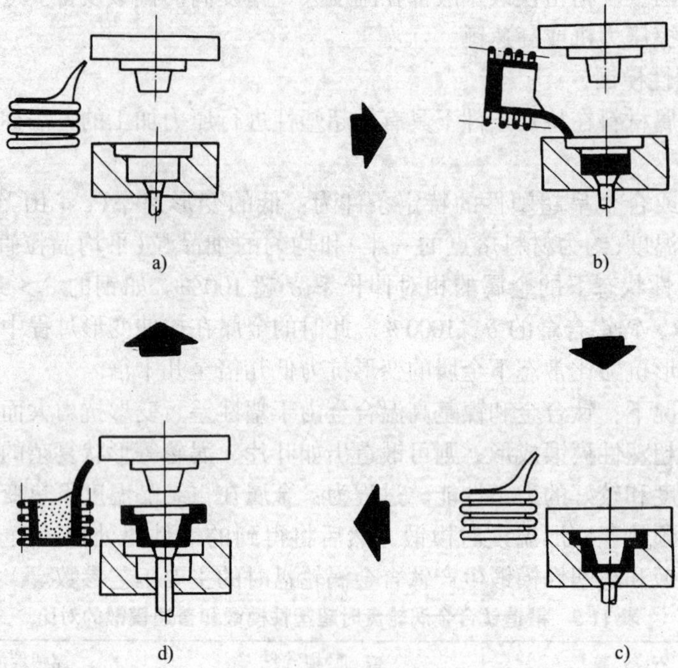

图 11-24　液态模锻典型工艺流程示意图

a）熔化　b）浇注　c）加压　d）顶出

与热模锻相比较，液态模锻是在单一模膛内，利用金属流动性填充模膛，避免了热模锻时采用多个模膛和金属充满模膛时那种镦挤性的强制流动方式，而易于变形，且节省能源。

第五节　冲　　压

冲压是通过模具使板料塑性成形以获得零件的工艺方法。由于冲压通常在冷态下进行。因此也称冷冲压。只有当板料厚度超过 8 ~ 10mm 时，才采用热冲压。某些非金属板材(如胶木板、云母片、石棉、皮革等)亦可用冲压加工。

冲压广泛应用于金属制品各行业中，尤其在汽车、机电、仪表、军工、家用电器等工业中占有极其重要的地位。

板料冲压具有下列特点：①材料利用率高，可加工薄壁形状复杂的零件；②冲压件在形状和尺寸精度方面的互换性好，可直接装配使用；③能获得质量轻而强度高，刚性好的零件；④生产率高，且操作简单，容易实现机械化和自动化。

冲模制造复杂，成本高，因此适合于大批量生产。但对于小批量、多品种生产时使用价钱昂贵的冲模，经济上不合算。这种情况下常用简易冲模，同时引进冲压加工中心等新型设备，以满足市场求新求变的需求。

板料冲压常用的金属材料有低碳钢、铜、铝、镁合金及高塑性的合金钢等。材料形状有板材和带材。

冲压生产设备有剪床和冲床。剪床用来把板材剪切成一定宽度条料，以供冲压工序用，冲床用来实现冲压工序。制成所需形状和尺寸的零件。

一、板料冲压的基本工序

冲压生产可以进行很多种工序，其基本工序可分为分离工序和变形工序两大类。

1. 分离工序

分离工序是使坯料的一部分与另一部分相互分离的工艺方法。主要有落料、冲孔、切边、剖切、修整等。其中又以冲孔、落料应用最广。

落料和冲孔是使坯料沿封闭轮廓分离的工序，如图 11-25 所示。落料工序和冲孔工序的变形过程和模具结构是相同的，只是要求和用途不同。落料时，被分离下来的部分是成品或作为进一步加工的坯料，板料本身则成为废料或余料；冲孔时，是在板料上冲出孔洞，冲下的部分为废料。落料和冲孔习惯上统称为冲裁。

（1）冲裁的变形过程　冲裁的变形过程可分为三个阶段，如图 11-26 所示。

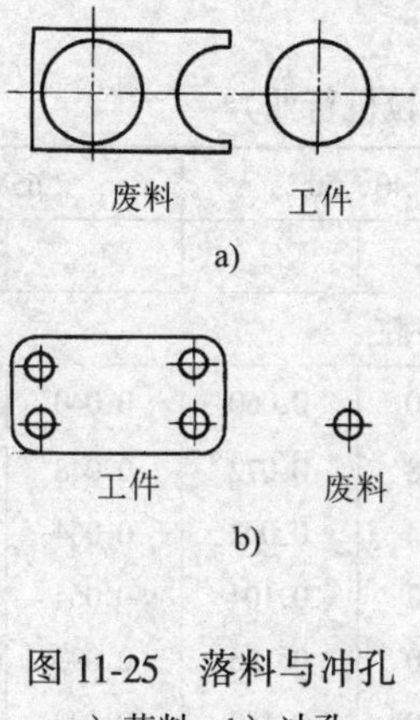

图 11-25　落料与冲孔

a）落料　b）冲孔

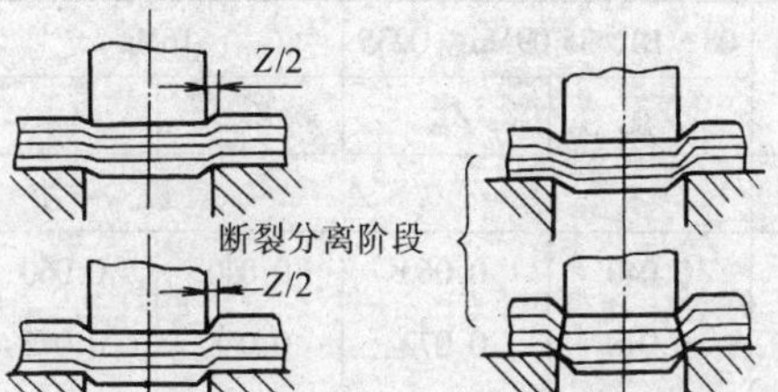

图 11-26　冲裁变形过程

弹性变形阶段：凸模接触板料后继续向下运动的初始阶段，板料略为挤入凹模洞口产生弹性压缩、拉伸与弯曲等变形。但未超过材料的屈服强度，故称为弹性变形阶段。

塑性变形阶段：凸模继续向下运动，板料在模具刃口附近产生应力集中，当材料内部应力超过材料的屈服强度，则产生塑性变形。并在凸模和凹模的刃口附近出现微裂纹，塑性变形阶段结束。

断裂分离阶段：凸模继续下压，微裂纹不断向材料内部扩展，直至上、下两裂纹会合，材料被剪断分离。

(2) 冲裁件的断面质量　由于冲裁变形的特点，冲裁件的断面可明显分为四个部分：即毛刺、断裂带、光亮带和塌角，如图 11-27 所示。毛刺小，断裂带窄，光亮带宽，圆角小，则冲裁件的断面质量高；反之，则冲裁件的断面质量低。

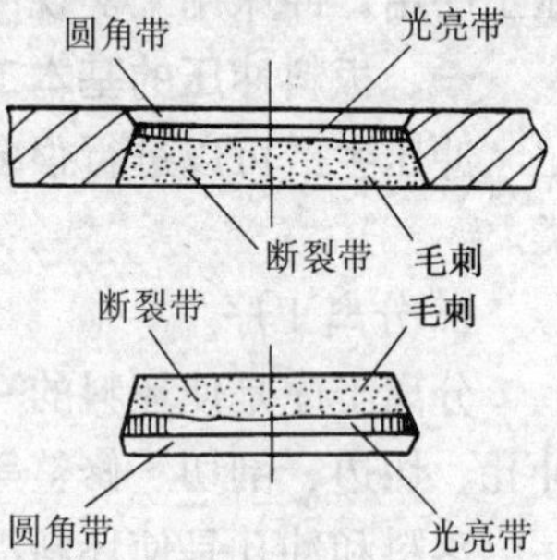

图 11-27　冲裁件断面结构

(3) 冲裁间隙 Z　凸模和凹模之间的双边间隙叫冲裁间隙 Z。冲裁间隙的大小，直接影响冲裁件的断面质量，模具的寿命和冲裁力的大小。冲裁间隙大，模具磨损减弱，寿命增加，冲裁力下降，而冲裁件断面斜度和塌角大，毛刺高而粗，光亮带窄、冲裁件平整度差。冲裁间隙过小，板料上、下裂纹不重合，冲裁件断面中部留下撕裂面，出现双光亮带，断面垂直斜度小，毛刺细长，模具磨损加剧。当间隙控制在合理的范围内，上、下裂纹才重合，冲件的断面质量好。

合理的冲裁间隙要求是：既能保证冲裁件的质量，又能延长模具的寿命和降低冲裁力。生产中还考虑行业、材料性能等因素选择合理的间隙值。表 11-6 列出了汽车拖拉机行业用的冲裁模合理间隙值。

表 11-6　冲裁模合理间隙值(汽车拖拉机行业)　(mm)

材料厚度	08、10、35 09Mn、Q235		16Mn		40、50		65Mn	
	Z_{min}	Z_{max}	Z_{min}	Z_{max}	Z_{min}	Z_{max}	Z_{min}	Z_{max}
小于 0.5	极　小　间　隙							
0.5	0.040	0.060	0.040	0.060	0.040	0.060	0.040	0.060
0.6	0.048	0.072	0.048	0.072	0.048	0.072	0.048	0.072
0.7	0.064	0.092	0.064	0.092	0.064	0.092	0.064	0.092
0.8	0.072	0.104	0.072	0.104	0.072	0.104	0.064	0.092
0.9	0.090	0.126	0.090	0.126	0.090	0.126	0.090	0.126
1.0	0.100	0.140	0.100	0.140	0.100	0.140	0.090	0.126
1.2	0.126	0.180	0.132	0.180	0.132	0.180		
1.5	0.132	0.240	0.170	0.240	0.170	0.230		
1.75	0.220	0.320	0.220	0.320	0.220	0.320		
2.0	0.246	0.360	0.260	0.380	0.260	0.380		
2.1	0.260	0.380	0.280	0.400	0.280	0.400		
2.5	0.360	0.500	0.380	0.540	0.380	0.540		

（续）

材料厚度	08、10、35 09Mn、Q235		16Mn		40、50		65Mn	
	Z_{min}	Z_{max}	Z_{min}	Z_{max}	Z_{min}	Z_{max}	Z_{min}	Z_{max}
小于 0.5	极小间隙							
2.75	0.400	0.560	0.420	0.600	0.420	0.600		
3.0	0.460	0.640	0.480	0.660	0.480	0.660		
3.5	0.540	0.740	0.580	0.780	0.580	0.780		
4.0	0.640	0.880	0.680	0.920	0.680	0.920		
4.5	0.720	1.000	0.680	0.960	0.780	1.040		
5.5	0.940	1.280	0.780	1.100	0.980	1.320		
6.0	1.080	1.400	0.840	1.200	1.140	1.500		
6.5			0.940	1.300				
8.0			1.200	1.680				

注：冲裁皮革、石棉和纸板时，间隙取 08 钢的 25%。

（4）冲裁件的排样　排样是指冲裁件在条料、带料或板料上进行合理布置的方式。其目的是使废料最少，从而提高材料的利用率。图 11-28 为同一落料件采用三种不同的排样方式材料消耗的对比。其中图 11-28a 为有废料排样（即各落料件之间均留有一定尺寸的搭边），其优点是毛刺小，冲裁件尺寸准确，质量高，但材料消耗多。图 11-28b、c 为少无废料排样（即落料件一个边作为另一个落料件的边缘）。这种排样材料利用率高，但尺寸不易准确，用于质量要求不高的冲裁件。

a)　　b)　　c)

图 11-28　不同的排样方式材料消耗的对比

（5）冲裁力的计算　为了合理选择设备，防止设备和模具损坏或浪费能源，避免安全事故的发生，需要正确计算冲裁力。平刃冲模的冲裁力按下式计算

$$F = KLt\tau$$

式中　F——冲裁力（N）；

L——冲裁周边长度（mm）；

t——坯料厚度(mm)；

K——系数，取 1.3；

τ——材料抗剪强度(MPa)。

抗剪强度可根据有关资料查表，由于 $\sigma_b = 1.3\tau$（σ_b 为材料的抗拉强度），因而冲裁力也可按下式计算

$$F = Lt\sigma_b$$

2. 变形工序

变形工序是使坯料的一部分相对于另一部分产生位移而不破裂的工艺方法。主要有拉深、弯曲、翻边、成形等。

（1）拉深　利用模具使冲裁后的平板毛坯变形为开口空心零件的工序叫拉深，如图 11-29 所示。

1）拉深过程　把直径为 D 的平板坯料放于凹模上，在凸模作用下，板料被拉入凸模和凹模的间隙中，形成空心零件。拉深件的底部一般不变形，只起传递拉力的作用，厚度基本不变。零件直壁由坯料外径 D 减去凹模直径 d 的环形部分所形成，主要受拉力作用，厚度有所减小。而直壁与底部之间的圆角部分受的拉力最大，变薄最严重。拉深件的法兰部分，受周向压应力作用，厚度有所增加。

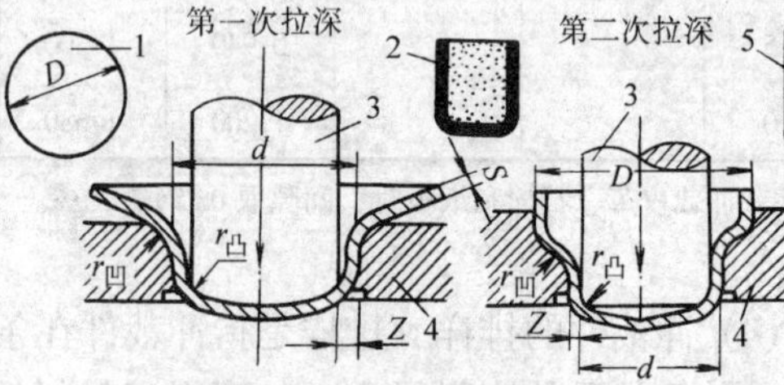

图 11-29　拉深工序

1—坯料　2—第一次拉深产品

3—凸模　4—凹模　5—成品

2）拉深系数　拉深件的中径 d 与坯料直径 D 的比值称为拉深系数，用 m 表示，即

$$m = d/D$$

它是衡量拉深变形程度的指标。拉深系数越小，变形程度越大，坯料拉入凹模越困难。拉深系数 $m \geqslant 0.5 \sim 0.8$。坯料的塑性差取较大值，坯料的塑性好取较小值。

如果零件的总拉深系数过小，不能一次拉深成形时，可采用多次拉深工艺，如图 11-30 所示。此时的拉深系数为本次拉深件直径与上次拉深件的直径之比值。由于加工硬化的影响，多次拉深时，每次的拉深系数应依次增大，即每次拉深的变形程度依次减小。其总的拉深系数为各次拉深系数的乘积。另外，在拉深工序之间可设中间退火工序，以消除加工硬化的影响。

3）拉深件的缺陷　从拉深过程的分析知道，拉深件的底部圆角处受到的拉应力最大，易于产生拉裂缺陷；拉深件的法兰部分受到的压应力最大，易于产生

起皱缺陷(图 11-31)。为防止拉裂、拉深模工作部分必须有一定的圆角。对于钢拉深件，$r_{凹}=10t$，$r_{凸}=(0.6-1.0)t$。拉深模的凸凹模间隙比冲裁模大，一般取 $Z=(1.1\sim1.2)t$。为防止起皱，可采用压边圈。

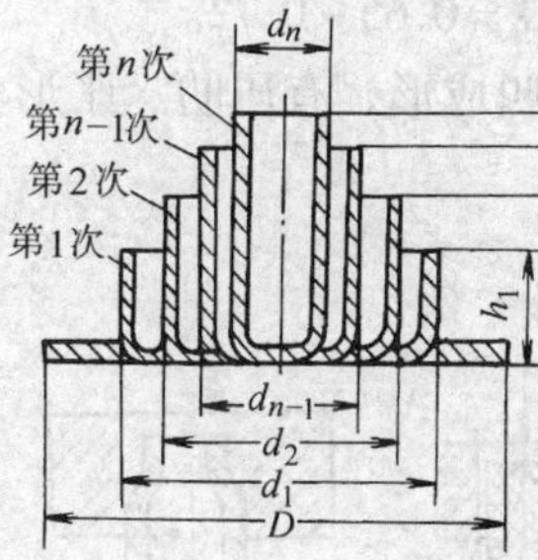

图 11-30　多次拉深

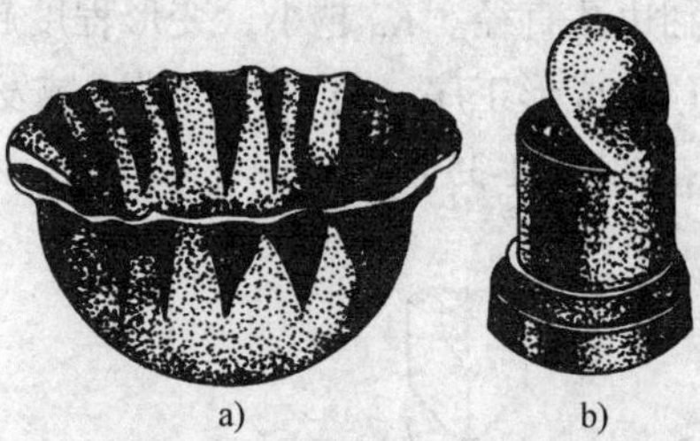

图 11-31　拉深件缺陷

a）起皱　b）拉裂

（2）弯曲　弯曲是坯料的一部分相对于另一部分弯曲成一定角度的工序，如图 11-32 所示。弯曲时材料的内侧受压缩，而外侧受拉伸。当外侧拉应力超过坯料的抗拉强度时，即会造成金属破裂。坯料越厚、内弯曲半径 R 越小，则压缩及拉伸应力越大，越容易弯裂。为防止破裂，弯曲的最小半径为 $r_{min}=(0.25\sim1)t$，t 为金属板料的厚度。材料的塑性好，则弯曲半径可小些。

弯曲时还应尽可能使弯曲线与坯料纤维方向垂直，如图 11-33 所示。若弯曲线与纤维方向一致，则容易产生破裂，此时可用增大最小弯曲半径来避免。

在弯曲结束后，由于弹性变形的恢复，坯料略微弹回，使被弯曲的角度增大，此现象称为回弹。一般回弹角为 0°～10°。因此，在设计弯曲模时必须使模

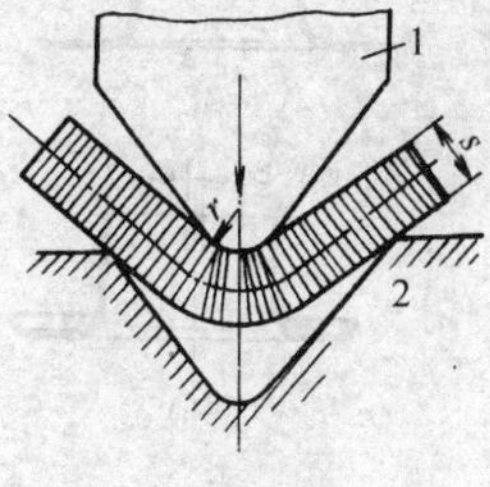

图 11-32　弯曲工序

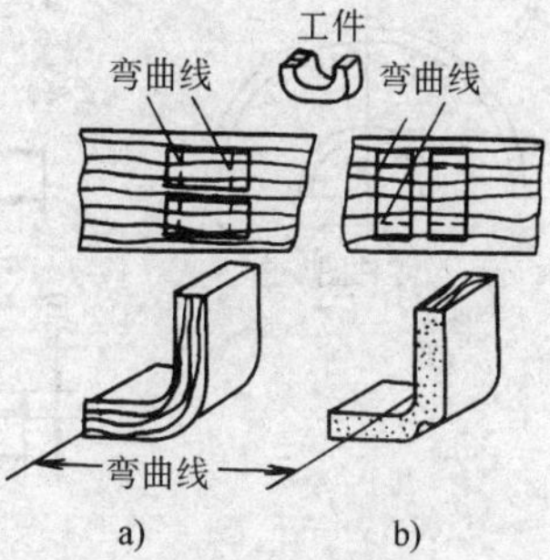

图 11-33　弯曲时的纤维方向

a）弯曲线与弯曲方向垂直

b）弯曲线与弯曲方向平行

具的角度比成品件的角度小一个回弹角，以便在弯曲后得到准确的弯曲角度。

（3）翻边　在预先冲孔的坯料上成形出凸缘的工序叫翻边，如图 11-34 所示。翻边时孔边材料沿切向受拉而使孔径扩大，材料厚度变薄。变形程度过大时，将使翻边部位拉裂。翻边的变形程度用 $K_0 = d_0/d$ 表示，d_0 为预冲孔直径，d 为翻边孔直径。K_0 越小，变形程度越大，一般取 $K_0 = 0.65 \sim 0.72$。

（4）成形工序　材料的局部区域发生变形的工序叫成形，有压肋、胀形、缩口等，如图 11-35 所示。

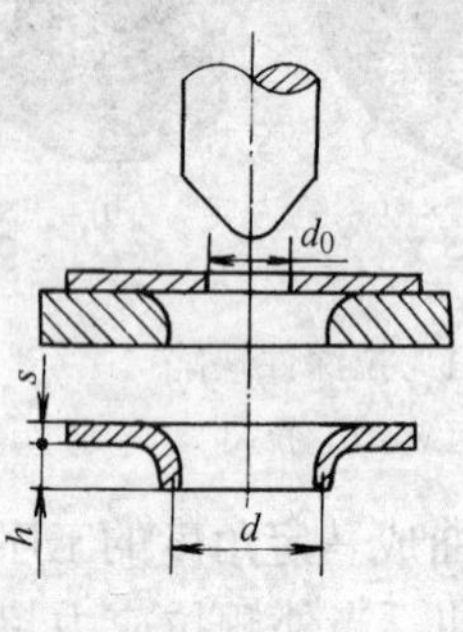

图 11-34　翻边工序

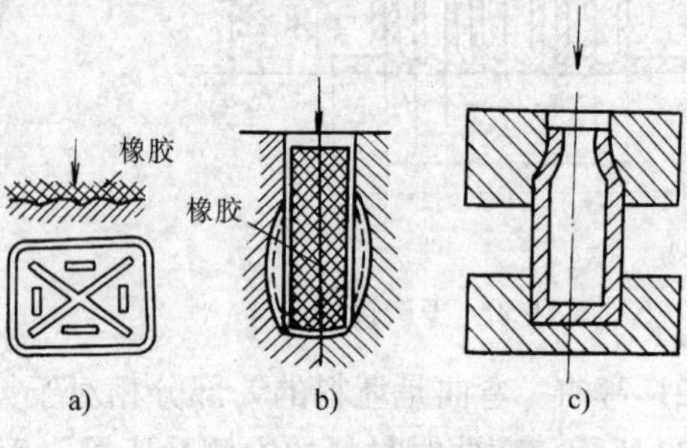

图 11-35　成形工序示意图

a）压肋　b）胀形　c）缩口

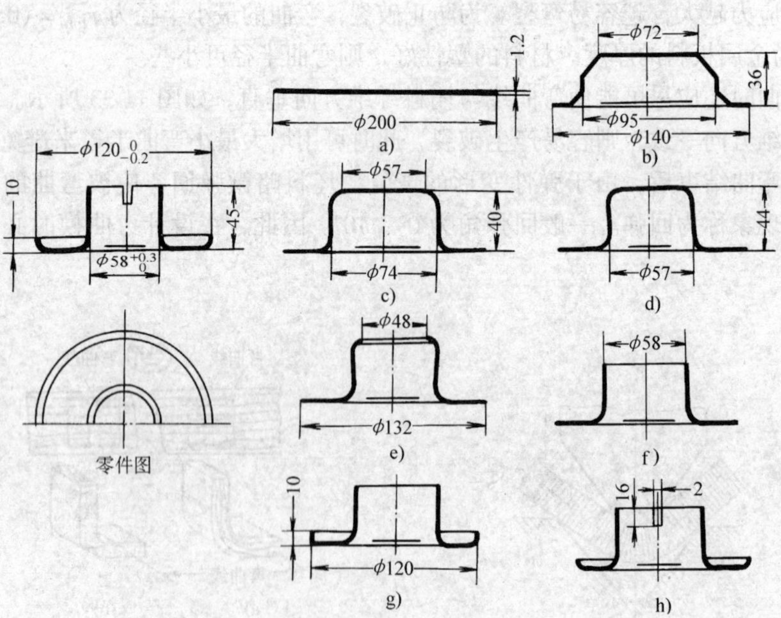

图 11-36　汽车消音器冲压工艺

a）坯料　b）第一次拉伸　c）第二次拉伸　d）第三次拉伸

e）冲孔　f）翻边　g）翻边　h）切槽

上述板料冲压的基本工序，经合理选用和适当组合，便可制定出各种冲压件的冲压工艺。并据此进行模具设计等工作。如汽车消音器通过落料、三次拉深、冲孔、两次翻边和切槽八道工序冲压而成。

二、冲床及冲模

1. 冲床

冲床是最常用的冲压设备，其外形和传动关系见图 11-37。电动机 4 通过带减速系统带动空套在轴上的大带轮 9 旋转，踩下踏板 12 使离合器 8 闭合，通过曲轴 7 和连杆 5 使原处于最高极限位置的滑块 11 沿导轨向下运动，进行冲压。冲压操作时，如踩下踏板后立即松开，则离合器脱开，在制动器 6 的作用下，使滑块停止在最高位置上，完成一个单次冲压；如果不松开踏板，则可进行连续冲压。模具分为凸模(又称冲头)和凹模，分别装在滑块的下端和工作台 1 上。

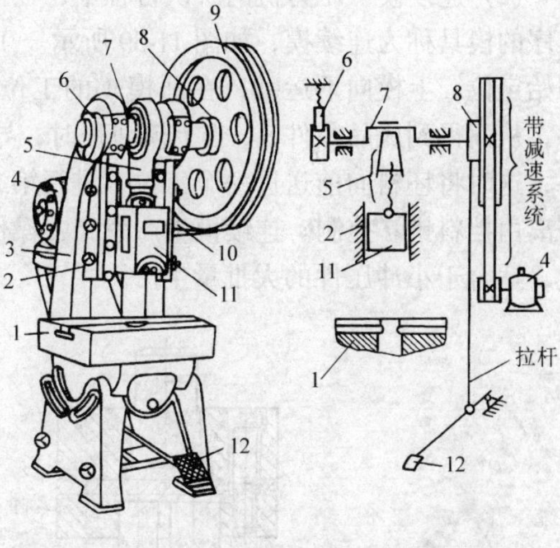

图 11-37　冲床外形和传动图

1—工作台　2—导轨　3—床身　4—电动机　5—连杆　6—制动器　7—曲轴　8—离合器　9—带轮　10—带　11—滑块　12—踏板

冲床的公称压力是指滑块到达下极限位置前某一个特定距离或曲轴旋转到下极限位置前某一个特定角度时，滑块上所容许承受的最大作用力，用 kN 或 t 来表示。实现某一种冲压工艺所需变形力要低于冲床的公称压力。

2. 冲模

按工序的组合方式可将冲压模具分为简单模、连续模和复合模三大类。

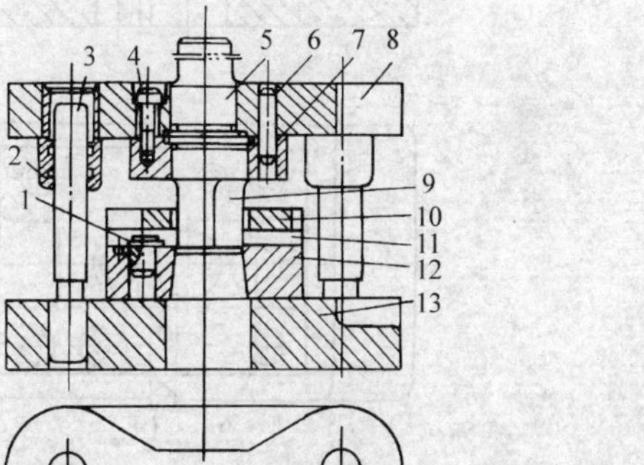
图 11-38　简单冲裁模

1—挡料销　2—导套　3—导柱　4—螺钉　5—模柄　6—销钉　7—凸模固定板　8—上模板　9—凸模　10—卸料板　11—导板　12—凹模　13—下模板　14—板料　15—工件　16—废料

(1) 简单模　在压力机的一次行程中只完成一道工序的模具称为简单模，其结构如图 11-38 所示。简单模结构简单，容易制造，便于维护，但生产率不高，适用于小批量和试制性生产。

（2）连续模　压力机的一次行程中，在模具的不同部位上同时完成多道冲压工序的模具称为连续模，如图 11-39 所示。工作时由导板导向，用临时挡料销作初始定位；上模向下运动，在凸模 1 的工位上冲孔，在凸模 2 的工位上进行落料，从而得到成品零件 8。当上模回程时，导板 3 兼作卸料板，从凸模上刮下坯料，这时将坯料向前送进一个工位，进行第二次冲裁。循环上述过程，每次送进距离由挡料销 7 控制。连续模生产率高，操作方便安全，易于实现机械化和自动化，适合于小冲压件的大批量生产。

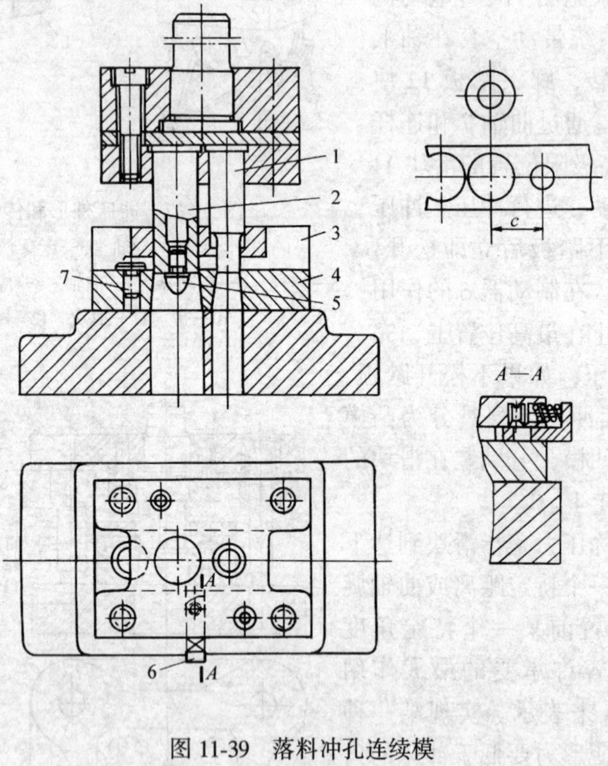

图 11-39　落料冲孔连续模

1—冲孔凸模　2—落料凸模　3—导板　4—凹模

5—导正销　6—临时挡料销　7—挡料销

（3）复合模　在冲床的一次行程中。模具的同一工作位置同时完成多道冲压工序的冲模，称为复合模，如图 11-40 所示。复合模的最大特点是模具中有一个凸凹模 7。凸凹模的外圆是落料凸模刃口，内孔则是冲孔凹模。当装在上模的凸凹模向下运动时，条料首先在凸凹模 7 和落料凹模 2 中落料，凸模 5 向上冲孔，凹模随之向下运动进行拉深。推件块 4 和推件杆 9 在滑块的回程中分别将工件和冲孔费料推出模具。复合模适用于批量大、精度高的冲压件。

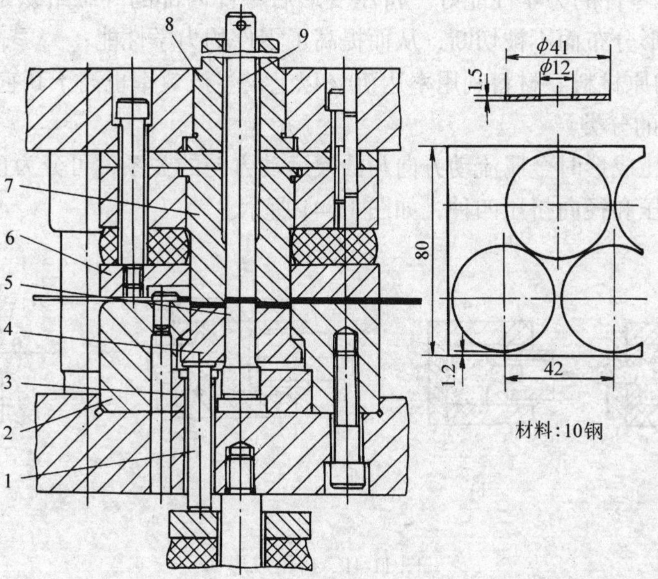

图 11-40 落料冲孔复合模

1—顶料杆 2—落料凹模 3—冲孔凸模固定板 4—推件块 5—冲孔凸模
6—卸料板 7—凸凹模 8—模柄 9—推件杆

第六节 其他压力加工方法

随着现代工业的不断发展，对压力加工工艺要求越来越高。不仅要求生产各种毛坯，而且要求生产更多的零件，在锻造和冲压加工方法的基础上，其它压力加工方法也得到发展，例如挤压、轧制、拉拔等工艺都得到了推广应用。

一、挤压

挤压是使坯料在挤压模中受很强的三向压力作用产生塑性变形的工艺方法。

1. 挤压工艺的特点

1）挤压时金属坯料处于三向受压状态下变形，因此它可以提高金属坯料的塑性；

2）挤压材料不仅有铝、铜等塑性好的有色金属，而且碳钢、合金结构钢、不锈钢及工业纯铁等也可用挤压工艺成形。在一定的条件下，某些高碳钢、轴承钢、甚至高速钢也可以进行挤压；

3）可以挤压出各种形状复杂、深孔、薄壁、异型断面的零件；

4）零件的尺寸精度高，一般在 IT6 ~ IT7。表面粗糙度 $R_a = 0.4 \sim 3.2\mu m$；

5）挤压零件的力学性能好。挤压变形后零件内部的纤维组织是连续的，基本沿零件外形分布而不被切断，从而提高了零件的力学性能；

6）节约原材料。材料利用率达 70%以上，生产效率也高于其它锻造方法。

2. 挤压的分类

根据挤压成形时金属流动方向与凸模运动方向的关系，可分为正挤压、反挤压、复合挤压和径向挤压四种，如图 11-41 所示。

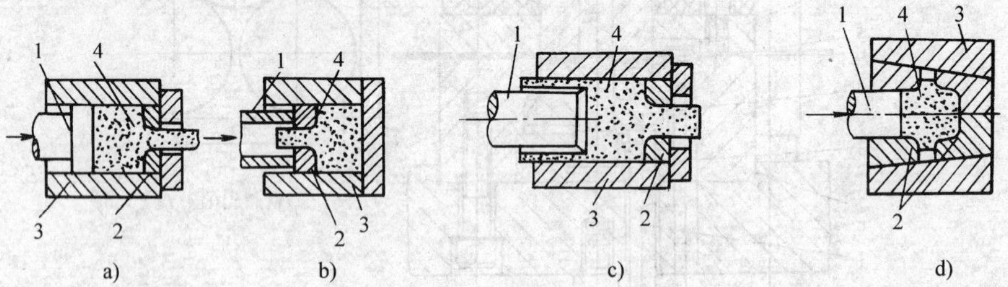

图 11-41　挤压成形

a）正挤压　b）反挤压　c）复合挤压　d）径向挤压

1—凸模　2—凹模　3—料筒　4—坯料

(1) 正挤压　金属流动方向与凸模运动方向相同。如图 11-41a 所示，将经过处理的坯料放在料筒里内，凸模挤压坯料，强迫金属与凸模同向流动并从凹模孔中流出，而获得所需工件。

(2) 反挤压　金属的流动方向与凸模的运动方向相反。如图 11-41b 所示，将坯料置于料筒内，凸模加压，金属从凹模洞口中往与凸模的运动相反的方向流出形成零件。

(3) 复合挤压　挤压时，一部分金属流动方向与凸模运动方向相同，另一部分金属流动方向与凸模运动方向相反，见图 11-41c。

(4) 径向挤压　金属的流动方向与凸模运动方向垂直，见图 11-41d。

挤压时，为了降低坯料的变形抗力，可将坯料加热后再进行挤压。根据加热温度的高低可将挤压分为热挤压和温挤压。热挤压的温度与锻造温度相同，温挤压一般指在室温以上，再结晶温度以下进行的挤压成形。而在室温下进行的挤压为冷挤压。另外，还有静液挤压，压力通过凸模与坯料中间的液体传给坯料使其成形，因此坯料侧面无摩擦，变形均匀，可采用大变形量一次挤压成线材或型材。

二、轧制

轧制是用轧辊对坯料进行连续变形的压力加工方法。具有生产率高、质量好、成本低和材料消耗少等优点，在机械制造工业中得到了越来越广泛的应用。根据轧辊轴线与坯料轴线方向的不同，轧制分为纵轧、横轧、斜轧和楔横轧等几种。

1. 纵轧

(1) 辊锻轧制　辊锻轧制是把轧制工艺应用于锻造生产中的一种复合工艺，也称为辊锻。辊锻时，坯料通过装有圆弧形模块的一对相对旋转的轧辊受压而变形，如图 11-42 所示。它既可作为模锻的制坯工序，也可直接生产锻件。如扳手、链环、连杆、叶片等。

(2) 辗环轧制　辗环轧制是用来扩大环形坯料的外径和内径，从而获得各种环形零件的轧制方法，如图 11-43 所示。图中驱动辊 1 由电动机带动旋转，利用摩擦力使坯料 3 驱动辊和芯辊 2 之间受压变形。驱动辊还可由油缸推动作上下移动来改变 1、2 两辊的间距，使坯料厚度逐渐变薄，直径增大。导向辊 4 用以保持坯料正确运送。信号辊 5 用来控制环型坯料 3 的直径。当坯料 3 直径达到设计值与辊 5 接触时，信号辊传出信号，使驱动辊 1 停止工作。

这种方法主要用来生产各种横截面形状的环形类零件，如火车轮箍、轴承座圈、齿轮及法兰等。

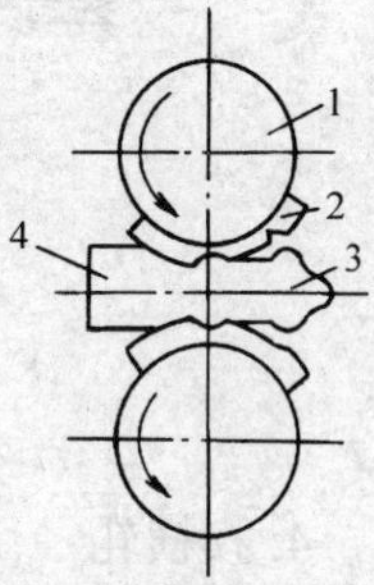

图 11-42　辊锻轧制

1—轧辊　2—模块

3—零件　4—坯料

2. 横轧

横轧是轧辊轴线与坯料轴线互相平行的轧制方法。图 11-44 是横轧齿轮的示意图。轧制前将毛坯外缘加热，然后将带齿形的轧轮 1 作径向进给，迫使轧轮与毛坯相对辗压。在对辗过程中毛坯上一部分金属受压形成齿谷，相邻部分的金属被轧轮齿部反挤而形成齿顶。

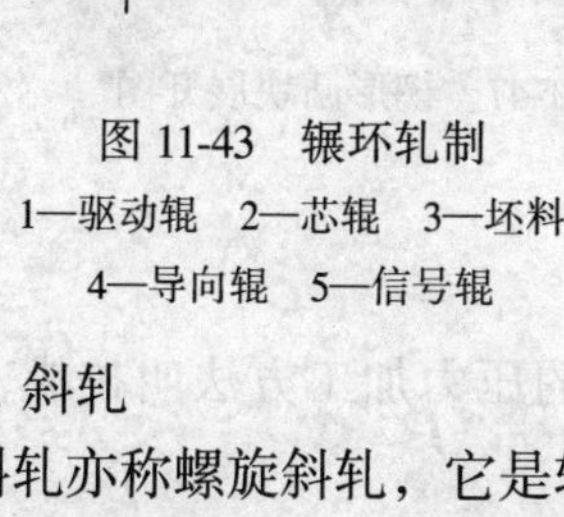

图 11-43　辗环轧制

1—驱动辊　2—芯辊　3—坯料

4—导向辊　5—信号辊

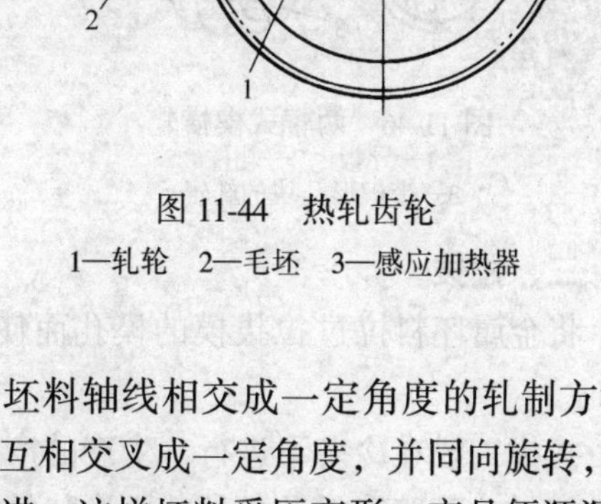

图 11-44　热轧齿轮

1—轧轮　2—毛坯　3—感应加热器

3. 斜轧

斜轧亦称螺旋斜轧，它是轧辊轴线与坯料轴线相交成一定角度的轧制方法。螺旋斜轧采用两个带有螺旋型槽的轧辊，互相交叉成一定角度，并同向旋转，坯料在轧辊间既绕自身轴线转动，又向前推进。这样坯料受压变形，产品便源源不断的生产出来。图 11-45 为螺旋斜轧钢球的过程，棒料在轧辊间螺旋型槽里受到轧制，并被分离成单个球。轧辊每转一周即可轧制出一个钢球。

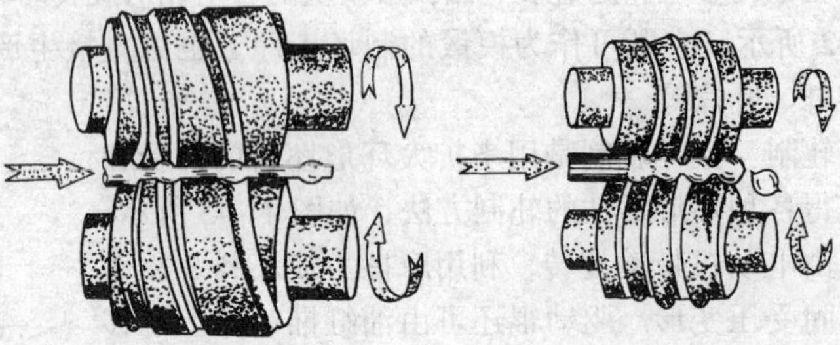

图 11-45 螺旋斜轧

4. 楔横轧

利用两个外表面镶有楔形凸块、并作同向旋转的平行轧辊对沿轧辊轴向送进的坯料进行轧制的方法称为楔横轧，见图 11-46。主要用于加工阶梯轴、锥形轴等各种对称的零件。

楔横轧时主要靠两个楔形凸块压缩坯料，使坯料径向尺寸减小，长度增加。楔形凸块由三部分组成，即楔入部分、展宽部分和精整部分，其展开图如 11-47 所示。轧制中楔入部分首先与坯料接触，将坯料压出环形槽，称为楔入；然后楔形凸块上展宽部分的侧面把环形槽逐渐扩展至所需宽度，即展宽过程结束；最后由楔形凸块上的第三部分对轧件进行精整。轧件变形过程如图 11-48 所示。

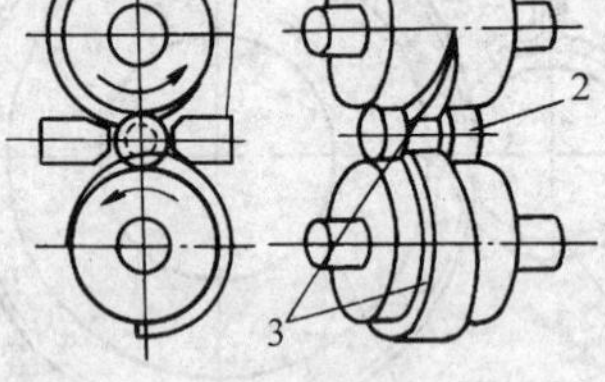

图 11-46 两辊式楔横轧
1—导板 2—轧件
3—带楔形凸块的轧辊

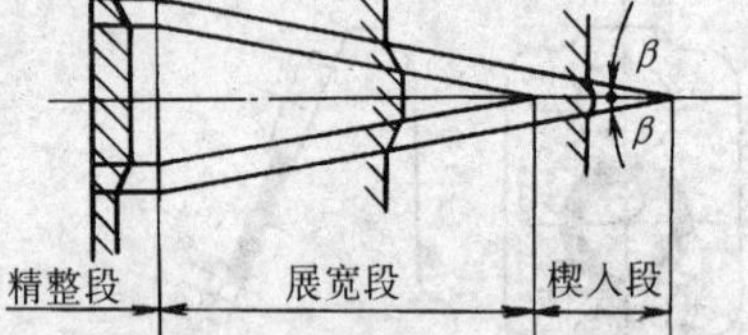

图 11-47 楔形凸块展开图

三、拉拔

将金属坯料拉过拉拔模的模孔而使坯料变形的压力加工方法叫拉拔，见表 11-1。

拉拔一般在冷态下进行，生产的产品表面光洁、尺寸精度高。主要用来制造各种线材、薄壁管材及各种截面形状的型材如图 11-48 所示。也用于对轧制件的再加工，以提高产品质量。拉拔的材料主要为低碳钢，大多数有色金属及其合金都可以拉拔成形。

拉拔模的截面形状和使用性能对产品影响很大，在生产过程中模具模孔受到强烈摩擦，为保证产品尺寸准确一致和延长模具寿命，拉拔模材料可选用硬质合金。

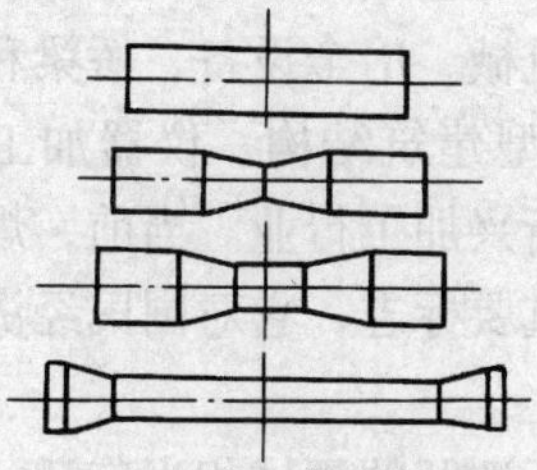

图 11-48　轧件变形过程

图 11-49　拉拔产品的截面形状

复习思考题

11-1　金属压力加工的方法有哪些？其特点是什么？

11-2　什么是锻造温度范围？确定金属锻造温度范围的原则如何？

11-3　锻造加热缺陷有哪些？如何防止这些缺陷的产生？

11-4　锻件的冷却方式有几种？各适用于哪些场合？

11-5　为什么大型锻件常用自由锻生产？

11-6　试述自由锻、胎模锻、模锻的特点及适用范围。

11-7　冲压生产具有什么特点？基本工序有哪些？冲模的类型有几种？

11-8　何谓简单模、连续模、复合模？分别适用于何种场合？

11-9　冲裁间隙对冲裁有什么影响？怎样确定合理的冲裁间隙？

11-10　金属挤压有几种类型？挤压工艺变形有何特点？

11-11　什么是超塑性？试比较普通模锻和超塑性模锻的变形特点。

第十二章　焊　　接

连接技术是人类文明发展的一个重要因素，而焊接则在所有连接方法中占有最为重要的地位。

近年来，焊接新方法、新设备、新材料、新工艺层出不穷。焊接技术不仅广泛应用于造船、锅炉、压力容器、管道、重型机械、冶金设备、桥梁和金属结构等传统制造工业部门，而且迅速扩大应用于大型建筑结构、仪器加工机械、医药、医疗器械、家用电器、半导体和微电子等新兴加工行业。当前，焊接技术的先进水平已作为衡量一个国家工业发达程度的重要标志，它对国民经济的发展起到了愈来愈重要的促进作用。

焊接技术本身已发展成为一门边缘科学，所涉及的领域相当广泛。因此，熟知焊接技术的知识，不单对焊接工程师、冶金工作者，而且对从事焊接产品的设计、生产及使用的人们都是同样重要的。

第一节　焊接方法的本质及分类

一、焊接的定义

焊接是指通过适当的物理化学过程，使二个分离的固态物体产生原子(分子)间结合力而连接成一体的连接方法。通常，在实施焊接的过程中，要采用一定形式的热源对焊件进行加热，或者采用一定的机械方法对焊件进行加压。

焊接过程中被连接的两个物体(构件、零件等)，可以是各种同类或不同类的金属、非金属(石墨、陶瓷、玻璃、塑料等)，也可以是一种金属与一种非金属。

由于金属连接在现代工业中具有很重要的意义，因此，讨论焊接过程也主要介绍金属的焊接。金属焊接过程中，可不加填充金属，也可根据需要添加合适的填充金属。

二、焊接过程的本质

要把两个分离的金属构件连接在一起，从物理本质上来看，就是要使这二个构件的连接表面上的原子彼此接近到金属晶格距离(3～5Å)。如果连接表面足够平整(达到金属晶格距离的水平)，并且不存在氧化膜或其它沾污，那么，简单地把过二个构件放在一起，就可使他们连接在一起。但是，目前的技术水平还不能加工出这样平整的表面，而且在一般的情况下，氧化和污染还是不可避免的存在。因此，焊接过程的本质就是通过适当的物理化学过程克服这两个困难，并且应满足以下的几个要求：

1）适当的能源以产生连接面的局部熔化或加压；

2）能清除连接面的氧化膜及沾污的机制；

3）消除大气气氛的污染及影响；

4）焊接接头具有冶金可控性。

从焊接过程的本质出发及上述几个基本要求，形成了目前广泛应用的多种多样的不同的焊接方法。

三、焊接方法的分类

按照所使用的能源及焊接过程特点，一般将焊接方法归纳为三大类，即熔化焊、压力焊、和钎焊，如图 12-1 所示。与焊接有密切关系的相关技术，如切割和热喷涂，也一并在图中列出。

熔化焊是利用局部加热，将接合处加热到熔化状态，互相溶合，冷凝结晶后彼此结合在一起。常用的有电弧焊、气焊等。

- 焊接方法
  - 熔焊
    - 气焊
    - 电弧焊
      - 手弧焊
      - 埋弧焊
      - 氩弧焊
      - 二氧化碳气体保护焊
    - 电渣焊
    - 等离子弧焊
    - 电子束焊
    - 激光焊
  - 压焊
    - 电阻焊
      - 对焊
      - 点焊
      - 缝焊
      - 凸焊
    - 摩擦焊
    - 高频焊
    - 真空扩散焊
    - 爆炸焊
    - 超声波焊
    - 冷压焊
  - 钎焊
    - 烙铁钎焊
    - 火焰钎焊
    - 炉中钎焊
    - 感应钎焊
    - 盐浴钎焊
    - 金属浴钎焊
    - 电阻钎焊
    - 真空钎焊
    - 超声波钎焊
  - 相关技术
    - 热切割
      - 气体火焰切割
      - 电弧切割
      - 其他切割方法
    - 热喷涂
      - 气体火焰喷涂
      - 电弧喷涂
      - 等离子喷涂
      - 激光喷涂
    - 粘接

图 12-1　焊接方法分类

压力焊中，不论对焊件加热与否，都施加一定的压力，如电阻焊、摩擦焊等。由于这类方法主要利用加压、摩擦、扩散等物理过程而实现固态条件下的连接，因此，这类方法有时也称为固相焊接。应该注意的是，若干压力焊方法伴随有熔化结晶过程，如电阻点焊、缝焊等，严格来说，则应属于熔化焊接。

钎焊是利用比焊件熔点低的钎料和焊件一起加热，使钎料熔化，而焊件本身不熔化，液态钎料润湿焊件，填充接头间隙，并产生相互扩散，冷凝后彼此连接在一起。如锡焊、铜焊等。

第二节　气焊及气割

一、气焊、气割的基本概念

1. 气焊

利用可燃气体和助燃气体混合点燃后产生的高温火焰(热源)，来熔化待焊部位和焊丝，使被熔化的金属形成一共有熔池，随着热源不断前移，熔池随之凝固，最后形成连续的焊缝，这种工艺方法称之为气焊。

气焊和电弧焊相比，它的优点是火焰温度较低(最高约为3300℃左右)、设备简单、移动方便、通用性较大。最适于流动作业和没有电力供应的场合。其缺点是热量不集中、热影响区大、焊件变形大、接头性能较差、生产率较低。

气焊可应用于各种位置的焊接，特别是薄板结构、管道安装等。在堆焊和钎焊中，气焊亦有广泛的应用。

气焊所能焊接的材料为碳素结构钢、低合金钢、有色金属和铸铁等。

2. 气割

气割过程是通过对金属的预热、燃烧和吹渣分离三个阶段实现的。

用气体火焰将切割处的金属加热到燃点温度后，喷出高速切割氧气流，使金属产生剧烈燃烧，而形成熔渣，并借助于高压氧气流把熔渣吹出，形成切口。金属燃烧析出的热量同时亦对待割部位进行加热，使切割过程可以连续进行下去。

气割与机械切割相比具有设备简单、成本低、操作灵活方便、机动性强和效率高等优点。其缺点是劳动强度大、薄板切割的变形大，而且仅适合燃点比熔点低、氧化物熔点低及导热性较差的材料(如低碳钢、中碳钢和低合金钢)的切割。

二、气焊、气割的应用设备及工具

气焊用的设备包括氧气瓶、乙炔发生器(或溶解乙炔瓶)或其它可燃气体的气瓶、回火保险器等。所用的工具包括焊炬、降压器以及橡胶管等。

气割用的设备和工具除割炬与焊炬不同外，其余的都与气焊相同。

焊、割炬是气焊、气割的最主要的工具，按照可燃气体和氧气混合方式的不同，可分为射吸式和等压式两种。目前国产的焊、割炬多为射吸式，其构造分别如图 12-2 及图 12-3 所示。

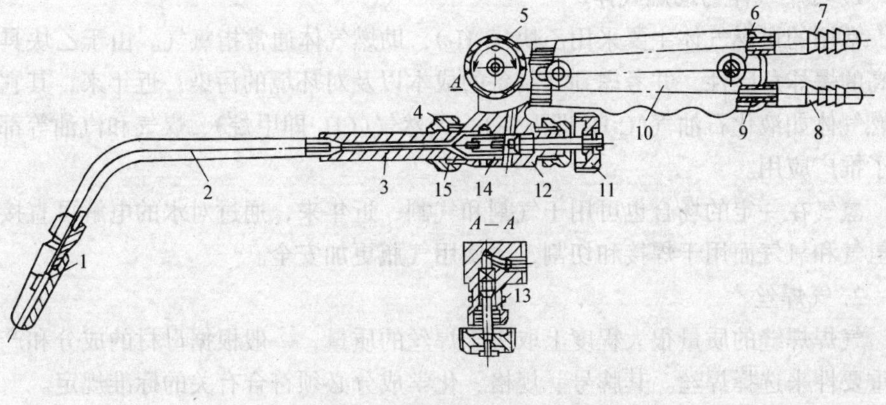

图 12-2　H01-6 型焊炬的构造

1—焊嘴　2—混合气管　3—射吸管　4—射吸管螺母　5—乙炔调节阀　6—乙炔进气管　7—乙炔管接头　8—氧气管接头　9—氧气进气管　10—手柄　11—氧气调节阀　12—本体　13—乙炔针阀　14—氧气针阀　15—喷嘴

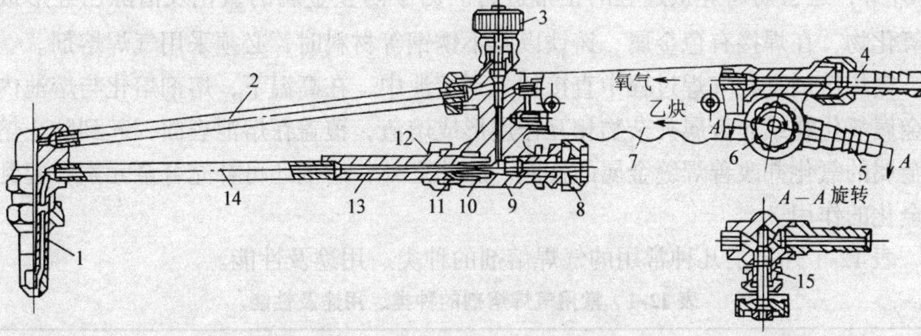

图 12-3　G01-30 型射吸式割炬的构造

1—割嘴　2—切割氧气管　3—切割氧调节阀　4—氧气管接头　5—乙炔管接头　6—乙炔调节阀　7—手柄　8—预热氧调节阀　9—主体　10—氧气针阀　11—喷嘴　12—射吸管螺母　13—射吸管　14—混合气管　15—乙炔阀针

焊炬的工作原理是：当把氧气阀打开后，保持一定压力的氧气经氧气导管进入喷嘴，然后以高速进入射吸管内，气体静压降低，使喷嘴周围空间形成负压区，使乙炔导管中的乙炔气体(此时乙炔阀门应打开)被吸入射吸管内，并与氧气在混合管内经充分混合后，以相同的速度从焊嘴喷出，点燃后成为所需的焊接火焰。

射吸式割炬的工作原理与焊炬相同，只是多加一根高压(切割)氧气管。

三、气焊用材料

1. 可燃气体与助燃气体

常用的可燃气体主要采用乙炔(C_2H_2)，助燃气体通常指氧气。由于乙炔具有极高的爆炸危险性，并考虑到其制备的成本以及对环境的污染，近年来，其它的可燃气体如液化石油气(C_3H_8 即丙烷)、天然气(CH_4 即甲烷)、煤气和汽油等都得到了推广应用。

氢气在一定的场合也可用于气割和气割，近年来，通过对水的电解可直接制备氢气和氧气而用于焊接和切割，比使用气瓶更加安全。

2. 气焊丝

气焊焊缝的质量很大程度上取决于焊丝的质量，一般根据母材的成分和产品的重要性来选择焊丝。其牌号、规格、化学成分必须符合有关的标准规定。

焊接低碳钢时，一般常用 H08A、H08Mn 等牌号的焊丝。

3. 气焊溶剂

气焊过程中，被加热的熔化金属及以与周围空气中的氧或火焰中的氧化合成氧化物，除极易产生气孔和夹渣等缺陷外，有些氧化物的熔点较高，如 Al_2O_3、Cr_2O_3 等，还会妨碍焊接过程的正常进行。为了防止金属的氧化及清除已经形成的氧化物，在焊接有色金属、铸铁以及不锈钢等材料时，必须采用气焊熔剂。

气焊熔剂是在气焊过程中直接加入到熔池中，在高温下，熔剂熔化与熔池内的金属氧化物或非金属夹杂物相互作用形成熔渣，覆盖在熔池表面，起到防止熔池金属的氧化并改善焊缝金属的性能。除此之外，熔剂还可补充合金元素，起到合金化的作用。

表 12-1 列出了几种常用的气焊熔剂的种类、用途及性能。

表 12-1 常用气焊熔剂的种类、用途及性能

熔剂型号	代号	应用范围	基本性能
熔剂 101	CJ101	不锈钢及耐热钢	熔点约为 900℃，有良好的湿润作用，能防止熔化金属被氧化，焊后熔渣易清除
熔剂 201	CJ201	铸铁	熔点约 650℃，呈碱性反应，富潮解性，能有效去除铸铁在气焊时所产生的硅酸盐和氧化物，有加速金属熔化的功能
熔剂 301	CJ301	铜及铜合金	系硼基盐类，易潮解，熔点约 650℃，呈酸性反应，能有效消除氧化铜和氧化亚铜
熔剂 401	CJ401	铝及铝合金	熔点约 560℃，呈碱性反应，能有效破坏氧化铝膜，因富有潮解性，在空气中能引起铝的腐蚀，焊后必须将熔渣清除干净

四、气焊工艺

1. 气焊火焰的种类及特点

气焊中，根据氧气和乙炔的不同混合比例，可形成三种不同的火焰。

(1) 中性焰　中性焰是氧炔比为1.1～1.2时燃烧所形成的火焰，由明显的焰心、内焰及外焰三部分组成，燃烧时既无过剩的氧气又无过剩的乙炔。其最高温度为3100～3150℃，处于焰芯处2～4mm的部位。一般都是利用这一温度区域进行焊接。中性焰通常用于低碳钢、不锈钢、紫铜、铝及铝合金的焊接。

(2) 碳化焰　碳化焰的氧炔比小于1.1，其组成与中性焰相同，但火焰较长。燃烧时有过剩乙炔。焊接时易分解为氢气和游离态的碳，增加焊缝金属的含碳量及导致裂纹及气孔的产生。其最高温度为2700～3000℃，可用于高碳钢、高速钢、铸铁及硬质合金的焊接。

(3) 氧化焰　氧化焰的氧炔比大于1.2，燃烧时有过剩氧气。由于氧化反应非常激烈，焰芯和外焰都缩短，其组成的轮廓变得不太明显，层次不清。其最高温度可达3100～3300℃，氧化焰一般可用于焊接含有低熔点材料的金属，如黄铜、锰钢、镀锌铁板等。焊接过程形成的氧化膜可阻碍易熔金属的蒸发。

2. 气焊接头的种类及坡口形成

常用的气焊接头形式有卷边接头、对接接头、搭接接头及角接接头等，可依焊件厚度、结构形式、强度要求和施工条件选定。

气焊现多用于薄板焊接，宜采用卷边接头及角接接头。当板厚增大时，可考虑采用I型坡口或Y型坡口。板厚大于6mm时则很少采用气焊来焊接了。

3. 气焊工艺参数

正确选择气焊焊接参数，是保证气焊接头质量的重要依据。这些参数主要包括：焊丝牌号、焊丝直径、熔剂、火焰种类、火焰能率、焊嘴倾角、焊接方向和焊接速度等。焊接参数的选择主要的依据是焊件材料的性质、焊件的厚度以及焊接的空间位置等。

上述参数中，按焊接方向的不同，可将气焊操作分为左焊法和右焊法。

(1) 左焊法　左焊法是指焊炬从接头右端向左端移动，即火焰背着焊缝而指向未焊部位，并且跟在焊丝前进方向的后面。其优点是焊工能清楚看到焊部位，有预热的作用，焊薄板时生产效率较高。这种焊法操作方便、容易掌握，应用也最普遍。其缺点是焊缝易氧化，冷却较快，适于焊薄板及低熔点金属。

(2) 右焊法　右焊法是指焊炬从接头左端向右端移动，即火焰指着已焊部位。其优点是保护效果好，能防止焊缝金属氧化、减少气孔及改善焊缝金属的组织。其火焰的热量较集中，可以增加熔深。但右焊法不易掌握，没有预热作用，仅在厚度较大、熔点较高材料的场合使用。

第三节　焊接电弧和弧焊电源

很多种重要的焊接方法都采用焊接电弧作为热源，因为较之其它热源，它更容易获取和易于控制。焊接电弧实质上是在一定的条件下，电荷通过两电极间的气体空间的一种导电现象。在这一过程中，电能转换成热能、机械能和光能。焊接时主要是利用其热能和机械能来达到连接金属的目的。

1. 电弧的一般特点

焊接电弧与其它气体放电形式不同，它具有电流大、电压低、温度高及强烈弧光等特点。在结构上，焊接电弧可分为三个区域，即阴极区，阳极区和弧柱区，如图 12-4 所示。

焊接电弧各区的导电机构存在很大的差异，因此，电弧各区的产热及温度分布以及力的作用也各不相同。图 12-5 为电弧各区的电压分布示意图。

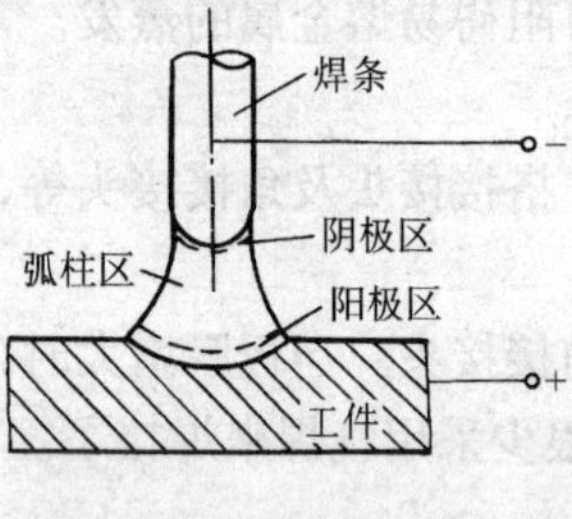

图 12-4　焊接电弧的组成

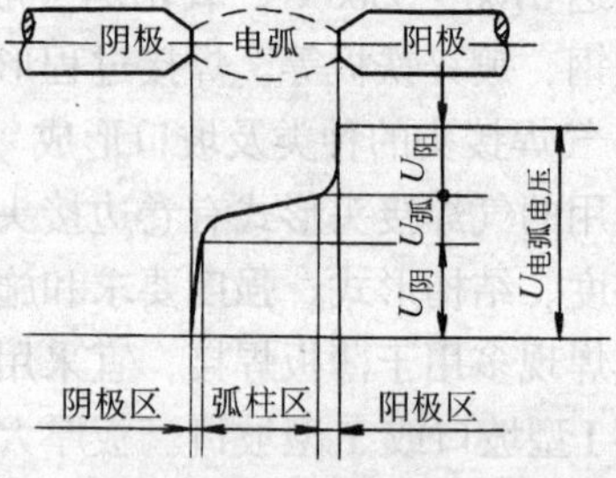

图 12-5　电弧各区域的电压分布示意图

弧柱具有均匀的电位梯度，可认为是电中性的等离子体，其中心温度最高可5000～50000K。弧柱的温度虽然很高，但大部分的热量散失于周围气氛中，对金属熔化并不起主要作用。使金属熔化的热量主要产生于两极。电极材料及电弧气氛不同时，两极产生的热量也不相同。

另外，由于电极和工件面积的差异，焊接电弧的形状总是圆锥形。这一形状对电弧中各种力的作用会产生影响。

通过电弧的电流会产生磁场的作用，使弧柱收缩。而由于电弧形状的特点，所以不管电流的方向如何，总会产生由电极指向工件的电磁收缩力的轴向分量，形成所谓的等离子流力。电磁收缩力和等离子流力对熔滴的过渡及焊缝的成型都有重要的影响。

2. 焊接电弧的静特性

电弧稳定燃烧时，电弧电压与电流之间的关系曲线称为电弧静特性曲线，其形状一般如图 12-6 所示的 U 形曲线。

从图 12-6 可以看出，电弧作为一个特殊的导电体，并不完全遵循欧姆定律，在曲线的下降段甚至呈负阻特性。电弧长度变化时静特性曲线上移或下移。

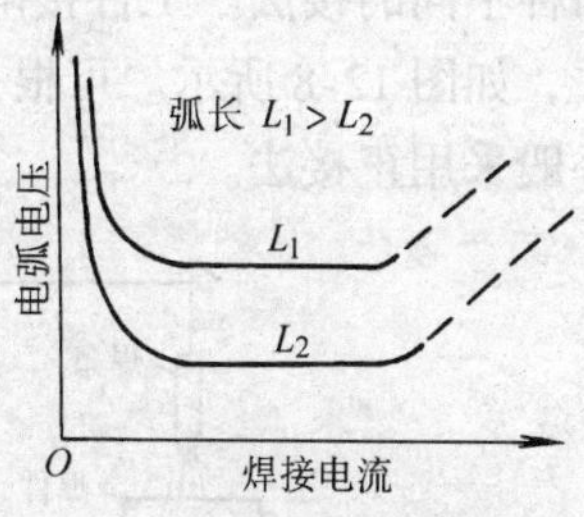

图 12-6　电弧的静特性曲线

值得注意的是，不管是直流或交流或电源，电弧静特性基本上都呈相同的规律。另外，某种焊接方法，其静特性曲线并不覆盖整条曲线，如手工电弧焊、埋弧焊等，其静特性为中间的平特性段，小电流钨极氩弧焊为下降特性段，细焊丝熔化极气体保护焊为上升特性段等。

3. 弧焊电源

(1) 对弧焊电源的要求　由前所述，由于电弧是一种特殊形式的负载，因此，向它供电的弧焊电源应具有不同于一般电源的特性，其中主要包括：

1) 一定的空载电压　为了保证电弧可靠引燃和稳定，要求弧焊电源具有一定的空载电压，但从安全角度来考虑，一般不要高于 80～100V。

2) 一定的外特性　外特性是指在稳定焊接过程中的电源输出电流与电压之间的对应关系。为了保证电弧的稳定燃烧，不同的电弧静特性(不同的焊接方法)要求有不同外特性的电源与其匹配。如手工电弧焊、埋弧焊一般需配用具有下降特性的焊弧焊电源，钨极氩弧焊配用垂直下降特性的电源，而细焊丝熔化极气体保护焊则需配用平特性电源等。图 12-7 为弧焊电源与电弧特性曲线的一个例子。

3) 适当的短路电流　在引弧或某种熔滴过渡形式(如短路过渡)时，弧焊电源处于短路状态，弧焊电源应能满足工艺上的要求而不至于过热。

4) 焊接电流调节方便　下降特性的电源电流调节是通过改变外特性来实现，而平特性的电源则可通过调节送丝速度来调节电流。

5) 良好的动态品质　焊接过程实质上是一个动态过程，经常会受到一些外部的干扰，如弧长的变化，网络电压的波动等。因此，对弧焊电源来说，焊接电弧是一个动负载，这就要求弧焊电源所提供的电流和电压，能随着负载的改变而迅速改变以保证电弧稳定燃烧，这就是所谓的弧焊电源的动态品质。

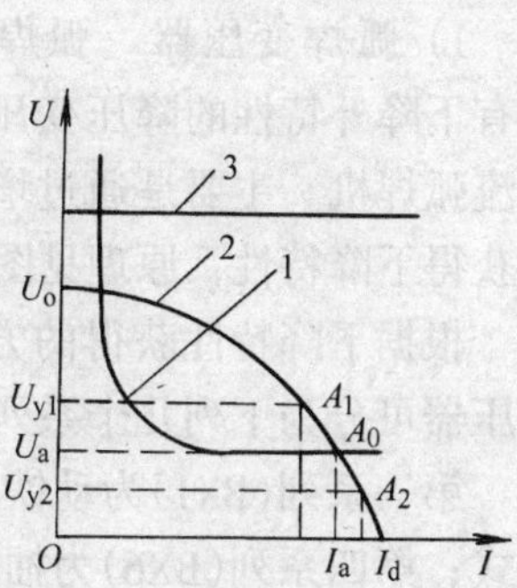

图 12-7　弧焊电源与电弧特性曲线的示例

1—电弧静特性曲线

2—下降电源外特性曲线

3—平电源外特性曲线

(2) 正接法和反接法　当采用直流弧焊电源时，其正负两极与电极及工件有两种不同的接法。工件接电源正极时称为正接法，工件接电源负极时则称为反接法，如图 12-8 所示。可根据不同的工艺要求选择不同的接法，如钨极氩弧焊时一般采用正接法。

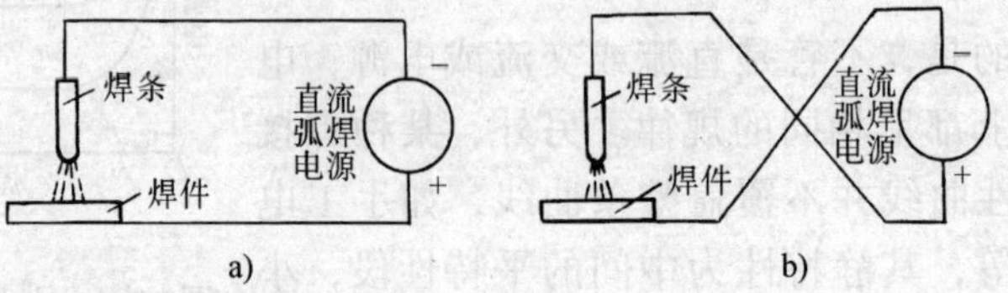

图 12-8　直流电焊接时的不同极性接法

a) 正接　b) 反接

(3) 负载持续率(暂载率)　弧焊电源最大输出功率(焊接电流)主要是由电源发热情况来决定。对不同的负荷状态(连续焊,断续焊等)，规定电源不同的输出电流，才能使电源不致烧毁，又能充分发挥电源的能力。所谓暂载率(ED)就是用百分数来表示出某种负载状态，即：

ED＝(在规定的工作周期内的负载时间(工作时间)/规定的工作时间周期)×100%

一般规定整个工作周期为 10min。弧焊电源的额定焊接电流即是在额定负载持续率下允许使用的电流。

(4) 常用弧焊电源

1) 弧焊变压器　弧焊变压器是一种具有下降外特性的降压变压器，通常又称交流弧焊机。主要是通过增大回路电感量来获得下降特性，原理见图 12-9。

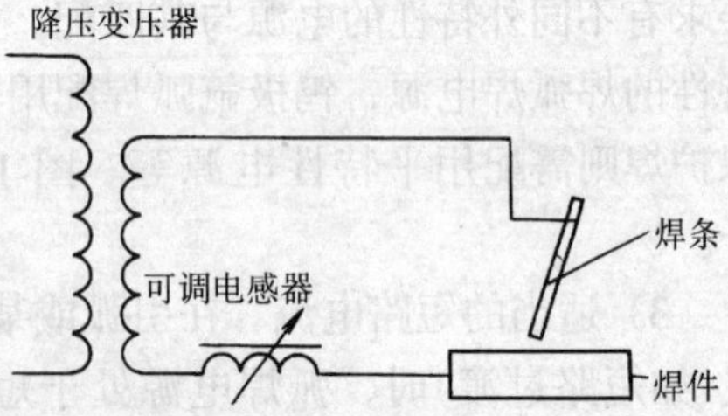

图 12-9　弧焊变压器工作原理

根据下降特性获得的方式不同，弧焊变压器可分为下列几个系列：

第一系列(BX1)为动铁心式；第二系列(BX2)为同体式；第三系列(BX3)为动圈式；第四系列(BX6)为抽头式。

2) 弧焊整流器　弧焊整流器是一种将工频交流电经变压器降压并经整流元件转换直流电的焊接电源。其型号以“Z”字母开头，后跟其它分类代号。弧焊整流器的外特性有下降特性(X)，平特性(P)，及多特性(D)等。附加特征有：一般电源(代号省略)，硅整流(G)，晶闸管整流(K)，脉冲电源(M)及交直流电源(E)等。

3) 逆变弧焊电源　逆变弧焊电源是一种新型弧焊电源，目前已在全世界范围内获得迅速发展和普及。短短20多年，逆变弧焊电源已经历了晶闸管→晶体管→场效应管→绝缘门极晶体管(IGBT)的发展。这种电源已应用于氩弧焊、熔化极气体保护焊、手工电弧焊及等离子切割等，其原理见图12-10。经二次整流后的直流电还可以经第二次逆变，将直流电变为所需频率和波形的交流电，供焊接铝、镁合金的TIG焊和碱性焊条交流电弧焊。

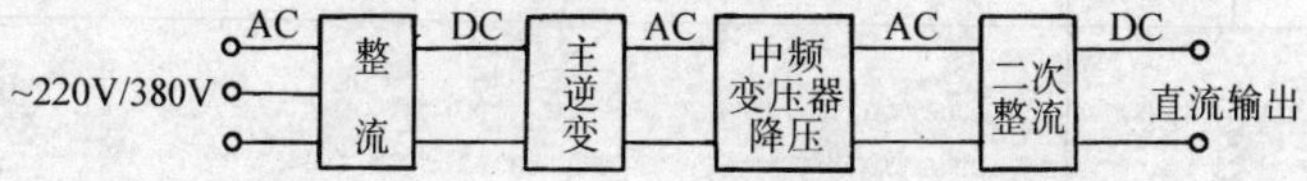

图12-10　逆变电源的基本原理框图

第四节　手工电弧焊

一、手工电弧焊原理

电弧在熔化的电极(涂料焊条)和工件之间燃烧，电弧和熔池通过焊条产生的气体和渣的保护防止空气的侵入，其原理如图12-11所示。手工焊时，可采用直流电源亦可采用交流电源。

二、焊条

焊条除了影响电弧的稳定性外，还对焊缝金属的化学成分及力学性能有直接的影响。因此，焊条的优劣是决定手工电弧焊质量的主要因素。

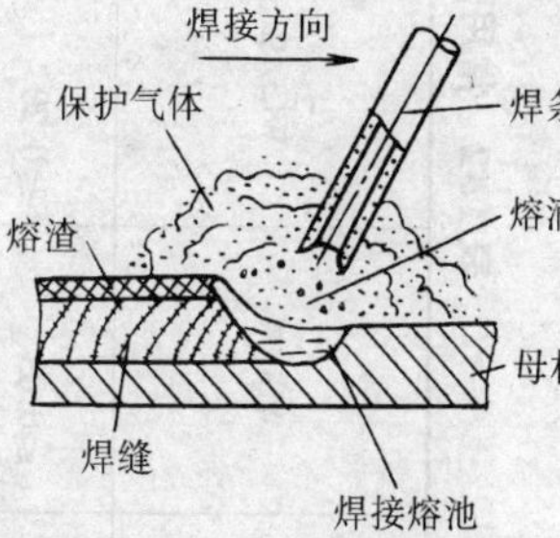

图12-11　手工电弧焊原理示意图

1. 焊条组成及作用

焊条由焊芯及药皮两部分组成。

(1) 焊芯　焊芯除了作为电极，起导电作用外，还作为填充金属，与熔化的母材共同组成焊缝金属。另外，还可起向焊缝添加合金元素的作用。

手工电弧焊时，焊芯金属约占整个焊缝金属的50%～70%，所以焊芯的化学成分会直接影响焊缝的质量。因此，焊芯用的钢必须经特殊冶炼，常用的焊丝牌号及化学成分见表12-2。

表中的H08A焊条一般用于作为结构钢焊条的焊芯，而H08E则用于对硫、磷要求严格控制时采用。

焊丝的直径也就是焊条的直径，一般为$\phi1.6\sim\phi6.0$mm，长度常在300～450mm之间。

(2) 药皮　在一般情况下，焊条的质量和性能主要取决于药皮的成分。焊接过程中，药皮主要起到如下三方面的作用。

表 12-2 常用焊丝牌号及成分

焊丝牌号	WC/%	WMn/%	WSi/%	WCr/%	WNi/%	WMo/%	WTi/%	WS/%	WP/%
								不大于	
H08	≤0.10	0.30~0.55	≤0.03	≤0.20	≤0.30			0.040	0.040
H08A	≤0.10	0.30~0.55	≤0.03	≤0.20	≤0.30			0.030	0.030
H08E	≤0.10	0.30~0.55	≤0.03	≤0.20	≤0.30			0.020	0.020
H08Mn2SiA	≤0.11	1.80~2.10	0.65-0.95	≤0.20	≤0.30			0.030	0.030
H10Mn2	≤0.12	1.50~1.90	≤0.07	≤0.20	≤0.30			0.040	0.040
H08CrMoA	≤0.10	0.40~0.70	0.15-0.35	0.80-1.10	≤0.30	0.40-0.60		0.030	0.030
H0Cr20Ni10Ti	≤0.06	1.00~2.50	≤0.60	18.50-20.50	9.00-10.50		9×C%-1.00	0.020	0.030
H00Cr21Ni10	≤0.03	1.00~2.50	≤0.60	19.50-22.00	9.00-11.00			0.020	0.030

1）改善焊接工艺性　药皮某些成分可提高电弧导电性，使引弧容易，燃烧稳定。若干成分则可提高焊条的焊接工艺性，如飞溅小、脱渣容易、成型美观及适用各种空间位置焊接等。

2）机械保护作用　利用药皮熔化时形成的熔渣和一些气体造成气—渣联合保护，机械地隔绝空气，防止其侵入焊缝。

3）冶金作用　通过药皮的冶金作用，如脱氧、脱磷作用等，最大限度地去除有害杂质，并保护或添加有益的合金元素，使焊缝具有一定的力学性能、抗气孔和抗裂纹能力等。

几种重要的药皮类型的主要成分、各成分的主要作用及药皮特点分别见表12-3及表12-4。

表 12-3　几种重要的药皮类型的主要成分及特点

	纤维素型		酸性		金红石型		碱性	
药皮类型	纤维素	40	磁铁矿 Fe_3O_4	50	金红石 TiO_2	45	萤石 CaF_2	45
	金红石 TiO_2	20	石英 SiO_2	20	磁铁矿 Fe_3O_4	10	碳酸钙 $CaCO_3$	40
	石英 SiO_2	25	碳酸钙 $CaCO_3$	10	石英 SiO_2	20	石英 SiO_2	20
	Fe-Mn	15	Fe-Mn	20	碳酸钙 $CaCO_3$	10	Fe-Mn	
	水玻璃		水玻璃		Fe-Mn	15	10	
					水玻璃		水玻璃	
特　点	几乎没有渣 中等熔滴过渡 韧性好		渣的凝固周期长 细颗粒至喷射过渡 韧性一般		渣的凝固周期中 中等毛细小颗粒过渡 韧性好		渣的凝固周期长 中等至大颗粒过渡 韧性很好	

表 12-4　药皮成分的作用

焊条药皮成份	对焊接性能的作用
石英 SiO_2	提高导电性降低渣的厚度
金红石 TiO_2	改善脱渣性和焊缝成型，好的再引弧性
磁铁矿 Fe_3O_4	熔滴过渡细化
碳酸钙 $CaCO_3$	降低电弧电压，制气制渣
萤石 CaF_2	碱性焊条中减薄渣，但使典礼作用变坏
$K_2O\cdot Al_2O_3\cdot 6SiO_2$	电力作用降低，增加电弧稳定性
Fe-Mn/FeSi	脱氧
纤维素	造气
$Al_2O_3\cdot 2SiO_2\cdot 2H_2O$	润滑剂
钾或钠水玻璃 K_2SiO_3/Na_2SiO_3	粘接剂

2. 焊条的种类、型号和牌号

国家标准局将焊条按化学成分划分为若干大类，并制定了相应的国家标准，规定了焊条型号和性能检验要求。过去，不同厂家生产的同一类型焊条会有不同的牌号，容易造成混乱。因此，机械工业部编制了《焊接材料产品样本》，规定了统一牌号，并将焊条按用途分为十大类和制定了相应的牌号与熔敷金属的主要性能数据，作为国家标准中没列出的焊条的主要参考依据。表 12-5 列出了两种分类方法划分的焊条大类、代号和对应关系。

表 12-5　焊条型号和统一牌号的分类对应关系

国标			《焊接材料产品样本》			
型号(按化学成分分类)			统一牌号(按用途分类)			
国家标准号	名　称	代号	类别	名　称	代　号	
					字母	汉字
GB5117—85	碳钢焊条	E	一	结构钢焊条	J	结
GB5118—85	低合金钢焊条	E	一	结构钢焊条	J	结
			二	钼和铬钼耐热钢焊条	R	热
			三	低温钢焊条	W	温
GB983—85	不锈钢焊条	E	四	不锈钢焊条	G	铬
					A	奥
GB984—85	堆焊焊条	ED	五	堆焊焊条	D	堆
GB10044—88	铸铁焊条	EZ	六	铸铁焊条	Z	铸
—	—	—	七	镍及镍合金焊条	Ni	镍
GB3670—83	铜及铜合金焊条	TCu	八	铜及铜合金焊条	T	铜
GB3669—83	铝及铝合金焊条	TAl	九	铝及铝合金焊条	L	铝
—	—	—	十	特殊用途焊条	TS	特

下面为碳钢焊条的型号按国家标准表示的示例：

E × × × ×

- 最后一个 ×：表示焊条药皮类型和使用电流种类
- 第三个 ×：表示焊条适合的焊接位置（0 和 1 表示可用于全位置焊接，2 表示用于平焊和平角焊，4 用于向下立焊）
- 前两个 ×：表示熔敷金属抗拉强度的最小值（E43 系列，$\sigma_b \geqslant 420MPa$　E50 系列，$\sigma_b \geqslant 490MPa$）
- E：表示焊条

焊条牌号一般用一个大写拼音字母和三个数字表示，前两位数表示焊缝金属标准强度等级，最后一个数字表示药皮类型和电流种类。如 J507，J 表示结构钢焊条，50 表示焊缝金属抗拉强度不低于 490MPa，7 表示低氧型(碱性)药皮和用直流电焊接。

三、手工电弧焊的操作技术及规范参数的选择

1. 手工电弧焊的操作技术

(1) 引弧　有两种引弧方法，即划擦法和直击法。前者容易掌握，但容易损坏工件表面；后者则需熟练掌握好焊条离开工件的速度和距离。

(2) 运条方法　运条是整个焊接过程中最重要的环节，直接影响焊缝的外表成形和质量。电弧引燃后，一般情况下有三个基本运动，即朝熔池方向逐渐送进，沿焊接方向逐渐移动及横向摆动。

(3) 焊缝的连接及收尾　由于焊条长度的限制，不能用一根焊条焊完一条焊缝，因而出现焊缝连接问题。焊缝的连接处容易产生夹渣、气孔及宽厚不一等缺陷。连接方法有多种，最多采用的是在已焊焊缝前 10mm 处引弧，此时，弧长可较长，然后将电弧移到原弧坑的 2/3 处，填满弧坑即向前进入正常焊接。

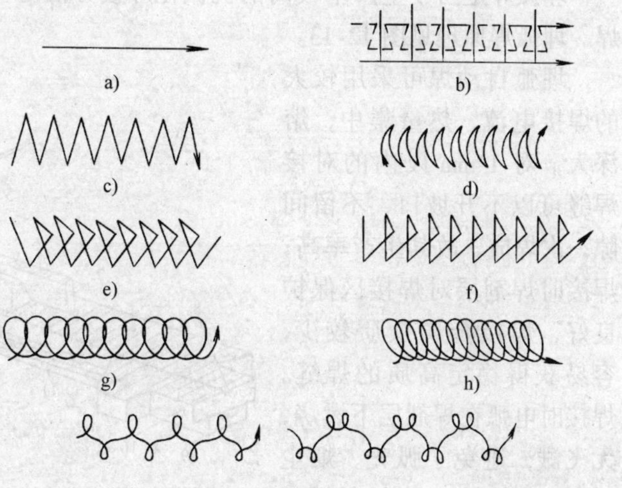

图 12-12　基本的运条方法

a) 直线运条　b) 直线往复运条　c) 锯齿形运条　d) 月牙形运条　e) 斜三角形运条　f) 正三角形运条　g) 正圆圈形运条　h) 斜圆圈形运条　i) 八字形运条

收尾的弧坑也是最易产生焊接缺陷的地方，一般都要求将弧坑填满。特别是碱性焊条，更应注意对弧坑的处理。填满弧坑的方法有多种，如划圈收尾法，反复断弧法及回焊收尾法等。

(4) 电源种类选择及磁偏吹影响　采用直流电源时，要注意不同类型焊条的极性。如酸性药皮及金红石型药皮焊条，需要用正接法，而碱性和所有高合金钢焊条则采用反接法。

在焊接过程中应注意到磁偏吹的影响及采取相应的措施加以纠正。

2. 手工电弧焊的规范参数

为了获得优质的焊缝和较高的生产率，必须选择正确的焊接参数。手工电弧焊时，主要的规范参数有：焊接电源种类和极性、焊条直径、焊接电流、电弧电压、焊接速度、焊接层数，还有由焊接结构材质、工作条件等选定的焊条型号、焊件坡口形式、焊前准备、焊后处理等。

由于焊接设备条件与焊工操作习惯等因素的不同，所以手工电弧焊规范参数在选用时需要根据具体情况灵活运用。有些重要结构，焊接规范参数还需要通过工艺评定来确定。

第五节　埋　弧　焊

一、埋弧焊原理及特点

埋弧焊是当今生产率较高的机械化焊接方法之一，又称焊剂层下自动电弧焊。埋弧焊原理见图 12-13。

埋弧自动焊可采用较大的焊接电流，热量集中，熔深大，对 14mm 以内的对接焊缝可以不开坡口、不留间隙一次焊成，故其生产率高；焊接时焊剂层对焊接区保护良好，焊接金属杂质较少，容易获得稳定高质的焊缝。焊接时电弧在焊剂层下燃烧，无飞溅，避免了弧光、烟尘对焊工的危害，降低了焊工的劳动强度。

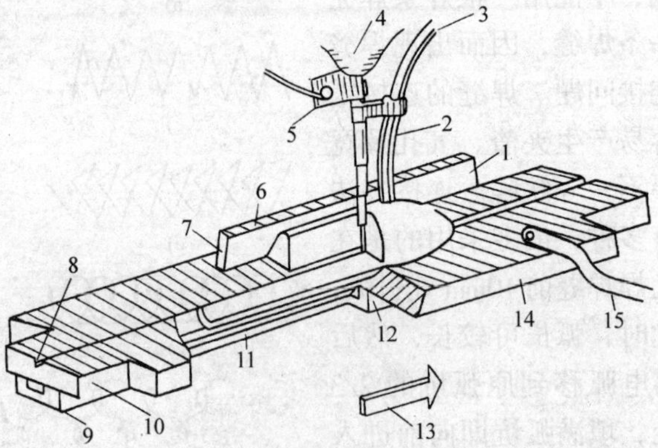

图 12-13　埋弧焊原理示意图

1—焊剂　2—焊剂管道　3—通往焊剂斗　4—接送丝机构　5—导电块　6—渣壳　7—焊剂挡板　8—V 形坡口　9—垫板　10—引弧板　11—焊道　12—焊丝　13—焊接方向　14—基本金属　15—地线

埋弧焊的缺点是：适应性差，通常是适合于水平位置焊接直缝和环缝，不能焊接空间位置焊缝和不规则焊缝，对坡口加工、清理和装配质量要求较高。

埋弧焊通常用于碳钢、低合金结构钢、不锈钢和耐热钢等中厚板结构的长直缝、直径大于 300mm 环缝的平焊。此外，它还可用于耐磨、耐腐蚀的合金堆焊、大型球墨铸铁曲轴以及锌合金、铜合金等焊接。

为了进一步提高埋弧焊效率和保证焊接质量，目前工业上采用了多种不同的埋弧焊技术。如单面焊双面成形、双丝(或三丝)埋弧焊、多头埋弧焊、填加铁粉

(在坡口中)埋弧焊、预热焊丝埋弧焊、带极埋弧焊及窄间隙埋弧焊等。

二、埋弧焊设备及材料

1. 埋弧焊设备

埋弧焊的设备由焊接电源、焊接小车和控制箱等三部分组成。常用机型有MZ—1000和MZ1—1000两种。相应配用的电源，可用整流弧焊电源或交流弧焊电源BX_2—1000。

2. 埋弧焊用焊接材料

埋弧焊用的焊接材料有焊丝和焊剂。通过焊丝和焊剂的合理匹配，来保证焊缝金属的化学成分和性能。埋弧焊用焊丝和手工电弧焊焊芯同属一个国家标准，即焊接用钢丝。焊接直径一般为1.6~6mm。

埋弧焊用焊剂的作用焊条药皮相似，其酸碱性由下列公式表示，即：

$$B = CaO + MgO + BaO + CaF_2 + Na_2O + K_2O + 0.5(MnO + FeO) / SiO_2 + 0.5(Al_2O_3 + TiO_2 + ZrO_2)$$

当$B<1$为酸性；$B=1$为中性；$B>1$为碱性；$B>3$为强碱性。

焊剂在使用前须在250℃下烘干，并保温1~2小时。

三、埋弧焊工艺

埋弧焊所用的焊接电流较大，熔深较深，一般板厚小于14mm的钢板可不开坡口；厚度为14~22mm时，一般开V形坡口；厚度为22~50mm时可开X形坡口。对一些要求较高的焊缝，可开U形坡口。

为了保证焊接质量，需把坡口及焊接部位的表面锈蚀、油污、氧化皮、水分等清除干净。焊接装配时，要求间隙均匀，高低平整不错边。

为了便于焊透，减少焊接变形，一般均采用双面焊，如图12-14a所示。不能采用双面焊时，采用单面焊，如图12-14b、c、d所示。埋弧焊在焊接直焊缝时需加引弧板和熄弧板。

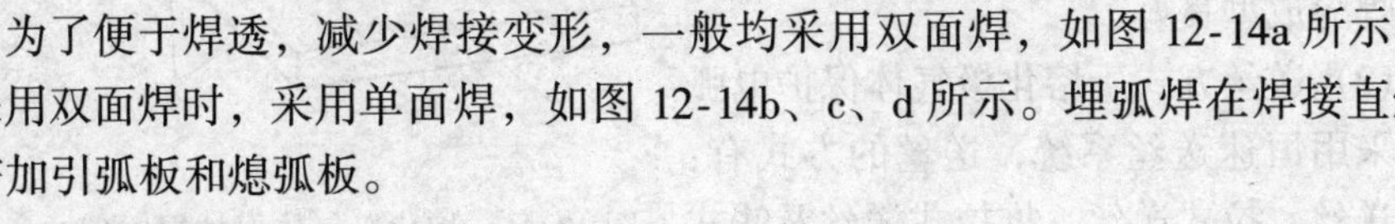

图12-14 埋弧焊对接接头

a) 双面焊 b) 采用打底焊 c) 采用垫板 d) 采用锁底坡口

第六节 气体保护电弧焊

采用气体对电弧及熔池进行保护的方法，几乎是和焊条药皮同时提出的。开始只是采用 Ar 气等惰性气体，到了60年代，成功发展了采用 CO_2 气体保护的焊接方法，使气体保护电弧焊得到了迅速的发展。近年来，混合气体的应用和药芯焊丝的发展，更使这类焊接方法成为工业发展水平的重要标志。

气体保护电弧焊可分为熔化极气体保护电弧焊和非熔化极气体保护电弧焊两大类。

根据保护气体的不同，熔化极气体保护电弧焊又可分为惰性气体熔化极电弧焊(MIG)、CO_2 焊及惰性气体与活性气体的混合气保护焊(MAG)。

非熔化气体保护电弧焊主要是指钨极氩弧焊及等离子弧焊。

一、熔化极气体保护焊

1. 熔化极气体保护焊原理

熔化极气体保护焊是利用连续送进的焊丝(熔化电极)及工件之间产生的电弧实现金属的连接；并利用外部供应的气体保护电弧和溶池，其原理示意图见图12-15。

2. 熔化极气体保护焊系统组成

熔化极气体保护电弧焊系统由下列设备组成：电源、控制系统、送丝机构、焊枪、供气系统及气、水(水冷焊枪用)管路等。

(1) 电源　熔化极气体保护焊时，毫无例外地采用平特性直流电源，而且多采用反极性接法，在使用电流范围内，这样的接法电弧稳定、熔滴过渡平稳、飞溅小、焊缝成型良好。

(2) 送丝方式　熔化极气体保护电弧焊多采用恒速送丝系统，送丝的方式有：推式送丝、拉式送丝、推拉式送丝及线式送丝等。

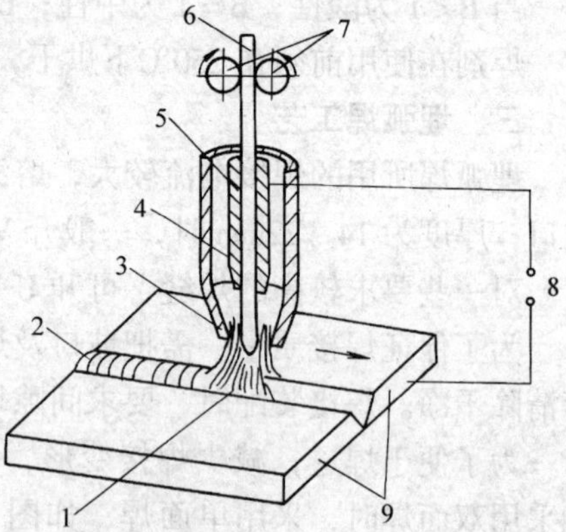

图 12-15　熔化极气体保护焊原理示意图

1—电弧　2—焊缝　3—喷嘴　4—保护气体
5—导电嘴　6—焊丝　7—送丝轮
8—焊接电源　9—工件

3. 规范调节

熔化极气体保护焊电源的规范调节采用所谓的 ΔI 调节。即当电压(特性曲线)保持不变，调节送丝速度即可调节电流。此时，电弧长度、熔敷率及焊缝形状亦随之改变。

当送丝速度保持不变时，通过调节电源和特性曲线即可改变电压 V，此时电流 I 及熔敷率不变，而电弧长度、焊缝形状会随之改变。

4. 熔滴过渡

熔化极气体保护焊时，可根据保护气体的不同而采用不同的溶滴过渡形式。MIG 焊时，多采用射滴过渡、射流过渡及亚射流过渡(Al 合金焊接时)。而 CO_2

保护焊时，可采用滴状过渡、短路过渡(焊接薄板时)。

5. 熔化极气体保护焊的应用及发展

熔化极气体保护焊由于具有高效、优质等系列优点，广泛应用与工业领域各个部门。MIG/MAG焊几乎可以焊接所有金属，尤其适于焊接铝及铝合金、铜及铜合金以及不锈钢等材料。

CO_2焊则主要用于焊接低碳钢及低合金钢等材料。CO_2焊是一种低成本焊接方法，具有较高的经济价值，其主要缺点是飞溅大，焊缝成型欠佳，如在CO_2气体中加入一定量Ar气，可大大减少飞溅，改良焊缝成型。这类混合气体保护焊(有称MAG焊)，其应用范围在逐渐扩大。

脉冲电弧气体保护焊主要用对焊缝质量要求高的重要焊件。这种方法可在较低的平均的电流下获得稳定的喷射过渡，易于控制焊接溶池，保证全位置焊缝成型。在窄间隙焊接中这是首选的焊接方法。

药芯焊丝的应用比例也在近年快速上升，这种方法的优点是采用普通的CO_2焊接电源就能达到电弧稳定性高、飞溅小、焊缝成型美观的效果。药芯焊丝比实芯焊丝的熔敷率提高20%～30%，总的效率提高1～2倍，但成本却有所下降，因此很有推广应用的价值。

其它的一些高效的熔化极气体保护焊方法及技术在不断的发展，如特种混合气体的应用、加大焊丝伸出长以增大熔化率，采用大电流、高电压等高效率的参数以及采用多丝焊接等。

二、非熔化极气体保护焊

1. 钨极氩弧焊(TIG焊)

(1) 钨极氩弧焊原理　钨极氩弧焊通常亦称TIG焊，在电弧燃烧过程中，电极不熔化，是众多焊接方法电弧中最为稳定的一种。其原理示意图如图12-16所示。

钨极氩弧焊可以用手工进行到操作，也可自动进行，同时，可根据需要从侧边添加填充焊丝。

由于钨极载流能力的限制，钨极氩弧焊一般只适于焊接厚度小于6mm的工件。氩气的纯度一般要求99.9%～99.999%范围内。

(2) 设备组成　钨极氩弧焊可采用直流电源、交流电源或脉冲电源。为保持过程稳定，一般采用陡降或垂直下降的外特性。

由于钨极氩弧焊正极产热量大于负极性时，为避免钨极过热及提高载流能力，采用

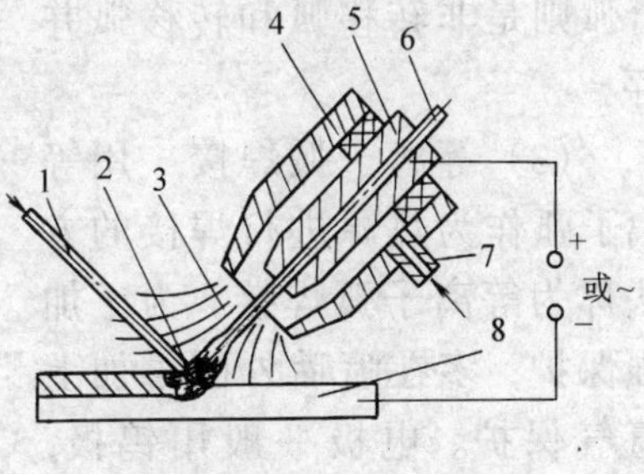

图12-16　钨极氩弧焊示意图

1—焊丝　2—焊缝　3—电弧　4—喷嘴　5—导电嘴　6—电极　7—进气口　8—工件

直流电源时，一般采用正极性接法。此时，可焊接低合金钢、不锈钢、耐热钢及钛合金等材料。若焊接铝、镁及其合金时，需采用交流电源，此时具有所谓的“阴极清理作用”，又可避免钨极的过热。

(3) 工艺要点　钨极氩弧焊时，须正确调节电流，并保证钨极端部均匀地承受电流负荷。直流焊接时，可将钨极端部磨成一定的尖角。交流焊接时，可将电极尖端磨成锥台状，焊接时则会形成一个半球形。

2. 等离子弧焊

(1) 等离子弧的形成　等离子弧是将普通电弧进行强迫压缩而获得的，其电弧温度、能量密度、等离子流速都显著增大。

等离子弧的形成是三种压缩效应共同作用大结果。

1) 机械压缩效应　使电弧强制通过具有小孔径喷嘴的孔道，使电弧横截而缩小。

2) 热压缩效应　由于水冷喷嘴的强烈冷却作用，靠近喷嘴内壁的气体会形成一很薄的低温气体绝缘套(因电离度及导电性下降)而压缩电弧。

3) 电磁压缩效应，由于上面两个压缩效应，使电弧电流密度增大，因而电磁收缩力也增大，进一步压缩电弧。

这样形成的等离子弧，其能量密度可达 $10^5 \sim 10^6 W/cm^2$，弧柱中心温度可达 18000 ~ 24000K，可广泛应用于焊接、堆焊、喷涂，也可用于金属和非金属切割。

(2) 等离子弧的基本形式　等离子弧有三种基本的形式，即非转移型、转移型和联合型，如图 12-17 所示。

非转移弧产生于钨极与喷嘴之间，离子气通过电弧从喷嘴喷出，这种形式的等离子弧有时亦称等离子焰，主要用于切割及喷涂。转移弧燃烧于钨极与工件之间，它必须先引燃非转移弧(导弧)，然后再过渡到转移弧。联合弧则是非转移弧和转移弧并存。

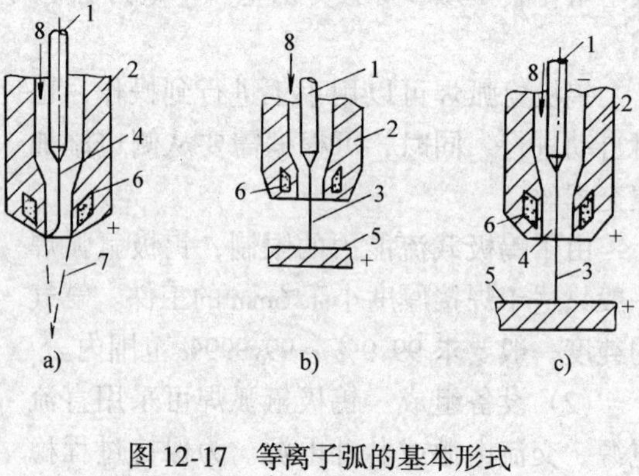

图 12-17　等离子弧的基本形式

a) 非转移型　b) 转移型　c) 联合型

1—钨极　2—喷嘴　3—转移弧　4—非转移弧

5—工件　6—冷却水　7—弧焰　8—离子气

(3) 等离子弧焊接　用等离子弧作为热源进行焊接的方法称为等离子弧焊接。为了加强保护，多在喷嘴外围再加上氩气保护。电极一般用钨极，可根据需要添加填充焊丝。

等离子弧焊接采用陡降或垂直下降特性的直流电源，纯氩作离子气时，空载电压为 65

~80V，用氩加氢混合气时，空载电压需 110~120V。

等离子弧焊可分为微束等离子弧焊接和大电流等离子弧焊接。微束等离子弧焊接时，其电流小于 15A，即使电流小至 0.1A，等离子弧仍十分稳定，适于薄板及 0.025~1mm 的箔材焊接。

大电流等离子弧焊有几种不同的形式，一种是穿孔型等离子弧焊，常用于 2.5~13mm 的材料。在焊接过程中，等离子流在熔池前方穿透一个小孔，等离子流从小孔排出。熔池中的熔化金属被排挤在小孔周围。小孔前端的熔化金属从小孔两旁流向熔池后方，逐渐填满小孔，其正面和反面同时凝结。与此同时，在前方又形成新的小孔，重复上述过程则在板材正面和反面都形成焊缝，即实现单面焊双面成型。大电流等离子弧焊接多采用这一形式。

另一种是熔入型等离子弧焊，当等离子气流量减少，小孔现象消失，此时焊接过程与一般钨极氩弧焊相似。

第七节　电　阻　焊

电阻焊是在焊件装配好后，通过电极施加压力，并利用电流通过接头接触面及临近区域产生的电阻热，将其加热到塑性或熔化状态，在外力作用下使两焊件连接起来的焊接方法。其主要特点是焊接电压低，焊接电流大，焊接时不需填充金属，生产率高，因而在工业中广泛应用。

电阻焊按接头形式可分为点焊、缝焊、凸焊和对焊四种，按焊接电流波形特征可分为交流焊、直流焊和脉冲焊三种。图 12-18 为按接头形式分类的示意图。

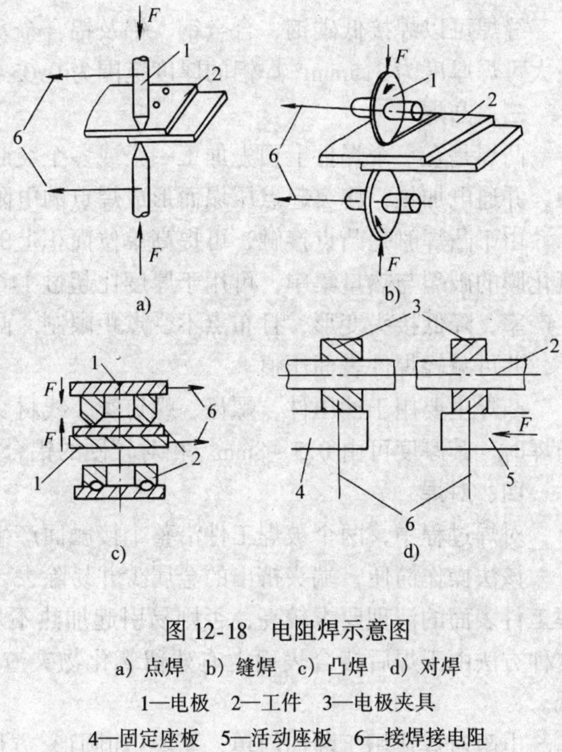

图 12-18　电阻焊示意图

a) 点焊　b) 缝焊　c) 凸焊　d) 对焊

1—电极　2—工件　3—电极夹具

4—固定座板　5—活动座板　6—接焊接电阻

一、点焊

点焊是在被焊工件接触面之间形成局部熔化的焊点而将两工件接在一起的焊接方法。其过程是：首先将已清理好的工件放在上下电极之间予压夹紧，使接触处能紧密接触，然后接通电流，使接触处产生电阻热，将该处金属加热到熔化状态而形成熔核。熔核周围的金属则被加热到塑性状态，在压力状态下形成一紧密封闭的塑性金属环，围住熔核，使其不致外溢。这时切断电流，使熔核金属在压力作用下冷却结晶，即获得组织致密的焊点。

点焊的焊件，由于熔化金属不与外界空气接触，故焊点强度高。且工件表面光滑，焊件变形小。

点焊可用来焊接低碳钢、不锈钢、铜、铝、钛及其合金以及覆层钢、电镀钢等。钢材点焊可焊的最大厚度为20～30mm，铝材点焊的厚度范围为0.1～8mm。

点焊广泛用于汽车、航空、航天、钢筋构件、家具等产品的制造。在汽车制造业中，点焊机器人是应用最早也最多的焊接机器人。

二、缝焊

缝焊又称滚焊，其焊接过程与点焊相似，可以认为是连续点焊过程。不同之处是缝焊用转动的圆盘状电极来代替点焊用的圆柱状电极。当压紧焊件的圆盘电极转动并通电时，工件从两圆盘电极之间通电，两工件接触面间就形成许多连续而彼此重叠的焊点，从而获得紧密的焊缝。

缝焊接工件不仅表面光滑平整，而且焊缝具有较高的强度和气密性，因此常用来焊接要求密封的薄壁容器，广泛用于汽车、飞机、家用电器制造业中。

缝焊可以焊接低碳钢、合金钢、铝及铝合金及覆层钢、电镀钢等材料。钢板最大可焊厚度为3.5mm，焊铝的厚度范围为0.05～3mm。

三、凸焊

凸焊是在一个焊件上预先加工一个或多个突起点，使其与另一个焊件表面接触，并通电加热，使突起点压塌而形成焊点的电阻焊方法。

由于凸焊时是凸点接触，可提高单位面积上的压力和电流，有利于板件表面氧化膜的破裂与热量集中，可用于厚度比超过1:6的零件焊接，多点凸焊可提高生产率，降低接头变形，且布点不受点距限制。凸焊采用大面积电极，其磨损较小，并可减轻焊件表面压痕。

凸焊主要用于冲压件，螺母、螺钉类，线材交叉、筛网等零件的焊接。钢材凸焊时，其厚度可由0.5～8mm。相对较硬的铝合金为3mm。

四、对焊

对焊过程中，两个被焊工件沿整个接触面产生连接。

该法操作简便，端头挤出的金属少并易除去，接头外形较匀称。但焊前对被焊工件表面的清理要求较高，否则易引起加热不均匀，局部氧化或夹渣。另外，这种方法由于焊后接合表面上有残留氧化物夹渣和晶粒粗大等，故接头强度较低。

电阻对焊适用于断面简单、紧凑(如圆形、方形等)的管材、棒材和线材。可用于焊接碳钢、不锈钢、铝、铜及其合金等金属材料。钢材电阻对焊范围为 0.5 ~ 28mm，对铝材的焊接则仅用于较细的线材。

第八节　钎　　焊

一、钎焊原理

钎焊是采用比母材熔点低的金属作钎料，将焊件和钎料加热到高于钎料的熔点，低于母材的熔点的温度，利用液态钎料润湿母材，填充接头间隙，并与母材相互扩散实现连接焊件的方法。在多数情况下(如在大气中钎焊时)，钎焊过程中需添加钎剂以去除被焊件的氧化膜和油污等杂质，保护焊件接触面和钎料不受氧化，并改善液态钎料对母材润湿性和毛细流动性。

钎焊与一般熔焊方法的主要区别是，钎焊时只有钎料熔化，而母材并不熔化。液态钎料是籍毛细管作用填满接头间隙的，而一般熔焊不发生这种现象。

二、钎焊分类

按钎料熔点的不同，钎焊可分为软钎焊和硬钎焊。软钎焊使用的钎料熔点低于 450℃，而硬钎焊时，其钎料熔点在 450℃以上。

软钎焊接头拉强度一般不超过 68.6MPa，常用的有锡铅钎料、锌锡钎料等。钎剂常用松香、氯化锌等。

硬钎焊接头的抗拉强度可达 490MPa，常用的有铜基、银基、铝基、镍基钎料等。钎剂常用硼砂、氯化物、氟化物等。

根据加热方式的不同，钎焊又可分为下述的几种不同方法。

(1) 烙铁钎焊　用电烙铁或火焰烙铁加热的软钎焊。

(2) 火焰钎焊　用喷灯或气焊炬使可燃气体与氧气(或压缩空气)混合燃烧的火焰加热的钎焊。

(3) 炉中钎焊　将装配好钎料的焊件放在箱式电炉或带有保护气体(如氩气等)的电炉或真空炉中进行钎焊。

(4) 感应钎焊　利用高频、中频或工频交流电感应加热进行钎焊。

(5) 盐浴钎焊　将装配好钎料的焊件浸沉在高温熔融的盐浴槽中加热的钎焊。

(6) 金属浴钎焊　将焊件浸沉在覆盖钎剂的钎料浴槽中加热的钎焊。

(7) 电弧钎焊　采用电弧(如钨极氩弧)加热的钎焊，近来亦有以低熔点焊丝(如铜丝)的气体保护电弧焊来进行的钎焊。

(8) 电阻钎焊　利用电流通过钎焊零件的电阻热进行钎焊。

(9) 真空钎焊　将装配好钎料的焊件置于真空环境中加热的钎焊。

(10) 超声波钎焊　利用超声波的振动使液体钎料产生空蚀过程，破坏焊件表面的氧化膜，从而改善钎料对母材的润湿作用的钎焊。

三、钎焊的接头形式

钎焊的接头形式多采用搭接，而不用对接。常用的接头形式见图 12-19。

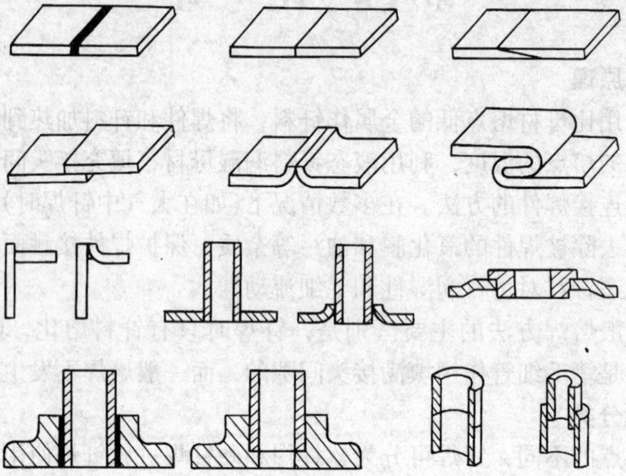

图 12-19　钎焊接头形式

四、钎焊的应用

钎焊具有一系列优点，如：接头表面光洁，气密性好；工件受热温度不高，可减少母材组织和性能的变化及工件的变形，易保证工件尺寸；可连接相同或不相同的金属及部分非金属；可以钎焊形状、结构复杂的接头(如蜂窝结构、封闭的结构等)；可一次钎焊很多条甚至成千条钎缝。其主要特点是接头强度较低；工作温度较低；钎焊前的准备工作要求较高，如装配间隙要求均匀、平整、工件需要仔细清理等。

钎焊在电机、机械、无线电、仪表等部门都得到广泛的应用，特别是在航空、航天及导弹技术中发挥重要的作用。目前，在家电、五金等行业，钎焊也成为一种重要的工艺方法。

第九节　常用金属材料的焊接

一、金属材料的焊接性

1. 金属材料焊接性的概念

金属材料焊接性是指金属是否适应焊接加工而形成完整的、具有一定使用性能的焊接接头的特性。它包含两个方面的内容：一是金属在接受焊接加工时对缺陷的敏感性；二是焊成的接头在一定的使用条件下可靠运行的能力。也就是说，焊接性不仅要考虑到金属的结合性能如何，而且还要考虑到结合后使用性能如何。

金属的焊接性是金属的一种加工性能，它决定于金属材料本身的性质和加工条件。随着焊接技术的发展，金属的焊接性也会改变，故焊接性又是一个相对的概念。

2. 钢材焊接性的碳当量评价方法

碳是钢中的重要元素之一，随着碳的质量分数的增加，钢的塑性急剧下降，并在压力加大时，产生焊接裂纹的倾向也大为增加。因此，钢中碳的质量分数是成为影响焊接性的主要因素之一。同时，如钢中加入 Cr、Ni、Mo、Mn、V、Cu、Si 等合金元素时，焊接性也将变差。这些合金元素对钢材的焊接性的影响和碳是相同的，只是程度上的不同而已。碳当量就是把钢中的合金元素(包括碳)的含量按其作用节折算成碳的相当含量。(以碳的作用系数为 1)，作为评定钢材焊接性的一种参考指标。一般碳素钢和低合金结构钢的焊接性常用碳含量来估计。

曾提出多种碳当量的计算公式，下列公式为国际焊接学会推荐使用的计算公式

$$C_E = w_C + w_{Mn}/6 + (w_{Cr} + w_{Mo} + w_V)/5 + (w_{Ni} + w_{Cu})/15$$

经验表明，当 $C_E < 0.40\%$ 时，钢材的焊接性优良，淬硬倾向不明显，焊接时无需预热。当 C_E 为 $0.40\% \sim 0.60\%$ 时，钢材淬硬倾向增大，焊接性较差，要采取适当预热或其它措施来防止裂纹的产生。预热温度可取 100～250℃。

当 $C_E > 0.60\%$ 时，钢材淬硬倾向增大，冷裂倾向亦严重，焊接性差，需要采取较高的预热温度，如 200～350℃或更高，并且要采取严格的工艺措施。

利用碳的质量分数来评定钢材的焊接性只是一种近似的方法，因为碳的质量分数只考虑了化学成分对焊接性的影响，没有考虑焊接结构、板厚、焊接方法等系列因素的影响。如果需要精确地了解材料的焊接性，就需要通过焊接实验来确定。

二、碳素钢和低合金结构钢的焊接

1. 低碳钢的焊接

低碳钢的含碳量低($< 0.25\%$)，焊接性好。通常不需要采取特殊的工艺措施，就可以获得优质的焊接接头。

低碳钢焊接时一般不预热，除重要结构焊后要进行去应力退火处理，电渣焊结构焊后要进行正火处理外，一般焊后均不进行热处理。对于厚板结构，低温(< -10℃)下焊接或钢中含硫磷杂质较多的钢材，可适当进行预热，但温度一般不超过 150℃。

无论采用什么焊接方法焊接低碳钢时，都不会有什么困难，手工电弧焊时，常用焊条 E4303、E4301、或 E4315。焊丝采用 H08A 或 H08MA，配合焊剂 431。

2. 中、高碳钢的焊接

中碳钢含碳量在0.25%～0.6%之间，其焊接性较差。主要的问题是：热影响区容易产生淬硬马氏体；焊缝及近缝区易产生热裂纹，当刚性较大和焊条选用不当时，也有可能出现冷裂纹；焊接经过淬火处理的中碳钢时，易在其热影响区出现回火软化区，影响接头的使用性能。

高碳钢的含碳量大于0.6%，其焊接性更差，对焊接工艺的要求更加严格。

中、高碳钢可采用如电弧焊、气体焊等多种方法进行焊接。手工电弧焊时，要选用抗裂性好的低氢型焊条，焊高碳钢时有时可采用不锈钢焊条。焊条要预热，焊后缓冷。如焊中碳钢时，预热温度为150～250℃，焊高碳钢时，适当提高预热温度。为了消除应力，改善接头组织性能，可进行焊后回火处理等工艺。

3. 低合金结构钢的焊接

低合金结构钢中含有多种合金元素，如Mn、Si、Mo、Ti、Nb、Cu、B、P及稀土元素等，使其具有强度高、韧性好、耐磨、耐腐蚀、耐高温及耐低温等优良性能，因此广泛用于制造压力容器、锅炉、桥梁、船舶、车辆、起重机等。

国产低合金结构钢大致有四类，即强度钢(如16Mn等)、耐蚀钢(如12CrMo等)、低温钢和耐热钢。强度钢按屈服强度可分为300、350、400、450、500、550MPa等六个级别。

低合金结构钢焊接的特点，一是热影响区有较大的淬硬倾向，且随强度等级的提高，淬硬倾向亦随着显著增大；二是热影响区的冷裂纹倾向，也随着强度等级的提高而增大，在刚性较大的接头中，甚至会出现所谓的“延迟裂纹”。

强度等级较低的低合金钢(300～400MPa)，焊接时一般无需采取特殊的工艺措施；强度等级较高的钢(≥450MPa)，特别是工件厚度较大，其可焊性与中碳钢相当，焊接需预热(≥150℃)，焊接时应调整适当规范来控制热影响区的冷却速度，焊后进行去应力退火。

三、不锈钢的焊接

不锈钢亦称为高合金耐蚀钢，根据其化学成分为铁素体不锈钢、马氏体及沉淀硬化型不锈钢，奥氏体不锈钢、奥氏体—铁素体不锈钢等四大类。

从各合金元素对不锈钢组织的影响和作用来看，基本上有两类元素，一类是形式稳定奥体的元素：碳、镍、锰、氮和铜等。其中碳、氮的作用最大。另一类是形成铁素体的元素：铬、硅、钼、钛、铌、钽、钒、钨和铝等，其中铌的作用最小。

奥氏体不锈钢具有较好的焊接性，一般不需采取特殊的工艺措施。可采用手工电弧焊、氩弧焊、埋弧焊等多种方法进行焊接。奥氏体不锈钢的焊接有两个主要的问题应予以特别的注意：一是焊缝的热裂倾向，二是焊接接头的晶间腐蚀倾向。热裂倾向主要是由于钢中多种元素(如Si、S、P等)所形成的低溶点共晶偏析物，沿奥氏体晶界分布，降低了晶界强度。再加上奥氏体不锈钢的导热性较小，线膨胀系数大，焊接时会形成较大的焊接应力，使焊缝在高温下易产生裂纹。

晶间腐蚀是奥氏体不锈钢的一种危险的破坏形式。它的特点是腐蚀沿晶界深入金属内部，并引起力学性能显著下降。其形成的原因，一般认为是由于晶间贫铬层的形成而引起的。在450～850℃的危险温度范围内停留一定的时间，如果钢中含碳较多，则奥氏体晶粒内多余的碳以碳化铬($Cr_{23}C_6$)形式沿奥氏体晶界析出，结果在靠近晶界的晶体表层造成贫铬层，在腐蚀介质作用下，贫铬层迅速腐蚀而产生所谓的晶间腐蚀。

为了防止热裂纹和晶间腐蚀，应根据母材选用含C、Si、S、P低的焊材，使焊缝获得奥氏体加少量铁素体或稳定碳化物的双相组织；尽量采用小工艺规范，如小电流、快焊速等，尽量避免金属过热并减少在敏感温度区间停留的时间；接触腐蚀介质的表面最后焊。对于耐蚀性要求较高的重要结构，焊后还要进行高温固溶处理，以消除局部晶界“贫铬”现象。

马氏体不锈钢焊接性较差，其主要问题是接头冷裂纹和淬硬脆化。焊接时要采取防止冷裂纹的一系列措施。厚度大于3mm时往往要进行焊前预热，焊后热处理等。

铁素体不锈钢焊接的主要问题是过热区晶体长大引起脆化和裂纹。因此，焊接时要采用较低的预热温度(不超过150℃)，减少在高温停留时间并尽量采用小的线能量等。

铁素体和马氏体不锈钢多采用手工电弧焊及氩弧焊。

四、铸铁的焊接

工业常用铸铁可有两种不同类型，一种是碳的质量分数为2%～4.5%的Fe-C合金，另一种为碳的质量分数为0.5%～3.5%的Fe-C-Si三元合金。按碳的存在状态及形式不同，可将铸铁分为灰铸铁、球墨铸铁、白口铸铁和可锻铸铁四种，其中以灰铸铁应用最广。

铸铁的焊接性较差，焊接时存在热裂纹、气孔、白口和淬硬组织及夹渣等问题。铸铁一般不作为焊接结构材料，生产中多遇到的是铸铁的补焊修复，且以灰铸铁件为多。其焊补工艺可分为热焊和冷焊两种。

热焊是将焊件整体或局部加热到600～700℃，用气焊或手工焊进行焊补，焊补过程中焊件要保持预热温度，焊后缓冷或去应力退火。热焊一般用于小型中等厚度(＞10mm)的铸铁件和焊后需要加工的复杂重要的铸铁零件，如机床导轨和汽车的汽缸等。

冷焊是焊前不预热或只预热到400℃以下，可采用手工焊或氩弧焊等，其焊补质量一般不如热焊法。

五、非铁金属的焊接

1. 铝和铝合金的焊接

纯铝、铝锰合金、铝镁合金及一般的铸造铝合金，其可焊性是良好的，但也存在一些困难：铝极易产生高熔点的氧化铝薄膜覆盖于金属表面，阻碍母材的熔化与溶合；铝的导热系数较大，焊接时热量容易散失，需要能量大或较高密度的热源；高温时铝的强度、塑性低、热膨胀系数大，从而造成较大的焊接应力、变形和裂纹倾向；液态铝能大量溶解氢，凝固时氢又不能及时全部析出，故焊缝容易生成气孔；氧化铝密度约为纯铝的1.4倍，易沉入溶池形成夹渣；铝由固态加热到液态时无颜色变化，会增加操作的困难，易烧穿等。

铝及铝合金常用的焊接方法，有交流钨极氩弧焊、熔化极氩弧焊、气焊、电阻焊、钎焊等，其它一些高能量密度的方法如激光焊、电子束焊等也有应用。氩弧焊时，由于具有阴极清理作用，自动去除氧化膜，所以焊缝成型美观，焊接质量高，可用于要求较高的焊件。

2. 铜及铜合金的焊接

铜及铜合金焊接中的主要问题是裂纹(热裂纹、氢蚀裂纹)及气孔，这与铜的高导热率、线膨胀系数大等物理化学性质有关。

纯铜的焊接要注意预热，因其高导热率导致局部加热很困难，为了得到足够的熔深，必须采取高温预热，特别是厚板大约要预热到400~500℃，大大增加了操作上的困难。采用惰性气体保护焊时，用 N_2 气比用 Ar 气可有效降低预热温度，亦可采用 He 弧焊接。铜合金的预热温度通常明显低于纯铜，一般的预热温度、层间温度可为100~200℃。

采用氩弧焊焊接纯铜及青铜，配以含 Si、Mn 等脱氧剂的焊丝，可获得最佳的质量。

Cu-Zn 合金(黄铜)焊接时，尽量消除 Zn 蒸气的影响至关重要。现多用气焊进行焊接，且采用氧化焰，并配以含 Si 焊丝及含硼砂的熔剂，可阻止锌的蒸发，同时还能有效阻止氢溶入熔池，减少氢气孔的产生。除气焊外，惰性气体保护焊亦适用于黄铜的焊接。

第十节　焊接接头及焊接结构基础

一、焊接接头的组织及性能

熔化焊接过程是局部加热过程，温度分布极不均匀，在完成一个焊接过程中，焊接接头的组织和性能都要发生变化。

焊接接头是由焊缝金属、熔合线、热影响区和母材组成，如图12-20所示。

1. 焊缝的组织和性能

随着热源向前移动，后面的熔化液体金属迅速冷却结晶，结晶是从熔化线上许多未熔化的单个晶粒开始，垂直于熔合线向熔池中心生长，呈柱状树枝晶。焊缝结晶过程会产生偏析。

从熔池液态金属结晶为焊缝金属称为一次结晶。有的焊缝金属在冷却过程中处于固态而发生组织转变，称为二次结晶。焊缝金属碳的质量分数较高时可能会产生淬硬马氏体组织。

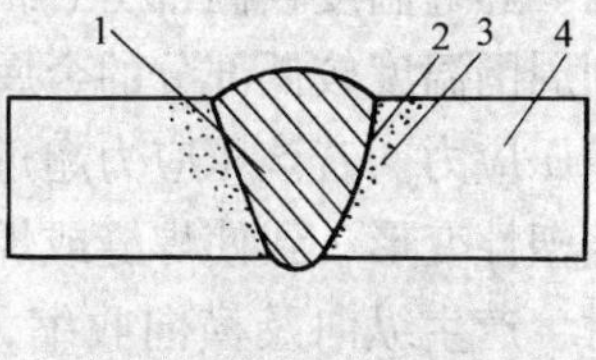

图 12-20　焊接接头的组成

1—焊缝金属　2—熔合线

3—热影响区　4—母材

焊缝组织是从液态金属结晶的铸态组织，但由于其熔池体积小，冷却快，化学成分可以严格控制，并可通过渗合金调整其化学成分，使其含有一定量的合金元素，所以焊缝金属一般都容易获得所要求的力学性能。

2. 热影响区的组织和性能

根据焊缝横截面的温度分布曲线，并对照铁碳合金状态图，可说明接头热影响区的组织和性能，如图 12-21 所示。

在热影响区，以半熔化区和过热区对焊接接头性能的不利影响最为显著。从图 12-21 可以看出，这两个区的塑性最低，产生裂纹和局部脆性破坏的倾向最大。热影响区越宽，焊缝的冷却速度越慢，晶粒就会越粗大，焊件的变形也会增加。因此，热影响区越窄越好，其宽度主要取决于焊接方法和焊接规范。一般手工电弧焊的热影响区宽度大约为 6mm，埋弧自动焊的热影响区宽度约为 2.5mm。

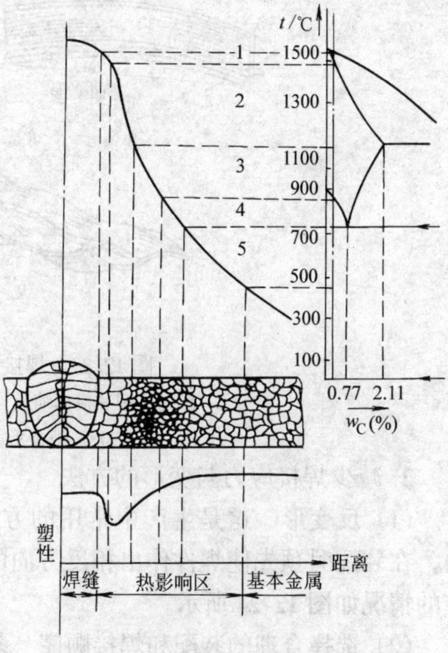

图 12-21　低碳钢焊接接头的组织和性能示意图

1—半熔化区　2—过热区　3—正火区

4—部分相交区　5—再结晶区

二、焊接应力与变形

焊接的热过程除了引起焊接接头金属组织和性能的变化外，还会产生焊接应力与变形（又称残余应力与残余变形）。

焊接应力使结构的有效许用应力降低，甚至可能使结构在焊接过程中或使用期间产生开裂，最后导致整个结构的破坏。而变形不仅影响结构的尺寸精度与外观，而且也可能降低结构的承载能力，甚至导致结构报废。

1. 焊接应力与变形产生的原因

焊接过程中，焊件受到不均匀加热和冷却，是产生焊接应力或变形的根本原因。焊缝温度较高部分(如中心部分)的金属，由于受到周围温度较低部分的金属限制，不能自由膨胀而产生压应力。若该压应力超过屈服强度时，则会产生压缩塑性变形，致使焊缝或焊缝附近的金属在焊后冷却时，产生纵向及横向收缩，如图 12-22 所示。焊件产生的各种变形主要是由于这两个方向的收缩所引起，图 12-23 表示出几种变形的基本形式。

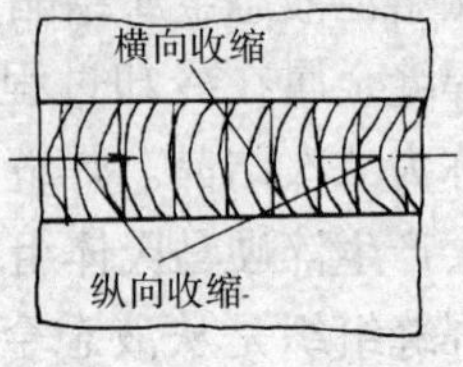

图 12-22　焊缝收缩示意图

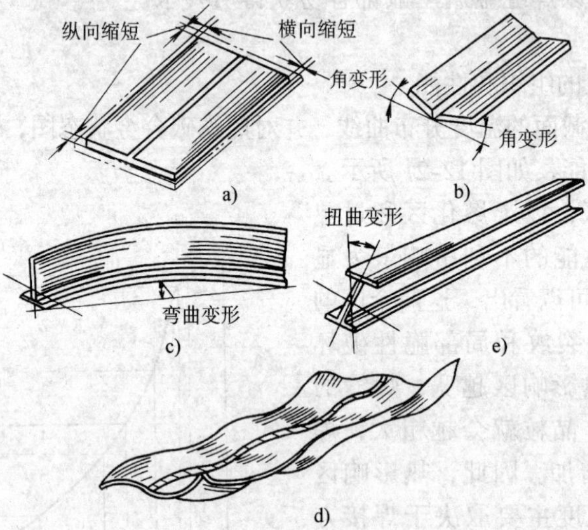

图 12-23　焊接变形的基本形式

a）纵向缩短和横向缩短　b）角变形　c）弯曲变形
d）波浪变形　e）扭曲变形

2. 减少焊接应力与变形的方法

(1) 反变形　这是生产中常用的方法，即焊前先估计结构变形的大小和方向，在装配时预先使焊件作出相反方向的变形，以抵消焊后发生的变形，其最简单的情况如图 12-24 所示。

(2) 选择合理的装配和焊接顺序　装配和焊接顺序对焊接结构的应力和变形有很大的影响，因此，生产中常常利用它们来控制变形。以工字梁为例，如采用图 12-25a 所示的装配焊接顺序，就会产生较大的弯曲变形，如采用图 12-25b 所示的装焊顺序，就可大大减少焊接变形。

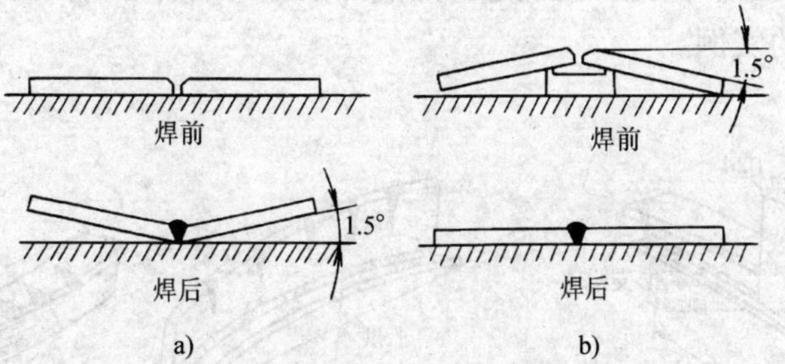

图 12-24　钢材对接焊时的反变形法

a）未采取反变形法　b）采取反变形法

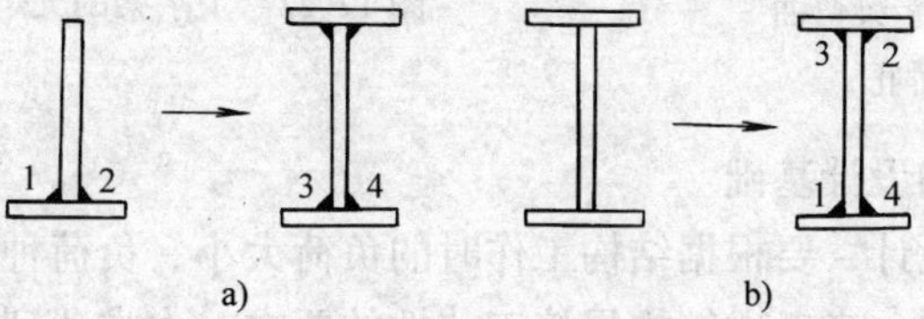

图 12-25　工字梁两种装配焊接顺序

a）边装边焊顺序　b）先整装后焊接

（3）刚性固定法　刚度大的结构焊后变形一般都较小，如在焊前采用一定方法加强焊件刚性，焊后的变形就可减小。这种方法对防止角变形和波浪变形是比较有利的。固定的方法可以直接点固，或压紧在刚性平台上，或采用胎夹具夹紧等。

（4）合理选择焊接方法和规范　选用线能量较低的焊接方法，可有效防止变形。如采用 CO_2 焊代替手工电弧焊可减少薄板结构的变形。

3. 焊接结构变形的矫正

在生产实际中，虽然可以在焊前采用一定的措施防止或减少变形，但是也往往会出现焊后结构超过了产品技术要求所允许的变形，这就需要进行矫正。主要应用的方法有机械矫正和火焰矫正两种，其原理都是设法使焊件产生新的变形去抵消已发生的变形。

（1）机械矫正法　机械法矫正就是利用机械力的作用去矫正焊接变形。图 12-26 所示是工字梁弯曲后在压力机矫正的例子。又如薄板波浪变形，可采用锤击焊缝的方法使焊缝获得延伸，补偿因焊接引起的收缩，从而达到消除波浪变形的目的。

（2）火焰矫正法　火焰矫正是利用气体火焰对焊接结构进行局部加热的一种矫正变形的方法，其原理是利用金属局部加热和冷却后的收缩，引起新的变形去矫正已发生的变形。因此，正确选择加热部位是火焰矫正的关键。图 12-27 为矫正丁字梁弯曲的实例。

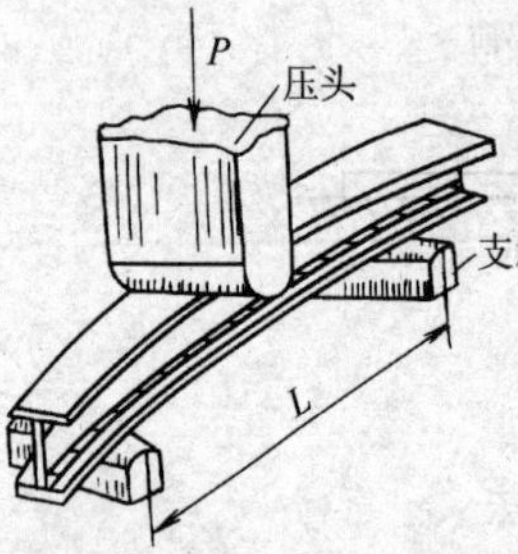

图 12-26　工字梁弯曲变形的矫正

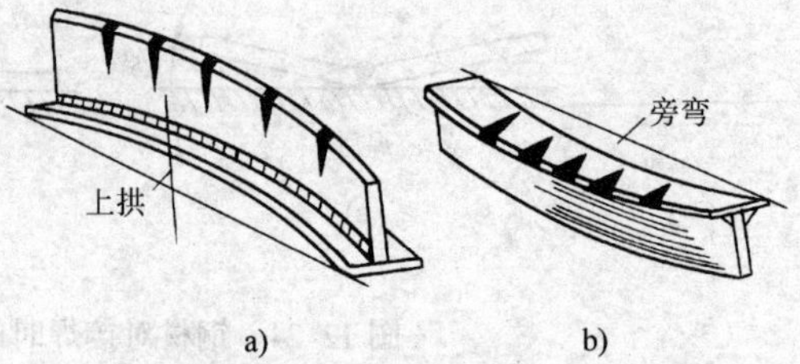

图 12-27　丁字梁的火焰矫正法

三、焊接结构设计基础

焊接结构的设计，要根据结构工作时的负荷大小、负荷种类、工作环境、工作温度等使用要求，来考虑结构焊接工艺性的要求。力求达到焊接工艺良好，焊接工艺简单，生产率高以及成本低。

焊接结构工艺性一般包括焊接结构材料的选择，焊缝布置，焊接接头的选择及坡口形式设计等几方面的内容。

1. 焊接结构材料的选择

为了避免焊接时出现裂纹等缺陷并保证结构使用的可靠、安全，应在满足使用要求的前提下尽量选用焊接性好的材料，如低碳钢或低合金钢等。对于碳的质量分数大于 0.4% 的钢材，其焊接性较差，应慎重选用，并应在设计和生产工艺中采取必要的措施。

焊接结构应尽量采用钢管和型钢，对于形状复杂的部件，还可采用冲压件、铸钢件或锻件等，这样不仅便于保证焊件质量，还可减少焊缝数量，简化焊接工艺。

2. 焊缝布置

焊接结构设计的关键之一是合理地布置焊缝位置，它对焊接结构质量和生产率有很大影响。在考虑焊缝布置时，要注意下列设计原则：

1）应将焊缝设计布置在便于焊接和检验的地方，以避免和减少焊缝缺陷；

2）避免焊缝的密集和交叉，以改善接头组织性能；

3）焊缝位置应尽可能对称分布，以减少焊接变形；

4）焊缝位置应尽量避开应力集中和最大应力的位置；

5）焊缝布置要考虑机械加工的因素。

3. 焊接接头的选择及坡口形式设计

常用的焊接接头有对接接头、丁字接头、角接接头和搭接接头等四种，如图12-28所示。其中对接接头应力分布均匀，接头质量容易保证，各种重要的受力焊缝应优先采用。

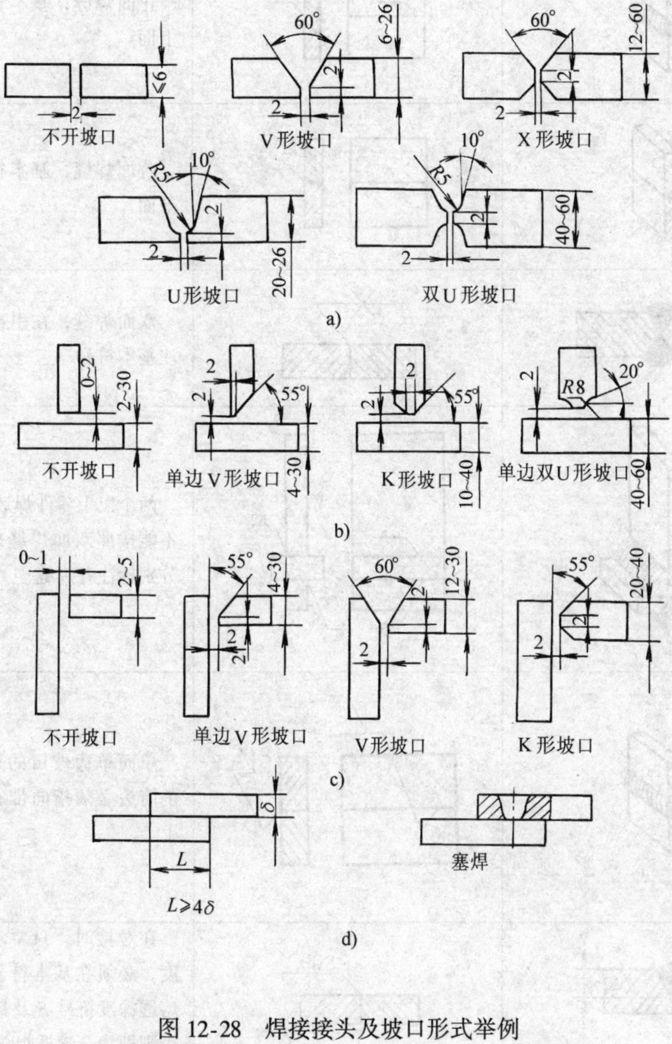

图 12-28　焊接接头及坡口形式举例

a) 对接接头　b) 丁字接头　c) 角接接头　d) 搭接接头

为了保证焊透，常需在接头边缘加工坡口，图12-28亦列出了几种常用的坡口形式。坡口形式的选择，主要是根据板厚和焊接方法来确定，同时还要兼顾焊接工作量、焊材的消耗、加工成本和施焊条件等。

4. 常用焊缝的标注方法

常用焊缝的标注方法如表 12-6 所示。

表 12-6　常用焊缝标注方法

焊　缝　型　式	标　注　方　法	注
	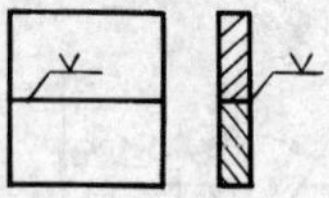	正面焊缝，基本符号在引出线上面
	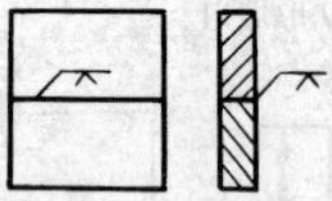	背面焊缝，基本符号在引出线下面
	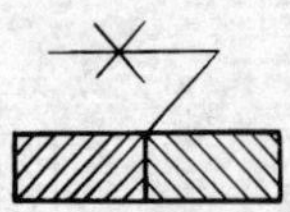	双面焊缝，在引出线上下都标注基本符号
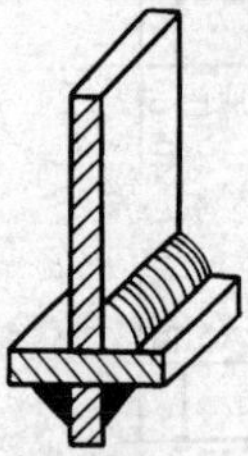	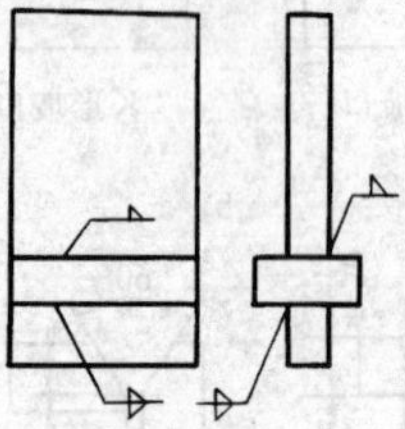	两个以上零件焊后形成的焊缝，不能按照双面焊缝来标注，必须分别标注各焊缝
	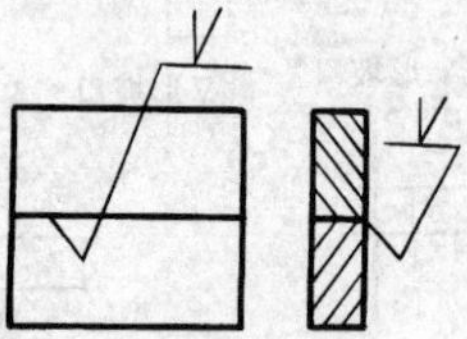	单面单边坡口的焊缝，引出线的箭头必须指向带有坡口的焊件上
	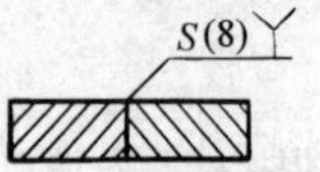	在对接时，只要求焊透一定深度，必须在基本符号的左侧注明熔透深度符号 S 及具体熔深数字。否则即为全熔透焊缝
	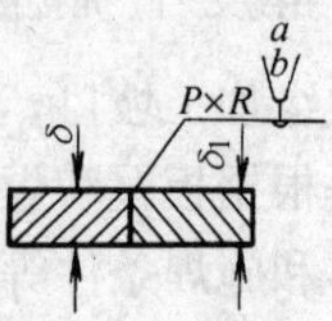	要求标注焊缝具体尺寸时，在焊缝尺寸符号的相应位置标注具体数字

复 习 思 考 题

12-1　气焊火焰有几种不同的类型？它们具有什么不同的特点？

12-2　气焊有哪些主要的规范参数？左焊法和右焊法各有什么特点？

12-3　焊接电弧有什么特点？它由哪几个区域组成？

12-4　电弧静特性曲线及电源外特性曲线的定义是什么？

12-5　焊条的药皮有什么作用？

12-6　熔化极气体保护焊系统由哪几部分的设备组成？

12-7　等速送丝熔化极气体保护焊对电源外特性有什么要求？如何调节其电流及电压？

12-8　钨极氩弧焊焊铝时要采用什么电源？为什么？

12-9　等离子弧是怎样形成的？它有哪几种不同的形式？

12-10　试述电阻点焊的焊接过程。

12-11　试述钎焊的原理并说明它的特点。

12-12　金属焊接性的定义是什么？如何用碳的质量分数选算公式来估计钢材的焊接性？

12-13　熔化焊接头由哪几部分组成？其组织和性能有什么特点？

12-14　试述焊接过程产生应力和变形的原因，有什么方法可减少应力和变形？

12-15　焊接结构工艺性包含哪些主要的内容？在考虑焊缝布置时有什么基本的设计原则？

第十三章　机械零件的选材及工艺路线分析

在零件设计与制造中，会遇到合理选择材料和安排加工工艺的问题。处理好这些问题，对于保证零件良好的使用性能、满足机器的工作性能、方便加工制造、提高产品质量、降低生产成本、减少自然资源浪费等各方面都有重要意义。

第一节　零件选材的一般原则

合理地选择工程材料是一项复杂的技术经济问题，受多方面因素的制约。一般选材时主要考虑以下几项原则。

一、实用性能原则

实用性能是保证零件完成规定功能的必要条件，一般首先考虑。实用性能包括力学性能、物理性能和化学性能等，对一般机械零件，主要考虑力学性能。

一般零件按力学性能选材时，要正确分析零件的工作条件，包括受力情况(载荷类型、大小和特点)、环境状况(温度、腐蚀及摩擦作用)对零件尺寸与质量的要求特殊要求(导电、导磁性、膨胀性、密度、外观等)，还要分析零件主要失效形式，包括过量变形、断裂和表面损伤。通过全面分析，确定主要性能指标，并对零件的危险部位进行力学分析计算，求出材料的许用应力。有的零件是以综合性能指标来选材，有的零件以疲劳强度为主进行选材，有的零件则以磨损为主进行选材。

根据力学性能指标查阅材料手册，即可确定选材。但是，零件实际工作情况会经常变化，材料的状况也可能比较复杂，都会影响零件的使用性能和寿命。因此，按力学性能选材时还须考虑以下几个问题：

1）材料的实际工作条件可能与手册上标定条件不同，实际使用的材料也可能有夹杂物和缺陷，选材时应详细分析、试验；

2）钢材随着截面尺寸增大，力学性能下降，称为尺寸效应。在选材截面增大时，应进行适当修正；

3）要考虑材料强度、塑性、韧性的合理配合。因为零件设计以屈服强度$\sigma_{0.2}$为主要依据并乘以修正系数，若为了安全，使$\sigma_{0.2}$提高过大，则塑性指标下降，易出现脆性断裂。因此，选材时要综合考虑强度、塑性和韧性。

二、工艺性能原则

材料的工艺性能是指材料适应某种加工的难易度。良好的工艺性能不仅可以保证零件的制造质量，而且有利于提高生产率和降低成本。

一般金属材料的工艺性能包括铸造性、锻造性、焊接性、切削加工性和热处理工艺性。

(1) 铸造性　包括流动性、收缩性、热裂倾向性、偏析及吸气性等，不同金属材料其铸造性有很大差异，采用铸件时，所选材料应具有良好的铸造性能。金属材料中，各种铸铁、铸钢及铸造铝合金和铜合金铸造性较好，其中灰铸铁铸造性最好。

(2) 锻造性　包括可锻性、冷镦性、冲压性、锻后冷却要求等。低碳钢、铝合金、铜合金锻造性较好，高碳钢、合金钢锻造性差。

(3) 焊接性　指金属可以焊合的能力(可焊性)。若焊接性不好，则接头出现裂缝、气孔或其他缺陷。一般低碳钢焊接性较好，碳的质量分数越高，可焊性越差。铜合金、铝合金、铸铁的焊接性都比碳钢差。

(4) 切削加工性　切削加工性与材料化学成分、力学性能及显微组织有密切关系。一般认为硬度在 160 ~ 230HBS 范围内切削加工性好。对高碳钢和合金工具钢，具有球状碳化物的组织比层状碳化物组织切削加工性好。马氏体、奥氏体切削加工性很差。

(5) 热处理工艺性　包括淬透性、变形开裂倾向、过热敏感性、回火脆性倾向、氧化脱碳倾向等，不同材料、不同的处理方法，出现以上倾向差异很大。

综上所述，应充分考虑工厂的生产工艺设备和手段来选择合适的材料。如果是单件、小批量生产，且工厂没有铸造、锻造车间，可选用棒料、板料；如果是大批量生产，应尽量选用铸、锻件，以节约材料；如果结构、条件允许，以冲压加工为主的工厂可用板料冷冲压代替铸、锻，降低热加工费用。

三、经济性原则

在选材时，材料的经济性主要从以下几方面考虑：

1) 材料本身价格应低，特别对大批量生产的零件更是如此；

2) 材料加工费用。不同材料加工工艺不同，成本相差很大。例如，钛合金与铝合金相比；加工费用高很多；

3) 材料利用率。在加工中应尽量采用少、无切屑加工，有条件时尽量采用铸件，以有效利用材料；

4) 合理代用。应尽可能用价廉材料代替昂贵材料，例如用铜、铝代替金、银；用碳素钢、铸铁代替合金钢；用非金属材料代替金属材料；

5) 在一些大型零件上采用组合式结构。例如蜗轮、大型齿轮的轮辐、轮毂用铸铁，齿圈用青铜、优质碳钢等；

6) 节约稀有材料。例如用银代替白金制造电器重要触点；用铝青铜代替锡青铜制造轴承合金等。

另外，选材还应就近、就便为原则，充分考虑材料供应状况，减少库存积压，降低运输费用，避免大量进口。

第二节　热处理技术条件的标注

材料、零件对加工、工作条件、工作性能要求不同，热处理方案也不同。随着材料技术不断发展和热处理工艺不断进步，选择的热处理方案会有很大不同。这些方案应该在技术文件中准确、简要地反映出来，以指导日常生产，利于热处理技术创新的应用。

热处理方案中应当包括预先热处理与最终热处理两大类。预先热处理包括退火、正火、调质等热处理，安排在毛坯生产之后、切削加工之前或粗、精加工之间。最终热处理包括各种淬火、回火及化学热处理等，一般安排在半精加工之后、精磨之前。

预先热处理的技术条件一般用文字或热处理工艺代号表示，由技术人员(现场工艺员)在生产工艺图、工艺卡片中标注，是保证工艺流程正常运转的重要手段(图 13-1)。标注时要根据材料(毛坯)的供应状况，下道工序加工方式、工艺要求、设备条件、生产周期等，标明材料牌号、规格(或毛坯名称)、热处理方法及硬度要求等。

工艺卡片	零件名称	小齿轮	图号	
	材　料	40Cr	数量	

工序	内　容	单位	简　图	技术要求
1	锯ϕ60mm×40mm	一车间	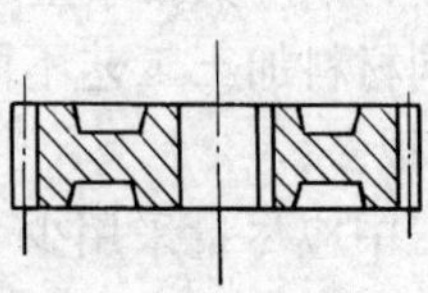	
2	锻(如图)	三车间		不允许裂纹、折叠
3	退火	三车间		硬度160～175HBS
4	粗车	六车间		按图
5	调质	七车间		31～40HRC
6	精车、铣键槽	六车间		按图
7	插齿	六车间		按图
8	齿面淬火	七车间		45～52HRC

图 13-1　小齿轮加工及热处理工艺卡片

最终热处理的技术条件是由设计人员在零件工作图中标注的，是对零件加工质量的最终要求。在图样上应标明材料牌号、热处理方法及热处理后的硬度范围及硬化层深度，重要的零件还应标明热处理后的强度、塑性、韧性以及处理后应获得的组织状况。

在图样上标注热处理技术条件时，可用文字在标题栏上方或左方空白处扼要说明，但最好采用“金属热处理工艺分类及代号”（GB/T12603—90)标注。标记规定如下：

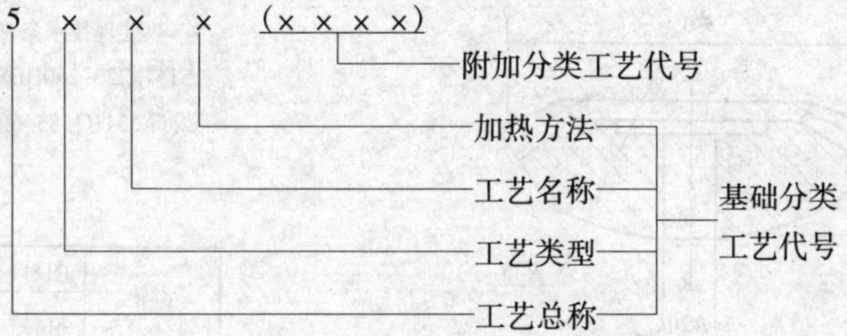

热处理工艺代号由基础分类工艺代号及附加分类工艺代号组成。基础分类工艺代号按工艺总称、工艺类型、工艺名称、实现工艺的加热方法三个层次进行分类，各有其相应代号，见表 13-1。附加分类是对基础分类中某些工艺的具体条件进一步细化，包括：①各种热处理的加热介质，用大写英文字母表示，如 S——固体、L——液体、G——气体、V——真空、P——保护气氛、C——可控气氛、F——液态床；②退火工艺方法，用小写英文字母表示，如 o——去应力退火、d——均匀化退火、r——再结晶退火、g——石墨化退火、h——去氢退火、s——球化退火、n——等温退火；③淬火冷却介质或冷却方法；④渗碳和碳氮共渗的后续冷却工艺；等等。

表 13-1 热处理工艺分类及代号

代号	工艺总称	工艺类型	工 艺 名 称			加热方法
			整体热处理类	表面热处理类	化学热处理类	
1	—	整体热处理	退火	表面淬火和回火	渗碳	加热炉
2	—	表面热处理	正火	物理气相沉积	碳氮共渗	感应
3	—	化学热处理	淬火	化学气相沉积	渗氮	火焰
4	—	—	淬火回火	等离子化学气相沉积	氮碳共渗	电阻
5	热处理	—	调质	—	渗其他金属	激光
6	—	—	稳定化处理	—	渗金属	电子束
7	—	—	固溶处理	—	多元共渗	等离子体
8	—	—	固溶化处理和时效	—	熔渗	其他

硬度值的标注允许有一个波动范围，但硬度偏差范围不能超过 GB/T 16923—1997（正火、退火）和 GB/T 16924—1997（淬火、回火）的规定。一般布氏硬度 30 ~ 40 单位左右；洛氏硬度范围 3 ~ 5 单位左右。如图 13-2 所示，5151 表示对齿轮施以整体调质处理，采用加热炉加热，热处理后硬度达到 220 ~ 260HBS；5311G 表示齿部进行表面气体渗碳，硬度为 55 ~ 60HRC。

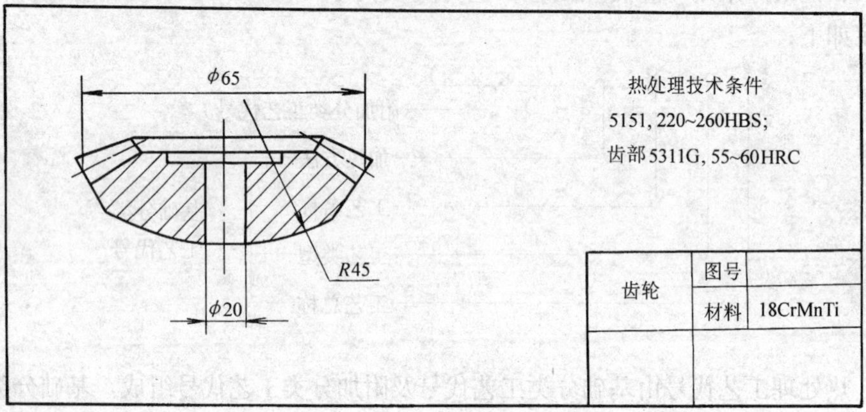

图 13-2　汽车差速器齿轮热处理技术条件标注

第三节　典型零件的选材及工艺分析

金属材料、高分子材料、陶瓷材料和复合材料是目前主要机械工程材料。对于不同类型、用途的零件，选材有很大差异。相比之下，金属材料具有优良的综合力学性能，并可通过热处理、加工硬化等手段大幅度调整其各种性能，降低生产成本，所以金属特别是钢铁，目前仍然是机械工业中的主要结构材料。对于某一类零件，使用要求不同，则选材不同，加工工艺也不同。在满足零件使用性能的前提下怎样做到既节约选材成本，又简化工艺，是一个实践性很强的应用性技术问题。下面仅以普通齿轮类和轴类零件选材与工艺分析为例做简单介绍。

一、齿轮类零件

齿轮是机械工业中应用最广泛的零件之一，它主要用于传递动力、改变运动速度和方向。齿轮在工作时一般齿根受较大的交变弯曲应力，在换档、启动或啮合不匀时轮齿受到一定冲击载荷，在啮合中齿面承受很大的接触疲劳应力。齿轮容易出现的损坏形式是齿根疲劳断裂、齿面疲劳点蚀和齿面磨损。

根据以上分析，作为齿轮材料应满足：①弯曲疲劳强度和接触疲劳强度好；②齿面硬度高，耐磨性好；③齿轮心部有足够高的强度和韧性。齿轮的选材非常广泛，可以是锻钢、铸钢和铸铁等，有些情况也可以是有色金属(如铜合金)和非金属材料(如工程塑料)。选材时主要根据齿轮所承受载荷大小和性质(如有无冲击)、转速高低等工作情况以及结构、尺寸、重量和经济性要求等；

1）对低速轻载，中、低速中载的通用机械齿轮，用45钢进行调质处理(197~286HBS)；若是高速中载、无剧烈冲击场合，用45钢调质+表面淬火(40~50HRC)；

2）对低速中载，较重要零件可用40Cr或35SiMn、42SiMn进行调质处理达217~286HBS；若承受高速中载，无剧烈冲击，则进行表面淬火到硬度45~55HRC；

3）对高速，中、重载，有冲击的齿轮(如汽车、拖拉机重要齿轮)可采用20Cr或20CrMnTi进行渗碳、淬火、回火处理，达到心部硬度28~33HRC，表面硬度56~62HRC；

4）对重型机械中的低速齿轮，可选用铸钢进行正火处理或选用合金铸钢(如ZG35SiMn)进行调质处理。也可选用球墨铸铁代替铸钢；

5）无冲击、不重要齿轮和开式传动中的齿轮，可选用灰铸铁材料。

下面介绍两个实例。

1. 汽车(拖拉机)齿轮

汽车的变速器中有若干对圆柱齿轮，主减速器、差速器中有圆锥齿轮。这些齿轮的作用是将发动机发出的动力传递到车轮使汽车前进，并且改变车速、增大转矩、实现左右车轮差速转动。

这种齿轮承受大的变载荷，工作条件差，冲击、磨损严重，对耐磨性、疲劳强度、心部冲击韧性都有较高要求。由于装配在汽车上，不可能使结构和体积太大。所以，一般选用20Cr、20CrMnTi等合金渗碳钢，进行渗碳、淬火和低温回火处理。采用合金钢，可以提高淬透性，并使淬火、回火后心部获得较高强度和冲击韧性。渗碳可使轮齿表面碳的质量分数大大提高，保证淬火后得到高硬度，提高耐磨性和接触疲劳强度。一般工艺路线为：下料→锻造→正火→机械加工→渗碳→淬火+低温回火→精磨

经过加工和处理，要求渗碳表层碳的质量分数为0.8%~1.05%，渗层深度0.8~1.3mm，齿面硬度58~62HRC，心部硬度33~48HRC。

2. 机床齿轮

机床齿轮主要用于机床减速、变速系统，载荷不大，工作平稳，工作条件较好。这种齿轮一般选用中碳钢或中碳合金钢，如40、45、40Cr、45Mn2等，经调质和高频感应表面淬火处理，可以得到足够的抗弯疲劳强度和接触疲劳强度，较高的齿面硬度(如52~58HRC)。其工艺路线一般为：下料(锻造)→正火→粗切削加工→调质→精切削加工→高频淬火及回火→精磨。

二、轴类零件

轴类零件由于结构不同、使用条件不同，其选材和加工方法有很大差异。常用材料有碳素结构钢、合金钢和球墨铸铁。

1）比较重要或承载较大的轴，常用优质中碳钢 40、45、50 等，进行调质或正火处理，其中 45 钢应用最广；

2）不重要或承载不大的轴，常选用 Q235 或 Q275 钢；

3）承载较大而无很大冲击的重要轴，可用 40Cr 或 35SiMn、42SiMn、40MnB 等合金钢进行调质处理；

4）强度和韧性均要求较高、表面要求耐磨的轴，可用 20Cr、20CrMnTi 进行渗碳、淬火、回火处理，达到表面硬度 50～62HRC；

5）形状复杂的轴(如曲轴等)，可用球墨铸铁进行铸造。

下面介绍两个实例。

1. 机床主轴选材

机床主轴是传递动力的主要零件，它的受力状况比较复杂：①承受交变弯曲应力和扭转应力；②承受局部滑动摩擦、磨损；③有时承受冲击载荷作用。机床主轴一般以滚动轴承安装，载荷中等，装配精度较高。可选用中碳钢或合金钢进行调质处理，个别要求耐磨部位采用表面淬火处理。若是重型机床，则选用合金渗碳钢进行渗碳淬火。

例如，C616 车床主轴(图 13-3)，主要承受弯曲应力与扭转应力，但载荷、转速不高，冲击作用很小，需一般力学性能材料即可。其大端内锥孔、外锥体经常与卡盘、顶尖有摩擦运动，花键处有滑动运动，轴颈处要安装轴承，这些部分要求有较高硬度与耐磨性。所以，该主轴可选用 45 钢，整体调质处理，硬度 220～250HBS；内、外锥形部分淬火，硬度 45～50HRC；花键部分高频淬火，硬度 48～53HRC。这种主轴的加工工艺路线如下：下料→锻造→正火→粗切削加工→调质→半精切削加工→锥孔和外锥体淬火、回火→粗磨→铣花键→高频淬火、回火→精磨

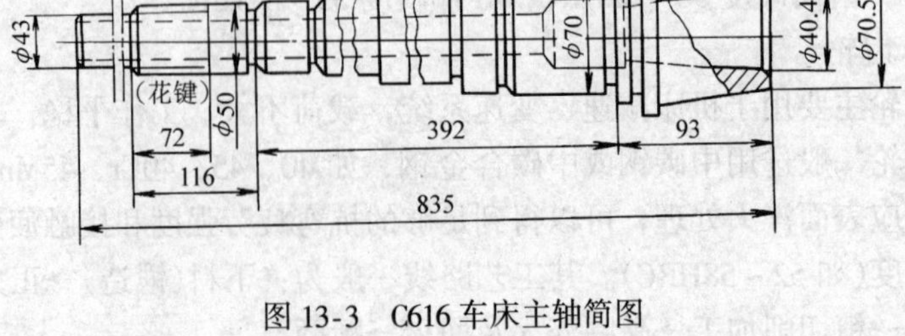

图 13-3　C616 车床主轴简图

2. 内燃机曲轴

内燃机曲轴的功用是承受连杆传来的力，形成绕曲轴主轴线旋转的力矩，向外输出。曲轴在工作中受力复杂，不但承受方向大小周期性变化的气体压力和往复惯性力，还要承受负载(如从汽车底盘传回)的冲击阻力矩；不但承受弯曲载荷，轴表面也承受较大摩擦磨损。由于形状比较复杂，拐角处很容易出现应力集中而断裂；在动平衡不好的情况下还容易产生不平衡离心惯性力和力矩。

综上所述，对曲轴材料的要求是既要能够承受较大的弯曲、扭转交变载荷，又要具有一定耐磨性，还要避免应力集中。若选用合金钢锻造，可以获得良好的力学性能，满足载荷需要，但成本较高；若选用灰铸铁或白口铸铁，经济性、耐磨性好，但承载能力差，易断裂。因此，目前广泛采用球墨铸铁特别是稀土—镁球墨铸铁作为曲轴材料。它铸造性能好，同时具有减磨、吸振和对应力集中敏感性小等优点。例如东风汽车 EQ6100-1 发动机曲轴采用 QT600—2 球墨铸铁整体铸造，简化了加工工艺，节约了材料，其力学性能接近中碳钢。铸件经调质处理后硬度 220~260HBS，但轴颈要经过表面淬火使硬度≥46HRC，以提高耐磨性。

有些高速小汽车发动机或重型柴油机(如康明斯 NTA855 柴油机)曲轴由于载荷较大，转速高，仍然用合金钢锻造，轴颈表面高频淬火至 45~50HRC，并在圆角处进行表面滚压或喷丸强化处理。

复习思考题

13-1 合理选材的一般原则是什么？

13-2 指出下列零件在选材和制定热处理技术条件中的错误，并提出改正意见。

(1) 表面耐磨的凸轮，材料用 20 钢，热处理技术条件：淬火 + 回火，60~63HRC；

(2) 直径 30mm，要求良好综合力学性能的传动轴，材料用 40Cr 钢，热处理技术条件：调质，40~45HRC；

(3) 弹簧(直径 ϕ15mm)，材料用 45 钢，热处理技术条件：淬火 + 回火，55~60HRC；

(4) 转速低、表面耐磨及心部强度要求不高的齿轮，材料用 T12 钢，热处理技术条件：渗碳 + 淬火，58~62HRC；

(5) 要求拉杆(直径 70mm)截面上的性能均匀，心部 $\sigma_b > 900$MPa，材料使用 40Cr 钢，热处理技术条件：调质 200~300HBS。

13-3 在实习中选出 2~3 种具有代表性零件，在本书所述的材料范围内作选材。要求：

(1) 说明工作条件和性能要求；

(2) 选出材料；

(3) 确定热处理技术条件；

(4) 制定工艺路线；

(5) 热处理工艺及工序位置的分析。

附录Ⅰ 黑色金属硬度及强度换算表

硬度			碳钢抗拉强度	硬度			碳钢抗拉强度
洛氏	维氏	布氏	MPa	洛氏	维氏	布氏	MPa
HRB	HV	HBS	(kgf/mm^2)	HRB	HV	HBS	(kgf/mm^2)
100.0	233	244	803 (80.3)	80.0	146	133	508 (50.8)
99.5	230	240	793 (79.3)	79.5	145	132	503 (50.3)
99.0	227	235	783 (78.3)	79.0	143	130	498 (49.8)
98.5	225	231	773 (77.3)	78.5	142	129	494 (49.4)
98.0	222	230	763 (76.3)	78.0	140	128	489 (48.9)
97.5	219	226	754 (75.4)	77.5	139	127	485 (48.5)
97.0	216	223	744 (74.4)	77.0	138	126	480 (48.0)
96.5	214	221	735 (73.5)	76.5	136	125	476 (47.6)
96.0	211	215	726 (72.6)	76.0	135	124	472 (47.2)
95.5	208	212	717 (71.7)	75.5	134	123	468 (46.8)
95.0	206	210	708 (70.8)	75.0	132	122	464 (46.4)
94.5	203	207	700 (70.0)	74.5	131	121	460 (46.0)
94.0	201	203	691 (69.1)	74.0	130	120	456 (45.6)
93.5	199	200	683 (68.3)	73.5	129	119	452 (45.2)
93.0	196	197	675 (67.5)	73.0	128	118	449 (44.9)
92.5	194	195	667 (66.7)	72.5	126	117	445 (44.5)
92.0	191	193	659 (65.9)	72.0	125	116	442 (44.2)
91.5	189	191	651 (65.1)	71.5	124	115	439 (43.9)
91.0	187	189	644 (64.4)	71.0	123	115	435 (43.5)
90.5	185	186	636 (63.6)	70.5	122	114	432 (43.2)
90.0	183	184	629 (62.9)	70.0	121	113	429 (42.9)
89.5	180	181	621 (62.1)	69.5	120	112	426 (42.6)
89.0	178	179	614 (61.4)	69.0	119	112	423 (42.3)
88.5	176	177	607 (60.7)	68.5	118	111	420 (42.0)
88.0	174	176	601 (60.1)	68.0	117	110	418 (41.8)
87.5	172	174	594 (59.4)	67.5	116	110	415 (41.5)
87.0	170	172	587 (58.7)	67.0	115	109	412 (41.2)
86.5	168	170	581 (58.1)	66.5	115	108	410 (41.0)
86.0	166	169	575 (57.5)	66.0	114	108	407 (40.7)
85.5	165	167	568 (56.8)	65.5	113	107	405 (40.5)
85.0	163	164	562 (56.2)	65.0	112	107	403 (40.3)
84.5	161	162	556 (55.6)	64.5	111	106	400 (40.0)
84.0	159	161	550 (55.0)	64.0	110	106	398 (39.8)
83.5	157	159	545 (54.5)	63.5	110	105	396 (39.6)
83.0	156	157	539 (53.9)	63.0	109	105	394 (39.4)
82.5	154	140	534 (53.4)	62.5	108	104	392 (39.2)
82.0	152	138	528 (52.8)	62.0	108	104	390 (39.0)
81.5	151	137	523 (52.3)	61.5	107	103	388 (38.8)
81.0	149	136	518 (51.8)	61.0	106	103	386 (38.6)
80.5	148	134	513 (51.3)	60.5	105	102	385 (38.5)

（续）

硬　度				碳钢抗拉强度	硬　度				碳钢抗拉强度
洛　氏		维　氏	布　氏	MPa	洛　氏		维　氏	布　氏	MPa
HRC	HRA	HV	HBS	（kgf/mm^2）	HRC	HRA	HV	HBS	（kgf/mm^2）
64.0	83.5		670						
63.0	83.0		659						
62.0	82.0		643						
61.0	81.5		627						
60.0	81.2	713	616		40.0	70.5	377	370	1296（129.6）
59.5	80.9	700	607		39.5	70.3	372	365	1279（127.9）
59.0	80.6	688	601		39.0	70.0	367	360	1263（126.3）
58.5	80.3	676	594		38.5		362	355	1246（124.6）
58.0	80.1	664	587		38.0		357	350	1231（123.1）
57.5	79.8	653	577		37.5		352	345	1215（121.5）
57.0	79.5	642	573		37.0		347	341	1200（120.0）
56.5	79.3	631	566		36.5		342	336	1185（118.5）
56.0	79.0	620	560		36.0		338	332	1170（117.0）
55.5	78.7	609	556		35.5		333	327	1156（115.6）
55.0	78.5	599	547		35.0		329	332	1141（114.1）
54.5	78.2	589	540		34.5		324	318	1127（112.7）
54.0	77.9	579	534		34.0		320	314	1113（111.3）
53.5	77.7	570	528		33.5		316	310	1100（110.0）
53.0	77.4	561	522		33.0		312	306	1086（108.6）
52.5	77.1	551	516		32.5		308	302	1073（107.3）
52.0	76.9	543	507		32.0		304	298	1060（106.0）
51.5	76.6	534	503		31.5		300	294	1047（104.7）
51.0	76.3	525	501		31.0		296	291	1034（103.4）
50.5	76.1	517	494		30.5		292	287	1021（102.1）
50.0	75.8	509	488	1744（174.4）	30.0		289	283	1009（100.9）
49.5	75.5	501	481	1714（171.4）	29.5		285	280	997（99.7）
49.0	75.3	493	474	1686（168.6）	29.0		281	276	984（98.4）
48.5	75.0	485	468	1658（165.8）	28.5		278	273	972（97.2）
48.0	74.7	478	461	1631（163.1）	28.0		274	269	961（96.1）
47.5	74.5	470	455	1606（160.6）	27.5		271	269	949（94.9）
47.0	74.2	463	449	1581（158.1）	27.0		268	263	937（93.7）
46.5	73.9	456	442	1556（155.6）	26.5		264	260	926（92.6）
46.0	73.7	449	436	1533（153.3）	26.0		261	257	914（91.4）
45.5	73.4	443	430	1510（151.0）	25.5		258	254	903（90.3）
45.0	73.2	436	424	1488（148.8）	25.0		255	251	892（89.2）
44.5	72.9	429	418	1466（146.6）	24.5		252	248	881（88.1）
44.0	72.6	423	413	1445（144.5）	24.0		249	245	870（87.0）
43.5	72.4	417	407	1425（142.5）	23.5		246	242	860（86.0）
43.0	72.1	411	401	1405（140.5）	23.0		243	240	849（84.9）
42.5	71.8	405	396	1386（138.6）	22.5		240	234	839（83.9）
42.0	71.6	399	391	1367（136.7）	22.0		237	237	829（82.9）
41.5	71.3	393	385	1348（134.8）	21.5		234	232	819（81.9）
41.0	71.1	388	380	1331（133.1）	21.0		231	229	809（80.9）
40.5	70.8	382	375	1313（131.3）	20.5		229	227	799（79.9）

说明：1. 本附表摘自 GB1172—74《黑色金属硬度及强度换算值》。有关部分适当调整和压缩。

2. 布氏硬度 F/D^2（$0.102F/D^2$）= 10

附录Ⅱ　国内外常用钢号近似对照举例

中　国	日　本	美　国		英　国	德　国	法　国	原苏联	瑞　典
GB	JIS	SAEA	ISI	B.S	DIN	NF	ГocT	SIS
10	S10C	1010	C1010	040A10,045A10	C10,CK10	C10,XC10	10	1310
20	S20C	1020	C1020	040A20,050A20	C22,Ck22	C20,XC20	20	1410
45	S45C	1045	C1045	080M46	C45,Ck45	C45,XC45	45	1650
60	S58C	1060	C1060	60A57	C60,Ck60	C60	60	1655
80	SWRS77B	1080	C1080	—	—	XC80	80	—
15Mn	SB46	1115	C1115	080A15	14Mn4	Xc12	15Г	—
45Mn	—	1046	C1046	080M46	46Mn4	—	45Г	1370
60Mn	—	1060	C1060	080A57	—	—	60Г	—
T7,T7A	SK7	—		—	C70W2,C70W1	Y365,Y165	У7,У7A	1770
T8,T8A	SK6	W1-0.8C Extra	W1-0.8C Special	—	C85W2,C85W1	Y275,Y175	У8,У8A	1780
T10,T10A	SK4	W1-1.0C Extra	W1-1.0C Special	BW1A	C100W2,C100W1	Y2 105,Y1 105	У 10,У 10A	1880
T12,T12A	K2	W1-1.2C Extra	W1-1.2C Special	BW1C	C115W2,C110W1	Y2 120,Y1 120	У 12,У 12A	1885
Y15	SUM32	1115	C1115	En32M,En7A	15S20	15F2	A15	—
Y30	(SUM4)	1132	C1132	—	35S20 (0726)	—	A30	—
Y40Mn	SUM42 (SUM5)	1141	C1141	En8M, En8CM En8DM	—	45MF4	A40Г	—
20Mn2	SMN21	1320	1321	150M19 (En14A)	20Mn5 (5053)	—	20Г2	—
35Mn2	SMn1	1335		150M36 (En15)	36Mn5 (5067)	—	35Г2	2120
20Cr	SCr22	5120		527A19, 527M20	20Cr4	18C3	20X	—
40Cr	SCr4	5140		530A40, 530M40	41Cr4 (7035)	38C4, 42C4	40X	—
20CrMo	SCM22	4119		CDS110, CDS12	20CrMo5 (7264)	12CD4, 20CD4	20XM	—

（续）

中　国 GB	日　本 JIS	美　国 SAEA	 ISI	英　国 B.S	德　国 DIN	法　国 NF	原苏联 ΓocT	瑞　典 SIS
35CrMo	SCM3	4135	4137	708A37	34CrMo4（7220）	35CD4	35XM	2234
38CrMoAl	SACM1	6470E（AMS）	标准氮化钢	905M39（En41B）	34CrAlMo5，41CrAlMo7	40CAD6-12	38XMЮA	2940
12CrNi3	SNC22	3310	9310	655A12，655M13	13NiCr12（5732）	10NC12，14NC12	12XH3	2514
20Cr2Ni4	—	3316	E3316	659A15，659M15	22CrNi14	20NC14	20X2H4	—
40CrNiMo	SNCM8	4330	9840	816M40，817M40	36CrNiMo4	35NDC5	40XHM	2541
60Si2Mn	SUP7	9260		250A58，250A61	65Si7（0906）	60S7	60C2	—
50CrMn	SUP9	5150	5152	527A60	55Cr3	—	50XΓ	—
GCr9	SUJ1	51100	E51100	En31	100Cr4	100C5	ШX9	SKF13
GCr15	SUJ2	52100	E52100	534A99	100Cr6	100C6	ШX15	SKF3
9SiCr	—	—		—	90CrSi5（2108）	—	9XC	2092
CrWMn	SKS31	01		B01	105WCr6（2419）	100WC15-04	XBΓ	—
Cr06	SKS8	W5		—	110Cr2（2025）	Y2 125C	X05（У 13X）	—
Cr12	SKD1	D3		BD3	X210Cr12（2080）	Z200C12	X12	142312
Cr12MoV	SKD11	D2		BD2，BD2A	X165CrMoV12	Z160CDV12	X12M	142310
5CrNiMo	SKT4		6F2（ASM）	—	55CrNiMoV6	55NCDV7（3381）	5XHM	2550
3Cr2W8V	SKD5	H20，H21		BH21	X30WCrV9.3	Z30WCV9（3543）	3X2B8Φ	2730
4Cr5MoV1Si	SKD61	H13		BH13	X40CrMoV51	—	4X2MΦ1C	—
W18Cr4V	SKH2	T1		BJ1	S18－0－1（3355）	Z80WCV18－04	P18（PΦ1）	2750
W6Mo5Cr4V2	SKH9	M2		BM2	S6－5－2（3343）	Z85WDCV-06-05-04-02	P6M3	2722
W18Cr4VCo5	SKH3	T4		BT4	S18－1－2－5	Z80WCV18－04－01	P18Φ2K5	—
1Cr13	SUS403	51410	403	403S17	X10Cr13（4006）	Z10C13	1X13	2302
3Cr13	SUS420J2	51420	420	420S45	—	Z30C13	3X13	2304
1Cr17	SUS430	51430	430	430S15	X8Cr17（4016）	Z8C17	X17	2320
0Cr18Ni9	SUS304	30304	304	304S15	X5CrNi18－9（4310）	Z5CN18-10	0X18H9	2332
1Cr18Ni9Ti	SUS321	30322	322	322S20	X10CrNiTi18.9（4541）	Z10CNT18-10	1X18H9T	2337
1Cr25Ni20Si2	SUH310	30310	310	310S24（1648F）	X15CrNiSi25-20	Z10CNS25-20	X25H20C2	—
4Cr14Ni14W2Mo	SUH31	5700A（AMS）		331S42（En544）	X50NiCrWV13-13	Z45CNWSD14.14	4X14H14B2M	—

注：GB—中国国家标准代号；JIS—日本工业标准代号；AISI—美国钢铁学会标准代号；SAE—美国汽车工程师学会标准代号；B.S—英国标准代号；DIN—德国工业标准代号；NF—法国标准代号；ΓOCT—原苏联国家标准代号；SIS—瑞典工业标准代号。

参 考 文 献

1 梁耀能主编．机械工程材料．广州：华南理工大学出版社，2001

2 沈莲主编．机械工程材料．北京：机械工业出版社，1999

3 郑明新主编．工程材料．北京：清华大学出版社，1991

4 崔忠圻主编．金属学及热处理．北京：机械工业出版社，1989

5 房世荣主编．工程材料与金属工艺学．北京：机械工业出版社，1994

6 赵忠主编．金属材料及热处理．北京：机械工业出版社，1995

7 腾长岭编．中国钢分类．北京：中国标准出版社，1997

8 陈金德，邢建东主编．材料成型技术基础．北京：机械工业出版社，2000

9 曹宏深，赵仲治主编．塑料成型工艺与模具设计．北京：机械工业出版社，1993

10 全国热处理标准化技术委员会编．金属热处理标准应用手册．北京：机械工业出版社，1994

11 谢希文等．材料工程基础．北京：北京航空航天大学出版社，1999

12 邓文英．金属工艺学(第三版)．北京：高等教育出版社，1990

13 姜奎华．冲压工艺与模具设计．北京：机械工业出版社，1997

14 王仲仁．特种塑性成形．北京：机械工业出版社，1995

15 蒋以忍．金属工艺学．北京：高等教育出版社，1987

16 刘友和．金属工艺设计．广州：华南理工大学出版社，1987

17 中国机械工程学会焊接学会编．焊接手册．北京：机械工业出版社，1992

18 杨慧智主编．工程材料及成形工艺基础．北京：机械工业出版社，1998

19 机械工业技能鉴定指导中心编．初级气焊工技术．北京：机械工业出版社，1999

20 姜焕中主编．电弧焊及电渣焊．北京：机械工业出版社，1998